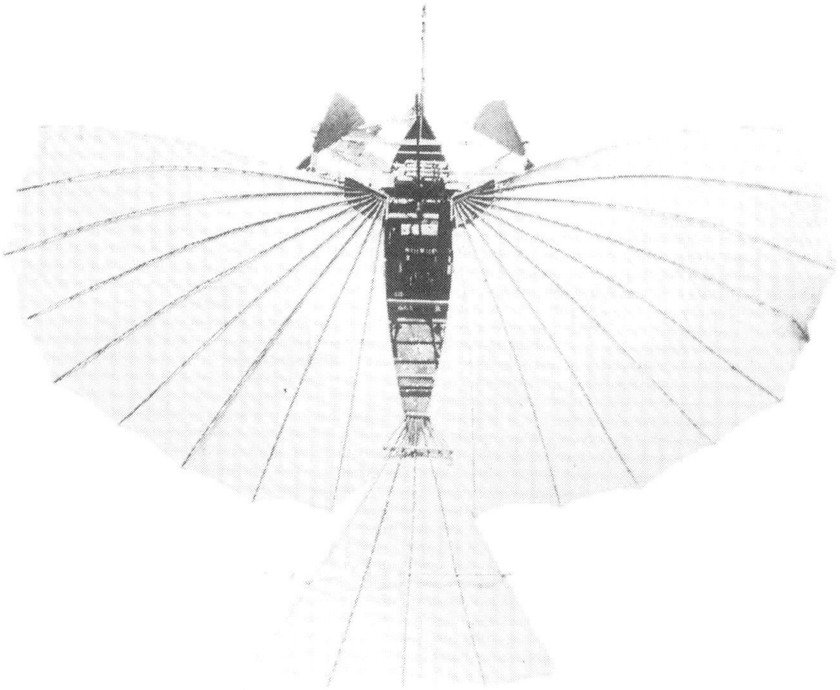

© 2021
Fleck Future Concepts GmbH
Jollystraße 4
81545 München

HRB Nr. 169921, GF: A. Fleck

für die Liebe meines Lebens

# Vorwort, Anmerkungen & Danksagungen

Dieser zweite Band in der Serie „*Gustav Weißkopf. Die Fakten.*“ deckt den Zeitraum ab Beginn der Erbauung des Flugzeugs Nr. 21 in Bridgeport bis zum ersten langen Motorflug Gustav Weißkopfs am 14. August 1901 ab. Auch die nationale und internationale Verbreitung der Nachricht von Weißkopfs Flug bildet einen Bestandteil dieses Werks. Mittlerweile weiß man, dass es tausende Berichte waren, die auf allen Kontinenten verteilt wurden.

Da Weißkopf auch nach dem 14. August 1901 (aber vor dem 17. Dezember 1903) weitere Motorflüge vor den Gebrüdern Wright vollbrachte, enthält dieser II. Band nicht die *gesamte* Dokumentation zu *allen* Motorflügen Weißkopfs.

* * *

Wie auch in den vorherigen Bändern enthält auch dieses Werk Kopien von Primärquellen (die den „Fair Use“-Bestimmungen unterliegen). Die Übersetzungen sind idiomatisch (statt wörtlich). Fußnoten erscheinen im neuen, zeitgemäßen Format.

Neben den Primärquellen samt Übersetzungen enthält dieses Band auch biografische Recherche zu den Personen, die in den Primärquellen namentlich erwähnt werden. Es handelt sich dabei in erster Linie um Zeugen der Motorflüge von Gustav Weißkopf. Diese Hintergrundinformationen sind wichtig, wenn es darum geht, die Glaubwürdigkeit der Zeugen zu bewerten.

* * *

Bei den Nachkommen von Gustav und Johann Weißkopf sowie von Junius Harworth (in den USA & Kanada) – insbesondere wegen der Erlaubnis, bestimmte Dokumente hier wiederzugeben –, dem Schulrektor a.D. Claus Broser (Leutershausen) für seine Tätigkeit als Lektor, Paul Beck (Pittsburgh) für seine Recherche, und den Mitgliedern der Flughistorischen Forschungsgemeinschaft Gustav Weißkopf (FFGW), allen voran Hermann Betscher und Hans-Günter Adelhard, sowie beim Flugzeugbauer Jochen Ritter, der die modernen Begriffe des Flugzeugbaus in die Übersetzungen einbrachte, bedankt sich der Autor recht herzlich für ihre jeweilige Unterstützung.

Weiterhin freut sich der Autor über Hinweise auf weitere Primärquellen zum Thema Gustav Weißkopf. Bitte senden Sie diese an: j.brown@gustave-whitehead.com.

John Brown

# Inhaltsverzeichnis, Band II:

**Inhaltsverzeichnis, Band II (Fortsetzung)**

# Chronik, Band II:

| | | | | |
|---|---|---|---|---|
| 1900 | Aug. | | Bridgeport/CT | Ankunft in Bridgeport/Connecticut |
| 1900 | Aug. | | Bridgeport/CT | Kiste mit Modellen/Büchern/Werkzeugen kommt aus Pittsburgh an |
| 1900 | Aug. | | Bridgeport/CT | Erhält Job als Kohlewagonfahrer, transportiert Kiste |
| 1900, Herbst | | | Bridgeport/CT | Wohnung, Pine Street 241, West End angemietet, Schuppen im Hof gebaut |
| 1900, Herbst | | | Bridgeport/CT | Ehefrau und Tochter kommen aus Pittsburgh an |
| 1900, Spätherbst | | | Bridgeport/CT | Erhält Arbeit bei Wilmot & Hobbs (American Tube & Stamping Co.) |
| 1900, Spätherbst | | | Bridgeport/CT | Repariert Motor aus Pittsburgh, betreibt zunächst mit Druckluft |
| 1900/1901, Winter | | | Bridgeport/CT | Baut Propeller, fängt & beobachtet Möwen |
| 1901 | Jan. | 3 | Bridgeport/CT | Anton Pruckner wandert in die USA ein |
| 1901, Winter | | | Bridgeport/CT | Baut kreisrunde Testanlage, testet Modelle & Maschinen |
| 1901, Frühjahr | | | Bridgeport/CT | Testet einmotorige Maschine in Seaside Park (Nr. 20) |
| 1901, Spätfrühjahr | | | Bridgeport/CT | Baut 2-Mot.-Maschine (Nr. 21), macht kurze Hüpfer damit im West End |
| 1901, Spätfrühjahr | | | Bridgeport/CT | Arbeitskollege A. Cellie und D. Varovi investieren in Vorhaben |
| 1901 | Mai | 3 | Fairfield/CT | Testet Nr. 21 mit 220 Pfund Sandsäcken an Bord im freien Flug |
| 1901, Frühling | | | Bridgeport/CT | Lernt Henry A. House und H.D. Custead kennen |
| 1901 | Mai | 30 | Bridgeport/CT | Fototermin mit Stanley Y. Beach (Scientific American) im West End |
| 1901 | Jun. | 8 | New York/NY | Scientific American veröffentlicht Bericht & Fotos |
| 1901 | Jun. | Mit. | Bridgeport/CT | Interview mit New York Herald |
| 1901 | Jun. | 16 | New York/NY | New York Herald veröffentlicht Bericht & Fotos |
| 1901 | Jul. | 1 | Chicago/IL | Octave Chanute empfiehlt Weißkopf-Motor an Wilbur Wright |
| 1901 | Jul. | 4 | Dayton/OH | Wilbur Wright lobt Weißkopf-Motor |
| 1901 | Aug. | 13 | Bridgeport/CT | Treffen mit Presse und Partnern zu Mitternacht in der Pine Street 241 |
| 1901 | Aug. | 14 | Fairfield/CT | bemannter Motorflug zum Sonnenaufgang in Fairfield |
| 1901 | Aug. | 14 | Kitty Hawk/NC | Gebrüder Wright scheitern bei ihren Flugversuchen, anwesend O.Chanute |

| | | | | |
|---|---|---|---|---|
| 1901 | Aug. | 18 | Bridgeport/CT | Bridgeport Sunday Herald veröffentlicht Augenzeugenbericht vom Flug |
| 1901 | Aug. | 18 | Zug, NC > OH | Wilbur Wright behauptet, „Menschen werden die nächsten 50 Jahre nicht fliegen“ |
| 1901 | Aug. | 19 | New York, Boston | Große Tageszeitungen berichten über Weißkopfs Motorflug |
| 1901 | Aug. | End. | Dayton/OH | Heimatzeitung d. Gebr. Wright berichtet am 19. & 23. auf S.1 über Flug |
| 1901 | Aug. | End. | USA | Zeitungen in allen US-Bundesstaaten berichten über Weißkopfs Flug |
| 1901 | Aug. | End. | Europa | Zeitungen in Großbritannien, Irland, Frankreich, Deutschland, Österreich, Finnland, berichten über Weißkopfs Flug |
| 1901 | Sep. | | Europa | Zeitungen in Niederlande, Tschechien, Schweiz, berichten über Flug |
| 1901 | Okt. | | Australien/NZ | Zeitungen in Australien und Neuseeland berichten über Weißkopfs Flug |
| 1901 | Nov. | | Spanien | Zeitschrift in Spanien berichtet über Weißkopfs Flug |

# Bridgeport

## Juli 1900 – 18. Aug. 1901

Bei ihrem ersten Besuch in Bridgeport bekam die Weißkopf-Biografin Stella Randolph den Hinweis auf den in Detroit lebenden Zeugen Harworth. Harworth verfasste seine Erinnerungen über Gustav Weißkopf als Aufsatz und wies auf andere potentielle Zeugen hin, die Randolph kontaktieren sollte. So entstand informell das erste Buch über den Flugpionier Gustav Weißkopf.

Bis zur Digitalisierung der Zeitungsarchive und Bibliotheken war die Dokumentation zur Geschichte Gustav Weißkopfs im großen Maße von der Erzählung des Zeugen Junius Harworth (Gyula Horvath) abhängig. Harworth, der später Ingenieur in der amerikanischen Auto-Industrie wurde, war als Jugendlicher ein freiwilliger Helfer Weißkopfs

Die Digitalisierung brachte Dokumente hervor, die weite Teile der von Harworth vorgetragenen Weißkopf-Geschichte bestätigten, deckte aber auch ein paar Fehler in seiner Erzählung auf. [Eine angemessene Deutung seiner Gesamterzählung soll u.a. durch diesen Band ermöglicht werden.]

Detroit, Michigan,
July 23rd, 1934

Stella Randolph
834 Madison St.N.W.
Washington, D.C.

Dear Miss Randolph:

Your letter regarding Mr. G.Whitehead was most pleasing and unexpected as it rekindled all of my memories. I regret that you did not write to me about a month sooner as I have just returned from your home town, having attended a four day convention at the Mayflower Hotel..

Your interest in Gus pleases me very much. The parties that you interviewed in Bridgeport told you the truth in stating that I was the only one who could tell you for I was associated with him from the day he arrived, all thru his flying activities to within a few years of his death.

I am personally very busy but will be happy to assist you in your work providing you agree on a 10% basis of sums received, I would like to have you write a book on Mr. Whitehead's doings as it holds a great deal of interest in aviation pioneering and the public I am sure would be interested. I can detail the following:

Mr. Whitehead's arrival in Bridgeport.
His acquaintance with my folks. His first position.
The arrival of his wordly possessions (a large case).
My complete surrender to him over the revelation of the contents.
My complete surrender to him over the revelation of the contents.
His talks on gliding experiments with Lillienthal in Germany.
His sea stories and South American Jungle adventures,
Capture by the Amazon Indians,
Forets fires and the Pampas
Refuge in caves with wild animals.
Escape thru fever swamps and swollen rivers.
The arrival of his family --setting up housekeeping.
Building his first shop in Bridgeport.
Constructing in secret, the first x fuselage in his basement.
Experiments with gas engines and steam.
Meeting Col. M. House --inventor.
" Mr. Honeywell --balloonist
" S. Y. Beach --financier
Completion of the first flying machine. Will detail and sketch.
Difficulties encountered in securing proper materials.
Test run of machine at Lordship Manor (Present xighkx site of Sikorsky Plant).
New plant opened and financed by Mr. A. Linde
New planes built, photographed. Test flights over Long Island.
Move plant to Tunxis Hill. Building Ornithopter for Col. Buffalo Jones.
Construction of Burgess Helicopter --120 propellers and 300 h.p. motor.
Motor tests. Difficulties of tube welding.
Experiments with the "Motheraw" Hydroplane.
Gliders built. Dawn tests and accidents.
Kite and balloon construction and f ights.
Glider demonstrations at Air Meet --Morris Park, New York.
The Adams Glider --built for Mr. Adams of the Adams Express Co.
Whitehead's predictions of flying.

-2-

Police difficulties with country club members at demonstrations.
The blindness of the rich members to look forward.
Financial embarrassments and lawsuits.
Sickness and despair in failure to secure proper backing.
Turns to religion, and death.

I would be pleased to have you inform me as to what you learned in Bridgeport and who you talked to. I also would like to know the name of the periodicals that you have written for.

Thanking you for the interest shown and hoping to hear from you, I am

Very truly yours,
(signed) Junius W. Harworth
14959 Mark Twain Blvd.
Detroit, Michigan.

LS/J.W. Harworth.

P.S. I would be pleased at a later date, divulge information relative to certain patent schemes that should be exposed. I feel that a real writer should take care of it. I have letters of approval from Pres. Roosevelt.
JWH.

Junius Harworth Brief an Stella Randolph, 23. Juli 1934

Detroit Michigan
23. Juli 1934

Stella Randolph
Madison Street Nordwest 634
Washington D.C.

Liebes Frl. Randolph,

Ihr Brief bezüglich Hrn. G. Weißkopf war völlig unerwartet und sehr erfreulich, da er viele meiner Erinnerungen wieder wachrüttelte. Ich bedaure, dass Sie mir nicht etwa einen Monat früher geschrieben haben, da ich gerade nach dem Besuch eines viertägigen Kongresses im Mayflower Hotel aus Ihrer Heimatstadt zurück gekehrt bin.

Ihr Interesse an Gus freut mich sehr. Die Personen, die Sie in Bridgeport interviewt haben, haben Ihnen die Wahrheit erzählt, insofern als dass ich derjenige bin, der Ihnen darüber am meisten erzählen kann, da ich ab dem Tag, an dem er ankam bis kurz vor seinem Tod mit ihm assoziiert war.

Ich bin zwar sehr beschäftigt, aber ich wäre gerne dazu bereit, Sie bei Ihrer Arbeit zu assistieren, sofern Sie mir eine 10% Beteiligung an allen erhaltenen Summen zusichern. Ich würde es sehr begrüßen, wenn Sie über die Taten des Herrn Weißkopf ein Buch schreiben würden, denn es würde viel über die Pionierzeit der Luftfahrt zum Inhalt haben und ich bin mir sic her, dass sich die Öffentlichkeit sehr dafür interessieren würde. I kann zu nachstehenden Vorgängen Detailangaben machen:

**Die Ankunft des Herrn Weißkopf in Bridgeport.**
**Seine Bekanntschaft mit meiner Familie. Seine erste Arbeitsstelle.**
**Die Ankunft seiner Habe (eine große Kiste).**
Meine Ergebenheit ihm gegenüber hinsichtlich des Inhalts der Kiste.
Seine Unterhaltungen über Gleitflugexperimente mit [G.] Lilienthal in Deutschland.
Geschichten aus seiner Zeit zur See und seine Abenteuer in den Urwäldern Südamerikas
Gefangennahme durch die Indianer des Amazonas,
Buschbrände und die Pampas,
Zuflucht in Höhlen mit wilden Tieren,
Flucht durch fiebrigen Sumpfgebieten und geschwollenen Flüssen.
**Die Ankunft seiner Familie – die Einrichtung des Haushalts.**
**Erbauung der ersten Werkstatt in Bridgeport.**
**Geheime Bautätigkeit. Der erste Rumpf aus seinem Keller.**
**Experimente mit Gas- und Dampfmotoren.**
**Kennenlernen des Erfinders Col. M. House.**
**Kennenlernen des Ballonfahrers, Herrn Honeywell.**
**Kennenlernen von S. Y. Beach – Finanzier.**
**Fertigstellung der ersten Flugmaschine. Mit Detailangaben und Zeichnung.**
**Schwierigkeiten beim Sichern der richtigen Materialien.**
**Testläufe der Maschine bei Lordship Manor (heutiger Sitz der Fa. Sikorsky).**
Neue Werkstatt eröffnet – finanziert durch Herrn A. Linde.
Neue Flugzeuge gebaut, fotografiert. Testflüge über Long Island.
Übersiedlung der Werkstatt nach Tunxis Hill. Erbauung eines Ornithopter für Buffalo Jones.
Erbauung des Burgess Hubschraubers – 120 Propeller und 300 PS Motor.
Motorentests. Schwierigkeiten beim Schweißen von Rohren.
Experimente mit dem „Motheraw" Wasserflugzeug.
Gebaute Segelflugzeuge. Testflüge beim Sonnenaufgang und Unfälle.
Drachen- und Ballonerbauung sowie Flüge.
Segelflugvorführungen beim Flugschau – Morris Park, New York.
Der Adams Segelflieger – für Herrn Adams von der Adams Express Co. gebaut.
Die Prognosen Weißkopfs fürs Fliegen.
Schwierigkeiten der Polizei mit Mitgliedern des Country Clubs bei Flugvorführungen.
Die Blindheit der reichen Clubmitglieder, was die Zukunft betraf.
Finanzielle Peinlichkeiten und Prozesse.
Erkrankung und Verzweiflung beim Scheitern der Versuche, finanzielle Unterstützung einzuwerben.
Wendet sich an die Religion. Der Tod.

Es würde mich sehr freuen, wenn Sie mich darüber informieren würden, mit wem Sie in Bridgeport gesprochen haben, und was Ihnen dabei erzählt wurde. Ich würde auch gerne die Namen jener Publikationen erfahren, für die Sie bereits geschrieben haben.

Ihnen für das gezeigte Interesse dankend, verbleibe ich mit freundlichen Grüßen
(gezeichnet) Julius W. Harworth, 14959 Mark Twain Boulevard, Detroit, Michigan
LS/J.W.Harworth.

P.S. Zu einem späteren Zeitpunkt würde ich gerne Informationen über mögliche Patente offenlegen. Ich bin der Meinung, dass sich jemand mit echtem Schreibtalent darum kümmern sollte. Ich kann Referenzen vom US Präsidenten Roosevelt vorweisen. JWH.

**Junius Harworth Brief an Stella Randolph, 23. Juli 1934**

# Konstruktion & Bau

OCT-7-1934.

Foreword

The following essay is the true course of facts and events in the life of Gustave Whitehead during his residence at Bridgeport, Connecticut, the writer having had the pleasure of meeting him on the first day of his arrival and was associated with him almost continuously until his demise (I use this term as Mr Whithead was, I believe a pioneer in aviation and entitled to all the honors heaped upon the believers of heavier than air flights) I firmly believe in every one of his predictions as to scientific progress as they have all come true in later years. My only regret is that the pages of aviation history would be quite differently set up had the bankers and members of the country club been more interested in the future possibilities of aviation.

J W Harworth.

Gustave Whitead came to Bridgeport, from Pittsburgh, Pa. in the fall of 1900 and had room and board with Mrs Julius Egry at 352 Hancock Ave. The building was a large six family flat (still in existence) was occupied at that time by Mr G Furman-third floor, north side, these people now reside in Toledo, Ohio. Mr & Mrs J Egry-second floor, north side. The writer lived on the first floor, north side. Mrs J Molnar occupied the third floor, south side and she was the mother of Mrs John Davis or Deszo. Mr Davis has extensive real estate holdings in the West End, is a banker and coal dealer but during Mr Whitheads activities had a meat market located at 349 Hancock Ave. (The reason of all this detail is so that facts may be gathered from all these persons) I do not recall who occupied the second floor but the first floor was occupied by a Mr S Sarrosy who altered his parlor or front room into a small tobacco and candy shop. I happened to be in this shop when I first met Whitehead, he came in and inquired as to where he could find a room and I took him upstairs to see Mrs Egry (Mr Egry in later years purchased a small home and I believe that the number is 315 Hancock Ave. I know that 318 is at the corner (N E ) of Hancock and Spruce, diagonally across is Mr Dukas drug store in the one time George Hotel (brought over on barges from Black Rock) Mr Egrys' property is just behind, either the first or second residence toward the Sound.

Whitehead appeared to be pleased when I told him that Mr Egry could speak German, by the way I wish to say here that the name Whitehead is the American translation of his German name Weisskopf. His room at the Egry home was very modest, merely had a bed, bureau and chair in it. It was a week or so before Whitehead secured a position as a coal truck driver. I was eleven years of age at the time and remember the incident very distinctly as his "coally" appearance against a back ground of our first snow fall was very outstanding. I asked him why he came home in the truck and he explained that he had to get his belongings at the RR station after supper. Previous to this event he had become familiar with my father and mother, more so with mother as she spoke German, due to the language spoken I was not very much interested but on Friday P M when he returned from the station with the box it was a different matter as he told me that he wanted me to watch this box until he could open it on the following day (Saturday noon) When he did arrive he found me seated on top of the box munching a cookie and he was so pleased with my vigilance that he gave me a brand new copper cent from his first pay, needless to say I was pleased and felt well paid even tho I refused to play Run-sheep-run with my play mates, as I look back now, my life in mechanics and scientific interest started at the moment of recieving that copper and strange to say it was the only money ever recieved from him in all the years that I was associated with him. It is sort of a Ripley believe it or not affair, but true. I was so much interested in new things and invention that payment never was thought of, he

**Junius Harworth Brief an Stella Randolph, 7. Oktober 1934, S.1**

7. OKT. 1934.

Vorwort

Der folgende Aufsatz gibt den wahren Ablauf der Fakten und Ereignisse im Leben von Gustav Weißkopf während seines Aufenthalts in Bridgeport/Connecticut, wieder. Der Autor hatte das Vergnügen, ihn am ersten Tag seiner Ankunft kennenzulernen, und war bis Ende seiner Laufbahn fast ununterbrochen mit ihm verbunden. (Ich verwende diesen Begriff, da Herr Weißkopf, glaube ich, ein Pionier in der Luftfahrt war und Anspruch auf alle Ehren hat, die jenen zustehen, die ans Fliegen schwerer als Luft glaubten.) Ich glaube fest an jede seiner Vorhersagen über den wissenschaftlichen Fortschritt, denn diese sind alle in späteren Jahren wahr geworden. Ich bedaure nur, dass die Luftfahrtgeschichtsbücher ganz anders lauten würden, wenn sich die Banker und Mitglieder des Country Clubs mehr für die zukünftigen Möglichkeiten der Luftfahrt interessiert hätten.

J. W. Harworth.

Gustav Weißkopf kam im Herbst 1900 aus Pittsburgh, Pennsylvania, nach Bridgeport und bezog ein Zimmer mit Verpflegung bei Frau Julius Egry in der Hancock Avenue 352. Das Gebäude war ein großes Sechs-Familien-Wohnhaus (noch vorhanden), welches zur damaligen Zeit von Herrn G. Turnan bewohnt wurde – dritter Stock, Nordseite. Diese Leute leben zwischenzeitlich in Toledo, Ohio. Mr. & Mrs. Egry – zweiter Stock, Nordseite. Der Autor wohnte im ersten Stock auf der Nordseite. Frau J. Molnar besetzte den dritten Stock auf der Südseite und war die Mutter von Frau John Davis bzw. Deszo. Herr Davis verfügt über umfangreiche Immobilienbestände im West End, ist Bankier und Kohlenhändler, hatte jedoch während der Aktivitäten von Herrn Weißkopf eine Metzgerei in der Hancock Avenue 349. (Der Grund für all diese Details ist, dass bei all diesen Personen Fakten eingesammelt werden können.) Ich erinnere mich nicht daran, wer im zweiten Stock gewohnt hat, aber der erste Stock wurde von einem Herrn S. Sarrosy besetzt, der sein Wohnzimmer bzw. seinen Vorraum in einen kleinen Tabak- und Süßwarenladen umgebaut hat. Ich war zufällig in diesem Laden, als ich Weißkopf zum ersten Mal traf. Gustav Weißkopf kam herein und erkundigte sich, wo er ein Zimmer finden könne, und ich brachte ihn nach oben zu Frau Egry. (Herr Egry hat in späteren Jahren ein kleines Haus gekauft und ich glaube, dass dieses die Nummer Hancock Avenue 315 hat. Ich weiß, dass Nr. 315 an der Ecke (NE) [Nordost] von Hancock und Spruce liegt. Diagonal gegenüber davon liegt die Drogerie von Herrn Dukas im ehemaligen George Hotel. (Das Gebäude wurde auf Pontons von Black Rock per Schiff herüber transportiert.) Herr Egrys Anwesen befindet sich direkt dahinter, entweder das erste oder das zweite Haus in Richtung Sund.

Weißkopf schien darüber erfreut zu sein, als ich ihm sagte, dass Herr Egry Deutsch sprechen könne. Übrigens möchte ich sagen, dass der [durch ihn verwendete] Name „Whitehead" die amerikanische Übersetzung seines deutschen Namens Weißkopf ist. Sein Zimmer im Egry-Haus war sehr bescheiden, hatte nur ein Bett, einen Klapptisch und einen Stuhl. Es dauerte ungefähr eine Woche, bis sich Weißkopf eine Stelle als Kohlewagenfahrer sicherte. Ich war damals elf Jahre alt und erinnere mich daran sehr genau, da sein „verkohltes" Aussehen vor dem Hintergrund unseres ersten Schneefalls sehr kontrastreich war.

Ich fragte ihn, warum er mit dem Lastwagen nach Hause gekommen sei und er erklärte mir, dass er seine Sachen nach dem Abendessen am Bahnhof abholen müsse. Noch vor diesen Ereignissen hatte er meinen Vater und meine Mutter kennengelernt, vor allem aber meine Mutter, da sie Deutsch sprach. Wegen der Unterhaltung in einer Fremdsprache habe ich mich für den Inhalt nicht interessiert. Aber am Freitagnachmittag, als er mit einer Kiste vom Bahnhof zurückkam, war es plötzlich anders, als er mir sagte, dass ich diese Kiste bewachen soll, bis er sie am nächsten Tag (Samstagmittag) öffne. Als er ankam, fand er mich oben auf der Kiste sitzend, einen Keks kauend, und er war so zufrieden mit meiner Wachsamkeit, dass er mir aus seiner ersten Lohnzahlung einen brandneuen Kupfer-Cent-Stück gab. Unnötig zu erwähnen, dass ich damit zufrieden war und mich gut bezahlt fühlte, obwohl ich darauf verzichten musste, mit meinen Spielkameraden Fangen zu spielen. Wenn ich jetzt zurückblicke, begann mein Leben im Umfeld der Mechanik und mein wissenschaftliches Interesse in dem Moment, als ich dieses Kupfer-Cent-Stück erhielt, und seltsamerweise war dies das einzige Geld, das ich in all den Jahren, die ich mit ihm verbracht hatte, jemals von ihm erhielt. Es ist eine Art Kuriosum, aber wahr. Ich war so sehr an neuen Dingen und Erfindungen interessiert, dass ich an eine Bezahlung nicht dachte. Er

**Junius Harworth Brief an Stella Randolph, 7. Oktober 1934, S.1**

did not have much as his earnings werehardly enough for himself,family and experimental costs.

After placing the copper in my palm he looked at me with pleasure and seemed to enjoy seeing my happiness in the gift,then he said,"How am I going to open that box",I grinned and pulled a hammer out of my back pocket and it seemed,from then on we were inseparable.While opening this box he seemed very happy and told me that he had a big surprise for me,Aladdin could not have been more surprised for when we removed the cover I was surprised to see working models of balloons,several airplanes,a submarine, steam locomotive,helicopter and other mechanical devices.I handled these things as tho they were pure gold,besides these things there were many tools books and other things.Mr Whitehead gave me the box and it made me sick at heart to chop it up when mother told me to do so.The next few weeks I shall never forget as he took especial pains to explain the workings of each model and predicted that before I reach old age I would see the sky overshadowed with fleets of planes traveling at frightful speed in absolute safety.He always referred to planes as flying machines.He also told me that I would some day drive a car or automobile that recieved its power thru the air,and we almost have that now when one thinks of radio,and electrical transmission.

While indulging in these porch talks he told me that at an early age he went to Hamburg and there was "Shanghied" on an Australian sailor,had traveled the seven seas before he was sixteen,returned to Germany and fell in with Gus and Otto Lilienthal in flying machine and glider flights and experiments.

Later the lust of the seas gripped him and he again went sailing but was ship wrecked on the west coast of South America.His wanderings thru the Pampas and Brazilian jungles,capture by the indians is another very interesting story.

Several weeks before Christmas Mrs Whitehead and their daughter of three arrived and they settled down in a home the yard of which was adjacent to ours.

This house at one time was a barn belonging to a Mr Frederick Lomnitzer, who was a German and a butcher,in 1899 his market burned down and a large six flat house was erected on the site by Mr Bjorkland,a Swedish contractor who also built most of the new structures in the West End.This flat is still there and I believe that it is 243 Pine street,of course I am certain of the name of the street.After the fire of the market on this site,the barn in the rear was altered into living quarters,four small two-room flats.Whiteheads occupied the lower rooms on the east end .This house had a ~~short~~ front porch about two thirds length and several steps up.A central door opened up into a hallway that extended to the rear of the house and doors lead left and right to the rooms.These apartments were rather very small,the kitchen had an iron sink, a small coal burning stove,table,old fashioned cupboard and several chairs. One window faced the back yard of a trucker and the window on the east faced the garden plot of the minister of the Reformed Church.I was never in the bed room so cannot describe it but felt that space was scarce as many times after dinner Whitehead would go in and I could hear him pull his violin case out from under the bed.He was not a very good violinist but he did enjoy playing to his little girl,Rose.After putting aside the instrument he would whistle some old German tune,rush out into the shop and enjoy working.Of course he was dependent upon outside work for a living and would do so for a while,save a little ahead,work on his machine and then get another job when his finances were gone.This he kept up all the time.After the coal job he worked at the American Tubs & Stamping Co(was called the Wilmot & Hobbs Co when he worked there)He worked several times at the Locomobile plant,also at the Bullard tool Co,MacKenzie Foundry.

Junius Harworth Brief an Stella Randolph, 7. Oktober 1934, S.2

hatte nicht viel Geld, da sein Einkommen für sich selbst, seine Familie sowie den Aufwand für seine Experimente kaum ausreichte.
Nachdem er das Kupfer-Cent-Stück in meine Handfläche gelegt hatte, sah er mich freudestrahlend an und schien es zu genießen, meine Freude daran zu sehen. Dann sagte er: „Wie soll ich diese Kiste öffnen? Ich grinste und zog einen Hammer aus meiner hinteren Tasche, und von da an waren wir wie unzertrennlich. Als er diese Kiste öffnete, schien er sehr glücklich zu sein und sagte mir, dass er eine große Überraschung für mich hatte. Aladdin hätte nicht überraschter sein können, als wir den Deckel abnahmen. Ich war erstaunt, funktionsfähige Modelle von Ballons, mehreren Flugzeugen, einem U-Boot, einer Dampflokomotive, einem Hubschrauber und anderen mechanischen Geräten zu sehen. Ich ging mit diesen Objekten um, als wären sie pures Gold. Neben diesen Dingen gab es viele Werkzeuge, Bücher und andere Gegenstände. Hr. Weißkopf gab mir die Kiste, und es tat mir im Herzen weh, als mir meine Mutter anwies, sie zu zerschneiden und zu entsorgen. Die danach folgenden Wochen werde ich nie vergessen, da er sich besondere Mühe machte, mir die Funktionsweise eines jeden Modells zu erklären, und voraussagte, dass ich vor Erreichen eines hohen Alters den Himmel mit Flotten von Flugzeugen überschattet sehen würde, welche mit hoher Geschwindigkeit absolut sicher umher fliegen. Er bezeichnete Flugzeuge immer als Flugmaschinen. Er sagte mir auch, dass ich eines Tages ein Auto fahren würde, das seine Kraft [mittels Induktion] durch die Luft anzapft, und heute sind wir nahe daran, wenn man an Funkwellen und elektrische Übertragung denkt.
Während er sich diesen Gesprächen auf der Veranda hingab, erzählte er mir, dass er in jungen Jahren nach Hamburg ging und dort auf einem australischen Segelschiff „Schanghaied“ wurde, und noch bevor er sechzehn wurde, alle Weltmeere bereist hatte, und wie er nach Deutschland zurückgekehrt war und bei Gus und Otto Lilienthal aufschlug, um mit Flugmaschinen und Segelflugzeugen zu experimentieren. Danach packte ihn wieder das Fernweh und er ging wieder zu See, wurde aber an der Westküste Südamerikas schiffbrüchig. Eine weitere sehr interessante Geschichte ist seine Wanderung durch die Pampa und den brasilianischen Dschungel, wo er von den Indianern gefangen genommen wurde.
Einige Wochen vor Weihnachten kamen dann Frau Weißkopf und ihre dreijährige Tochter an und ließen sich in einem Haus nieder, dessen Hof neben unserem lag.
Dieses Haus war einst die Scheune eines deutschen Metzgers namens Herrn Frederick Lomnitzer. 1899 brannte sein Laden nieder und auf dem Gelände wurde von Herrn Bjorkland, einem schwedischen Bauunternehmer, der auch die meisten neuen Gebäude im West End baute, ein großes Haus mit sechs Wohnungen errichtet. Besagtes Wohnhaus ist immer noch da und ich glaube, dass sie die Nr. 243 Pine Street hat. Was den Straßennamen betrifft, bin ich mir jedenfalls sicher. Nach dem Brand des Ladens wurde an dieser Stelle der hintere Bereich der Scheune in Wohnräume umgewandelt: vier kleine Zweizimmerwohnungen. Die Weißkopfs besetzten die unteren Räume am östlichen Ende. Dieses Haus hatte eine kurze Veranda von etwa zwei Dritteln Länge, zu der einige Stufen hinauf führten. Mittig gab es eine Tür, die in einen Flur führte, welcher sich bis an die Rückseite des Gebäudes erstreckte. Da gab es Türen, die nach links und rechts in die Zimmer führten. Diese Wohnungen waren sehr klein. Die Küche hatte ein eisernes Waschbecken, einen kleinen Kohleofen, einen Tisch, einen altmodischen Schrank und mehrere Stühle.
Ein Fenster zeigte zum Hinterhof eines LKW-Fahrers und die Fenster im Osten zum Gartengrundstück des Pfarrers der Reformierten Kirche. Ich war nie im Schlafzimmer, kann es also nicht beschreiben, hatte aber das Gefühl, dass der Platz darin knapp war. Nach dem Abendessen ging Weißkopf oft hinein, und ich hörte, wie er seinen Geigenkoffer unter dem Bett hervorholte. Er war kein besonders guter Geigenspieler, aber er spielte gern für sein kleines Mädchen Rose. Nachdem er das Instrument beiseitegelegt hatte, pfiff er eine alte deutsche Melodie. Danach eilte er in seine Werkstatt und freute sich auf die Arbeit. Natürlich war er für seinen Lebensunterhalt auf externe Arbeit angewiesen und würde einer solchen zeitweise nachgehen, bis er ein wenig Geld angespart hatte, um an seiner Maschine weiter zu arbeiten. Einen weiteren Job würde er erst annehmen, als das Geld alle war. Das machte er auf Dauer so. Nach dem Kohlejob arbeitete er bei der American Tube and Stamping Co. (hieß damals Wilmot & Hobbs Co., als er dort arbeitete). Er arbeitete mehrere Male im Locomobile-Werk, sowie bei der Bullard Tool Co. [Werkzeugmacher] & Mackenzie Foundry [Gießerei].

**Junius Harworth Brief an Stella Randolph, 7. Oktober 1934, S.2**

Mr Whiteheads first machine shop in Bridgeport was built in front of his home and up next to the fence that bounded the church garden.Besides myself assisting there was Mr Bert Papp,Charles Galambosh,John Kedves and Wargo.It was about thirty feet long and twelve feet wide,had a peaked slanting roof covered over with tar paper.The entrance was on the long side nearest his house.The equipment in the shop consisted of a six foot lathe,a large wall type drill press and a smaller bench drill.Power was furnished by a vertical, single cylinder Otto gas engine having a 30 inch fly wheel and used dry cells for ignition.It seemed as tho I had to get six of them almost every week.Had to walk two miles to town to Lyon and Grummans hardware store for them and felt real proud as I was pointed out by the clerks to customers that I would some day be a flyer.Later we secured a magneto to replace the cells.I recall fastening this magneto to the floor,back of the Otto and Whitehead showed me how to splice a rope or cloths-line sailor fashion for an endless "belt" which we put over the small pulley of the magneto and the large flat surface of the flywheel.For the winter I secured a small "chink" stove from the laundryman next door and it was a common occurence to find several visitors seated around this stove with their wet shoes on the iron edge for drying.One time we had a distinguished balloonist there.It was my habit that when I first would enter the shop I would always greet Whitehead thus"Well Honey how are you"One day I entered,greeted him so and to my surprise a stranger was in there instead,he looked at me somewhat askance and said,"sonny, you got that wrong,my name is Honeywell",just then Whitehead came in and we all laughed.I understand that Mr Honeywell is still alive and active in ballooning and resides in Denver,Col.

On one side of the shop was a long bench,had a large vise attached and there was a large assortment of mechanics and carpenters tools at hand.We had to have a small forge and we constructed a hand crank operated windmill, all boxed in and with a stove pipe at the exit end,this we placed under the "chink" and answered very well for heating pieces of iron.For an anvil I brought a large piece of iron from the forge shop on Wordin Ave. and we used up several files to put it in shape for use for smithing.

Whiteheads first work in this shop was the alteration of his steam engine which he brought from Pittsburgh and was the one that he used in his first flights or hops and which was wrecked somewhat,I recall this to mind as the "chink" was a bit too small to take the rod and we had to take it to Mr Kedves who was a blacksmith in the employ of the Blue Ribbon Carriage Co on John street.It was this same Mr Kedves who made me a twenty by thirty inch mahogany drawing board that I still make use of at home.He and I and Whitehead were at one time considering making a Gyro-car(an automobile having only two wheels,motor and a gyroscope to keep it in balance)In later years I was glad that this was not undertaken as my experience as chief supervisor of Gyro-installations aboard yachts and battleships proved to me that it would have been a failure.Getting back to Whiteheads'steam engine,I cannot state what horse-power it was but I do recall that the cylinder had about a twelve inch stroke and was about six inches in diameter.Certain parts had to be soldered,and in the evening after supper he and I carried the engine into the kitchen and placed it with one end on the kitchen sink and the other end upon the top of the back of a chair.The reason for this was because they had run out of kerosene,the shop lamp was empty so we had to use the kitchen lamp.

**Junius Harworth Brief an Stella Randolph, 7. Oktober 1934, S.3**

Die erste Maschinenwerkstatt des Hrn. Weißkopf in Bridgeport wurde vor seiner Wohnung neben dem Zaun, der an den Kirchengarten angrenzte, gebaut. Neben mir gab es dabei Unterstützung durch die Herren Bert Papp, Charles Galombosh, John Kedves und Wargo. Die Werkstatt war ungefähr dreißig Fuß lang und zwölf Fuß breit und hatte ein schräges Dach, das mit Teerpapier bedeckt war. Der Eingang befand sich auf jener Längsseite, die seinem Hauseingang am nächsten lag. Die Ausrüstung der Werkstatt bestand aus einer sechs-Fuß-langen Drehbank, einer großen Wandbohrmaschine und einer kleineren Tischbohrmaschine. Die Kraft dafür wurde durch einen vertikalen Otto-Einzylinder-Benzinmotor mit einem 30-Zoll-Schwungrad, der Trockenbatterien zur Zündung verwendete, bereitgestellt. Es kam mir so vor, als müsste ich fast jede Woche sechs Stück davon kaufen. Ich musste zwei Meilen in die Stadt zum Baumarkt Lyon & Grumman's zu Fuß gehen und fühlte mich sehr stolz, als die Angestellten dort die anderen Kunden darauf hinwiesen, dass ich eines Tages Pilot sein würde. Später installierten wir einen Magnetzünder, um die Batterien zu ersetzen. Ich erinnere mich, wie ich diesen Magnetzünder am Boden hinter dem Ottomotor, befestigte, und wie mir Weißkopf zeigte, wie man ein Seil bzw. eine Wäscheleine auf seemännische Art zum Endlosriemen zusammen spleißt, welchen wir über die kleine Riemenscheibe des Magnetzünders und die große flache Oberfläche des Schwungrads legten. Für die Wintermonate habe ich vom Wäschereimann nebenan einen kleinen „Chink“ -Ofen ergattert. Es kam häufig vor, dass mehrere Besucher um diesen Ofen saßen und ihre nassen Schuhe zum Trocknen auf dessen eisernen Kante legten. Einmal bekamen wir Besuch durch einen berühmten Ballonfahrer. Es war meine Angewohnheit, beim ersten Betreten des Ladens Weißkopf spaßeshalber mit den Worten: *„hello honey, how are you?“* begrüßte. Eines Tages trat ich ein, begrüßte ihn so und zu meiner Überraschung war stattdessen ein Fremder da. Er sah mich etwas schief an und sagte: "Junge, du hast das falsch verstanden, mein Name ist Honeywell." In diesem Moment kam Weißkopf herein und wir haben alle herzlich gelacht. Meines Wissens lebt Herr Honeywell noch, ist noch als Ballonfahrer aktiv, und wohnt in Denver, Colorado.
Entlang einer Seite der Werkstatt befand sich eine Werksbank mit einem großen Schraubstock und einer großen Auswahl an Mechaniker- und Schreiner-Werkzeugen. Wir brauchten eine kleine Schmiede und bauten dafür ein verkleidetes, handkurbelbetriebenes Gebläse, mit einem Ofenrohr als Abluft. Dies stellten wir unter den „Chink“, was sich zum Erhitzen von Eisenstücken als sehr geeignet herausstellte. Als Amboss brachte ich ein großes Stück Eisen aus dem Schmiedeladen in der Wordin Avenue mit, und wir verschlissen mehrere Feilen, bis es die richtige Form zum Schmieden hatte.
Weißkopfs erste Arbeit in dieser Werkstatt waren Änderungen an jenem Dampfmotor, den er aus Pittsburgh mitgebracht hatte, mit welchem er seine ersten Flüge bzw. Hüpfer durchgeführt hatte. Dieser war teilweise zerstört. Ich erinnere mich daran, dass der „Chink“ ein bisschen zu klein war, um die Welle zu fassen, weshalb wir sie zu Hrn. Kedves, der bei der Blue Ribbon Carriage Co. in der John Street Schmied war, bringen mussten. Es handelte sich dabei um denselben Hrn. Kedves, der mir ein 20 x 30 Zoll großes Mahagoni-Zeichenbrett gezimmert hatte, das ich noch heute zu Hause benutze. Er, ich und Weißkopf überlegten seinerzeit, ein Gyro-Automobil zu bauen (ein Auto mit nur zwei Rädern, einem Motor und einem Gyroskop, um das Gleichgewicht zu halten). In späteren Jahren war ich froh, dass wir diese Idee nicht umgesetzt haben. Denn meine späteren Erfahrungen als Leitender Beaufsichtigender der Gyroskop-Anlagen an Bord von Yachten und Schlachtschiffen haben mir gezeigt, dass dieses Vorhaben ein Misserfolg gewesen wäre. Nun zum Dampfmotor Weißkopfs zurück: Ich kann nicht sagen, wie viel PS er hatte, aber ich erinnere mich daran, dass der Zylinder einen Hub von ungefähr 12 Zoll, und einen Durchmesser von ungefähr 6 Zoll hatte. Bestimmte Teile mussten gelötet werden, und am Abend nach dem Abendessen trugen er und ich den Motor in die Küche und stellten ihn mit einem Ende auf das Spülbecken und dem anderen Ende auf die Rückenlehne eines Stuhls. Der Grund dafür war, dass das Kerosin ausgegangen war. Die Werkstattlampe war somit leer. Daher mussten wir die Küchenlampe benutzen.

**Junius Harworth Brief an Stella Randolph, 7. Oktober 1934, S.3**

After this engine was completed he was at a loss, that he could not make nor purchase a suitable and light steam boiler and finally decided to get a tank of compressed air for the trials. The air duly arrived and the engine was a success. Quite a few people witnessed this demonstration in fact a Policeman, a Mr Cronin was in the crowd and we requested that he keep the crowd out of the alley from Pine street. From this time on every one in the West End was very eager for coming events as it all seemed to be a mystery to them and qite interesting. Anton Seaman another policeman was present.

The next step was to build suitable propellers and he and I walked the two miles or more to the Frank Miller Lumber Co on East Washington Ave. He ordered twelve pieces of white pine, five feet long, eight inches wide and seven-eights of an inch thick, all dressed and milled smooth, and free of cracks and knots. This was delivered a few days later and I saw the making of a propeller for the first time. On our way back from the mill he bought a large can of Le-Pages glue at Lyon & Grummans (This hardware store now is located at the North-East corner of Fairfield Ave and Middle Street. We worked on the propellers mostly by lamp light, and was constructed as follows, all of the boards were marked off in the center both as to width and length or in other words a line was drawn from one corner to the other. This gave him the true center, a half inch hole was drilled thru each, he made a pin that would just go thru this hole and it was about seven inches long.

He also drilled into the bench about a half inch to hold this pin in location, one of the boards were placed over the pin and upon the bench, he next spread a coat of glue all over the top of this board, took another and it too was spread over with glue then placed over the center pin with the two faces glued together, the lower board was toe nailed a bit to the bench.

The second board was slid over a bit so that the extreme edges were overlapped about an inch while the centers remained the same. The top of the second board was glued over, a third was also glued and placed over the pin as before and again it too was slid around a bit to form another step. All of the remaining boards were treated likewise until the set up was six inches high and the circumferencial edge was stepped out to about thirty degrees.

After the placing of each board he nailed the two together with six penny nails. This was all left on the bench for about three days until the glue was well set. Both rough propellers took up quite a good deal of the bench and Whitehead was glad when the job was done and ready for the rough cutting.

He and Mr Galambosh, spent many nights carving out the true form after I had roughed it a bit with a chisel and hammer. After the sanding or finishing was completed on both, a three inch hole was drilled thru using the first hole as a guide. Into this larger hole was pressed an iron bushing thru which he placed an arbor having a snug fit. A knife edge set up was next made and we spent considerable time in balancing these propellers. Next we gave them several coats of varnish with a two days drying time between each coat, and balanced again altho we re-balanced only one by giving it several dabs of varnish at the lightest end.

The next step was the construction of the fusillage, he called it the carriage, of ocurse the shop was too small for this work and he did not wish to build it in the yard under prying eyes so we picked out the cellar as suitable but it required that we construct it so that we would have to take it apart to get it out. This was done. *To be continued*

Junius Harworth Brief an Stella Randolph, 7. Oktober 1934, S.4

-4-

Nachdem dieser Motor fertiggestellt war, machte es ihn ratlos, dass er keinen geeigneten und leichten Dampfkessel herstellen oder kaufen konnte. Schließlich entschied er sich dafür, einen Drucklufttank für die Versuche zu besorgen. Demnach kam die Luft an und der Motor war ein Erfolg. Nicht wenige Menschen waren Zeugen von dieser Vorführung. Tatsächlich war ein Polizist, ein Hr. Cronin, in der Menschenmenge anwesend und wir baten ihn, die Menschen von der Einfahrt zur Pine Street fernzuhalten. Von diesem Zeitpunkt an waren alle im West End auf kommende Ereignisse sehr gespannt, da ihnen alles ein Rätsel und ziemlich interessant schien. Anton Seaman, ein weiterer Polizist, war ebenfalls anwesend.

Der nächste Schritt bestand darin, geeignete Propeller zu bauen, woraufhin er und ich die zwei Meilen oder mehr zur Frank Miller Lumber Co. in der East Washington Avenue zu Fuß gingen. Er bestellte dort zwölf Bretter Weißkiefer, fünf Fuß lang, acht Zoll breit und sieben Achtel Zoll dick, alle geschliffen und glatt gefräst, sowie frei von Rissen und Astansätzen. Diese wurden einige Tage später geliefert und so sah ich zum ersten Mal, wie ein Propeller hergestellt wird. Auf dem Rückweg vom, Sägewerk kaufte er bei Lyon & Grumman's eine große Dose Kleber der Marke Le-Pages. (Dieser Baumarkt befindet sich jetzt an der nordöstlichen Ecke der Fairfield Avenue und der Middle Street.)

Wir haben an den Propellern hauptsächlich bei Lampenlicht gearbeitet. Diese wurden wie folgt gebaut: Alle Bretter waren in der Mitte sowohl hinsichtlich Breite als auch Länge markiert bzw. mit anderen Worten, eine Linie wurde von einer Ecke zur anderen gezogen. So wurde der tatsächliche Mittelpunkt angezeigt. Durch jedes Brett wurde ein Loch von einem halben Zoll Breite gebohrt. Er fertigte daraufhin einen Stift an, der passgenau durch dieses Loch führte und ungefähr sieben Zoll lang war. Wir bohrten auch etwa einen halben Zoll in die Werkbank hinein, um diesen Stift an Ort und Stelle zu fixieren. Eines der Bretter wurde über den Stift und auf die Bank gelegt. Als nächstes verteilte er eine Schicht Klebstoff auf der Oberseite dieses Bretts, nahm ein weiteres und über dieses wurde ebenfalls Klebstoff verteilt. Dann wurden die zusammengeklebten Flächen über den Mittelstift gelegt. Das untere Brett war nur leicht an die Werkbank genagelt.

Das zweite Brett wurde ein wenig um den Stift weiter geschoben, so dass es an den äußersten Kanten etwa einen Zoll Überhang gab, während die Zentren dieselben blieben. Die Oberseiten der verbleibenden Bretter wurden ebenfalls mit Klebstoff versehen, bis der Aufbau sechs Zoll hoch war und die Linie der versetzten Kanten am äußersten Rand etwa dreißig Grad betrug. Nach dem Platzieren eines jedes Brettes nagelte er die beiden mit Sechs-Penny-Nägeln zusammen. Das alles wurde ungefähr drei Tage lang auf der Werkbank stehen gelassen, bis der Kleber fest war. Die Beiden Propeller im Rohzustand nahmen einen großen Teil der Werkbank ein, und Weißkopf war froh, als die Arbeit erledigt war und das Rohschneiden beginnen konnte.

Er und Hr. Galombosh verbrachten viele Nächte damit, die Endform herauszuarbeiten, nachdem ich die Rohformen mit einem Meißel und einem Hammer ein wenig abgeklopft hatte. Nachdem das Schleifen bzw. die Endfertigung an beiden abgeschlossen war, wurde ein Loch mit einem Durchmesser von 3-Zoll-Loch um das erste Loch herum gebohrt. In dieses größere Loch wurde eine Eisenbuchse gepresst, durch welche er passgenau eine Welle platzierte. Als nächstes wurde Ein Auswuchtbock mit einer Messerschneide eingerichtet, und wir haben viel Zeit damit verbracht, die Propeller darüber zu balancieren. Als nächstes gaben wir ihnen mehrere Lackschichten. Es gab eine Trocknungszeit von zwei Tagen zwischen den einzelnen Schichten. Danach balancierten wir erneut aus, was aber im Grunde darin bestand, am leichteren Ende mehrere Tupfer Lack zu geben.

Der nächste Schritt war der Bau des Rumpfes. Er nannte es die Kutsche. Natürlich war die Werkstatt zu klein für diese Arbeit. Er wollte ihn aber nicht vor den neugierigen Blicken im Hof bauen. Also hielten wir den Keller für geeignet, was aber erforderte, dass wir ihn so bauten, dass wir ihn zerlegen konnten, um ihn von dort entnehmen zu können. So wurde es gemacht. Fortsetzung folgt

**Junius Harworth Brief an Stella Randolph, 7. Oktober 1934, S.4**

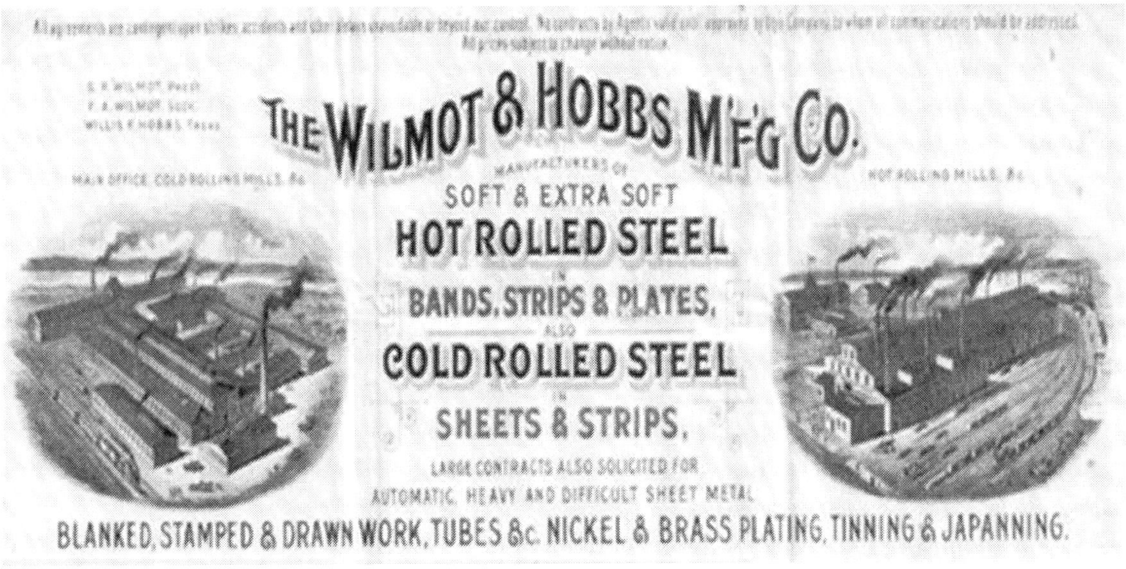

[1]

Frank Miller

**Lumber**

FRANK MILLER LUMBER CO., 156 E. Wash Ave. Phone 103

BLUE RIBBON GARAGE, 295 Fairfield Ave. Phone 3126

**THE LYON & GRUMMAN CO.**

The Big Hardware Store

RELIABLE MERCHANDISE

FAIRFIELD AVENUE AND MIDDLE STREET

---

[1] 1898, Glimpses of Bridgeport Connecticut, CT, S.46

Detroit, Michigan.
January, 27th, 1935.

Dear Miss Randolph;

Your letter of the fifteenth at hand and do not be discouraged at the past events as right is might and I will do all I can to present the true facts as they occured. Regarding Mr Inwood and your suspicions that he was investigating you, It is too bad that some people are made that that way but I can prove that Mr Whitehead studied the flights of the Albatross and he and I spent many a day at the foot of Hancock Ave, Bridgeport, out on the ice, where we caught fish through the holes made in this ice. We carefully pulled the fish out and laid them upon the ice and ran out to the end of the fish line.

The gulls flying over head would glide down and swallow the small fish, it then was very easy to hawl them in. After a catch like this we pulled the fish out of them, tied a string to their legs and let them free. At times we or rather I would hold the gull before me and let it start its flight from in front while Whitehead would carefully watch how the wings flapped and moved. We did this for several winters and gained much experience in bird flights.

As for gliding, we built many of them, flew them, sunday after sunday before crowds, at one time I had the extreme pleasure of turning a complete reverse loop as the wind came up suddenly. The Bridgeport Post had articles in many times. Mr Whitehead had taken many photographs of these flights which occured on the estate of a Mr Orr, his "castle" as we called it was at the top of the present Tunxis hill road not far from where Mrs Whitehead lives now. The hill faced Long Island soundand looked over all of Bridgeport and the Sound. No matter what Mr Inwood says or thinks he is justplain ignorant. Why, we even built a large glider for Mr Adams, owner of the Adams express Co. This glider we took down to Morris Park, the bronx suburb of upper N Y. The Park still stands and was a well known race track and one of the first aviation meets were held their, I believe that was about 1907, in July or so. I recall the event as Mr S Y Beach drove us down in his 1904 Locomobile. At this aviation meetinga young Canadian, Lesh by name made a very nice flight but in coming down he turned over, cracked-up and broke his ankle. Mr Adamses glider, I recall distinctly, one afternoon almost at sundown, six men took hold of it and with Beach driving his car with a tow rope attached we tried to demonstrate the machine in flight. Unfortunately the machine was too heavy and we could not get up speed as the wind was not in our favor. I am sure you can write to Mr Adams and verify my statement but he was bitter at the time as he expected that the machine would prove much more interesting/ I do not think he paid the $200.oo he agreed to pay for it.

I too can see, that present entrenched belief in the Wrights will be hard to shatter but I wish to say right here that I have located a party here in Detroit that worked with the Wrights at the time and his contention is that the wrights were not the first to fly. I am doing all I can to get this man to give me a notorized account of his observations and other facts that may stampthe Wright flights otherwise than known.

I am sorry that I have not sent you more of my story but that is because I am doing it up in minute detail, description as well as drawings in detail.

I WILL NOT BACK DOWN as there is no need of it so please just keep on trying to get others interested id these events. I am enclosing an article that was given to me and was published in the Detroit Times of last Sunday.

Regarding the letters that Mr Whitehead sent to the American Inventor, I wish to say that I assisted in ALL of them. I remember rewriting phrases for him. You know that he was German and his home custom to me seemed different than what I was brought up to. My mother was also German but being taught

Junius Harworth Brief an Stella Randolph, 27. Januar 1935, S.1

Detroit, Michigan
27. Januar 1935

Sehr geehrte Fräulein Randolph:
Ihr Brief vom fünfzehnten liegt mir vor. Lassen Sie sich durch die jüngsten Ereignisse nicht entmutigen. Denn die Wahrheit ist mächtig, und ich werde alles tun, um die wahren Geschehnisse so darzustellen, wie sie sich ereignet haben. Bezugnehmend auf Hrn. Inwood sowie Ihren Verdacht, dass er Sie ausspäht, ist es schade, dass manche Leute so sind. Ich kann Ihnen aber beweisen, dass Hr. Weißkopf den Flug des Albatros untersucht hat. Er und ich verbrachten viele Tage am südlichen Ende von Hancock Avenue in Bridgeport draußen auf dem Eis, wo wir Fische durch Löcher im Eis gefangen haben. Wir zogen einen Fisch vorsichtig heraus und legten ihn auf das Eis, rannten dann bis ans Ende der Anglerleine.
Die Möwen, die über uns flogen, glitten nach unten und schluckten die kleinen Fische. Dann war es sehr einfach, sie an der Leine zu sich herzuziehen. Nach einem solchen Fang zogen wir den Fisch aus ihnen heraus, banden eine Schnur an ihre Beine und ließen sie frei. Manchmal hielten wir, oder besser gesagt ich, die Möwe vor mir und ließ sie gerade aus fliegen, während sie Weißkopf genau beobachtete, wie die Flügel flatterten und sich bewegten. Er tat dies über mehrere Winter und sammelte viel Wissen über den Vogelflug.
Was den Gleitflug angeht, so haben wir viele Apparate gebaut und sie Sonntag für Sonntag vor Menschenmassen geflogen. Einmal hatte ich das große Vergnügen, eine komplette Rückwärtsschleife zu drehen, als der Wind plötzlich aufkam. Die Bridgeport Post hatte viele Male Artikel darüber veröffentlicht. Herr Weißkopf hatte viele Fotos von diesen Flügen gemacht, die auf dem Anwesen von Herrn Orr stattfanden. Sein „Schloss", wie wir es nannten, befand sich an der Spitze der heutigen Tunxis Hill Road, nicht weit vom heutigen Wohnort von Frau Weißkopf. Der Hang fiel in Richtung Long Island Sound hinab, und es gab einen Blick über ganz Bridgeport und den Sound. Egal was Mr. Inwood sagt oder denkt, er ist einfach unwissend. Wir haben sogar ein großes Segelflugzeug für Hrn. Adams gebaut, den Besitzer der Adams Express Co. Dieses Segelflugzeug haben wir nach Morris Park, einem Vorort der Bronx im oberen New York, gebracht. Den Park gibt es immer noch, und er war mal eine bekannte Pferderennbahn. Dort fand eines der ersten Luftfahrt Veranstaltungen statt. Ich glaube, das war ungefähr 1907, im Juli oder so. Ich erinnere mich an das Ereignis als uns Herr S.Y. Beach in seinem Locomobile, Baujahr 1904, dorthin fuhr. Bei dieser Flugveranstaltung machte ein junger Kanadier namens Lesh einen sehr schönen Flug, aber als er herunterkam, drehte er auf den Kopf, stürzte ab und brach sich den Knöchel. Ich erinnere mich deutlich ans Segelflugzeug von Herrn Adams. An einem der Nachmittage, fast bei Sonnenuntergang, hoben es sechs Männer und Beach befestigte es mit einem Abschleppseil an seinem Auto und fuhr voraus im Versuch, die Maschine im Flug vorzuführen. Leider war die Maschine zu schwer und wir konnten nicht ausreichend Geschwindigkeit entwickeln, da die Windverhältnisse ungünstig waren. Ich bin sicher, Sie können Herrn Adams anschreiben und meine Aussage überprüfen. Aber er war zu der Zeit sauer, denn er hatte erwartet, dass sich die Maschine als viel interessanter erweisen würde. Ich glaube nicht, dass er die vollen 200 Dollar, die dafür vereinbart waren, am Ende bezahlt hat.
Auch ich sehe, dass der gegenwärtige fest verwurzelte Glaube an die Wrights schwer zu erschüttern sein wird, aber ich möchte an dieser Stelle deutlich sagen, dass ich hier in Detroit jemanden kennengelernt habe, der seinerzeit mit den Wrights zusammengearbeitet hat. Dieser behauptet, dass die Wrights nicht die ersten waren, die geflogen sind. Ich tue alles, um diesen Mann dazu zu bringen, mir einen notariell beglaubigten Bericht über seine Beobachtungen und andere Tatsachen zu geben, welcher die Wright-Flüge anders als bisher bekannt darstellen.
Es tut mir leid, dass ich Ihnen nicht noch mehr von meiner Geschichte zugesandt habe. Dies liegt daran, dass ich diese bis ins kleinste Detail wiedergeben möchte – das bedeutet sowohl detaillierte Beschreibungen als auch Zeichnungen.
ICH WERDE NICHTS ZURÜCKNEHMEN, da dies auch nicht angebracht wäre. Bitte versuchen Sie einfach weiter, andere für diese Geschehnisse zu interessieren. Ich füge einen Artikel bei, der in den Detroit Times vom letzten Sonntag veröffentlicht wurde, und an mich weitergeleitet wurde.
Bezugnehmend auf die Briefe, die Hr. Weißkopf an American Inventor geschickt hat, möchte ich sagen, dass ich bei ALLEN mitgewirkt habe. Ich erinnere mich, wie ich Sätze für ihn umgeschrieben habe. Sie wissen, dass er Deutscher war. Seine Bräuche schienen für mich anders zu sein, als die Tradition, in der ich selbst erzogen wurde. Meine Mutter war ebenfalls Deutsche, sie hat mich aber anders erzogen.

**Junius Harworth Brief an Stella Randolph, 27. Januar 1935, S.1**

# 2

otherwise I was somewhat shocked that while assisting in this writing and both of us drinking coffee and munching home made German cake he started to "dunk" his cake,this incident is very sharp in my memory and ties the two together. If you could find the original letters,you will find that they were this size and were taken from a common school pad with blue lines. I brought the pad home from school on week ends and purchased it at a small store on Pine street,number 222 and owned by two sisters named MALODY.You can verify this by writing to Mr Sam Melits whose letter I am enclosing,this detail of course has nothing whatever to do with our main theme but I wish to firmly convince you that I can remember in detail all past events.

Regarding the 7 mile flights over Long Island Sound,the date mentioned June, 1902 is correct as I recall my disappointment in not being able to witness these flights as I was in the midst of school examinations/I was in room 12,at the Howard Ave school.I might say at this time that if you should wish to check this time up you may but I fear that school records now are not available for that time.Further I wish to say that if you can find recordes you will find me listed as Julius Hoey. Confidentially, and please do not repeat but for some reason or other when I attended the grade schools my brother and I were known as Hoey,how this name ever got on the records I cannot explain but I graduated from the Grades under this name.When I entered the High school I used my parents name as Horvath and now it would be a long personal story to tell you why I go under another name but I will appreciate it very much if you would address me as Junius W Harworth and for Bridgeport purposes as Julius Horvath. This may be a ticklish request but some day I will explain it to you in person and I am certain that you will agree with me .

These flights in June did occur as you state and I must state that due to lack of finances Whitehead did not have paid workers,they were for the most part curiousity helpers with the exception of one person a Mr Charles Galambosh. In order to write for more information the following list of names are of men that I recalllived in the West End at the time.Why would it not be a good idea to have the Bridgeport Post ask the people of Bridgeport through its columns to tell all they remember about events?

Adults at that time

Mr John Deszo,Banker and Coal Dealer, 349 Hancock Ave. Bridgeport.
Mr John Lesko. Undertaker 320 " " .
Mr John Csuchka, Moulder 479 Spruce Street " .
Mr Joe Ciglar Sr,Cafe owner Connecticut-Newfield Ave. " .
Mr Snadikey,Plumber Carrol Ave " .
Mr Beert Papp. Mechanic, Howard Ave(You mentioned his name)
Mr John Kedves, Blacksmith 243 Pine Str(at that time) now he lives on Spruce street.
Mr Sam Mellitz, Lawyer (Boy then) 800 Clinton Ave(Letter enclosed)
Mr Andrew Duka, Druggist Cor Spruce & Hancock Ave.
Mr Rencsey Sr Cor Pine and Bostwick Ave.
Mr Kovacs Photographer Pine Street,I believe he took the pictures.
Mr Szoloszy, Ticket agent " "

Youngsters and play mates that should remember as well as I.

Sam Mellitz,
Fred "
Hyme "
Charles "
Joe Ciglar

Junius Harworth Brief an Stella Randolph, 27. Januar 1935, S.2

# 2
Ich war etwas schockiert, als er, während ich ihm beim Schreiben half und wir beide Kaffee tranken und hausgemachten deutschen Kuchen aßen, anfing, seinen Kuchen „einzutunken". Dieser Vorfall prägte sich sehr stark in meiner Erinnerung, weshalb ich beide Vorkommnisse miteinander verbinde. Würden Sie die Originalbriefe [an *American Inventor*] finden können, so würden Sie feststellen, dass sie die Größe dieses Blattes hatten und von einem herkömmlichen Notizheft mit blauen Linienstrichen stammen. Ich brachte das Heft am Wochenende von der Schule nach Hause. Ich kaufte es in einem kleinen Laden in der Pine Street Nummer 222, der zwei Schwestern namens MALODY gehörte. Sie könnten dies nachprüfen, indem Sie Herrn Sam Mellitz anschreiben, dessen Korrespondenz ich beifüge. Dieses Detail hat natürlich nichts mit unserem Hauptthema zu tun, aber ich möchte Sie in aller Gründlichkeit davon überzeugen, dass ich mich an sämtliche damaligen Ereignisse im Detail erinnere.
In Bezug auf die 7-Meilen-Flüge über den Long Island Sound, so ist das genannte Datum, Juni 1902, richtig, da ich mich an meine Enttäuschung erinnere, diese Flüge nicht miterleben haben zu können, weil ich mitten in meinen Schulklausuren befand. Ich befand mich währenddessen im Raum Nr. 12 in der Schule an der Howard Avenue. An dieser Stelle möchte ich erwähnen, dass Sie, wenn Sie Aufzeichnungen finden, mich unter dem Namen Julius Hoey erfasst finden werden. Wie dieser Name jemals in die Aufzeichnungen kam, kann ich nicht erklären, aber ich habe meine Schulnoten unter diesem Namen erhalten. Als ich die High School betrat, benutzte ich Horvath, den Namen meiner Eltern. Es würde ein langwieriges Ausschweifen in persönliche Themen erfordern, wenn ich Ihnen jetzt schildern würde, warum ich heute unter einem anderen Namen auftrete, aber ich würde es sehr schätzen, wenn Sie mich als Junius W. Harworth anreden, und mich in Bridgeporter Kreisen als Julius Horvath bezeichnen würden. Dies mag eine heikle Bitte sein, aber eines Tages werde ich es Ihnen persönlich erklären und ich bin mir sicher, dass Sie es so als angemessen nachvollziehen werden können.
Diese Flüge fanden, wie von Ihnen erwähnt, im Juni statt. Ich möchte erwähnen, dass Weißkopf aus finanziellen Gründen keine Arbeiter bezahlt hatte. Das waren zum größten Teil welche, die aus Neugierde geholfen haben, mit Ausnahme einer Person, Herr Charles Galambosh. Um weitere Auskünfte einholen zu können, enthält nachstehende Liste die Namen von Männern, bei denen ich mich daran erinnere, dass sie zu dieser Zeit im West End lebten. Es wäre doch ein guter Ansatz, wenn Sie die Bridgeport Post veranlassen würden, auf ihren Seiten die Bewohner von Bridgeport aufzufordern, alles zu erzählen, woran sie sich hinsichtlich dieser Ereignisse erinnern können.
Erwachsene zu dieser Zeit:

| | |
|---|---|
| Herr John Deszo, Bankier und Kohlenhändler, | Hancock Avenue 349, Bridgeport. |
| Herr John Lesko, Bestatter | " 320, " . |
| Herr John Cauchka, Formbauer | Spruce Street 479, " . |
| Herr Joe Ciglar Sr., Café-Besitzer | Connecticut-Newfield Ave. " . |
| Mr. Snadikey, Klempner | Carrol Avenue " . |
| Herr Bert Papp, Mechaniker | Howard Avenue (Sie erwähnten seinen Namen) |
| Mr. John Kedves, Schmied | Pine Street 243 (damals), heute lebt er in der Spruce Street. |
| Herr Sam Mellitz, Anwalt (damals Junge) | Clinton Avenue 800 (Brief beigefügt) |
| Herr Andrew Duka, Drogist | Ecke Spruce & Hancock Avenue |
| Herr Rencsey Sr. | Ecke Pine & Bostwick Avenue |
| Mr. Kovacs, Fotograf | Pine Street, ich glaube, er hat die Bilder aufgenommen. |
| Herr Szoloszy, Ticketagent | " " |

Jugendliche und Spielkameraden, die sich genauso gut erinnern sollten wie ich.
Sam Mellitz.
Fred "
Hyme "
Charles "
Joe Ciglar

**Junius Harworth Brief an Stella Randolph, 27. Januar 1935, S.2**

#3

| | | |
|---|---|---|
| John Ciglar | Ladislaus Lazay | Frank Kish |
| John Lesko Jr | Geza Katzenberger | John Havery |
| Charles Lomnitzer | Steve Csuchka | Nick Horvath(Brother) |
| James Vargo | Frank Conway | Anto Gluck |
| John Umskey | John Luckas | Julius Roth |
| Steve Toth | Mike " | Sam Shuer |
| John Munger | Steve Figlar | Julius Koletar. |
| Steve Vecsey | Maurice Solvay | Ben Nebenszahl. |
| Cecil Steves | Roy Steves | |

I am certain that you can find the addresses of most ofthese by consulting the phone directory in the ALL CITY room of the phone Co Wash. if not I am sure that my brother will assist you in getting these addresses. When you write to these people I will appreciate it if you will mention me as Julius Horvath.

also contact with

Mr James Carrol, % Mr Carp Dodge Bros.Detroit Mich.
Mr Fred Carrol,Supt. Ex-Cello Tool and Aircraft Co.Detroit,Mich.

Mention me as J Horvath when writing to Mr Albert N Lundberg, 3636 Nottingham Ave, Detroit,Mich. He was a draftsman at the time and lived on Mountain Grove Ave. Bridgeport.

Mr Whitehead conducted his business or buying from

Lyon & Grumman, Cor Fairfield Ave and Middle Street Bridgeport (Hardware)

| | |
|---|---|
| Coulter & McKensie Golden Hill St and Water | Machine shop Foundry |
| Fredericks Wood Mill, Ifnistan & Railroad Ave | Wood Patterns. |
| Black Rock Machine shops/ Osborn St | Machine shop(Motor Grinding) |
| Frank Miller Lumber Co East Washington Ave. | Lumber. |
| Bridgeport Boiler Works ,East Side | Boiler plate and steel. |
| Farist Steel Co. Foot of East Main St | Cylinder blocks and forgings |
| Fairfield Aluminum Co, Fairfield Conn | Aluminum castings,motors. |
| Shelby Steel Tubing,New York Office. | Tubing. |
| Bullard Tool Co. Railroad Ave & Broad St | Case Hardening. |
| Tom Ashton, Cor Yale & State | Cycle Chains. |
| Name ?(Ship Chandlery shopWater Street | Bamboo poles. |

I am wondering if you could interest the present Bridgeport Post editor who at that time was a reporter to give you all of the paper accounts of that time. As I recall there were many articles,also in the N Y papers. Have you had any sucess with Mr Beach.I have written to him but does not answer. He is very peculiar but I feel that if he were in his full mind he would be of inestimable help as he financed Whithead for a long time.

Regards to Mr Custead.I am sorry but I cannot say much as Mr Whiteheads connection with him was all beyond me and Gus did not devulge anything about the proposed partnership save that they might get together. I was pleased to have Walter Winchel speak altho I did not hear it.

I trust that this will be of some assistance to you and I will do all I can to assist you in this story.

Very sincerely yours

Junius W Harworth

14959 Mark Twain Blvd.
Detroit,Michigan.

Junius Harworth Brief an Stella Randolph, 27. Januar 1935, S.3

#3

| | | |
|---|---|---|
| John Ciglar | Ladislaus Lazay | Frank Kish |
| John Lesko jr. | Geza Ratzenberger | John Havery |
| Charles Lomnitzer | Steve Cauchka | Nick Horvath (Bruder) |
| James Vargo | Frank Conway | Anto Gluck |
| John Umakey | John Luckas | Julius Roth |
| Steve Toth | Mike Luckas | Sam Shuer |
| John Munger | Steve Figlar | Julius Kolstar. |
| Steve Vecsey | Maurice Molvay | Ben Nebenzahl. |
| Cecil Steeves | Roy Steeves | |

Ich bin mir sicher, dass Sie die Adressen der meisten von ihnen finden können, indem Sie im Telefonverzeichnis im ALL CITY-Raum der Telefonfirma [in] Wash[ington] DC nachschlagen. Wenn nicht, bin ich mir sicher, dass Ihnen mein Bruder bei der Beschaffung dieser Adressen behilflich sein wird. Wenn Sie diesen Leuten anschreiben, werde ich es schätzen, wenn Sie mich als Julius Horvath bezeichnen würden.

Kontakt auch mit:

Herrn James Carrol und Herr Carp, Dodge Bros., Detroit Michigan.

Herrn Fred Carrol, Aufseher, Ex-Cello Tool und Aircraft Co., Detroit Michigan

Bezeichnen Sie mich als J. Horvath, wenn Sie an Herrn Albert N. Lundberg, 3636 Nottingham Avenue, Detroit, Michigan, anschreiben. Er war zu dieser Zeit Technischer Zeichner und lebte in der Mountain Grove Avenue in Bridgeport.

Herr Weißkopf hatte Geschäftsbeziehungen zu, bzw. kaufte ein bei:

Lyon & Grumman, Ecke Fairfield Avenue und Middle Street Bridgeport (Baumarkt)

| | |
|---|---|
| Coulter & McKenzie, Golden Hill Street und Water | Maschinenwerkstatt und Gießerei |
| Fredericks Wood Mill, Iranistan & Railroad Avenues. | Holzverarbeitung. |
| Black Rock Machines Shop, Osborn Street | Maschinenwerkstatt (Motorschleifen) |
| Frank Miller Lumber Co., East Washington Avenue. | Holzhandel |
| Bridgeport Boiler Works, East Side | Kesselbeschichtung und Stahl. |
| Farist Steel Co., am Fuße der East Main Street | Zylinderblöcke und -schmieden |
| Fairfield Aluminum Co., Fairfield Connecticut | Aluminiumgussteile, Motoren. |
| Shelby Steel Tubing, Büro in New York. | Rohre. |
| Bullard Tool Co., Railroad Avenue und Broad Street | Metalle Härten. |
| Tom Ashton, Ecke Yale & State Streets | Fahrradketten. |
| Name? (Schiffsausrüster), in der Water Street. | Bambusstangen |

Ich frage mich, ob Sie den aktuellen Redakteur der Bridgeport Post, der damals Reporter war, dazu bringen könnten, Ihnen alle Berichte darüber aus dieser Zeit zu geben. Soweit ich mich erinnere, gab es viele Artikel, auch in den New Yorker Zeitungen. Haben Sie bei Hrn. Beach Erfolg gehabt? Ich habe ihm geschrieben, aber er antwortet nicht. Er ist sehr eigenartig, aber ich glaube, wenn man ihn bei vollem Verstand erwischt, wäre er eine unschätzbare Hilfe, da er Weißkopf über lange Zeit finanzierte.

In Bezug auf Custead tut es mir leid, aber ich kann ihnen da nicht viel sagen, da dessen Verbindung zu Hrn. Weißkopf nicht in meinem Beisein stattfand. Gus hat nichts über die angedachte Partnerschaft erzählt, außer dass sie eventuell zustande kommen könnte. Ich freute mich darüber, dass Walter Winchel gesprochen hat, obwohl ich es nicht hörte.

Ich hoffe sehr, dass diese Informationen für Sie hilfreich sein werden und ich werde weiterhin alles tun, um Sie in dieser Geschichte zu unterstützen.

Mit freundlichen Grüßen
Junius Harworth
15959 Mark Twain Boulevard
Detroit, Michigan

**Junius Harworth Brief an Stella Randolph, 27. Januar 1935, S.3**

Detroit,Michigan.
September,22nd,1935.

Miss Stella Randolph,
834 Madison street,N.W.
Washington, D/C.

Dear Miss Randolph;

Your letter of the 8th,at hand,and am pleased that your vacation was a complete success.We too, have driven thru the finger-lakes of New York state and have admired much of the scenery,am sorry to hear that you had a flat,you probably picked up an 1864 bayonet tip at Gettysburgh.I will await with pleasure,your snaps,hope that they are OK.

I am happy to read that the Patent subject is interesting to you and will ask that you not undertake to write the subject until later as i must prepare a great deal for it,I plan on an outstanding SAI letter head which we are to use,also establish a Post office box in Washington, if you decide and agree to handle the secretarial end.I wish to have the SAI become prominent in National affairs.The PO box is for the reason that I do not wish to be annoyed personally nor do I wish to have you bothered, a box will make this all certain and official.This subject is a very delicate one as it will "pinch" a great many people that are prominent so caution is necessary.I have prepared a standard form that I have passed out for the purpose of securing the true story in affidavit form of ideas and inventions "stolen".I am enclosing my latest "brush" with a patent attorney,Via the Detroit News Letter Box column.

Will be pleased to have you return the signatured copy of the plan which I let you have by mistake. Our trip to Chicago was eventless save for a little rain going and ALL rain on the return.

I am enclosing the tri-city map,showing the location of all events as touching upon the life and work of Mr Whitehead.

# 1 Location of his first home and work shop at 241 Pine street.

# 2 " " " second shop

# 3 " ,where we built a circular cement track to test the lifting powers of his planes.A steam boiler was set up in the center of this track.A pipe was set up to swivel about the steam plant and was attached to the steam engine of the machine;a sort of a Merry-Go-Round. Test runs were only taken during the early mornings crowds of onlookers at other times were too great to make it safe.

# 4 Location where plane # 21 and 22 were photographed.I recall distinctly that one was taken on a Sunday afternoon and that a row of spectators were lined up before the machine.

# 5 Location where Mr Whitehead,myself and Mr Galambosh set out to catch sea gulls alive.After their capture,Mr W would tie a long string to the gulls leg and let the bird soar away,take off and action in flight and soaring was keenly observed by Whitehead.

Junius Harworth Brief an Stella Randolph, 22. September 1936, S.1

Detroit, Michigan
22. September 1935.

Fräulein Stella Randolph,
834 Madison St. N.W.
Washington, D.C.

Sehr geehrte Fräulein Randolph,
Ich habe Ihren Brief vom fünften zur Hand und ich freue mich, dass Ihr Urlaub ein voller Erfolg war. Auch wir sind durch die Fingerseen-Region des Bundesstaates New York gefahren und haben die Landschaft bewundert. Es tut mir leid, zu hören, dass Sie einen platten Reifen hatten. Sie haben wahrscheinlich in Gettysburg eine Bajonettspitze aus dem Jahre 1864 eingefangen. Ich warte gespannt auf Ihre Schnappschüsse. Und ich hoffe, dass es ihnen gut geht.
Ich freue mich zu lesen, dass das Patentthema für Sie interessant ist, und bitte Sie, Ihre diesbezügliche Schreibarbeit erst später aufzunehmen, da ich mich erst gründlich darauf vorbereiten muss. Ich plane, einen imposanten S.A.I.-Briefkopf zu verwenden. Sofern Sie sich zur Übernahme des Sekretariats entschieden haben und damit einverstanden sind, richten Sie bitte ein Postfach in Washington ein. Ich möchte, dass die S.A.I. in nationalen Angelegenheiten eine führende Rolle einnimmt. Das Postfach dient dem Zweck, mich von persönlichen Ärgernissen abzuschirmen. Sie sollen auch nicht belästigt werden. Ein Postfach macht alles sicher und offiziell. Dieses Thema ist sehr heikel, da es sehr viele prominente Personen brüskieren wird. Daher ist Vorsicht geboten. Ich habe ein vereinheitlichtes Formular vorbereitet, welches dem Zweck dienen sollte, die wahren Umstände hinsichtlich „gestohlener" Patentrechte in Form einer eidesstattlichen Versicherung zu erfassen. Ich lege einen Zeitungsausschnitt von der Leserbrief-Kolumne der Detroit News bei, die meinen jüngsten „Zoff" mit einem Patentanwalt belegt.
Ich würde mich darüber freuen, wenn Sie mir die Version jener Planausfertigung, den ich Ihnen versehentlich überlassen hatte, zurücksenden würden. Unsere Reise nach Chicago war – bis auf ein wenig Regen dort sowie UNUNTERBROCHEN Regen auf dem Rückweg – ohne Zwischenfall.
Ich lege einen Tri-City Stadtplan bei, auf dem sämtliche Orte, die das Leben und Werken des Herrn Weißkopf betreffen, markiert sind.

# 1 Standort seiner ersten Wohnung und Werkstatt in der Pine Street 241.

# 2 " " zweiten Werkstatt

# 3 " , wo er eine betonierte kreisförmige Bahn baute, um den Auftrieb seiner Flugzeuge zu testen. Am Mittelpunkt dieser Kreisbahn wurde ein Dampfkessel aufgestellt. Ein Rohr wurde so eingerichtet, dass es sich um den Dampfkessel drehte und mit dem Dampfmotor des Flugzeugs verbunden war – eine Art Karussell. Testläufe wurden nur am frühen Morgen durchgeführt, da die Menge der Zuschauer zu anderen Zeiten zu groß war, um diese sicher durchzuführen.

# 4 Standort, an dem die Flugzeuge Nrn. 21 und 22 fotografiert wurden. Ich erinnere mich deutlich daran, dass das eine an einem Sonntagnachmittag aufgenommen wurde, und dass eine Reihe von Zuschauern vor dieser Maschine aufgereiht war.

# 5 Ort, an dem Hr. Weißkopf, ich und Hr. Galambosh aufbrachen, um Möwen lebend zu fangen. Nach ihrer Gefangennahme band Herr W. eine lange Schnur an das Bein der Möwe, und ließ den Vogel davonfliegen. Dabei wurden der Start, die Flügelbewegung, und das Aufsteigen durch Weißkopf intensiv beobachtet.

**Junius Harworth Brief an Stella Randolph, 22. September 1936, S.1**

# 2

\# 6 Location of a factory,originally a cider mill,where a Frenchman built acetylene generating units.This machine used carbide and dripping water.At this plant a great deal of brazeing and welding was done for Whitehead and during the construction of the Helicopter,Whitehead rented a carbide unit and we carted it up to the Tunxis hill shop.

\# 7 Residence of Mr Stanley Yale Beach,who financed Mr Whitehead for a number of years and who kept us in touch with aviation events of that period.It was his father that organized the Scientific American magazine and who is credited with being the Father of the American Subway.

\# 8 Residence of the parents of Mr S Y Beach.

\# 9 Location of the corner where stands a tree that was somewhat cut by a steel cable upon the occasion of using the tree for a post during a test run of a new siphon boat(Motherau,Washington D.C.) This boat was rowed across to the east bank of the Housatonic River,a cable was attached and run to the tree and there attached to Mr Beaches car. date?

\# 10 Location of a barn where we set up a power plant to test the efficiency of propellers and fans of various sizes.

\# 11 Intersection of a dirt road and creek bridge into which Mr Whitehead as pilot and I as engineer of his # 21 plane crashed in a test run for [redacted] speed.The bridge rail was torn off,machine a bit smashed and the two of us recieved a neat mud bath.

\# 12 Location of Mr Whiteheads seven mile flight,out over the water,on January 17,1902.

\# 13 Plant of the Locomobile Co where Mr Whitehead worked on many occasions between his experiments in aviation.

\# 14 Location where on a Sunday afternoon a flight was proposed by a Mr Paine,due to the trees and the crowd the plan was dropped as too hazardous to life.Of course Mr Whitehead was there.

\# 15 Farist Steel plant where we had all our steel forged,cylinders and miscellaneous parts made.

(Atwoods)

\# 16 Location of the writers home,where I saw the second flight [redacted] when he made a successful flight from Boston to New York.

\# 17 Location where Mr Whitehead,myself and Mr Galambosh was caught in a squal and up set. We were out testing a new motor for Bert Papp.With the tide carrying us out to sea,a stalled motor,no oars and drenched to the skin,the three of us were a bit wet and lucky that it all happene near shore as I could not swim,but the other two could,so I was safe, strange to say but years before Mr Papp saved me from a drowning at the very spot where we trapped sea gulls.

Junius Harworth Brief an Stella Randolph, 22. September 1936, S.2

# 2

# 6 Standort einer Fabrik, ursprünglich eine Apfelweinmühle, in der ein Franzose einen Acetylen-Gasgenerator baute. Diese Maschine setzte Calzium-carbid und tropfendes Wasser ein. In diesem Werk wurde für Weißkopf viel gelötet und geschweißt. Während des Baus des Hubschraubers mietete Weißkopf einen Calzium-carbid Generator, den wir zu seiner Werkstatt auf dem Tunxis Hill transportierten.

# 7 Wohnort von Herrn Stanley Yale Beach, der Herrn Weißkopf mehrere Jahre lang finanzierte und uns während dieser Zeit über Ereignisse in Luftfahrt informiert hielt. Es war dessen Vater, der die Zeitschrift Scientific American verlegte, und der als Urheber der U-Bahn in Amerika gilt.

# 8 Wohnsitz der Eltern von Herrn S.Y. Beach.

# 9 Standort jener Ecke, an der ein Baum steht, der bei einem Testlauf eines neuen Wasserstrahl-Boots (Motherau, Washington D.C.) die Einschnitte eines Stahlkabels aufweist, die entstanden sind, als der Baum als Sicherungspfosten verwendet wurde. Dieses Boot wurde zum Ostufer des Housatonic Fluss hinüber gerudert, ein Kabel wurde daran befestigt und zum Baum geführt und dann am Auto von Hrn. Beach befestigt.

# 10 Standort einer Scheune, in der wir einen Teststand errichtet haben, um die Effizienz von Propellern und Turbinen unterschiedlicher Größen zu testen.

Nr. 11 Kreuzung einer unbefestigten Straße und einer Bachbrücke, in die Hr. Weißkopf als Pilot und ich als Ingenieur seines Flugzeugs Nr. 21 bei einem ~~Geschwindigkeit~~ Geschwindigkeitstestlauf geprallt sind. Der Seitenleitplanken der Brücke wurde abgerissen, die Maschine teilweise zerstört, und wir beide wurden in den Schlamm geschleudert.

# 12 Ort des sieben Meilen Fluges über dem Wasser durch Hrn. Weißkopf am 17. Januar 1902.

# 13 Werk der Locomobile Co., in dem Herr Weißkopf während der Ruhephasen seiner Luftfahrt-Experimente immer wieder gearbeitet hat.

# 14 Ort, an dem an einem Sonntagnachmittag ein Hr. Paine einen Flug unternehmen wollte. Aufgrund der Bäume und der Menschenmenge wurde der Plan als zu lebensgefährlich eingestuft. Natürlich war Hr. Weißkopf da anwesend.

# 15 Farist Stahlwerk, in dem wir sämtliche unserer Stahlteile schmieden ließen. Dort wurden Zylinder und diverse andere Teile hergestellt.

# 16 Damaliger Wohnung des Autors, von dem aus ich den ersten Anblick des zweiten Fluges von Atwood vernommen habe, als er in seiner Maschine von Boston nach New York einen erfolgreichen Flug absolvierte.

# 17 Ort, an dem Hr. Weißkopf, Hr. Galambosh und ich in einen Sturm gerieten und gekentert sind. Wir waren gerade damit beschäftigt, einen neuen Bootsmotor für Bert Papp zu testen. Als uns die Flut zur offenen See hinaus schwemmte, der Motor blockierte, wir keine Paddel hatten, und wir bis auf die Haut durchnässt waren, waren wir drei zwar ein bisschen vom Regen heimgesucht worden, hatten aber das Glück – da ich nicht schwimmen konnte –, dass alles in Küstennähe passiert war. Die anderen beiden konnten das aber, also war ich in Sicherheit. Jahre bevor mich Hr. Papp an dieser Stelle vor dem Ertrinken rettete, hatten wir zufällig an derselben Stelle Möwen gefangen.

**Junius Harworth Brief an Stella Randolph, 22. September 1936, S.2**

# 3

\# 18 Location of the Ship Chandler, where I purchased all the bamboo poles for use in the wings of the planes.

\# 19 Location of the Coulter and Mc Kensie Machine shop where Whithead worked at times and where he had parts machined for the plane and motors that his equipment could not take.

\# 20 Location of the Frank Miller Lumber Co where all the wood work was secured for the construction of the plane and parts.

\# 21 Location of the Black Rock Machine Works, where the cylinders of several of the Whitehead Gasoline motors were ground to size.

\# 22 Location of the Bridgeport Y M C A where lectures were carried out by a Mr Linde and Mr Whithead was able to define aviation technicalities to the satisfaction of the audiance. It was also here that in 1912 he demonstrated an automatic R R signalling device in competition for the $20,000.oo prize offered by the NY,NH,H RR.

\# 23 Location of the Fredericks Pattern shop where patterns were made for Mr Whithead.

\# 24 Location of the Wilmot & Hobbs(Now the American Tube & Stamping Co) where Mr Whitehead worked at times.

\# 25 Location of Avon Park where Mr Whiehead tuned up a motor that was acting balcky during a demonstration flight of Lincoln Beachy and who dove into Sanfrancisco Bay with a plane and was drowned.

\# 26 Location of the German Lutheran church that Whitehead attended.

\# 27 Location of his first and second shop on Tunxis hill, also home that he built himself.

\# 28 Brocklawn Country Club golf course where we tried to interest the well-to-do club members, but were ridiculed by them and forced off.

\# 29 Location of "Old Man Orrs' Castle and adjacent sloping hill where I made hundreds of glider flights for Whiteheads' observation

\# 30 Location of Whiteheads' last home.

\# 31 Location of the Fairfield Motor works where we secured parts.

\# 32 Location of the Robinson Aluminum " " " " " .

I trust that this will not be a disappointment to you as a starter and will finish it as soon as possible.

Sincerely,

JWHarworth

J W Harworth
14959 Mark Twain Blvd.
Detroit, Michigan.

Junius Harworth Brief an Stella Randolph, 22. September 1936, S.3

# 3

# 18 Standort des Schiffausstatters, an dem ich alle Bambusstangen für die Flügel der jeweiligen Flugzeuge gekauft habe.

# 19 Standort der Maschinenwerkstatt von Coulter & McKenzie, in der Weißkopf zeitweise arbeitete, und in welcher Teile für das Flugzeug und die Motoren, die für seine eigenen Verarbeitungsgeräte zu groß waren, verarbeitet wurden.

# 20 Standort der Frank Miller Lumber Co., wo alle Holzvorräte für den Bau anderer Teile des Flugzeugs eingekauft wurden.

# 21 Standort der Black Rock Machine Works, an dem die Zylinder mehrerer Weißkopf-Benzinmotoren auf Maß geschliffen wurden.

# 22 Standort des Bridgeport Y.M.C.A., wo Vorträge durch die Herren Linde und Weißkopf gehalten wurden, bei denen Letzterer in der Lage war, Luftfahrttechnik zur Zufriedenheit des Publikums zu erläutern. Hier führte er außerdem im Jahre 1912 ein automatisiertes Eisenbahn-Signalgerät im Rahmen eines durch die NY-NH-M-RR [New York - New Hampshire - Maine Eisenbahngesellschaft] ausgerufenen Wettbewerbs mit einem Preisgeld von 20.000 US-Dollar, vor.

# 23 Standort der Fredericks Gussformen Werkstatt, in dem für Hrn. Weißkopf Formen gefertigt wurden.

# 24 Standort der Wilmot & Hobbs (heute American Tube & Stamping) Co., für die Herr Weißkopf zeitweise arbeitete.

# 25 Ort des Avon Park, an dem Hr. Weißkopf einen Motor tunte, der während eines Demonstrationsfluges von Lincoln Beachy unrund lief. Dieser ist später mit einem Flugzeug in die Bucht von San Francisco abgestürzt und dabei ertrunken.

# 26 Ort der Deutschen Lutherischen Kirche, deren Gemeinde Weißkopf angehörte.

# 27 Standort seiner ersten und zweiten Werkstatt auf dem Tunxis Hill. Auch das Haus, das er selbst gebaut hat.

# 28 Golfplatz des Brooklawn Country Club, auf dem wir versucht haben, das Interesse der wohlhabenden Clubmitglieder zu wecken, aber von ihnen nur verspottet und vertrieben wurden.

# 29 Lage der „Burg" des alten Herrn Orr samt angrenzendem abfallendem Hang, wo ich Hunderte Segelflüge durchführte, damit sie Weißkopf beobachten konnte.

# 30 Letzter Wohnort Weißkopfs.

# 31 Standort des Fairfield Motor Works, an dem wir Teile gekauft haben.

# 32 Standort des Robinson Aluminium " " " " " .

Ich hoffe, dass dies für den Anfang reicht, und bin bemüht, diese Karte schnellstmöglich abschließend zu vervollständigen.

Mit freundlichen Grüßen,
J.W. Harworth

J.W. Harworth
14959 Mark Twain Boulevard
Detroit, Michigan

**Junius Harworth Brief an Stella Randolph, 22. September 1936, S.3**

Eine sich im Kreis bewegende Flugzeug-Testanlage wurde auch von den Pionieren Phillips, Langley, Lilienthal und Maxim verwendet. Deren Vorhandensein könnte ein Hinweis auf das Mitwirken von Maxims Technischen Leiter, Henry A. House, sein.

Detroit, Mich.
Nov. 18. 1935
4:30 A.M.

Dear Miss Randolph.

Your letter of Oct. 21 at hand and I wish to say that I have made a drawing on tracing cloth of the Whitehead Machine #22 as shown in the P.A. of Jan. This drawing is accurate, 1/4 in. to the foot. in 3 views. (ISOMETRIC) top view, front & side so that ~~by~~ any manufacturer could scale the drawing & construct a duplicate machine to prove flight.

I would appreciate very much if you would send to me the Whitehead photos which show this machine as I would like to get a closer view of the motor used so that I can "place" it properly in the drawing to finish it for you. You can readily identify the motor by the pipe construction of the gas-manifold.

I shall have this tracing properly titled, notarized & witnessed as you ask.

You are a bit comical. Will I have a check etc? to thank you for the M.O. for .55¢. To make matters easier, if the amount due is less than one dollar, please retain for general expenses in Washington (stamps etc.) (BUT DO NOT MENTION THIS REFUSAL ON MY PART IN LETTERS TO ME) Please rush motor prints.

Very Sincerely.
J.H. Harworth.

P.S. I don't dare use the typewriter this early - too much noise so please excuse free hand.

over.

**Junius Harworth Brief an Stella Randolph, 18. November 1935**

Detroit Michigan
Nov. 18, 1935
04:30 Uhr

Dear Miss Randolph,
Your letter of Oct. 21 at hand and I must say that I have made a drawing on tracing cloth of the Whitehead machine #22 as shown in the P.A. of Jan.. This drawing is accurate, 1/4 inch to the foot, in 3 views. (ISOMETRIC) top view, front & side so that ~~by~~ any manufacturer could scale the drawing & construct a duplicate machine to prove flight.
I would appreciate very much if you would send to me the Whitehead photos which show this machine as I would like to get a closer view of the motor used so that I can "place" it properly in the drawing to finish it for you. You can readily identify the motor by the pipe construction of the gas manifold.
I shall have this tracing properly titled, notarized & witnessed as you ask.
You are a bit comical. Will I have a check etc.? So thank you for the M.O. [money order] for 0.55$. To make matters easier, if the amount due is less than one dollar, please retain for general expenses in Washington, stamps etc., (BUT DO NOT MENTION THIS REFUSAL ON MY PART IN LETTERS TO ME). Please note motor points.

P.S.: I don't dare use the typewriter this early – too much noise, so please excuse freehand.

Very sincerely
J.W.Harworth.

over...

Detroit, Michigan
18. November 1935
04:30 Uhr

Liebes Fräulein Randolph,
Ihr Brief vom 21. Oktober liegt mir vor, und nun teile ich Ihnen mit, dass ich eine Zeichnung von Weißkopfs Maschine Nr. 22 wie in der P.A. von Jan .auf einem Pausentuch angefertigt habe. Es handelt sich dabei um eine genaue Zeichnung [im Maßstab von] 1/4 Zoll zu einem Fuß, in 3 Ansichten. (ISOMETRISCH) Drauf-, Vorder- und Seitenansicht, so dass ~~von~~ ein jeder Hersteller die Zeichnung hochskalieren könnte, um einen Nachbau der Maschine anzufertigen, um die Flugfähigkeit unter Beweis zu stellen.
Ich würde mich sehr freuen, wenn Sie mir die Weißkopf-Fotos zusenden würden, welche diese Maschine zeigen, da ich eine genauere Ansicht des verwendeten Motors erhalten möchte, damit ich ihn richtig in der Zeichnung „platzieren" kann, um die Zeichnung für Sie fertigzustellen. Sie können den Motor an der Rohrkonstruktion des Gasverteilers leicht erkennen.
Entsprechend Ihrer Bitte werde ich diese Zeichnung genau beschriften, notariell beglaubigen und von einem Zeugen bestätigen lassen.
Sie scherzen wohl, wenn Sie fragen, ob ich dafür einen Scheck erhalten will, usw.? Nun, danke für den M.O. [Money Order = Zahlungsanweisung] über 0.55 $. Um die Abwicklung künftig zu vereinfachen, bitte ich Sie, wenn der geschuldete Betrag weniger als einen Dollar beträgt, das Geld bei sich zu behalten und für die allgemeinen Aufwendungen in Washington, Briefmarken usw., zu verwenden (ABER ERWÄHNEN SIE MEINE DIESBEZÜGLICHE ABLEHNUNG NICHT IN BRIEFEN AN MICH). Bitte denken Sie an den Motor.

P.S.: Ich wage es nicht, die Schreibmaschine so früh am Morgen zu benutzen – zu viel Lärm Also bitte entschuldigen Sie meine Handschrift.

Mit freundlichen Grüßen
J.W. Harworth
Bitte, wenden

**Junius Harworth Brief an Stella Randolph, 18. November 1935**

Detroit, Michigan.
January, 24th, 1936.

Miss Stella Randolph,
834 Madison Street, N.W.
Washington, D.C.

Dear Miss Randolph;

Your letters of Dec, 23rd and Jan. 13th, recieved and do not let the Zahms and Mirrors interfere. You are correct in stating that I am doing three mens work, packard engineering all day, evenings devoted to the S.A.I., A.M.s to you and Whitehead and in betweentimes have designed and built two automatic fur coat cleaning machines, This later is to be a new concern and venture, I must say however that the last three days of last week and this week I have spent entirely to Whitehead as I feel that you are anxious to see the printers. May I at this time ask when do you think the book will be for sale?

I am enclosing two blue prints of the Whitehead Monoplane. One is a marked print for your convenience for description or identification. If you so desire I am willing to add to or remove any notations on my cloth original drawing and furnish you with new prints, or I will mail the original to you. perhaps notarizing the original will help, please let me know.

Have arranged all your letters chronologically and find that several matters need more enlightenment, Referring to your letter dated 7/25/1934, page 2, relative to the Burgess Helicopter, In as much as you have a photo of this machine, I will not undertake to make a drawing of it at this time unless you need it very much for the book.

Your letter of 8/30/1934 page 2, relative to the midsummer trials in 1901 on Pine street with machine #21. The first attempt took place along the Bridgeport Gas Co property, flying or hopping from Howard ave, eastward to Wordin ave. At the eastern end of Pine street near the R R tracks we had ample room to turn the machine about and flew and hopped to Howard ave, with homes on both sides and trees we felt it risky so pushed the machine westward to Hancock ave then from here on a flight was made, the machine rising about 5 feet and this is where young Gluck enters the scene as he has told you. This entire location you can check on the map which I mailed to you.

These Pine street flights took place some time prior to 8/14/1901, but this date found us at Lordship Manor and made several flights including the 1 1/2 mile flight, These flights proved to Whitehead that he could fly but to a limited distance so he immediately set about to build a new motor which culminated in the final 7 1/2 mile flight ~~xxx~~ of Jan. 17, 1902, At this juncture of his success Mr Whitehead sprung a new idea to build a Helicopter as planes required too much space for take-off,

**Junius Harworth Brief an Stella Randolph, 24. Januar 1936, S.1**

Detroit, Michigan
24. Januar 1936

Fräulein Stella Randolph,
Madison Street N.W. 834
Washington, D.C.

Sehr geehrte Fräulein Randolph,

Ihre Briefe vom 23. Dezember und 13. Januar habe ich erhalten. Lassen Sie sich durch die Zahms und Mirrors [Mitarbeiter der Bibliothek des US-Kongresses] nicht stören. Sie liegen mit Ihrer Einschätzung richtig, dass ich gerade die Arbeit von drei Männern gleichzeitig mache; tagsüber als Ingenieur bei Packard, abends der S.I.A., A.M.s für Sie und Weißkopf, und zwischendurch habe ich zwei automatisierte Pelzreinigungs-Maschinen konstruiert und gebaut. Aus Letzterem soll ein neues Vorhaben bzw. Unternehmen werden. Hinzufügen muss ich jedoch, dass die letzten drei Tage der vergangenen Woche sowie die jetzige Woche vollständig Weißkopf gewidmet waren, da ich spüre, dass Sie danach eifern, in den Druck zu gehen. Darf ich zu diesem Zeitpunkt schon anfragen, bis wann Sie erwarten, dass das Buch in den Handel gelangt?

Ich lege zwei Blaupausen des Weißkopf-Flugzeugs bei. Die eine ist eine beschriftete Version, die bei der Beschreibung von Einzelteilen behilflich sein soll. Wenn Sie es wünschen, bin ich gerne bereit, auf der ursprünglichen Leinwand-Zeichnung etwaige Vermerke hinzuzufügen oder zu löschen, und Ihnen neue Vordrucke zur Verfügung zu stellen. Alternativ kann ich Ihnen das Original zusenden. Vielleicht hilft es, das Original notariell beurkunden zu lassen. Geben Sie mir bitte Bescheid, was Sie bevorzugen.

Ich habe Ihre Briefe chronologisch geordnet und stelle fest, dass bestimmte Angelegenheiten mehr beleuchtet werden müssen. Ich beziehe mich auf Ihren Brief vom 25.07.1934, S. 2 hinsichtlich des Burgess*-Hubschrauber bezieht [*gemeint ist Burridge]. Da Ihnen ein Foto dieser Maschine vorliegt, werde ich mir nicht vornehmen, eine Zeichnung davon anzufertigen, es sei denn, Sie bräuchten diese dringend fürs Buch.

In Ihren Brief vom 30.08.1934, S. 2, beziehen Sie sich auf die Versuche mit der Maschine Nr. 21 auf der Pine Street im Hochsommer 1901. Der erste Flugversuch fand fliegend bzw. hüpfend entlang des Grundstücks des Bridgeport Gas Co. von Howard Avenue ostwärts bis nach der Wordin Avenue statt. Am östlichen Ende der Pine Street nahe der RR [Railroad = Eisenbahn] Bahngleise hatten wir ausreichend Platz, um die Maschine zu wenden, und sind zurückgeflogen bzw. gehüpft bis Howard Ave. Da jedoch Häuser und Bäume zu beiden Seiten lagen, war es dort zu riskant, also haben wir die Maschine westwärts nach Hancock Ave. geschoben und machten von dort aus einen Flug, der eine Höhe von 5 Fuß erreicht hat. Da kam der junge Gluck ins Spiel, wie er es Ihnen erzählt hat. Diese gesamte Gegend sehen Sie auf der Karte, die ich Ihnen zugesandt habe.

Diese Flüge an der Pine Street fanden irgendwann vor dem 14.08.1901 statt. Aber an jenem Tag waren wir in Lordship Manor und machten dort einige Flüge, einschließlich den Flug über 1,5 Meilen. Diese Flüge waren für Weißkopf der Beweis, dass er zwar fliegen konnte, aber nur über eine begrenzte Distanz. Daher machte er sich sofort daran, einen neuen Motor zu bauen, was im letzten 7,5-Meilen-Flug am 17. Januar 1902 gipfelte. An diesem Zwischenstand seiner Erfolge entsprang Hrn. Weißkopf eine neue Idee, einen Hubschrauber zu bauen, da Flugzeuge für den Start zu viel Platz benötigten.

**Junius Harworth Brief an Stella Randolph, 24. Januar 1936, S.1**

#2

In my letter dated 3/29/35 ,where I describe Photo # 5.The weight is mentioned as being 51 lbs per HP.This is a typographical error and should read as only 5 lbs.

Your letter dated Oct.21,1935 mentions that the husband of a friend of yours is employed at the Navy yard and whose father knew Whitehead.May I inquire as to the name as perhaps I also know him,that is his father.

The following description of Machine # 21 & 22 I believe will be a great help to you and it would please me very much if some one could be found to finance the construction of such a machine,try it out,and then perhaps hang it over the top of The Spirit of St Louis at the Smithsonian Institute or sell it to "Hank" Ford for his Greenfield village museum.Please note that Whitehead had a habit of building a machine,try it out,then reconstruct it,hence the transformation of the # 21 into 22.

The general design,that is,the fusillage,wings,tail and power plant locationare still adhered to in all modern types.The only difference being that the present planes are more streamlined,are made of lighter and better materials,have instrumental refinements and considerable more HP.

Description of construction.

Fussilage(carriage or boat)

The skeleton frame work or fusillage and flooring was made of white pine wood.The drawing shows the very good attempt at the streamlining of this body,having the nose curved to a common point and the rear portion taperred offalso to a point.The flooring was made of 3/4" selected tongue and grooved Wp(white pine).The edges of each board was heavily varnished,tongue & grooves fitted and the entire floor clamped solid while cross members of Wp were fastened with screws.

After drying,we laid out the form as shown,then cut out the form with a small key saw.The edges then were smoothened with a file and sand paper.We then again gave the entire unit another coat of varnish.

To this floor we next fastened 14 upright pieces of Wp, 2" x 7/8" and about 30" high.The nose and tail uprights were heavier and angular to match the points of the floor. Metal angle brackets were attached for strength where the uprights met the floor. These uprights can be seen in the photo as shadows.Photo #1.These uprights were further supported by 4 lengths of Wp 2"x 7/8" and running from end to end,each side,these laterals can also be seen in the photo.The top pieces however were 3" wide as shown.

The front wheel bearing blocks were next screwed to the bottom of the floor. A 3/4 " tube shaft was fitted thru these blocks,wheels assembled and held in place with common washers and cotter pins.The wheels were turned from hard wood,about 10" in diameter,1" wide and was fellowed with 1/8th" steel,and nailed securely.The wheels were also fitted with a cast iron hub,hub being bored to fit the shaft.The front wheels were free rolling upon the shaft.

The rear or steering wheels were of the same construction as the front.The shaft however was pivoted from the center of the floor and to the outer edgesof the shaft we had brazed a quadrant of flat steel or shoe which slid along another quadrant fastened to the bottom of the floor.When the machine had to be turned the wheel shaft shoe ran or slid along easily.The steering cord was fastened to the outer ring of the shaft as shown.

Junius Harworth Brief an Stella Randolph, 24. Januar 1936, S.2

# 2

In meinem Brief vom 29.03.35, in dem ich Foto Nr. 5 beschreibe, wird das Gewicht mit 51 Pfund pro PS angegeben. Dabei handelt es sich um einen Tippfehler. Es sollte nur 5 Pfund heißen.
In Ihrem Brief vom 21. Oktober 1935 wird erwähnt, dass der Ehemann eines Freundes von Ihnen in der Werft der Marine beschäftigt ist und dessen Vater Weißkopf kannte. Darf ich mich nach dem Namen erkundigen, da ich ihn vielleicht kenne? – Den Vater meine ich. [gemeint ist Albert B.C. Horn]
Nachstehende Beschreibung der Maschine Nr. 21 bzw. 22 wird meiner Meinung nach eine große Hilfe für Sie sein, und es würde mich sehr freuen, wenn jemand gefunden werden könnte, der den Nachbau einer solchen Maschine finanziert, sie erprobt und diese dann vielleicht oberhalb von der „Spirit of St. Louis“ im Smithsonian Institute als Exponat aufhängt, oder sie an "Hank" [Henry] Ford für dessen Greenfield Village Museum verkauft. Nehmen Sie bitte davon Notiz, dass Weißkopf die Angewohnheit hatte, eine Maschine zu bauen, sie zu erproben, und sie dann umzubauen, was die Verwandlung der Nr. 21 zur Nr. 22 erklärt.
An die allgemeine Auslegung, d.h. an die Anordnung von Rumpf, Tragflächen, Leitwerk und Antriebseinheit, orientieren sich auch alle modernen Flugzeugtypen. Die einzigen Unterschiede bestehen darin, dass moderne Flugzeuge stromlinienförmiger, und aus leichteren und beständigeren Materialien gebaut sind, sowie hochentwickelte Instrumente und erheblich mehr PS haben.

Beschreibung der Konstruktion.

Rumpf (bzw. Kabine oder Boot)
Das Rahmengestell bzw. Rumpfgerüst und Bodenbeplankung wurden aus weißem Kiefernholz (wK) gebaut. Die Zeichnung zeigt den gelungenen Versuch diesen Baukörper stromlinienförmig zu machen, indem der Bug bogenförmig bis zu einem Punkt an der Mittellinie zuläuft, und sich der Heckabschnitt bis zu einer Spitze schmälert. Die Bodenbeplankung wurde aus ¾ Zoll starkem erlesenem, genutetem und gefedertem wK (weißer Kiefer) gebaut. Die Schnittkanten eines jeden Brettes waren dick lackiert, dessen Nuten und Federn zusammengefügt, und der gesamte Boden zur soliden Basis verklemmt, während die Querstreben aus wK mit Schrauben befestigt wurden. Nachdem getrocknet wurde, lagen wir die Platte wie gezeichnet hin, und schnitten dann die Form mit einer kleinen Schlüsselsäge aus. Die Kanten wurden dann mit einer Feile und Schmirgelpapier geglättet. Danach versahen wir die gesamte Einheit nochmal mit einer Schicht Lack.
An diesem Boden befestigten wir sodann 14 ca. 30-Zoll lange senkrechte wK-Stücke mit einem Querschnitt von 2-Zoll x ⅞-Zoll. Die Senkrechtstücke an den Bug- und Heckspitzen waren etwas fester und abgeschrägt, um mit dem Bodenschnitt übereinzustimmen. An jener Stelle, wo die Senkrechtstücke auf den Boden trafen, wurden metallene Halterungen angebracht, um Festigkeit zu geben. Diese Senkrechtstücke können auf dem Foto Nr. 1 als Schatten wahrgenommen werden. Diese Senkrechtstücke wurden weiter auf jeder Seite durch 4 Längsstücke aus 2 x ⅞-Zoll-wK, welche vom einen bis zum anderen Ende verliefen, verstärkt. Diese waagrechten Stücke können auch auf dem Foto wahrgenommen werden. Die obersten Längsstücke hatten jedoch eine Breite von 3-Zoll, wie angegeben.
Die Tragebalken für die Vorderräder wurden dann als Nächstes an der Unterseite der Bodenplatte geschraubt. Eine ¾-Zoll-Welle wurde sodann durch diese Blöcke hindurch montiert. Das Räderpaar wurde zusammengebaut und mittels herkömmliche Unterlegscheiben und Splinten in Stellung gehalten. Die Räder wurden aus Hartholz gedreht und hatten ein Durchmesser von ca. 10 Zoll und waren 1 Zoll breit und wurden mit einer daran festgenagelten ⅛-Zoll-Stahlbeschichtung versehen. Die Räder wurden auch mit einer Nabe aus Gusseisen versehen. Die Nabe wurde ausgebohrt, um zum Rohrstück zu passen. Die Vorderräder drehten sich frei um die Welle. Die hinteren bzw. Steuerräder waren von gleicher Bauweise wie die vorderen. Die Welle drehte sich jedoch mittig um einen am Boden befestigten Zapfen. An den Äußeren Rändern der Welle wurde ein Viertelkreis aus flachem Stahl hartgelötet. Diese Platte glitt über eine andere Viertelkreis-Platte, die auf der Unterseite des Bodens befestigt war. Musste die Maschine eine Kurve steuern, so ist die Radwelle da leicht darüber geglitten. Das Steuerseil war wie gezeigt an den äußeren Spitzen der Welle befestigt.

**Junius Harworth Brief an Stella Randolph, 24. Januar 1936, S.2**

#3

The plan view of the drawing shows a rope drum having an arm with two spools or knobs attached for gripping while steering the craft. This entire assembly was secured to the mast. The drum had a 3/8 " rope wound around it in the same manner as on board ships. From the drum the rope ran thru pulleys located, one on each side, next to the wing cradles, the rope continuing on down the outside of the fusillage to the shaft rings.

The fusillage was cover^ed on the sides with white canvas, tacked on and varnished. To prove its' seaworthiness the "boat" was filled with about 4 " of water. Several leaks were taken care of and to drain the water out Whitehead gave me a brace and bit and told me, with a glint in his eye to drill a hole in the bottom, I didthe water ran out and he made a wooden dowel and plugged the hole up.

The wings were supported by eight bamboo poles on each side. These poles were about 12 ft. long, about 1 1/2 " in diameter at the large end and taperred down to about 3/8" at the outer end. The large end was reinforced by a driven on piece of steel tubing, 6 inches long. Thru this end we drilled a hole to take a 3/8" bolt which then was driven thru a hole in the cradle and held securely by a square nut on the bottom.

Pivoting each pole this way permited the wing assembly to be folded against the fusillage for transportation.

The cloth "covering" in reality was supported from the poles and tied to them with 1/2" width white cloth tape, these are clearly shown in the photo. Mrs Whitehead and several others spend days in sewing the tape onto the white, cloth, and then bow tied them around the poles.

Before the cloth was cut or worked upon, we had arranged the poles symetrically and set them rigid by a series of piano wire lines as shown on the print. They can also be detected on the photo if you use a magnifying glass. Turnbuckles were used to tighten these wires.

The tail was constructed in the same way as shown.

The construction of the propellers, I have explained in my installment of Oct. 7, 1934 page 4.

In your letter of the 13th, you ask that I elaborate on my letter of July, 23rd, 1934

This letter and prints, takes care of, "Construction in secret, the first fusillage in his basement" and " Completion of the first flying machine, etc "

I trust that this outline will add a few more pages to your book and if you have in mind anything in particular that you MUST have please do not hesitate to write for it.

Besides the Whitehead matter, will you kindly help me in completing the book cover design for The Fallacy of the U S Patent System. For this I am in need of a clear copy of the patent office. I believe that you can readily secure a Postal card that shows the Patent Office in perspective.

The enclosed rough outline is full size, so you can judge about how large the picture should be. Thanking you in advance and hoping for further success in your undertaking, I am,

Sincerely,

Junius W Harworth

JWHarworth

PS. Blue prints etc under seperate cover.

14959 Mark Twain Blvd.
Detroit, Michigan.

**Junius Harworth Brief an Stella Randolph, 24. Januar 1936, S.3**

#3

Die Draufsicht auf der Zeichnung zeigt eine Seiltrommel mit einem Hebel, an dem zwei Greifknöpfe zum Lenken des Fahrzeugs befestigt sind. Diese Baugruppe wurde am Mast befestigt. Um die Trommel war wie auf Schiffen ein ¾-Zoll-Seil gewickelt. Von der Trommel lief das Seil durch Riemenscheiben, die über seitlich angeordnete neben dem Holmwurzelkasten liegende Umlenkrollen dem Außenrand des Rumpfes entlang bis zu den Befestigungsringen an der Welle liefen.
Der Rumpf war seitlich mit weißem Leinentuch, das angeheftet und lackiert war, bespannt. Um seine Seetüchtigkeit zu prüfen, wurde das „Boot" bis zu einer Tiefe von etwa 4-Zoll mit Wasser befüllt. Es wurden dabei mehrere Lecks behoben, und um das Wasser abzulassen, gab mir Weißkopf einen Handbohrer und bat mich mit einem Zwinkern in seinen Augen darum, ein Loch in den Boden zu bohren. Das tat ich, das Wasser lief aus, woraufhin er ein Dübel machte und das Loch stopfte.
Die Flügel auf jeder Seite wurden von acht Bambusrohren gestützt. Diese Rippen waren jeweils ca. 12 Fuß lang, hatten am dicken Ende einen Durchmesser von ca. 1½ Zoll und verjüngten sich ab äußeren Ende auf ca. ⅜ Zoll. Das große Ende wurde durch ein 6 Zoll langes Stück Stahlrohr verstärkt. Durch dessen Ende bohrten wir ein Loch, um einen ⅜ Zoll Schraube zu fassen, die dann durch ein Loch in der Halterung gesteckt und von einer Vierkantmutter in Position fest verankert wurde.
Durch das Drehen einer jeden Rippe um die jeweilige Schraube konnte die Flügelbaugruppe zum Transport gegen den Rumpf angelegt werden.
Die Stoffbedeckung wurde von den Rippen getragen und mit einem ½ Zoll breiten weißen Stoffband daran befestigt. Diese sind auf dem Foto deutlich zu sehen. Fr. Weißkopf und andere nähten tagelang die Verbindungsbänder auf das weiße Tuch und danach wurden diese um die Rippen gebunden.
Bevor das Tuch geschnitten oder bearbeitet wurde, hatten wir, wie auf dem Bild zu sehen ist, die Rippen symmetrisch angeordnet und durch ein Geflecht von Stahldrahtseilen starr gemacht. Wenn Sie eine Lupe hernehmen, können Sie diese auf dem Foto erkennen. Spannschlösser wurden verwendet, um diese Drähte festzuziehen.
Die Heckflosse wurde auf gleiche Weise gebaut, wie eben geschildert.
Die Konstruktion der Propeller habe ich in meinen Ausführungen vom 7. Oktober 1934, S. 4, erläutert.
In Ihrem Brief vom 13. bitten Sie mich, meinen Brief vom 23. Juli 1934 näher zu erläutern.
Dieser Brief umfasst die Rubriken, "Bau des ersten Rumpfs, abgeschirmt in seinem Keller" und "Fertigstellung der ersten Flugmaschine".
Ich hoffe, dass diese Schilderungen Ihrem Buch einige weitere Seiten hinzufügen werden. Wenn es noch irgendetwas Besonderes gibt, bei dem Sie der Meinung sind, dass Sie es unbedingt haben MÜSSEN, zögern Sie bitte nicht, es bei mir anzufordern.
Abgesehen von der Weißkopf-Angelegenheit bitte ich Sie um Ihre Hilfe, das Buchcover-Design für „The Fallacy of the U.S. Patent System" fertigzustellen. Dafür benötige ich ein klares Bild vom Patentamt-Gebäude. Ich glaube, dass Sie recht leicht eine Postkarte finden können, die eine perspektivische Ansicht des Patentamt-Gebäudes zeigt.
Der beigefügte grobe Entwurf weist die vorgesehene Originalgroße auf, sodass Sie selbst am besten beurteilen können, wie groß das Bild sein soll. Ich danke Ihnen hierfür im Voraus und hoffe, dass Sie weiterhin Erfolge bei Ihrem Vorhaben erleben werden. Ich verbleibe

JWHarworth

P.S. Blaupausen usw.
im gesonderten
Umschlag.

mit freundlichen Grüßen
Junius W Harworth
15959 Mark Twain Boulevard
Detroit, Michigan

**Junius Harworth Brief an Stella Randolph, 24. Januar 1936, S.3**

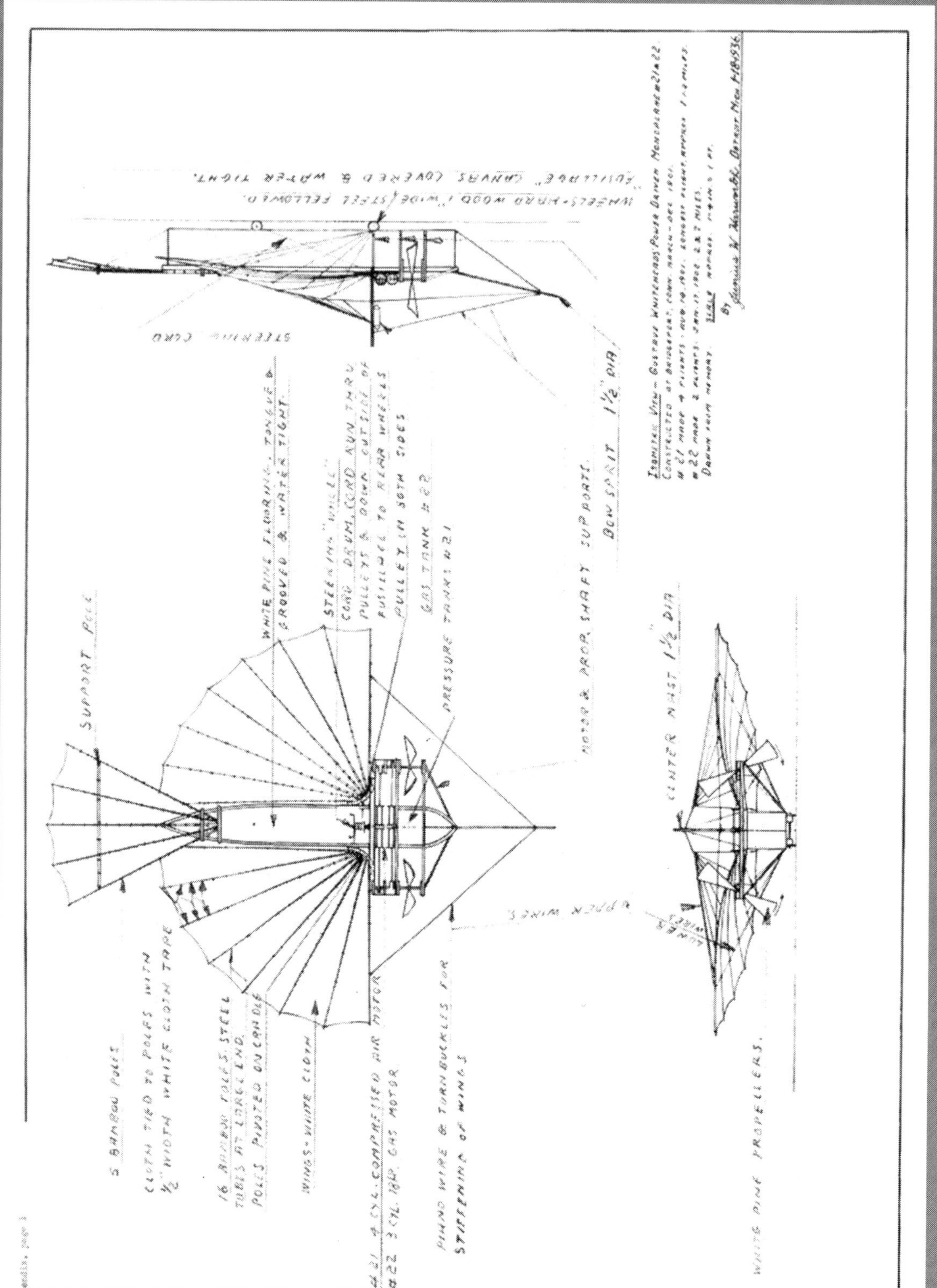


**Junius Harworth Beilage zum Brief an Stella Randolph, 18. Januar 1936**

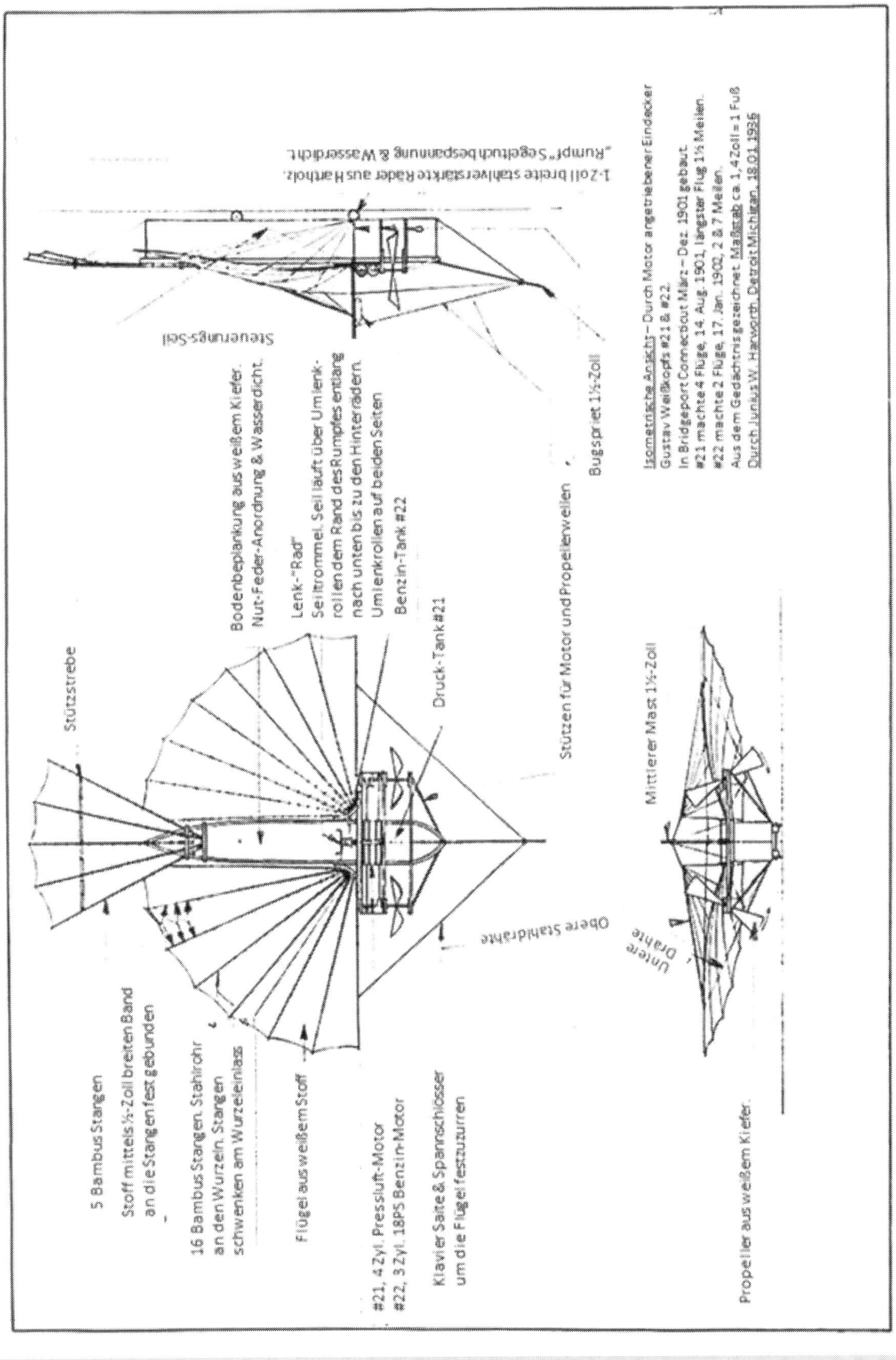


**Junius Harworth Beilage zum Brief an Stella Randolph, 18. Januar 1936**

COPY

August 7th, 1961

Dear Erik:

Your welcome letter of the 3rd received. Have expected one for quite some time, since I have copies of correspondence written by you to Miss Randolph and her replies in turn.

Our E.B. organization is not unknown or new to me, in fact I have been aware of it since it's inception. Ernest Jones, sec'y (deceased) received complete Gustave Whitehead plane and flight sketches, sufficient to duplicate his #21 or #22 full size flying machine. These papers, letters and sketches are now in the possession of Prof. Paul Garber, curator of Aviation, Smithsonian Institute, Washington, D.C. Two years ago, I called at his office, spent about an hour with him discussin G.W., and his earnest request was that I build and present him with a replica of our plane constructed to the Institute's specifications. I have the specs. on file. P.G. informed me that all of E.B. secretary's collection of data was in his care and that due to a flash flood at Jones' home, Clifton, Va., some of the data was ruined and lost.

During the National Air Races, Detroit August 14-17, 1951 (remarkable coincidence--50th anniversary of G.W. flights ), was interviewed at home by Detroit News reporter, Mr. Robert Ball, who recently died at Washington, D.C. Mr. Ball and Miss Randolph met at college, and he requested that I come down to his office, had my picture taken and published with the G.W. story for the racing event. I was also guest at their (E.B.) banquet. Have a panorama picture of the event and was introduced to the group. Met Col. Jones, Prof. Garger, Willard, the President and finally met a Mr. Ford, old car hobbiest, living on Stratford Ave., B'p't. At the air field races was introduced to U.S.Commander Aviation, Col. Vanderberg. Had our pictures taken. Later received a snap from the Command r and copy is on display at the Wright Aeronautical Corp'n gallers. Wood Ridge, N.J. Did you attend the races? and perhaps you are inclused in the banquet picture.

I have spent thousands of hours writing the G.W. story; to Earnest Jones, Smithsonian Inst., University of Michigan, Willey Ley, Hollywood's Paramount and Fine Arts Studio, reporters of the Press, Scientific American, Reader's Digest, and hundreds of individuals about the country who suddenly became aware that the Wrights were not the first to fly. Much has been in vain, no compensation save from MissRandolph's book. She did a fine job on the book and deserves an Oscar for her trying efforts.

Pardon my reasoning, but I am at a loss and wonder just what you plan doing with more G.W. information. Perhaps a book? How will you benefit by my story, or I? What about G.W.? Are you an authority on aviation or a nonentity, like most people? Your letters, in a few instances, flare scepticism and doubt. Surmizing your age, I assume you are old enough to fully realize that photographers and reporter-news hounds, police and firemen, et al, each in turn deadly eager to make or break any individual concerned, blasting it over radio, TV and the headlines, just to meet their deadline. True or not, it is broadcast and we trust to the Almighty to sift the facts later, but too late to do good.

G.W. flights took place, early dawn, miles from the nearest habitation. Open exhaust noises were subject to prosecution, and a sesame for crowds to collect. One Sunday afternoon aviator Payne landed on Waldemere Ave., seasidepark. In a jiffy the plane was almost crushed by the curious crowd until dispursed by police, and G.W. wanted none of that, noe to be arrested for operating an exhaust motor on a plane. He chose Lordship Manor, a vast open expanse save for shallow swells of seaweed, a fairly smooth road cutting through, no telephone poles or other obstructions; truly an ideal space for experimental flying. We used Mother earth, not a ramp to boost one skyward as the Wrights used. Cecil Steeve's father, sole trucker and delivery man for the Graphaphone Co.,

Junius Harworth Brief an Erik Hildes-Heim, 7. August 1961, S.1

KOPIE

7. August 1961

Lieber Erik:

[Ich habe] Ihr Begrüßungsschreiben vom 3. erhalten. Ich hatte schon seit einiger Zeit damit gerechnet, da mir die Briefe, die Sie an Fräulein Randolph geschrieben haben sowie ihre Antworten an Sie, in Kopie vorliegen.

Unser E.B. [Early Birds] Organisation ist mir nicht unbekannt oder neu. Tatsächlich bin ich mir seit ihrer Gründung deren bewusst. Ernest Jones (Schriftf.) (verstorben) erhielt vollständige Pläne und Flugroutenskizzen von Gustav Weißkopf, die ausreichen würden, um seine Flugmaschine Nr. 21 oder Nr. 22 in voller Größe nachzubauen. Diese Papiere, Briefe und Skizzen befinden sich jetzt im Besitz von Prof. Paul Garber, Kurator für Luftfahrt, Smithsonian Institute, Washington D.C.. Vor zwei Jahren rief ich in seinem Büro an, verbrachte ungefähr eine Stunde mit ihm, um über GW zu diskutieren, und seine ernsthafte Bitte war, dass ich ihm eine Replika unseres Flugzeugs baue und dabei versichere, das nach den Vorgaben des Instituts gebaut wurde. Ich habe die Spezifikationen in meinen Akten. P.G. [Paul Garber] teilte mir mit, dass alle Daten aus der Sammlung des Schriftführers der E.B. [Early Birds] unter seiner Obhut stehen, aber dass infolge einer Sturzflut am Hause von Jones in Clifton, Virginia, einige Daten zerstört wurden und dadurch verloren gingen.

Während der National Air Races vom 14. bis 17. August 1951 in Detroit (bemerkenswerter Zufall - 50. Jahrestag der GW-Flüge) wurde ich durch den Reporter der Detroit News, Robert Ball, der kürzlich in Washington D.C., verstorben war, zu Hause interviewt. (Herr Ball und Fräulein Randolph waren Kommilitonen.) Er bat mich, in sein Büro zu kommen, um ein Portraitfoto von mir aufzunehmen, und dies wurde sodann zusammen mit einem Artikel über GW beim Rennereignis veröffentlicht. Ich war auch Gast beim (E.B.) Bankett. Ich habe von der Veranstaltung ein Panoramabild, und wurde dort der Gruppe vorgestellt. Ich traf Col. Jones, Prof. Garger [Garber], Willard, den Präsidenten, und traf schließlich einen gewissen Mr. Ford, einen alten Autohobbyisten, der in der Stratford Ave., B'p't [Bridgeport], lebte. Bei den Luftrennen am Flugplatz wurde ich dem Kommandeur der US-Luftstreitkräfte Col. Vandenberg vorgestellt. Wir ließen uns zusammen fotografieren. Später erhielt ich vom Commander einen Abzug des Schnappschusses. Eine Kopie davon befindet sich in den Galerien der Wright Aeronautical Corp. im Wood Ridge N.J.[New Jersey]. Haben Sie die Rennen besucht? Vielleicht wurden Sie auch auf dem Bankettbild aufgenommen.

Ich habe Tausende von Stunden damit verbracht, die G.W.-Geschichte zu schreiben; und zwar an Ernest Jones, Smithsonian Inst., Universität von Michigan, Willey Ley, Hollywoods Paramount and Fine Arts Studio, Pressereporter, Scientific American, Reader's Digest, und Hunderten von Einzelpersonen quer durchs Land, denen plötzlich bewusst wurde, dass die Wrights nicht die ersten waren, die geflogen sind. Vieles war vergebens. Es gab keine Entschädigung außer übers Buch von Fräulein Randolph. Sie hat am Buch gute Arbeit geleistet und verdient für ihre Bemühungen einen Oscar.

Entschuldigen Sie mir bitte meine Nachfrage, aber ich bin etwas ratlos und überlege mir, was Sie eigentlich mit mehr Information über G.W. zu tun gedenken? Vielleicht ein Buch? Wie werden Sie bzw. ich von meiner Geschichte profitieren? Was ist mit G.W.? Sind Sie eine Autorität in der Luftfahrt oder wie die meisten Menschen nur privat daran interessiert? Ihre Briefe lassen in manchen Teilen Skepsis und Zweifel erkennen. Ich nehme an, dass Sie alt genug sind, um erkennen zu können, dass Fotografen und Bluthund-artige Reporter, Polizisten und Feuerwehrmänner, u.v.m., mit tödlichem Eifer darauf aus sind, Einzelschicksale zu bejubeln oder zu zerstören, um ihren Redaktionsschluss zu schaffen, und alles über Radio, Fernsehen und die Schlagzeilen zu verbreiten. Ob wahr oder nicht, werden die Inhalte gesendet, und wir vertrauen darauf, dass der Allmächtige die Fakten später sichtet, aber zu spät, um irgendetwas Gutes zu erreichen.

**Junius Harworth an Erik Hildes-Heim, 7. August 1961, S.1**

2

on Hancock Ave. and the R.R., picked up the G.W. machine at midnight, Pine Street, and horse-drawn, we arrived at our 'flying field' about 4 a.m. The early time was a MUST to prevent crowds, and working at the Locomobile plant,had to be at his lathe by 7 a.m. The Loco plant was at the foot of Main Street, entrance to Seaside Park. I think you remember the plant. Al Riker was the President and a Mr. Perry the chief engineer and test pilot. I,'chauffeur,' Stanley Beache's Locomobile did many times run out of gas. No corner stations then, and Al. Riker appearing at most service repairs was told of my gas situation. He spoke up and asked, 'What can I do about it?' Mr. Keim, manager present repeated the question and I drew a sketch of a guided cork float setting on the gas surface, the cork float pierced by a calibrated brass rod and emerged thoough the gas tank cap. The seat cover had to be removed to check the gas in those days. The final step was, we all went up to Al's office and there added the small gearmechanism to allow the indicator to move horisontally as they pointed out that a vertical calibrated rod wouldn't move up through the seat cushion. Now, I ask, "Who was the inventor of the modern gas gage, and who stole the idea?" The Pull-socket had similar treatment by Messrs Harvey Hubblel and Mr. Bryant, of State Street. Pardon the digression from G.W. and Lordship.

After our flights, we easily returned with the plane, G.W. left for work and I to Elias Howe School on Colorado Ave. The others also went their way for much of the work was gratuitous.

Returning to Lordship events, early dawn and prepared to fly, we hadno still camera to tripod in position, much lesspowdered flash device and sparker. Eastman and others were still dreaming about flash bulbs and portable cameras. They came many years after Willy and Orvi skimmed down a ramp thus giving them momentum into the winds producing a glide effect instead of an actual power driven flight from ground take off.

THERE ARE NO PHOTOGRAPHS OF ANY WHITEHEAD POWER FLIGHTS. (signed: Junius W. Harwort

Sorry, but you, nor the world of finance could ever muster up sufficient funds to pay for a photograph of G.W. planes in flight. Furthermore, if one had been taken, it would have been grabbed by the Press and published world-wide, particularly so if found at this late day. You will recall that the Wrights' Kitty-flights took space, a very small space on a back page. Frankly, I feel it was rather very small of you to even imply that we would stoop to 'doctor-up' a photo and sell it to you as genuine.

As a retired Plant Engineer, inventor and artistic in habits, I could readily produce an exact miniature replica of a G.W. machine and actually fly it with a diorama of Lordship in the background, and I would defy anyone to prove that the picture was a fraud. My honesty andintegrity and frankness for the truth is beyond reproach.

You also write, to me, that MissRandolph writes 'amateurishly.' May I ask, did you write that to her? You cite the 200 HP episode. MissRandolph has never profess engineering peerness or studentry, hence the sequence indicated. You should overlook small matters.

Stanley Yale Beach, graduate of Yale Sheffield Scientific, partial exponent and financial, $16 dollars amonth, backer induced G.W. to build this 200 HP, eight-cylinder, V-type, four-cycle monster for Sneadicki, East Side plumber with a shop on Carroll Street. We passed his shop on the way to Lordship Manor. This motor was installed first on a power boat, Dixie I., then on Dixie II., then on Dixie III, and during a fast run on Long Island Sound crossing the wake of another boat she slipped, and is still unrecovered.

Now a swing at Mr. Dickie. I was present many times when G.W. snared seagulls tieing a string to one leg and releasing them to watch each fly away. He wathed with keen eyes and many remarks were most interesting to me. He compared the flight to those made by the great twelve-foot wing spread of south Atlantic albatross which he spent hours on deck to watch. G.W. was shangheid aboard an Australian grain carrier while at a German seaport, a life- angle of his which was most adventurous and interesting to hear. G.W. was

Junius Harworth Brief an Erik Hildes-Heim, 7. August 1961, S.2

auf der Hancock Ave. nahe der Eisenbahnlinie [R.R. = Railroad] lud die G.W.-Maschine gegen Mitternacht an der Pine Street auf, und, von Pferden gezogen, kamen wir gegen 4 Uhr morgens auf unserem "Flugfeld" an. Diese frühe Uhrzeit war ein MUSS, um Menschenmassen zu vermeiden. Und [G.W.] musste um 7 Uhr morgens an seiner Arbeit im Locomobile-Werk an seiner Drehbank sein. Das Loco-Werk befand sich am Fuße der Main Street am Eingang zum Seaside Park. Ich denke du erinnerst dich an das Werk. Al Riker war der Präsident und ein Mr. Perry Chefingenieur und Testpilot. Mir, dem einstigen „Chauffeur" des Locomobiles von Stanley Beach, ging öfter mal das Benzin zu Neige. Damals gab es keine Tankstelle an der nächsten Ecke, und Al Riker, der bei den meisten Reparaturarbeiten anwesend war, wurde über meine Benzinproblematik informiert. Er meldete sich zu Wort und fragte: "Wie kann ich denn helfen?" Herr Keim, der Leiter vom Dienst, gab die Frage an mich weiter und ich zeichnete eine Skizze eines geführten Korken, der auf der Oberfläche des Benzins aufschwimmt, wobei der Korkenschwimmer von einer kalibrierten Messingstange durchbohrt war und durch den Tankdeckel austrat. Der Sitz musste damals entfernt werden, um die Benzinmenge nachzuprüfen. Sie wiesen darauf hin, dass sich eine vertikal kalibrierte Stange nicht durch das Sitzkissen nach oben bewegen könnte. Wir sind also alle in Al's Büro marschiert und haben dort einen kleinen Getriebemechanismus hinzugefügt, damit sich der Indikator horizontal bewegen konnte. Nun frage ich: "Wer war der Erfinder des modernen Benzinstand Messgeräts, und wer hat die Idee gestohlen?" Bei der Steckdose ging's unter den Herren Harvey Hubble und Bryant von der State Street ähnlich zu. Verzeihen Sie meine Ausschweifung weg von der G.W.-Thematik und von Lordschaft.

Nach unseren Flügen sind wir problemlos mit dem Flugzeug zurückgekommen. G.W. ging zur Arbeit und ich ging in die Elias Howe Schule in der Colorado Ave.. Die anderen gingen ebenfalls ihren Weg, da ein Großteil der Arbeit unentgeltlich war.

Zurück nun zu den Ereignissen in Lordship... Als wir im frühen Morgengrauen zum Flug bereit waren, hatten wir keine Standbildkamera in Position, erst recht kein Blitzgerät samt Funkenauslöser. Eastman und andere träumten damals noch vom automatischen Blitz und tragbaren Kameras. Sie kamen viele Jahre, nachdem Willi und Orvi eine Rampe hinuntergerollt waren, um Schwung aufzunehmen, um in den Gegenwind zu starten, um einen Gleitflug einzuleiten, statt einen tatsächlichen vom Boden aus gestarteten Motorflug zu unternehmen.

ES GIBT KEINE FOTOGRAFIEN VON WEISSKOPFS MOTORFLÜGEN. (signiert: Junius W. Harworth)

Tut mir leid, aber weder Sie, noch die Finanzwelt könnte jemals genügend Geld aufbringen, um für ein Foto von G.W.s Flugzeuge im Flug zu bezahlen. Wenn eines aufgenommen worden wäre, wäre es von der Presse aufgeschnappt und weltweit veröffentlicht worden, insbesondere wenn es gerade jetzt zu diesem späten Zeitpunkt auftauchen würde. Sie werden sich daran erinnern, dass die Kitty-Flüge der Wrights wenig Beachtung fanden – ein sehr kleiner Beitrag auf einer der hinteren Seiten. Ehrlich gesagt, ich denke, es war ziemlich armselig von Ihnen, auch nur zu implizieren, dass wir so tief herabsinken würden, um für sie ein „herum gedoktortes" Foto herzustellen, und es Ihnen als echt zu verkaufen. Als pensionierter Werksingenieur, Erfinder und künstlerisch Veranlagter könnte ich ohne weiteres eine exakte Miniaturnachbildung einer G.W.-Maschine bauen, und diese mit einem Diorama von der Lordschaft im Hintergrund ablichten. Ich würde jeden herausfordern, zu beweisen, dass das Bild nicht echt wäre. Meine Ehrlichkeit, Integrität und Wahrheitsliebe sind über jeden Zweifel hinaus erhaben.

Sie schreiben mir auch, dass Fräulein Randolph „amateurhaft" schreibt. Darf ich fragen, haben Sie ihr das direkt geschrieben? Sie beziehen sich dabei auf die 200-PS Passage. Fräulein Randolph hat nie behauptet, mit Ingenieuren gleichwertig oder ähnlich sachkundig zu sein. So kam es zur besagten Passage. Sie sollten von derartigen Kleinlichkeiten besser absehen.

Stanley Yale Beach, Absolvent der Yale Sheffield Scientific College, Beteiligter und Finanzier mit 16 US-Dollar pro Monat, überredete G.W. dieses 200-PS, Achtzylinder, V-Typ, Viertaktmonster für Sneadecki, Klempner von der East Side mit Geschäftssitz in der Carroll Street, zu bauen. Der Weg nach Lordship Manor führte an seinem Laden vorbei. Dieser Motor wurde zuerst in einem Motorboot dem Dixie I, dann Dixie II, dann Dixie III installiert, und während einer schnellen Fahrt über dem Long Island Sound, ist er, als die Spur eines anderen Bootes gekreuzt wurde, vom Bord gerutscht, und ist seither nicht mehr wiedergefunden worden.

Und nun einen Hieb gegen Herrn Dickie. Ich war viele Male anwesend, als G.W. gefangenen Möwen eine Schnur ans Bein gebunden und sie losfliegen ließ, um zu beobachten, wie sie sich bewegten. Er hat sie scharf beobachtet und viele seiner Anmerkungen waren für mich sehr aufschlussreich. Er verglich deren Flugverhalten mit dem eines Albatros von der Südatlantik, der einen Flügel mit zwölf Fuß Spannweite hat. Den hat er stundenlang vom Deck seines Schiffes aus beobachtet. G.W. wurde in einem deutschen Seehafen auf einen australischen Getreidefrachter ge'shanghai'd [betrunken verschleppt]. Das ist ein Aspekt seines Lebens, der sehr abenteuerlich und interessant zu hören war. G.W. war

**Junius Harworth Brief an Erik Hildes-Heim, 7. August 1961, S.2**

a kind individual; never angry, was deeply religious proven in his last years, broken in spirit and body but selling Bibles from door to door. Frustrations of many years duration perhaps dwarfed his senses and he finally passed on October 10, 1927. When happy, his violin gave forth, and I can truthfully state thatG.W. NEVER broke any gull's wing or leg as Dickie falsely testified.

Dickie, slightly scurrilous, was often reminded by G.W. to desist and pay more attention to his duty and work and not bother other workers during working hours with his stories. Resentment often was shown by Dickie, a feeling apparent and quite pronounced to date, hence his abject remarks and affidavit appearing in the G.W. book.

I distinctly recall him boarding a Southport-Bridgeport trolley at Ash Creek when I was returning from the Fairfield Alum num Fdry., and standing on the rear platform, pulling out a screw drive , he loudly let all know how smart he was in getting a Fairfield single sylinder motor going, by the simple adjustment of a screw. Wonder if he remembers the incident, and whose motor he 'doctored.'

About motor details you are interested in. Randolph opposite page twenty-eight. They were made by G.W. at his pine street shop. The aluminum ribbed dome was cast at the Fairfield Aluminum Fdry. I think the owner's name was Ferguson, a spry old man, efficient, but later broken and his business confiscated or closed down by the Pittsburgh-Mellon interests, now Alcoa. The dome pattern was made at the Frederick Pattern shop located at Iranistan Ave. and R.R.Ave. Believe the building has been eliminated as well as the B'p't Malleable Foundry where my dad was foreman of the foundry. The three carburetors were patterned at Fredericks and cast at the Coulter & McKensie shop located at the corner of Golden Hill and Middle Streets. G.W. calld them "mixers." The valve retracting springs were coiled by G.W. and thw wire was purchased by me from Lyon and Gruman's hardware store on Main street just north of the D.M.Read department store. L & G later was moved to the NE corner of Fairfield Ave. and Middle Street. The air-cooling system was made of aluminum wire. G.W. gave me a discarded twelve inch bastard file which I ground off smooth. He checked the item for marks or serrations and tightening the tang in the vise, he proceeded to close-wind the wire around the file and when nearing the end pulled off the aluminum cluster and told me to keep on repeating the operation. I wound the flat turned wire until we had about ten feet of it and the next most was to insert or reeve in a light gage music wire for the full length. Winding the assembly to cover the entire outer cylinder wall and clinching both ends, top and bottom, perfect cooling system that even on a two hour block test run of the motor, we did not burn our hands on contact. G.W. pronounced the idea a success and S.Y. Beach vouched for it. The startling fact was that we did not have to use any fan blowing to provide cooling as is practiced in Franklin and other motors.

Cylinders, in all cases, were forged at the Ferris Forging plant located at the south end of East Main Street, East Side. G.W. merely made a dimension sketch, I left it at the shop and several days later returned for them. Wiring each to the cross frame of my bike, I pedalled back to our shop and returned for the rest. I did not mind delivery to Pine Street, but in later years it was a chore to walk and lead my bike up Tunxis Hill to our shop. Each forging was a trip, but hen I selected and bought bamboo poles from a ship-chandlery shop located on Water Street between Fairfield and Wall Streets the delivery was amusing if not a bit dangerous.

We tied ten bamboo poles on each side of my bike frame, the tapered end well in the rear, and straddling the load, cowboy fashion, I wheeled down State Street, two-way trolley, and at times quite muddy with persons looking askance, shouting "How's fishing?" while I just wiggled along with the poles weaving precariously behind. G.W. had two lathes bought from a second-hand machinery dealer located on a pier jutting out ove the Hudson River at Hoboken, N.J. We had a single cylinder upright Otto gas engine set behind the entrance door, nearest to his home. The Otto was direct belted to the overhead counter shaft which ran the full length of the shop. I can describe the shop in more detail, but you did not ask for it.

The steam engine, Randolph—page opposite thirty-two, came in the packing case described on page thirty-one. G.W. demonstrated this motor to me by setting it on his

**Junius Harworth Brief an Erik Hildes-Heim, 7. August 1961, S.3**

ein freundlicher Mensch, der niemals wütend wurde. Er war – was seine letzten Jahren beweist – zutiefst religiös. Er war im Geist und Körper gebrochen, verkaufte aber Bibeln von Tür zu Tür. Viele Jahre lang andauernder Frust haben womöglich seine Sinne getrübt, und er starb schließlich am 10. Oktober 1927. In glücklichen Momenten spielte er Geige, und ich kann wahrhaftig versichern, dass G.W. NIEMALS irgendeinen Flügel oder ein Bein einer Möwe gebrochen hätte, wie von Dickie fälschlicherweise behauptet.

Dickie, ein mürrischer Typ, wurde oft durch G.W. ermahnt, sich zusammenzureißen, sich auf seine Aufgaben zu konzentrieren, und es zu unterlassen, während der Arbeitszeit andere Kollegen mit seinen Geschichten zu belästigen. Dickie zeigte öfter mal diverse Ressentiments – ein Gefühl, das bis heute offensichtlich stark ausgeprägt ist, was offenbar zu seinen erbärmlichen Bemerkungen und seine eidesstattliche Erklärung im G.W.-Buch führte.

Als ich einmal von der Fairfield Aluminium Gießerei zurück gefahren bin kann mich ich deutlich daran erinnern, wie er bei Ash Creek in die Southport-Bridgeport Straßenbahn gestiegen ist. Er stand auf der hinteren Plattform und zog einen Schraubenzieher heraus. Er ließ alle laut wissen, wie klug er wäre, und dass ihm gelungen sei, einen Einzylinder Motor aus Fairfield durch einfaches Nachstellen einer Schraube zum Laufen zu bringen. Ich frage mich, ob er sich an den Vorfall erinnert und daran, an wessen Motor er da "getüftelt" hat.

Nun zu den Motordetails, an denen Sie Interesse haben, die im Buch Randolphs gegenüber Seite achtundzwanzig abgebildet sind. Diese wurden von G.W. in seinem Laden in der Pine Street gebaut. Die mit Rippen versehene Aluminiumkuppel wurde in der Fairfield Aluminium Gießerei gegossen. Ich glaube, der Name des Besitzers war Ferguson, ein spritziger alter Mann, effizient, aber später gebrochen und sein Geschäft wurde durch Druck seitens des Pittsburgh-Mellon Konzerns, heute Alcoa, kaputtgemacht bzw. geschlossen. Die Negativform für die Kuppel wurde im Frederick Pattern-Laden in der Iranistan Ave. Ecke R.R. [Railroad] Ave. hergestellt. Ich glaube, das Gebäude wurde abgerissen, ebenso wie die Bridgeport Malleable Foundry [formbare Gießerei], in der mein Vater Vorarbeiter war. Die Formen für die drei Vergaser wurden bei Fredericks hergestellt und im Laden von Coulter & McKenzie an der Ecke von Golden Hill Street und Middle Street gegossen. G.W. nannte sie "Mischer". Die Sprungfeder für die Ventilkappen wurden durch G.W. in ihre Ringelform gebracht, und der Draht wurde von mir im Baumarkt von Lyon & Grumman in der Main Street nördlich des D.M. Kaufhauses gekauft. L & G ist später an die nordöstliche Ecke der Fairfield Ave. und Middle Street umgezogen. Das Luftkühlsystem bestand aus Aluminiumdraht. G.W. gab mir eine ausgediente 12-Zoll grob-Feile, welche ich glatt abgeschliffen habe. Er prüfte sie zunächst auf Kerbungen oder Risse, dann spannte er den Zapfen im Schraubstock fest. Er wickelte den Draht um die Feile, und als von diesem das Ende fast erreicht wurde, zog er den Aluminiumzottel ab und forderte mich auf, den Vorgang fortlaufend zu wiederholen. Ich wickelte den flach gedrehten Draht, bis wir ungefähr zehn Fuß davon hatten, und der nächste Schritt war, einen dünnen Musikinstrumentensaitendraht der gesamten Länge hindurch zu fädeln. Nachdem das Drahtgeflecht um die gesamte Außenwand des Zylinders gewickelt und an beiden Enden oben und unten festgezurrt wurde, gab es ein so perfektes Kühlungssystem, dass sogar nach einem zweistündigen Testlauf am Motorblock, wir bei der Berührung unsere Hände nicht verbrannt haben. G.W. erklärte, die Idee sei ein Erfolg, und S.Y. Beach pflichtete ihm bei. Die erstaunliche Tatsache war, dass wir kein Gebläse verwenden mussten, um für Kühlung zu sorgen, wie es bei Franklin- und anderen Motoren üblich ist.

Zylinder wurden ausschließlich im Ferris Forging-Werk am Ende der East Main Street (Ostseite) im East Side geschmiedet. G.W. hat einfach eine Skizze mit Maßangaben angefertigt, ich habe sie im Werk abgegeben, und einige Tage danach habe ich die Teile abgeholt. Ich habe sie einzeln mithilfe eines Drahts am Querrahmen meines Fahrrads befestigt, radelte in unsere Werkstatt zurück, und fuhr oft hin und her, um die restlichen Stücke abzuholen. Es machte mir nichts aus, in die Pine Street zu liefern, aber in späteren Jahren war es mühsam, mein Fahrrad den Tunxis Hill hinauf zu unserer dortigen Werkstatt zu schieben. Jedes geschmiedete Stück erforderte eine separate Tour. Als ich aber Bambusrohre bei einem Schiffsausrüster-Laden in der Water Street zwischen Fairfield und Wall Street auswählte und kaufte, war der Transport amüsant, wenn nicht sogar ein bisschen gefährlich.

Wir banden jeweils zehn Bambusrohre pro Seite am Rahmengestell meines Fahrrads fest, so dass sich das verjüngte Ende weit hinten lag. Wie ein Cowboy spreizte ich mich über die Ladung und rollte die State Street hinunter, wo es doch doppelte Straßenbahnschienen gab, zeitweise ziemlich matschig war, und mir Menschen schiefblickend hinterher riefen, "Wie läuft's beim Fischen?", während ich unbeirrt voran wackelte und hinter mir die Rohrstücke gefährlich hin und her schwenkten. G.W. hatte zwei Drehmaschinen, die bei einem Gebrauchtmaschinenhändler gekauft wurden, der sich an einem Steg direkt am Hudson River in Hoboken N.J. [New Jersey] befand. Wir hatten einen aufrecht stehenden Einzylinder Otto-Benzinmotor, der sich hinter der Eingangstür an jener Seite der Werkstatt befand, die seinem Haus am nächsten lag. Der Otto wurde mittels Riemens direkt mit der in Kopfhöhe über der Werkbank montierten Welle verbunden, die sich über die gesamte Länge der Werkstatt erstreckte. Ich könnte die Werkstatt zwar detaillierter beschreiben, darum haben Sie mich aber nicht gebeten.

Die Dampfmaschine – [siehe Abbildung im Buch Randolphs] gegenüber Seite zweiunddreißig – kam in der Verpackungskiste, die auf Seite einunddreißig beschrieben wurde. G.W. führte mir diesen Motor vor, indem er ihn auf seine

**Junius Harworth Brief an Erik Hildes-Heim, 7. August 1961, S.3**

4

kitvhen sink, connected the steam inlet with a rubber hose to the faucet. Turning the water on, I witnessed a short slow run and G.W. explained that by using steam the motor would run faster and fly a plane or operate a series of machines in a shop.

Opposite page thirty-two, the flanged head was produced as mentioned above. The cooling system was aluminum wire and NOT copper as shown. The sprocket stock was drilled-off from boiler plate, carefully filed to a diameter, tooth centers laid out with plate, carefully filed to a diameter, tooth centers laid out with dividers and hammer punched I biked to the Bridgeport Boiler Works on Was ington Ave., over the bridge and the tooth-holes were pierced out with a steam hammer and ro nd die. At the G.W. shop we filed the teeth to size using a thin tin gage to guide spacing.

Opposite page sixty-four and sixty-eight, Helicopter motor, I hammered the water-jacket domes into shape, cut and rolled sheet metal into a split can, fitted it to the dome, and hadit acetylene welded at "Frenchy'2." weld shop converted from a cider mill, located on Moody's creek nest to the North Ave. bridge beyond Mt. Grove cemetery. About where Cartright street is located. In those days the area was wild woods up to the Brooklawn Country Club.

The large sprocket behind the pipe elbow was thirty-six inches in diameter, 5/16 inch thick to fit a bicycle chain. The teeth was fabricated as described above, and the sprocket weighing about ninety pounds acted as a fly-wheel. This motor was built at the Tunxis Hill shop for the Burridge Helicopter. The picture shows G.W. as "pilot". I cut and formed the 120 propellers or aluminum blades (240). Under power and restricted xaxi to a four foot elevation, the Helicopter rose, held stationary, but in a few minutes dropped due to the cord transmission breaking. We were unable to buy small diameter flexible wire cording. There was no machine damage. The motor without the fly-wheel and miscellaneous attachments was light enough for me to pick it up.

Ferris forged the cylinder blocks. We bored them out on our big lathe and revamped this lathe into a cylinder grinder (internal). The wall thickness was 3/16 inch, and each end flanged. Crankcase was aluminum, pattern by G.W. as Fredericks was too costly for a large job. The cylinder bore was five inches. Pistons were turned from a chunk of C.I by Coulter & McKensie Fdry. and the rings turned and lapped from C.I. waste pipe. We had t use whatever materials were obtainable and G.W. often became downcast because the proper materilas were not on the market. We made many items for the plane and shop. I made a crude blower and forge to heat andforge tools. We made our own acetylene welding unit after watching "Frenchy" make them for others as advertised. Under mild protest he sold us a torch set but was later pleased to note that we improved our welder. G.W. explained these improvements and they were incorporated in new models sold by "Frenchy."

The scrapes mentioned by Lesko were many. Most gliding on old man Orr's hil and castle. Plane spills were at Lordhip, but none serious. A wrenched ankle was the worst that I recall.

I well remember purchasing many items for G.W. Using my Ozone soap wagon (redeemed with O-soap wrappers) I went to the Frank Miller lumber yard on Washington Ave., loaded my small wagon with white pine boards, 6" x 30" x 7/8" and walked along water street, passed by the old Bullard plant on R.R.Ave., and on down t the West End. Cloth, silk and white tape came from D. M.Read's or &xx Howlands, while hardware, Columbia dry cells, came from Lyon & Gru ands or Hawley's. Drive chains (bicycle) came from Ashton's on State Street near Yale.

Sorry to state that I have no motor pictures. Miss Randolph forwarded all her photographs and I identified each. Incidentally, you write that Mrs. G.W. went to Florida. I take it that her daughter Rose Rennison also mover south. Do you have their present address, or the son's, Charles? I would like to write to them to clear up the fact that they have been living under the impression that I made a "fortune" with Miss Randolph on her publication. All I ever received was $4.56 from a magazine article. And due to G.W. lectures inpatents and their fallacy, I wrote a two paragraph to Time Magazine and received $15.00 in payment. That is all.

Now for the two Akron-ized duds who came to visit G.W. I most certainly

Junius Harworth Brief an Erik Hildes-Heim, 7. August 1961, S.4

Küchenspüle stellte. Er verband den Dampfeinlass mittels Gummischlauchs mit dem Wasserhahn. Als ich den Wasserhahn aufdrehte, sah ich einen kurzen langsamen Lauf des Motors und G.W. erklärte mir, dass der Motor beim Einsatz von Dampf schneller laufen und ein Flugzeug im Flug oder eine Reihe von Maschinen in einer Werkstatt antreiben würde.

Der gegenüber Seite 32 [im Buch Randolphs abgebildete] Flanschkopf wurde wie oben erwähnt hergestellt. Das Kühlsystem bestand aus Aluminiumdraht und NICHT aus Kupfer, wie dort angegeben. Das Material fürs Kettenrad wurde aus einer Kesselplatte gebohrt, sorgfältig auf einen bestimmten Durchmesser gefeilt, und die Zahnmitten wurden mithilfe einer Platte ausgelegt, sorgfältig auf einen Durchmesser gefeilt, Zahnmitten mit Teilern ausgelegt und mit einem Hammer gestanzt. Ich fuhr mit dem Fahrrad zu den Bridgeport Boiler Works jenseits der Brücke an der Washington Ave., und die Zahnlöcher wurden dort mithilfe eines Dampfhammers und einer runden Matrize durchbohrt. Zurück in der Werkstatt G.W.s haben wir die Zähne mithilfe von dünnem Zinnblech auf die richtige Größe gefeilt, um den Abstand zu bestimmen.

Auf der Seite gegenüber von Seite achtundsechzig [Abbildung im Buch Randolphs], Hubschraubermotor, hämmerte ich die Wassermantelkuppel in eine Endform, schnitt und rollte Blech in eine geteilte Dose, passte es an die Kuppel an und ließ es im Schweißer Laden von „Frenchy“ mit Acetylen verschweißen. Die Schweißerei ist aus einer ehemaligen Apfelweinmühle und befindet sich am Moody's Creek neben der Brücke an der North Ave. jenseits des Mountain Grove Friedhofs, ungefähr da, wo sich die Cartwright Street befindet. Damals war die gesamte Gegend bis zum Brooklawn Country Club noch Urwald.

Das große Kettenrad hinter dem Rohrbogen hatte einen Durchmesser von sechsunddreißig Zoll und eine Stärke von $^5/_{16}$ Zoll, um eine Fahrradkette aufzunehmen. Die Zähne wurden wie oben beschrieben hergestellt, und das etwa 90 Pfund schwere Kettenrad wirkte als Schwungrad. Dieser Motor wurde in der Werkstatt auf Tunxis Hill für den Burridge Helicopter gebaut. Das Bild zeigt G.W. als "Pilot". Ich habe die 120 Propeller bzw. Aluminiumblätter (240) geschnitten und geformt. Unter Antrieb und [durch Seile angebunden] auf eine Höhe von vier Fuß beschränkt, erhob sich der Hubschrauber, hielt stationär, fiel aber nach wenigen Minuten aufgrund eines Bruchs im Getriebestrang herab. Wir konnten nirgendwo flexibles Drahtseil mit kleinem Durchmesser kaufen. Es gab danach keinen Maschinenschaden. Der Motor ohne Schwungrad und verschiedene Anbaugeräte war leicht genug, dass ich ihn alleine heben konnte.

Fa. Ferris schmiedete die Zylinderblöcke. Wir haben sie auf unserer großen Drehmaschine ausgebohrt und diese Drehmaschine zu einer Zylinderschleifmaschine (innen) umgebaut. Die Wandstärke betrug $^3/_{16}$ Zoll und jedes Ende war angeflanscht. Das Kurbelgehäuse wurde durch G.W. selbst modelliert, da Fredericks für einen derart großen Job zu teuer gewesen war. Die Zylinderbohrung betrug fünf Zoll. Die Kolben wurden aus einem Block Volleisenguss [C.I. = cast iron] durch die Gießerei Coulter & McKenzie gedreht. Die Ringe wurden aus Volleisen-Abflussrohr gedreht und gefräst. Wir mussten jenes Material nehmen, das erhältlich war. G.W. war oft niedergeschlagen, weil die richtigen Materialien am Markt nicht erhältlich waren. Wir haben viele Artikel für das Flugzeug und die Werkstatt selber hergestellt. Ich habe ein grobes Gebläse gebaut, um Werkzeuge zu erhitzen und zu schmieden. Wir haben unser eigenes Acetylen-Schweißgerät gebaut, nachdem wir gesehen haben, wie sie „Frenchy“ für andere herstellte. Unter leichtem Protest verkaufte er uns einen Schneidbrenner, stellte aber später fest, dass unser Schweißgerät einige Verbesserungen verkörperte. G.W. erklärte ihm diese Verbesserungen und sie wurden in die neuen Modelle, die "Frenchy" vermarktet hat, integriert.

Die von Lesko erwähnten Zwischenfälle waren zahlreich. Die meisten ereigneten sich beim Segelfliegen auf dem Hügel und der Burg des alten Mannes Orr [Orr's Castle, Fairfield]. Flugzeug-Zwischenfälle gab es bei Lordship, aber keine ernsthaften. Eine Knöchelverrenkung war das Schlimmste, woran ich mich erinnere.

Ich erinnere mich noch gut daran, wie ich viele Sachen für GW gekauft habe. Mit meinem kleinen Wagen der Marke Ozone Seife (erworben durch Einlösen von Ozone-Seifenverpackungs-Koupons) ging ich zum Holzhandel von Frank Miller in der Washington Ave. und belud meinen kleinen Wagen mit weißen Kiefernbrettern, 6 Zoll x 30 Zoll x ⅞ Zoll und ging die Water Street entlang, vorbei am alten Bullard Werk in der Railroad Ave. und weiter hinunter bis zum West End. Stoff, Seide und weißes Klebeband stammten von D.M. Reads oder Howlands, während Hardware und Columbia-Trockenzellenbatterien von Lyon & Grumman's oder Hawley's stammten. Antriebsketten (Fahrrad) stammten von Ashton in der State Street in der Nähe von Yale Street.

Es tut mir leid, dass ich keine anderen Motorenbilder habe. Frl. Randolph leitete alle ihre Fotos an mich weiter und ich identifizierte sie. Sie schreiben übrigens, dass Frau G.W. nach Florida umzog. Ich nehme an, dass ihre Tochter Rose Rennison auch nach Süden zog. Haben Sie ihre aktuelle Adresse oder die des Sohnes Charles? Ich möchte ihnen schreiben, um sie darüber aufklären, dass sie unter dem falschen Eindruck gelebt haben, dass ich mit Fräulein Randolph bei ihrer Veröffentlichung ein „Riesengeschäft“ gemacht hätte. Alles, was ich jemals erhalten habe, waren 4,56 US Dollar aus einem Zeitschriftenartikel. Und infolge meiner Vorträge über G.W. sowie über das Irrtum des US-Patentsystems, durfte ich zwei Absätze für Time Magazine schreiben, wofür ich eine Zahlung von 15,00 USD erhielt. Das ist alles.

Nun zu den Akron-isierten Nieten, die G.W. besuchten. Ich kann mich ganz explizit

**Junius Harworth Brief an Erik Hildes-Heim, 7. August 1961, S.4**

remember their historic visit so surreptitiously denied by Orvi. Our shop was located on land bounded by Cherry, Hancock, Pine and Bostwick Ave. The lot was vacant save for a full row of houses on Hancock and a single home on Pine, half-waybetween Bostwick and Hancock. The "Farm house" was occupied by the Lazai family. On the east side of this home they had a quince tree and as kids we stole many of the . The shop was located behind the fourth house from Cherry St. My cousinSeman's lived in this house and by walking through the yard, a grape arbor and a gate we came to the shop about twenty feet beyond. The door of the shop faced Bostwick Ave. Like all previous shops, this one also was plain lumber, tar paper roof, several windows on each side and ends and a two step stair facing westward. At this thop G.W fabricated a test-fan to check throust. Using a wagon wheel ~~kingaxxxxthe pitchxcouldxbexchangs~~tire and ball bearing hub the "spokes" were a series of blades hinged so the pitch cbuld be changed during a run. Driving it by motor and using a pring scale and hand speed indicator G.W. compiled thrust data that he needed. After the final test run, we dismantled the device and set the "fan" against the side of the shop and I noted that the hub was loaded with grease. The fan was on the north side of the shop facing Cherry Street.

Cecil Steeves and I werepresent when the Wright brothers announced themselves, showing G.W.'s ad, from the American Inventor Magazine, and told G.W. that they were interested in his motors and would purchase his full production if a test proved satisfactory. This was "big business" to G.W. and he suggested that Cecil and I leave the shop. We went outside and stood near enough to catch a word or two. G.W. convinced them that a test was not necessary as he would guarantee each motor. Being peeved at G.W.'s request to go out, I stood on a box nest to the greasy hub to peer in the window. At this point I heard a locker door squeak and knew that G.W. was taking a rolled drawing from a top shelf. That drawing executed on brown wrapping paper by G.W. was his idea of controlling aplane by moving a rudder and elevator at the rear. This he planned for one of his future machines. The Wrights were very much interested from the conversation I heard. G.W. looked up and saw me peering through the window, and startled, I slipped against the greasy hub and when arriving home my mother scolded me for spotting my coat. Dad made it much stronger, and I will never forget the association of the Wrights visit and my greasy coat.

A school mate, Johhny Molnar, nephew of Deszo the butcher, filched the brown wrapping paper for me as I did not wish to walk up to Turner's stationary store corner of Howard and State.

After the visit, the Wrights, quite pleased, again and again assured G. W. that he would hear from them shortly. G.W. waited week after week, and no letter; he remarke to me, "now that I have showed the Wrights my idea I will never hear from them." Many times after that episode, G.W. told me to never trust any idea or invention to anyone as the would steal it. No person ever said anything more thrughful, for all these years I have colledted stories of inventions, founded the S.A.I. (Society of American Inventors), am writing a book entitled "The Fallacy of the U.S. Patent System." It's a long heartbreaking story.

The last Steeves and I saw of the Wrights was their walking up Hancock Ave., apparently to State and a trolley ride to the R.R. station. Several years ago at Bridgeport, I stopped at the Stratfield Hotel to check their over-night list of transients, 1903, on but was told they only keep records for three years and disposed them. They are destroyed. Its the law.

G.W. built and sold ten or so small three cylinder motors to the Whitman Brothers plane builders located in the old Vanderbilt Mansion and estate on Staten Island. I spent over a week at their shop with G.W. At one time a Mr. Lawrence, early pioneer rode to theStaten Isle ferry with me. We sat on the rear seat of the open car as he was delivering a large propeller and the end extended a trifle higher than the roof of the trolley.

Now for "Ask the Man Who Onws One" truly a well known by-word. Am sorry to state that I do not have any cats, or other material on Packard cars. Am glad you favor them as they were tops, and Imm pleased to enclose a slip with the present address where ... information you may desire. I have phoned several times but no a...

Junius Harworth Brief an Erik Hildes-Heim, 7. August 1961, S.5

5
an ihren historischen Besuch, den Orvi so beharrlich dementiert, erinnern. Unsere Werkstatt befand sich auf einem Häuserblock, welches durch Cherry Street, Hancock Avenue, Pine Street und Bostwick Avenue umgeben war. Das Grundstück war leer, bis auf eine Reihe von Häusern an der Hancock Avenue sowie ein einzelnes Haus auf der Pine Street, welches sich auf halbem Weg zwischen Bostwick und Hancock Avenues befand. Dieses Haus, genannt „Bauernhaus", wurde von der Familie Lazai bewohnt. Auf der Ostseite dieses Hauses hatten sie einen Quittenbaum und als Kinder haben wir viele davon geklaut. Die Werkstatt befand sich hinter dem vierten Haus an der Cherry Street. Mein Cousin Seman lebte in diesem Haus. Wir gingen durch den Hof, eine Weinlaube und ein Tor und kamen so zur Werkstatt, die ungefähr dreißig Meter dahinter lag. Die Tür der Werkstatt befand sich an der Bostwick Avenue Seite. Wie alle vorherigen Werkstätten bestand auch diese aus einfachem Holz, Teerpapierdach, und mehreren Fenstern an allen Seitenwänden. Sie hatte eine zweistufige Treppe Richtung Westen raus. In dieser Werkstatt baute G.W. einen Teststand, um den [Propeller-] Schub zu messen. Er verwendete den Reifen eines Wagenrades und eine kugelgelagerte Nabe. Die „Speichen" waren eine Reihe von Propellerblättern, die so steuerbar waren, dass während des Drehens der Anstellwinkel geändert werden konnte. Er wurde durch einen Motor angetrieben. Eine Federwaage sowie ein Handgeschwindigkeitsanzeiger wurden durch G.W. verwendet, um jene Schubdaten, die er brauchte, zu sammeln. Nach dem letzten Testlauf haben wir das Gerät zerlegt und den „Propeller" an die Seite der Werkstatt gelehnt. Mir fiel auf, dass die Nabe immer noch mit Fett vollgeschmiert war. Der abgestellte Propeller befand sich auf der Nordseite der Werkstatt an der Cherry-Street-Seite.

Cecil Steeves und ich waren anwesend, als die Gebrüder Wright sich vorstellten, die Kleinanzeige G.W.s aus dem American Inventor Magazine vorlegten, und G.W. sagten, dass sie an seinen Motoren soweit interessiert waren, dass sie seine gesamte Produktion kaufen würden, wenn sich ein Test als zufriedenstellend erwies. Für G.W. war dies ein „großes Geschäft", so dass er Cecil und mich bat, die Werkstatt zu verlassen. Wir gingen nach draußen und standen nahe genug, um das eine oder andere Wort aufzuschnappen. G.W. überzeugte sie, dass ein Test nicht notwendig wäre, da er jeden Motor garantieren würde. Ich war über die Aufforderung G. W.s, hinauszugehen, verärgert, und ich stand auf einer Kiste neben der fettigen Nabe, um ins Fenster hinein zu schauen. Zu diesem Zeitpunkt hörte ich eine Tür eines Schließfachs quietschen und wusste, dass G.W. eine aufgerollte Zeichnung aus einem oberen Regal genommen hat. Diese Zeichnung von G.W. war auf braunem Geschenkpapier und zeigte seine Vorstellung, ein Flugzeug zu steuern, indem ein am Leitwerk montiertes Seitenruder und ein Querruder bewegt würden. Diese Vorrichtung plante er für eine seiner zukünftigen Maschinen. Danach zu urteilen, was ich von dem Gespräch hörte, waren die Wrights sehr daran interessiert. G.W. schaute auf und sah mich durch das Fenster spähen. Erschrocken rutschte ich gegen die fettige Nabe, und als ich nach Hause kam, rügte mich meine Mutter dafür, dass ich einen Fleck auf meinem Mantel hatte. Papa war viel vehementer. Ich werde daher nie die Verbindung zwischen dem Wrights-Besuch und meinem fettigen Mantel vergessen.

Ein Schulkamerad, Johnny Molnar, Neffe von Deszo, dem Metzger, hat das braune Geschenkpapier für mich beschafft, da ich nicht bis zu Turner's Schreibwarengeschäft an der Ecke von Howard und State Streets gehen wollte.

Nach dem Besuch versicherten die Wrights G.W. immer wieder, dass G.W. in Kürze von ihnen hören würde. G.W. wartete Woche um Woche und es kam kein Brief; Er bemerkte zu mir: "Jetzt, wo ich den Wrights meine Idee gezeigt habe, werde

**Junius Harworth Brief an Erik Hildes-Heim, 7. August 1961, S.5**

8

Wed. 10:15 a.m.)

Decided this minute to again phone Packard. The number was changed and given the new phone number I connected. I was told to write to Studebaker-Packard Corp., Att: J. W. Hudson, Gen'l Service Department, #635 South Main Street, South Bend, Ind.

Incidentally, while still at Packards, I knew President Alvan Macauley and was called to his office regarding the G.W. matter, for Prof. Whorley, curator of transportation, University of Michigan interested him to finance a display of G.W relics at the University. Prof. Whorley visited my home, told him the whole G.W. story, was invited to lunch with Dean of Aviation, Pawlauski, and I gave a short resume to the student body. Mr. Macauley autographed mybook as well as Lowell Thomas, Parke Johnson, Wally Butterworth, and Warren Hull ofxXBVox Pop. Jack Stimson, pilot license #257, Eddie Stimson's brother, Col. Charles Upton Shreve III(my partner on a new telephone deal), Clifton Roache, and many others, During the first Morris Park airplane meet in New York City about 1906, G.W., I, Roache, Beach, Sperry Sr., andothers sat on the field between events and discussed space ports. Roche and I were employed by Borg-Warner and we exchanged old times. He now resides in California. At the show, I recall that young Lesh of Canada crashed in his glider and broke his ankle. In 1914, in charge of gyro-compass assembly, Sperry-Gyro Co., 29Flatbush Ave. Brooklyn, N.Y. I knew Sperry Sr., and recalled the Morris Park talk. His son, E.G., and I built and installed the first 100 ton ship stabilizer on board the U.S. Henderson Transport on which President Harding met his fate. Sperry Sr. also recalled his trip to Stratford to install a gyro-Pilot on Beach's monoplane.

As a retired soul, I am very busy for the American Telephone and Telegraph Co., 195 Broadway, N.Y. is processing a copyrighted plan entitled the Harworth Road-A-Phone and Televron Communication System. A R-S-Phone on every powered vehicle and craft and used with a Televron-jack available every mile on all highways, river and lake docks. This IS a big deal and should I receive that which has been planned, G.W. will have his memorial, a structure built on the site of his first shop or on the spot of his first flights, land promised by Igor Sikorski whose helicopter plant appoximately covers the site. I was plant engineer at Kelvinator in charge of Sikorsky #34 Helicopters. I presented I.S. with a copy of the G.W. Book.

I appreciate this opportunity to write the above and trust that next summer I will have the pleasure of visiting B'p't, my brother and yourself. Hoping to hear from you, I am

Cordially yours,
(signed ) Junius W. Harworth.

P.S. Details written may seem to be a trifle superfluous, but I feel writing them out to convince you that what I have written in specifics is not a figment of my imagination.
JWH

Junius Harworth Brief an Erik Hildes-Heim, 7. August 1961, S.6

Mittw. 10:15 Uhr)

In diesem Moment beschloss ich, erneut bei Packard anzurufen. Die Nummer wurde geändert und nachdem ich die neue Telefonnummer bekam, kam eine Verbindung zustande. Mir wurde gesagt, ich solle an Studebaker-Packard Corp., Att: J.W. Hudson, General Service Department, Nr. 635 South Main Street, South Bend/Indiana, schreiben.

Übrigens, während ich noch bei Packard beschäftigt war, kannte ich Präsident Alvan Macauley. Auf die Initiative von Prof. Whorley, Kurator für Verkehr an der Universität von Michigan, wurde ich wegen G.W. in dessen Büro gerufen, da er ihn für eine Ausstellung von G.W.-Relikten an der Universität interessieren konnte. Prof. Whorley besuchte mich zu Hause und ich erzählte ihm die gesamte G.W.-Geschichte. Ich wurde zum Mittagessen beim Dekan der Luftfahrt, Pawlauski eingeladen, und ich hielt einen kurzen Vortrag für die Studentenschaft. Mr. Macauley sowie Lowell Thomas, Parke Johnson, Wally Butterworth und Warren Hull von xxBVox Pop, Jack Stinson, Pilotenlizenz Nr. 257, Eddie Stinsons Bruder, Oberst Charles Upton Shreve III (mein Partner beim neuen Telefongeschäft), Clifton Roache und viele andere haben mein Autogramm-Buch signiert. Während des ersten Flugschaus in Morris Park in New York City um 1906 [richtig ist Nov. '08] saßen während der Programmpausen G.W., ich, Roche, Beach, Sperry Sr. und andere auf dem Rasen und diskutierten über Weltraumhäfen. Roche und ich waren damals bei Borg-Warner angestellt und wir tauschten uns über die guten alten Zeiten aus. Er lebt jetzt in Kalifornien. Bei der Show erinnere ich mich, dass der junge Lesh aus Canada in seinem Segelflugzeug abgestürzt ist und sich den Knöchel gebrochen hat. 1914 war Sperry-Gyro Co., 29 Flatbush Ave. Brooklyn, New York, verantwortlich für die Gyrokompass-Montage. Ich kannte Sperry Sr. und erinnerte mich an das Gespräch im Morris Park. Sein Sohn E.G. und ich bauten und installierten den ersten 100-Tonnen-Schiffsstabilisator an Bord des Transportschiffs U.S.S. Henderson, auf dem Präsident Harding seinem Schicksal begegnete. Sperry Sr. erinnerte sich auch an seine Reise nach Stratford, um einen Gyroskop-Kompass im Eindecker von Beach zu installieren.

Als pensionierte Seele bin ich mit der American Telephone and Telegraph Co., Broadway 195, NY, die einen urheberrechtlich geschützten Plan mit dem Titel Harworth Road-A-Phone- und Televron-Kommunikationssystem erarbeitet, sehr beschäftigt. Es handelt sich dabei um ein Mobil-Telefon in jedem Kraftfahrzeug, das mittels eines Televron-Anschlusses auf allen Autobahnpannensäulen jede Meile verwendet werden kann, und auch an allen Fluss- und Seedocks verfügbar ist. Das ist eine große Sache und sollte ich das erhalten, was geplant ist, so wird G.W. sein Denkmal bekommen, ein Bauwerk, das an der Stelle seiner ersten Werkstatt oder an der Stelle seiner ersten Flüge errichtet wird auf Land, das von Igor Sikorsky dafür versprochen wurde, dessen Hubschrauberwerk das Gelände ungefähr abdeckt. Ich war Werksingenieur bei Kelvinator und verantwortlich für Sikorsky #34 Hubschrauber. Ich übergab eine Kopie des G.W. Buchs an I.S. [Igor Sikorsky].

Ich schätze diese Gelegenheit, das oben Geschilderte niederzuschreiben und vertraue darauf, dass ich im nächsten Sommer das Vergnügen haben werde, Bridgeport, meinen Bruder und Sie persönlich zu besuchen. Ich hoffe, von Ihnen bald wieder zu hören und verbleibe

Mit freundlichen Grüßen
(signiert) Junius W. Harworth.

P.S. Die geschilderten Detailangaben mögen ein wenig überflüssig wirken, aber ich habe sie deshalb aufgeschrieben, um Sie davon zu überzeugen, dass das, was ich so akribisch erfasst habe, keine Einbildung meiner Vorstellungskraft sei.
JWH

**Junius Harworth an Erik Hildes-Heim, 7. August 1961, S.6**

**Erik Hildesheim**
6. Oktober 1894 – Oktober 1983

Erik Hildesheim war sowohl als Pionier als auch als Historiker ein wahres Schwergewicht in der Luftfahrt. Er verbrachte die erste Hälfte seines Lebens zur richtigen Zeit am richtigen Ort und nutzte die vielen Chancen, die ihm die sich schnell entwickelnde Luftfahrtindustrie bot.

Erik wurde am 6. Oktober 1894 in ljøbenhavn (Kopenhagen) als Sohn und erstes Kind von John Hugo Hildesheim[2] und seiner Ehefrau Gitte[3] geboren. Die Familie zog 1894 kurz vor Eriks Geburt von Brasilien nach Kopenhagen. Im Laufe der Jahre bekam Erik vier jüngere Schwestern: Ingrid (Sept. 1898), Gertrud (Feb. 1902)[4], Magna (1906) und Asta 1907[5]. Die Familie lebte in einer Villa in der Rosenvængets Allé nahe der Innenstadt von Kopenhagen im Stadtteil Østerbro[6]. Eriks Vater hatte sein eigenes Geschäft in der Nähe des nahegelegenen königlichen Palastes.

**Erik Hildesheim im Flug im Ellehammer-Hubschrauber 1912**

Erik war Auszubildender bei Jacob C. Ellehammer, einem dänischen Hersteller von Motoren und Automobilen. Im Jahre 1896 baute Ellehammer einen Sternmotor für Luftschiffe und 1905 sein erstes Flugzeug. Er ist weithin als der erste anerkannt, der am 12. September 1906 (einen ganzen Monat vor Alberto Santos-Dumont) einen Motorflugzeug in Europa – über eine Entfernung von 42 Metern – gemacht hat. Bewegte Filmaufnahmen zeigen ihn im Winter Anfang 1908 – lange vor den ersten bewegten Bildern der Gebrüder Wright – im Flug.

Als Ellehammer 1912 einen Hubschrauber mit zwei Koaxialrotoren (mit kollektivem Pitch) baute, war er selbst zu schwer, um ihn zu fliegen. So wurde der junge Erik - sein leichtester Angestellter - am 28. September 1912[7] zu dem, was viele für den ersten Hubschrauberpiloten der Welt halten[8]. Kurz danach, 1913, machte Erik seinen ersten Alleinflug in einem Motorflugzeug[9].

---

[2] geboren am 9. November 1869 in Hamburg
[3] geboren am 12. November 1873 in ljøbenhavn
[4] 1906, Folketallet(Volkszählung), Hoved liste
[5] 1911, Folketallet(Volkszählung), Hoved liste
[6] 1901-02-01, Folketallet(Volkszählung), Matr.Nr.334, Gade-Nr.39, Rosenv.Allé, Ostenbros, Udenbys Kvarter
[7] 1948-01, Chirp, No.37, Cleveland, OH
[8] 1990, Unconventional Aircraft, S.74-75
[9] 1962-10-24, Bridgeport Post, CT, S.38

1913 war Erik der skandinavische Korrespondent des britischen Luftfahrtmagazins *The Aeroplane*[10]. Im folgenden Jahr schrieb er als dänischer Korrespondent Artikeln in deutschen[11], britischen[12] und amerikanischen[13] Automobilzeitschriften.

Aus dem neutralen Dänemark und als Leutnant des dänischen Fliegerkorps[14] war Erik, der fließend Dänisch, Englisch, Französisch und – über seinen Vater – Deutsch sprach, in einer einzigartigen Position, um über europäische Luftfahrttechnologie zu berichten.

1915 veröffentlichte Erik sein erstes Buch *„Med Staalnerver"* (*„Mit Nerven aus Stahl"*). Es beschrieb den Betrieb von mechanisierten Land-, See- und Luftfahrzeugen während der Eröffnungsphase des Ersten Weltkriegs. Es enthielt 50 Illustrationen und eine Sammlung von Briefen von Fliegern. Sechs Ausgaben des Buches wurden veröffentlicht, die vorläufig letzte im Jahr 2012. Mit dem Buch wurde Eriks Kompetenz als Experte für die deutsche Kriegsmaschinerie etabliert.

Während des Ersten Weltkriegs gründete Erik zusammen mit einigen Mitgesellschaftern seine eigene Flugzeugbaufirma, die "*Viking Aëroplan & Motor Co.*" [15] mit Büros in der Toldbodgade 2 in Kopenhagen und gemieteten Produktionsstätten in der *„Københavns Værft og Flydedok"* (Kopenhagener Werft). Er plante den Lizenz-Bau von französischen Flugzeugen, konnte aber die königliche dänische Armee dafür nicht interessieren. Es gelang ihm jedoch, die dänische Marine dazu zu bringen, einen Prototypen eines 6-Zylinder-220-PS-Motors zu testen, den er entworfen und im *„Maskinfabrikken-Atlas"* gebaut hatte. Der Krieg endete und seine Firma ging bankrott, bevor die Motorentests abgeschlossen werden konnten.

Unter der Schirmherrschaft des Roten Kreuzes fand Erik in den Kriegsjahren Zeit, britischen Piloten, die aus deutschen Kriegsgefangenenlagern entlassen worden waren, zu helfen, nach Hause zurückzukehren. Er schickte ihnen Pflegepakete und während sie in Kopenhagen im Transit waren, lud er sie zum Abendessen und zur Besichtigung der Stadt ein[16].

Erik suchte neue Arbeit. Als erstes verfasste er eine Vielzahl von Artikeln für britische[17], amerikanische[18], kanadische[19] und deutsche[20] Luftfahrt- sowie Automobil-[21] und Schifffahrts-[22] Zeitschriften. In diesem Zusammenhang stützte er sich auf sein Fachwissen über europäische

---

[10] 1913-10-23, Aeroplane, UK, S.458; 1914-11-04, Aeroplane, UK, S.493-494; 1914-12-30, Aeroplane, UK, S.576
[11] 1914, Automobiltechnische Zeitschrift, S.263, 272
[12] 914, The Autocar, UK, S.669, 696;
[13] 1914-12, The Motor Truck, RI, S.862
[14] 1917-02-10, Automobile Topics, NY, S.37
[15] 1918, Firma-Register for København, S.1148
[16] 2017-11-30, From Dänholm to Leith via Denmark, S.18
[17] 1918-12-25, Aeronautical Engineering, UK, S.2383ff; 1919-10-15, Aeronautical Engineering, UK, S.1403; 1919-10-22, Aeronautical Engineering, UK, S.1431ff; 1919-11-26, S.1789ff; 1919-12-03, S.1852ff; 1920-08-11, S.330ff; 1920-08-25, S.412ff; 1920-09-01, S.446ff; 1920-09-15, S.522ff; 1920-09-29, S.588; 1920-12-15, Aeronautical Engineering, UK, S.903
1919-01-29, Aeroplane, UK, S.466ff;
1922-11-16, Flight, UK, S.672; 1926-05-10, S.320ff; 1928-06-14, S.447ff
[18] 1919-08-01, Aviation, NY, S.23-25; 1920-07-01, S.432ff; 1921-04-18, S.504; 1921-06-06, S.720ff; 1921-08-01, S.135; 1921-10-03, S.398ff; 1921-11-21, 594ff; 1922-06-12, S.693; 1922-12-11, S.782; 1927-04-25, S.867
1919-11, National Service with International Military Digest, NY, S.297
[19] 1921-01, Journal of the Engineering Institute of Canada, Montreal, CA, S.79
[20] 1921, Zeitschrift für Flugtechnik und Motorluftschifffahrt, S.48
[21] 1920-07-08, The Automobile, NY, S.8, 59ff
[22] 1922-06, Motorship, NY, S.455

(insbesondere deutsche) Flugzeug- und Luftfahrtmotorentechnologie. In dieser Zeit besuchte er offenbar auch New York[23].

1922 wurde Erik Direktor der dänischen Tochter eines deutschen Flugzeugherstellers *„Rohrbach Metal Aeroplan AS“*[24]. Durch eine Einrichtung in Dänemark konnte das Unternehmen die Bestimmungen des Versailler Vertrags umgehen, der deutschen Unternehmen den Bau vieler Flugzeugtypen untersagte. Bis 1926 wurden die Vertragsbedingungen gelockert und die Produktion konnte wieder in Berlin aufgenommen werden. Bei der Volkszählung von 1925 war Erik wieder arbeitslos[25] und fand Zeit, seine Ballonlizenz (Dänemarks Nr. 10)[26] zu erwerben. Wie so viele vor ihm beschloss Erik, nach Amerika auszuwandern, und am 5. April 1928[27] mit dem SS American Shipper kam er aus London in New York an. (Zwei Jahre später unternahm er Reisen nach Brasilien und Kanada, über die nichts Näheres bekannt ist, von denen er jeweils am 22. August 1930[28] und 6. August 1931[29] in die USA zurückkehrte.)

**Dr.-Ing. Adolf Rohrbach**

Nach seiner Ankunft in den USA ließ sich Erik in New York City in der West 49th Street 143 nieder. Er machte zunächst Schlagzeilen für seine spektakuläre Sammlung von Luftpostmarken[30] und verkaufte einen Großteil seiner beeindruckenden Sammlung europäischer Luftpostmarken an einen Sammler in Pittsburgh sowie an die Smithsonian Institution[31]. Schon 1933 fungierte er als Schiedsrichter bei Sammler-Wettbewerben[32] und wurde Veranstalter einer Ausstellung in New York City[33]. 1934 wurde er Direktor der American Airmail Society[34] und 1935 deren Vizepräsident[35].

---

[23] 1920-06-09, Passenger Manifest SS Baltic, Zeile 27

[24] 1923-01-01, Alas, Madrid, ES, S.16

[25] 1925-11-05, Folketaellingen, Zeile 4

[26] 2009-06-11, Kongelig Dansk Aeroclub 100 år, S.7

[27] 1928-04-05, Schiffsmanifest SS American Shipper, Zeile 11

[28] 1930-08-22, Schiffsmanifest SS Titania, Zeile 1

[29] 1931-08-06, Einwanderungskarte (aus Kanada) von Erik Hildesheim, Rouse's Point, NY

[30] 1931, Airmail Stamps, NY, S.163ff; 1933-04-22, New York Sun, NY, S.12; 1934-02-24, New York Sun, NY, S.29; 1934-04-08, Indianapolis Times, IN, S.8; 1934-11-11, Atlanta Constitution, GA, S.7; 1935-03-21, Olean Times-Herald, NY, S.13; 1937-03-07, Philadelphia Inquirer, PA, S.42; 1944-10-01, Cincinnati Enquirer, OH, S.20; 1962-10-24, Bridgeport Post, CT, S.38

[31] 1932-06-30, Report on the Progress & Condition of the US National Museum for 1932, DC, S.80, 82, 121

[32] 1933-08-12, New York Sun, NY, S.15; 1933-08-20, Washington Sunday Star, DC, S.6

 [36]

**Claire Forking Hildesheim**

In dieser Zeit wurde Erik „ein enger Freund" des Luftfahrtjournalisten und Historikers Ernest Jones. Er bezeichnete sich auch als engen Freund des Smithsonian Luftfahrt-Kurators Paul E. Garber.

Am 24. Juli 1936[37] heiratete Erik Claire Forking. Claire wurde am 19. Oktober 1897 in Deutschland in der Ortschaft Bartschin geboren. (Nach dem Ersten Weltkrieg lag Bartschin in Polen). Sie wanderte am 9. Juni 1904 in die USA ein[38]. Ihre Interessen waren Kunst und Operngesang[39]. Ihre einzige bekannte Arbeit war als Freiwillige für Wohltätigkeits-organisationen.

Erik und Claire bekamen einen Sohn, Norman Erik, der am 20. Februar 1938 in Fairfield, Connecticut, geboren wurde. Die Familie lebte in der Rowland Road 128 in Fairfield.

Der Zweite Weltkrieg kam und Erik war in Eile, US-Staatsbürger zu werden. Er wurde am 20. April 1940 eingebürgert[40]. Er gab seine Adresse als Riverside Drive 684/New York und seinen Beruf als „Manager (arbeitslos)" an. Es ist interessant, festzustellen, dass Erik darauf geachtet hatte, seinen deutschen Vater, seine Deutschkenntnisse oder seine Arbeitserfahrung bei deutschen Flugzeugherstellern in keinem offiziellen Dokument zu erwähnen, sei es Einwanderungspapiere oder Schiffsmanifeste. Seine erste Verwendung der Schreibweise „Hildes-Heim" (mit Bindestrich) im Gegensatz zum vorherigen offiziellen „Hildesheim" (geschrieben wie eine Stadt in Norddeutschland) stammt aus dem Beginn des Zweiten Weltkriegs. Während des späteren Verlaufs des Krieges wurde Erik zum Verkaufs- und PR-Manager der Heim Co. von Lewis R. Heim in Fairfield, Connecticut[41]. Dies könnte zusammen mit der antideutschen Stimmung nach dem Krieg die Inspiration für die überarbeitete Schreibweise erklären. Erik wird die Erfindung und Patentierung des Heim Speziallagers in der Luftfahrt zugeschrieben[42].

In Sekundärquellen, die von verschiedenen offiziellen US-Historikern zusammengestellt wurden, heißt es, Erik habe mit der Firma Sikorsky „zusammengearbeitet", um Hubschrauber zu entwickeln[43], und war 1951 General Manager der Halfco Bearing Division der Aetna Steel Co.[44].

1961 nahm Erik die Korrespondenz mit Gustav Weißkopfs ehemaligem Assistenten Junius Harworth auf[45]. Er machte sich einige Mühe und interviewte Frau Louisa Whitehead, James Dickie und Anton Pruckner. Anschließend kaufte er die gesamte verbleibende Produktion von Stella Randolphs erstem Buch "*Lost Flights of Gustave Whitehead*" auf und begann, sie am Sammlermarkt zu verkaufen[46]. Erik untersuchte auch den Erstfluganspruch von Augustus M. Herring. Auf Herring wurde er durch seine

---

33 1933-09-01, Airpost Journal, NY, S.1,3,5,10-12,26
34 1934-01-01, Airpost Journal, NY, S.11, 22
35 1935-08-18, Washington Sunday Star, DC, S.D8
36 1954-09-05, Bridgeport Telegram, CT, S.3
37 1969-05-16, Bridgeport Post, CT, S.5
38 1940-04-20, US-Einbürgerungsakte von Erik Hildesheim, S.2
39 1964-11-14, Bridgeport Post, CT, S.11
40 1940-04-20, US-Einbürgerungsakte von Erik Hildesheim, S.1
41 1961-08-22, Brief, Erik Hildesheim an Junius W. Harworth, S.1; 1947, Aerodigest, UK, S.178
42 1979, UTD Air Log, Band 1, Nr. 1, S.1, Spalte 3
43 1979, UTD Air Log, Band 1, Nr. 1, S.1, Spalte 3
44 1951, Library of Congress Information Bulletin, DC, S.12
45 1961-08-03, 1961-08-22, 1961-10-18, Briefe, Erik Hildesheim an Junius W. Harworth
46 1963-05-20, Bridgeport Post, CT, S.15

persönliche Bekanntschaft mit einem ehemaligen Flugschüler Herrings, dem Luftfahrtpionier James V. Martin, aufmerksam[47].

In der Zwischenzeit war Eriks Sohn Norman erwachsen geworden und verbrachte seine Sommer damit, Schwimmkurse am Jennings Beach zu unterrichten[48]. Dies war der Ort, von dem berichtet wurde, dass Gustav Weißkopf dort nach seinem Flug vom 14. August 1901 gelandet war.

**Norman Erik Hildes-Heim unterrichtet einen Schwimmkurs am Jenning's Beach in Fairfield.**

Eriks Sohn Norman erhielt eine Ausbildung an den Universitäten Andover, Columbia, Cambridge und Harvard[49]. Er wurde Architekt und verbrachte seine Karriere damit, Hotels und Verteidigungsanlagen weltweit zu entwerfen und Architektur an der Columbia University zu unterrichten. In seinen späteren Tagen war er freiberuflicher Korrespondent für eine lokale Zeitung in Fairfield/Connecticut.

Eriks  Ehe mit Claire ging in die Brüche. Am 27. Dezember 1967 kehrte er nach Dänemark zurück[50]. Kurz bevor er die USA verließ, verkaufte er den restlichen Vorrat an Randolphs Büchern an den Physiklehrer Andy Kosch, der sie anschließend an seinen Enkel weitergab, um sie im Internet zu verkaufen. Eriks Scheidung wurde am 29. Januar 1971 rechtskräftig[51].

Im Laufe der Jahre nahm sich Erik die Zeit, sich um unvollendete Angelegenheiten in der Luftfahrtgeschichte zu kümmern. 1971 übersetzte er Erik Nørgaards *„Book of Balloons“* ins Englische[52]. 1973 übersetzte er Lennart Egos Buch "*Balloons and Airships*" und redigierte es gemeinsam mit Ken Munson von "*Jane's All the Worlds Aircraft*"[53].

1981 verkaufte Erik seine gesamte Luftfahrt-Sammlung an die Archivabteilung der Eugene McDermott Library der University of Texas in Dallas (UTD) . Sie umfasst über 4.000 Bücher sowie zahlreiche Fotos und Luftpostmarken[54].

Erik starb im Oktober 1983 in seiner Heimat Dänemark[55]. Seine Ex-Frau Claire starb am 8. Januar 1991[56]. Sein Sohn Norman starb am 20. März 2013[57].

---

[47] 1961-02-22, Saint Joseph Herald-Press, MI, Teil 2, S.15
[48] 1962-07-22, Bridgeport Post, CT, S.B16
[49] 1964-04-21, Bridgeport Post, CT, S.44
[50] 1971-01-30, Bridgeport Post, CT, S.21
[51] 1971-01-29, CT Scheidungsregister; 1971-01-30, Bridgeport Post, CT, S.21
[52] 1970-01-01, Book of Balloons, Crown, ASIN : B001XZJD4K
[53] 1973, Balloons and Airships, Blanford, London
[54] 1986, Aeronautics & Space Flight Collections, NY, S.142-143
[55] 1983-10, CT Sterbeverzeichnis – Erik Hildesheim
[56] 1991-01-08, CT Sterbeverzeichnis - wife Claire F. Hildesheim
[57] 2013-04-03, CT Sterbeverzeichnis – Norman E. Hildes-Heim

Als der Kurator für Frühluftfahrt am Deutschen Museum Hans Holzer zur Person Erik Hildesheim recherchierte, konnte er von ihm ein einziges Foto, aber keinerlei schriftliche Aufzeichnungen finden. Holzer kam zu dem Schluss, dass Erik Hildesheim die Ausbildung als Pilot nicht abgeschlossen haben dürfte[58].

[58] 2001, Schwipps-Holzer, Flugpionier Gustav Weißkopf, Germany, p.83, col.2

Johann Weißkopf, der jüngste Bruder Gustavs, wurde bereits in einem früheren Band dieser Serie als Person vorgestellt. Er schrieb an die Biografin Stella Randolph und berichtete ihr, was er über die Arbeiten seines Bruders in Bridgeport wusste.

Eagle Bay. B.C. Aug 6. 1934.

Miss Stella Randolph

Dear Miss Randolph

Your letter of the 21st July at hand.

I have been very much surprised to find any one interested in my brothers early aviation work.

I will give you all the facts as far as I know them and it should be to the point as I have associated with my Brother in aviation experiments from April 1902 to 1906.

My Brother has dreamed about flying, believed in the possibility of human flight in his early boyhood and at the age of 13 made his first wing to try gliding. Of course his first attempt was a failure. At the age of 14 or 15 he left Germany and eventually got to the states at what date I dont know as we did not correspond. It was in Febuary 1902 I heard from a brother in Germany of our oldest Brother (Gustave) whereabouts at Bridgeport. As I was interested in flying machines I took a train for Bridgeport Conn from California where I had been employed at the Time.

Johann Weißkopf Brief an Stella Randolph, 6. August 1934, S.1

Eagle Bay, B.C. Aug. 6, 1934.
Miss Stella Randolph,
Dear Miss Randolph,
Your letter of the 21st July at hand. I have been very much surprised to find anyone interested in my brother's early aviation work.
I will give you all the facts as far as I know them and it should be to the point as I have associated with my Brother in aviation experiments from April 1902 to 1906.
My Brother has dreamed about flying, believed in the possibility of human flight in his early boyhood and at the age of 13 made his first wing to try gliding. Of course his first attempt was a failure. At the age of 14 or 15 he left Germany and eventually got to the States at which date I don't know as we did not correspond. It was in February 1902 I heard from a brother in Germany of our oldest Brother (Gustave) whereabouts at Bridgeport. As I was interested in flying machines I took on a train for Bridgeport. Came from California where I had been employed at the time.

Eagle Bay, British Columbia [Kanada]
Fräulein Stella Randolph
Liebes Frl. Randolph,
Ihr Brief vom 21. Juli liegt mir vor. Ich bin sehr überrascht, festzustellen, dass sich jemand für die frühen Luftfahrt-Arbeiten meines Bruders interessiert.
Ich werde Ihnen sämtliche Fakten geben, soweit ich sie kenne, und diese werden insofern zutreffend sein, weil ich im Zeitraum von April 1902 bis 1906 die Luftfahrt-Experimente mit meinem Bruder gemeinsam durchführte.
Mein Bruder träumte immer vom Fliegen, glaubte auch in jüngster Kindheit an die Möglichkeit des Menschenfluges, und schon im Alter von 13 Jahren baute er seinen ersten Flügel, um Segelfliegen zu probieren. Natürlich war sein erster Versuch ein Misserfolg. Im Alter von 14 oder 15 Jahren verließ er Deutschland und erreichte irgendwann die Vereinigten Staaten – wann genau weiß ich nicht, da wir miteinander nicht korrespondierten. Es war im Februar 1902, als ich von einem Bruder in Deutschland erfuhr, dass sich unser ältester Bruder (Gustav) in Bridgeport aufhält. Da ich mich für Flugmaschinen interessierte, bestieg ich einen Zug in Richtung Bridgeport. Ich reiste aus Kalifornien an, wo ich zu jener Zeit beschäftigt war.

**Johann Weißkopf Brief an Stella Randolph, 6. August 1934, S.1**

2

living at Bridgeport beginning of April 1902 I found
my Brother living at 241 Pine Str. He still had the
the flying Mashine he told me he had succeeded
in flying a short distance at a height of about
30-40 feet some place in Long Island. He told
me also he could of have flewn further if his
motor had not broke down beyond repairs.
It was for this reason, also as he had no money
to secure patents, or tryed to keep things secret,
he did not duplicad his flight shortly after.
The exact date I dont know but it happened
in the summer or fall 1901. My brother had been
associated a few month befor my arrival at Bridgeport with a Mr. H. Linde, they had about 5-6 Airo-
planes of the same type as flew before under construction in a small shop near the crossing
of Pine Str. and Hancock Ave. Bridgeport. Conn.
They never completed them as they had a falling out over
something or another.
As I seen the Mashine you are most interested in
I can give you a very good description of it
as I have a very good recollection about it.
If you could secure a copie of a Sunday supplement
of the New York Herald, previous to my arrival
at Bridgeport (Apr. 1902) I surmise sometimes in 1901.

**Johann Weißkopf Brief an Stella Randolph, 6. August 1934, S.2**

2.
Arriving at Bridgeport beginning of April 1902 I found my Brother living at 241 Pine St.. He still had the flying machine he told me he had succeeded in flying a short distance at a height of about 30 – 40 feet some place in Long Island. He told me also he could have flown further if his motor had not broken down beyond repair. It was for this reason, also as he had no money to secure patents, so tried to keep things secret, he did not duplicate his flight shortly after. The exact date I don't know, but it happened in the summer or fall 1901. My brother had been associated a few months before my arrival at Bridgeport with a Mr. H. Linde, they had about 4 – 6 aeroplanes of the same type as flew before under construction in a small shop near the crossing of Pine Str. and Hancock Ave. Bridgeport, Conn.. They never completed them as they had a falling out over something or another.
As I saw the machine you are most interested in I can give you a very good description of it as I have a very good recollection about it. You could secure a copy of a Sunday supplement of the New York Herald previous to my arrival at Bridgeport (Apr. 1902), I surmise some time in 1901.

2.
Ich kam Anfang April 1902 in Bridgeport an und fand meinen Bruder wohnhaft in der Pine Street 241. Er hatte immer noch jene Flugmaschine, von der er mir erzählte, er habe sie über eine kurze Distanz in einer Höhe von 30 bis 40 Fuß irgendwo auf Long Island geflogen. Er erzählte mir auch, dass er noch weiter hätte fliegen können, wenn sein Motor nicht eine irreparable Panne gehabt hätte. Dieser Grund war es – auch weil er kein Geld für Patente hatte –, dass er versuchte, alles geheim zu halten, und den Flug daher nicht kurze Zeit später wiederholte. Das genaue Datum weiß ich nicht, es ereignete sich aber im Sommer oder Herbst des Jahres 1901. Einige Monate vor meiner Ankunft in Bridgeport war mein Bruder noch mit einem gewissen Herrn H. Linde assoziiert. Sie hatten zusammen in einer kleinen Werkstatt in der Nähe der Kreuzung von Pine Street und Hancock Avenue in Bridgeport/Connecticut gerade 4 bis 6 Flugzeuge vom selben Typ, der geflogen ist. Diese wurden nie ganz fertiggestellt, da zwischen ihnen Streitigkeiten über dies und jenes entstanden sind. Weil ich gerade jene Maschine, für die Sie sich am meisten interessieren, gesehen habe, kann ich Ihnen eine sehr gute Beschreibung davon geben, da ich eine sehr gute Erinnerung davon habe. Sie könnten sich eine Kopie einer Sonntags-Beilage zur New York Herald aus der Zeit vor meiner Ankunft in Bridgeport (im April 1902) besorgen, ich schätze so irgendwann im Jahre 1901.

**Johann Weißkopf Brief an Stella Randolph, 6. August 1934, S.2**

3

a one of these supplement was over a page
devoted to this particular airplane and if
I remember right, there was a picture of it also.
As I remember after 31 years the shape size of Machine
and Motor and material build there was as follows
The main body was the shape of a flat bottomed boat
about 16 ft long 3½ ft wide at the middle, walls about 2 ft
high, stern & bow pointed, bottom build of light wood
[illegible] skeleton frame of wood covered with canvas,
wings extending about 18 ft from body on each side
at body side about 10 ft wide, narrowing toward tips
material of canvass
wings was foldable, had at least 6 pairs of bamboo
ribs, when spread was held firm with rope or
extended wire [?] from each side to bottom of body
also from each side to a sort of mast in center of
body. Rudder was a combination of horizontal
and vertical finlike affair. The principle the
same as in up to date Airplanes. For Steering
there was a rope from one of the forward [illegible]
rope to the [illegible] running over a pulley in
front of [illegible] a lever was connected to pulley
the same pulley controlled also the tail rudder at
the same time. For Ground Transportation, to get a
running start the Machine was resting on 3 small
bicycle wheels, 2 in front 1 in back.
The Motor of said machine was a 4 Cylinder 2 Cycle Motor

Johann Weißkopf Brief an Stella Randolph, 6. August 1934, S.3

3.
In one of those supplements was over a page devoted to this particular Aeroplane and if I remember right, there was a picture of it also. As I remember after 33 years, the shape & size of machine and motor and material built thereof was as follows:
The main body was the shape of a flat-bottom rowboat about 18 feet long 3 ½ feet wide at the middle walls about 3 ft. high, stern and bow pointed, bottom built of light wood, sides skeleton from wood covered in canvas, wings extending about 20 ft. from body on each side at body side about 10 ft. wide narrowing toward tips. Wings were foldable, material of canvas, had at least 6 pieces of bamboo ribs, when spread was held firm with rope on extended bowsprit from each rib to bottom of body also from each rib to a sort of mast in center of body. Rudder was a combination of horizontal and vertical fin like appears the principle the same as in up to date aeroplanes. For steering there was a rope from one of the foremost wingtip ribs to the one opposite running over a pulley. In front of operator a lever was connected to pulley. The same pulley controlled also the tail rudder at the same time. For ground transportation, to get a running start the Machine was resting on small bicycle wheels 2 in front, 1 in back.
The motor of said machine was a 4 cylinder 2 cycle motor

3.
In einer der Beilagen war eine ganze Seite diesem bestimmten Flugzeug gewidmet, und wenn ich mich richtig erinnere, gab es auch eine Abbildung davon. Nach 33 Jahren erinnere ich mich an die Form und Größe der Maschine und des Motors, sowie an die Materialien, aus denen diese gebaut wurden, wie folgt:
Der Rumpf hatte die Form eines an der Unterseite flachen Ruderboots, ca. 18 Fuß lang, in der Mitte 3 ½ Fuß breit und ca. 3 Fuß hoch. Bug und Heck liefen spitz zu. Der Boden war aus leichtem Holz gebaut, die Flanken bestanden aus einem Holzgerüst, das mit Segeltuch bespannt war. Die Flügel erstreckten sich nach jeder Seite hin etwa 20 Fuß von Rumpf und waren an der Wurzel ca. 10 Fuß breit, verjüngten sich dann zur Spitze hin. Die Flügel konnten zusammengefaltet werden, waren aus Segeltuch, und hatten mindestens sechs Rippen aus Bambus. Wenn sie ausgebreitet wurden, wurden sie mit Seilen festgezurrt, die am Bugspriet und von jeder Rippe aus zum unteren Rumpf sowie auch von jeder Einzelrippe aus bis zu einer Art Mast in der Mitte des Rumpfes führten. Das Ruder war eine Kombination aus horizontalen und vertikalen Steuerflächen nach dem Prinzip, das auch in modernen Flugzeugen herrscht. Zum Steuern gab es ein Seil von einer der vordersten Rippen an der Flügelspitze über eine Umlenkrolle bis zur gegenüberliegenden Seite. Vor dem Piloten gab es einen Hebel, der über eine Seiltrommel mit der Umlenkrolle verbunden war. Besagter Hebel steuerte gleichzeitig auch das Ruder am Heck. Um sie auf dem Boden zu transportieren bzw. um beim Start einen Anlauf zu nehmen, ruhte die Maschine auf kleinen Fahrradrädern, zwei vorne, eins hinten. Der Motor der besagten Maschine war ein 4 Zylinder-2 Takt-

**Johann Weißkopf Brief an Stella Randolph, 6. August 1934, S.3**

4.

an opposed Type, resembling a 2 Cycle Motor
build by the Van Ducken Co at Bridgeport for
Speed boats.
As my Brother never had much backing, therefore
had to earn money for his experiments, and had
to work at his hobby in spare time. this motor
was sort of crude, never as the internal combustion
engines was just in its infancy, in fact there was
nothing light enough to be suitable for aeronautical experiments. Will try to make a sketch of
machine also motor.
Cylinder of Motor was made of Gas pipe 4 inch diameter 5 inch stroke, piston of cast iron cylinder head
and bottom was of Steelplate (in pairs for 2 Cylinder
on each side Head and bottom was held together
by Steelrods (studs) Connectingrods of Steelrods.
The peculiarity of this motor was it had no Crank
case as an ordinary 2 Cycle Motor, but had longer
Cylinder and ~~done~~ dismantle it Crankcase compression on
the lower side of the Cylinder under the piston
it looked more like a Steamengine, than a Gas motor.
The Connecting Rods were directly connected to propeller
shaft. Propeller was constructed of Spruce wood
was about 8 feet long and 18-20 inch at it widest.
Was made, ~~[illegible]~~ in a very modern fashion by

Johann Weißkopf Brief an Stella Randolph, 6. August 1934, S.4

4.
an opposed type, resembling a 2 cycle motor built by the van Aucken Co. at Bridgeport for speedboats.
As my brother never had much backing, therefore had to earn money for his experiments, and had to work at his hobby in spare time this motor was sort of crude, moreso as the internal combustion engines were just in its infancy, in fact there was nothing light enough to be suitable for aeronautical experiments. Will try to make a sketch of machine, also motor.
Cylinder of motor was made of gas pipe 4 inch diameter 5 inch stroke, piston of cast iron, cylinder head and bottom was of steel plate (in pairs for 2 cylinder on each side). Heads and bottom was held together by steel rods (studs) connecting rods of steel rods. The peculiarity of this motor was, it had no crank case as an ordinary 2 cycle motor, but had longer cylinder and extended one it crankcase compression on the lower side of the cylinder under the piston it looked more like a steam engine than a gas motor. The connecting rods were directly connected to propeller shaft. Propeller was constructed of spruce wood was about 8 feet long and 18 – 20 inch at its widest. Was made in a very modern fashion by

Boxer-Motor und ähnelte dem 2-Takt-Motor, der durch die van Aucken Co. in Bridgeport für Rennboote gebaut wurde.
Da mein Bruder nie ausreichend finanzielle Unterstützung hatte, musste er sich das Geld für seine Experimente erst verdienen, und konnte lediglich in seiner Freizeit an seinem Hobby arbeiten. Dieser Motor war ziemlich grob, umso mehr als damals interne Verbrennungsmotoren gerade erst in den Kinderschuhen waren, und tatsächlich gab es noch nichts was leicht genug war, um für aeronautische Experimente geeignet zu sein. Ich werde versuchen, von der Maschine und vom Motor eine Skizze zu machen.
Die Zylinder des Motors waren aus einem Gasrohr mit 4 Zoll Durchmesser und 5 Zoll Hub gemacht. Die Zylinderstange war aus Gusseisen. Zylinderkopf und -basis waren mit Stahl beschichtet (paarweise für zwei Zylinder pro Seite). Köpfe und Basis waren miteinander durch Stahlnieten verbunden. Die Besonderheit dieses Motors war, dass er kein Kurbelgehäuse wie ein herkömmlicher 2 Zylinder-Motor, sondern nach unten hin verlängerte Zylinderstangen besaß, so dass er auf der Unterseite mehr wie ein Dampfmotor als ein Gasmotor aussah. Die Zylinderstangen waren direkt mit der Propellerwelle verbunden. Der Propeller war aus Fichtenholz gebaut und etwa 8 Fuß lang und am breitesten Punkt ca. 18 bis 20 Zoll breit. Er wurde auf sehr moderne Weise gebaut, indem etwa

**Johann Weißkopf Brief an Stella Randolph, 6. August 1934, S.4**

5.

laing say about 6 Sprucebord of the required lenght
on ~~the~~ top of each other then bore a hole for
the shaft then spread the boards on top each
about an inch or so farther from the last
to get the required width then shape them
smoot an varnish them.
Engine was laying on a few crossbeams across
the gunwale of body and propeller shaft was
extending over bow of boat body sufficient
to allow for Propeller to turn.
The ~~Engine~~ Motor was never tested as to Horsepowers
developed, in my estimagion it had from 20-25
horsepowers.
As I said befor I never seen the Mashine in
question fly myself, but in the light of
later experiances I have absolutly no doubt
it was able to demonstrate the possebility of
dynamic flight. My brother never gave me it
actual weight (I dont know if he know it himself,
but I know a man could lift one end off the
ground what lets me guess it weight about
300-400 lbs complete.
After my arrival at Bridgeport my Brother and
myself intended to build an other Motor
for said ~~Engine~~ Mashine, as the original was

Johann Weißkopf Brief an Stella Randolph, 6. August 1934, S.5

5.
having say about 6 spruce boards of the required length on top of each other, then bore a hole for the shaft, then spread the boards on top each about an inch or so farther from the last to get the required width, then shape them smart or varnish them.
Engine was laying on a pair of cross beams across the gunwale of body and propeller shaft was extending over bow of boat body sufficient to allow for propeller to turn.
The motor was never tested as to horsepower developed, in my estimation it had from 20 – 25 horsepower.
As I said before I never saw the machine in question fly myself, but in light of later experiences I have absolutely no doubt it was able to demonstrate the possibility of dynamic flight. My brother never gave me its actual weight (I don't know if he knew it himself), but I know a man could lift one end off the ground, what lets me guess it weighed about 300 – 400 lbs. complete.
After my arrival at Bridgeport my brother and myself intended to build another motor for said machine, as the original was

5.
6 Fichtenbretter von der erforderlichen Länge aufeinander gelegt wurden, dann ein Loch für die Welle gebohrt wurde, um welches die Bretter dann ca. ein Zoll oder so auseinander platziert wurden, um die erforderliche Breite zu erzielen, diese wurden dann glatt abgeschliffen und versiegelt.
Der Motor lag auf zwei Brettern quer über dem Bug, und die Propellerwelle wurde in einem solchen Abstand zum Bug gelegt, dass sich der Propeller drehen konnte.
Die Motorleistung wurde nie gemessen, er hatte jedoch nach meiner Schätzung 20 bis 25 Pferdestärken.
Wie bereits erwähnt, habe ich selbst die Maschine nie fliegen gesehen, aber aufgrund der durch mich später gemachten Erfahrungen habe ich keinen Zweifel daran, dass sie in der Lage war, die Machbarkeit des dynamischen Fluges vorzuführen. Deren genaues Gewicht sagte mir mein Bruder nie (ich weiß nicht einmal, ob er es selber wusste). Ich weiß aber, dass sie ein Mann an einem Ende hochheben konnte, was mich also zur Schätzung führt, dass sie insgesamt etwa 300 bis 400 Pfund wog.
Nach meiner Ankunft in Bridgeport beabsichtigten mein Bruder und ich einen weiteren Motor für die besagte Maschine zu bauen, da der ursprüngliche

**Johann Weißkopf Brief an Stella Randolph, 6. August 1934, S.5**

6.

brother but as we had little money between ourselves, we made little progress. At that time
some lighter than Air Inventor of Fresno, Cal.
gave my Brother an order for a 40 Horse power
lightweight Gas motor. As my Brother had
little knowledge to cost of construction he
ask so ridiculous price he lost money on
the contract and so for Months to come he
build lightweight motors of the 2 cycle type for
others, as he never charged very much for them
he never had any money left over to enable
him to spend some for his own ideas, so
it came about he never could build a
better engine for his own Machine.
As his original plane was left out in weather
for want of cover the material deteriorated
and we did not consider it safe to use plane
again but designed and build an bigger plane
of differente type than the original one
a'ryplane in front with a longer shipshape
body and two small foldable wing attached
to backpart of body. We build a 40 horse
4 Cylinder 4 Cyle Gasoline Motor for same weighing
about 160 lbs but found we had not sufficient
power the raise machine.

Johann Weißkopf Brief an Stella Randolph, 6. August 1934, S.6

6.
broken, but as we had little money between ourselves, we made little progress. At that time some lighter-than-air inventor of Fresno California gave my brother an order for a 40 horsepower lightweight gas motor. As my brother had little knowledge of cost to construction he ask so ridiculous price he lost money on the contract and so for months to come he built lightweight motor of the 2 cycle type for others, as he never charged very much for them he never had any money left over to enable him to spend some for his own ideas, so it came about he never could build a better engine for his own machine.
As his original plane was left out in weather for want of cover the material deteriorated and we did not consider it safe to use plane again but designed and built a bigger plane of different type than the original one a biplane in front with a longer ship shape body and two small foldable wing attached to a part of body. We built a 40 horse 4 cylinder 4 cycle gasoline motor for same weighing about 100 lbs. but found we had not sufficient power to raise machine.

6.
unbrauchbar war. Doch da wir zusammen wenig Geld hatten, machten wir kaum Fortschritte. Zur damaligen Zeit erhielt mein Bruder einen Auftrag von einem Luftschiff-Erfinder aus Fresno/Kalifornien für den Bau eines leichten Benzinmotors mit 40 Pferdestärken. Da mein Bruder über die Baukosten wenig Kenntnis hatte, verlangte er einen so irrwitzig niedrigen Preis, dass er durch den Auftrag einen Verlust erzielte. In den Monaten danach baute er auch für andere leichte 2-Zylinder-Motoren, und da er dafür nie viel Geld verlangte, hatte er nie irgendwelches Geld übrig, um es für seine eigenen Erfindungen zu verwenden. So kam es, dass er für seine eigene Maschine keinen verbesserten Motor mehr bauen konnte.
Da sein ursprüngliches Flugzeug mangels Unterstellmöglichkeit draußen blieb und den Wettereinflüssen ausgesetzt war, zersetzte sich das Material und wir hielten es für zu unsicher, das Flugzeug noch einmal zu verwenden. Wir entwarfen und bauten daher ein größeres, vom Originaltyp abweichendes Flugzeug. Es war vorne ein Doppeldecker und hatte einen längeren Rumpf, an dem zwei Faltflügel befestigt waren. Dafür bauten wir einen 4 Zylinder Benzinmotor mit 40 Pferdestärken, der ca. 100 Pfund wog, stellten jedoch fest, dass wir nicht genügend Schub hatten, um die Maschine in die Luft zu heben.

**Johann Weißkopf Brief an Stella Randolph, 6. August 1934, S.6**

Had the plane towed by a Locomobile Care
to find trust required and found we needed
about 60 horse power.
Meanwhile the Wright Bros. has demonstrated the possibility of Human Flight, that
gave my Brother quit a jolt as he had his
heart set on solving the problem.
Later we started to build a 200 horse 8 Cylinder
4 Cycle V Shape Motor Cylinders of Steel casing.
Weight about 600 lbs. Mr. H. Beach of Stratford, Conn. a part Backer of my Brother
insisted of giving the Motor a Trial in
a Speedboat and promptly broke the Motor
up by advancing the spark to much.
I got married at that time, the panic of
1907 came on, so I dropped out from further
experiments and left Bridgeport 1911 for S. F.
What further experiment my Brother made after
this I dont know as we corresponded very
little. I hope this will give you an insight of my
Brother experiments and actual doing, if you
really intend to find more details I think you
could get them from some [illegible] Clipping Office
covering Clippings about Aviation between
1900 and 1903 I know my Brother got a quite a
lot of clippings about himself at that time from a Office
in New York
Over

Johann Weißkopf Brief an Stella Randolph, 6. August 1934, S.7

7.
Had the plane towed by a Locomobile car to find thrust required and found we needed about 60 horse power. Meanwhile the Wright Bros. had demonstrated the possibility of human flight. That gave my brother just a jolt as he had his heart set on solving the problem.
Later we started to build a 200 horse 8 cylinder 4 cycle V shape motor, cylinders of shell casings, weight about 500 lbs.. Mr. St. Beach of Stratford Connecticut, a part backer of my brother, insisted on giving the motor a trial in a speedboat and promptly broke the motor up by advancing the spark too much.
I got married at that time, the panic of 1907 came on, and I dropped out of further experiments and left Bridgeport 1907 for B.C.. What further experiments my brother made after this I don't know as we corresponded very little. I hope this will give you an insight of my brother's experiments and actual doings. If you really intend to find more details I think you could get them from some clipping office covering clippings about aviation between 1900 and 1903. I know my brother got a quite a lot of clippings about himself at that time from an office in New York.

7.
Wir ließen das Flugzeug durch ein Auto der Marke Locomobile schleppen, um dabei den erforderlichen Schub von ca. 60 Pferdestärken herauszufinden.
Mittlerweile hatten die Brüder Wright die Möglichkeit des Menschenfluges vorgeführt. Dies versetzte meinem Bruder einen Schlag, denn es war sein Herzenswunsch, das Problem zu lösen.
Später machten wir uns daran, einen 8 Zylinder V-Motor mit 200 Pferdestärken zu bauen. Die Zylinder bestanden aus Granatenhülsen. Er wog ca. 500 Pfund. Herr St[anley] Beach aus Stratford/Connecticut unterstützte meinen Bruder zeitweise finanziell. Er bestand darauf, den Motor auf einem Rennboot zu erproben, und machte den Motor prompt kaputt, da er den Funkentakt zu schnell beschleunigte.
Zu dieser Zeit heiratete ich und der Börsencrash von 1907 ereignete sich. Ich zog mich aus den weitergehenden Forschungen zurück und verließ Bridgeport im Jahre 1907 in Richtung British Columbia. Über etwaige weitergehende Experimente meines Bruders nach dieser Zeit weiß ich nichts, da wir sehr wenig korrespondierten. Ich hoffe, dass Sie hierdurch Einblicke in die Experimente und Tätigkeiten meines Bruders bekommen. Sollten Sie ernsthaft beabsichtigen, weitere Details in Erfahrung zu bringen, glaube ich, dass sie diese von einem Presse-Belegsausschnitt-Dienst für die Luftfahrt für die Jahre 1900 bis 1903 bekommen könnten. Ich weiß, dass mein Bruder seinerzeit viele Zeitungsausschnitte über sich selbst von einem derartigen Dienst in New York bekommen hat.

**Johann Weißkopf Brief an Stella Randolph, 6. August 1934, S.7**

3

I hope you will excuse my writing as I am writing very seldom nowadays, besides I never learned english in School.

If I can give you more detailed information please write again.

Perhaps there is not sufficient proof about his flight, but he surely deserves some credit for the years he believed an workhan the problem of aerial navigation befor many others believed in the possibility of human flight. He an his family went through many hardships on account of his faith and devotion to the problem. I for myself have spend many a months earning in trying to help him in his goal.

I hope you will at least give him some pages in your Book of early aerial Navigation.

Hoping to heer from you again I remain Yours

Respectfully

John Whitehead
Eagle Bay B.C.
Canada

Johann Weißkopf Brief an Stella Randolph, 6. August 1934, S.8

8.
I hope you will excuse my writing as I am writing very seldom nowadays. Besides, I never learned English in school.
If I can give you more detailed information please write again.
Perhaps there is not sufficient proof about his flight, but he surely deserves some credit for the years he believed and worked on this problem of aerial navigation before many others believed in the possibility of human flight. He and his family went through many hardships on account of his faith and devotion to the problem. I for myself have spent many a month earning or trying to help him in his goal.
I hope you will at least give him some pages in your book of early aerial navigation.
Hoping to hear from you again I remain yours
Respectfully
John Whitehead
Eagle Bay, B.C.
Canada

8.
Ich hoffe, dass Sie meine Handschrift entschuldigen, da ich heutzutage sehr selten schreibe. Außerdem habe ich in der Schule nie Englisch gelernt.
Sollte Sie noch detailliertere Informationen wünschen, schreiben Sie mich diesbezüglich an.
Vielleicht gibt es nicht ausreichend Beweise für seinen Flug. Er verdient jedoch eine gewisse Anerkennung für die Jahre, in denen er daran glaubte und für eine Lösung des Problems der Flugnavigation arbeitete, noch bevor viele andere überhaupt an der Möglichkeit des Menschenfluges glaubten. Er und seine Familie haben aufgrund seines Glaubens daran und seiner Hingabe für dieses Problem viele harte Zeiten durchmachen müssen. Meinesteils habe ich viele Monate Geldverdienst sowie eigene Arbeit dafür eingebracht im Versuch, ihm bei der Verwirklichung seines Ziels zu helfen.
Ich hoffe, dass Sie ihm wenigstens ein paar Seiten in Ihrem Buch über die frühe Luftfahrt widmen.
Ich hoffe, von Ihnen bald wieder zu hören und verbleibe
mit freundlichen Grüßen
Johann Weißkopf
Eagle Bay, British Columbia
Kanada

**Johann Weißkopf Brief an Stella Randolph, 6. August 1934, S.8**

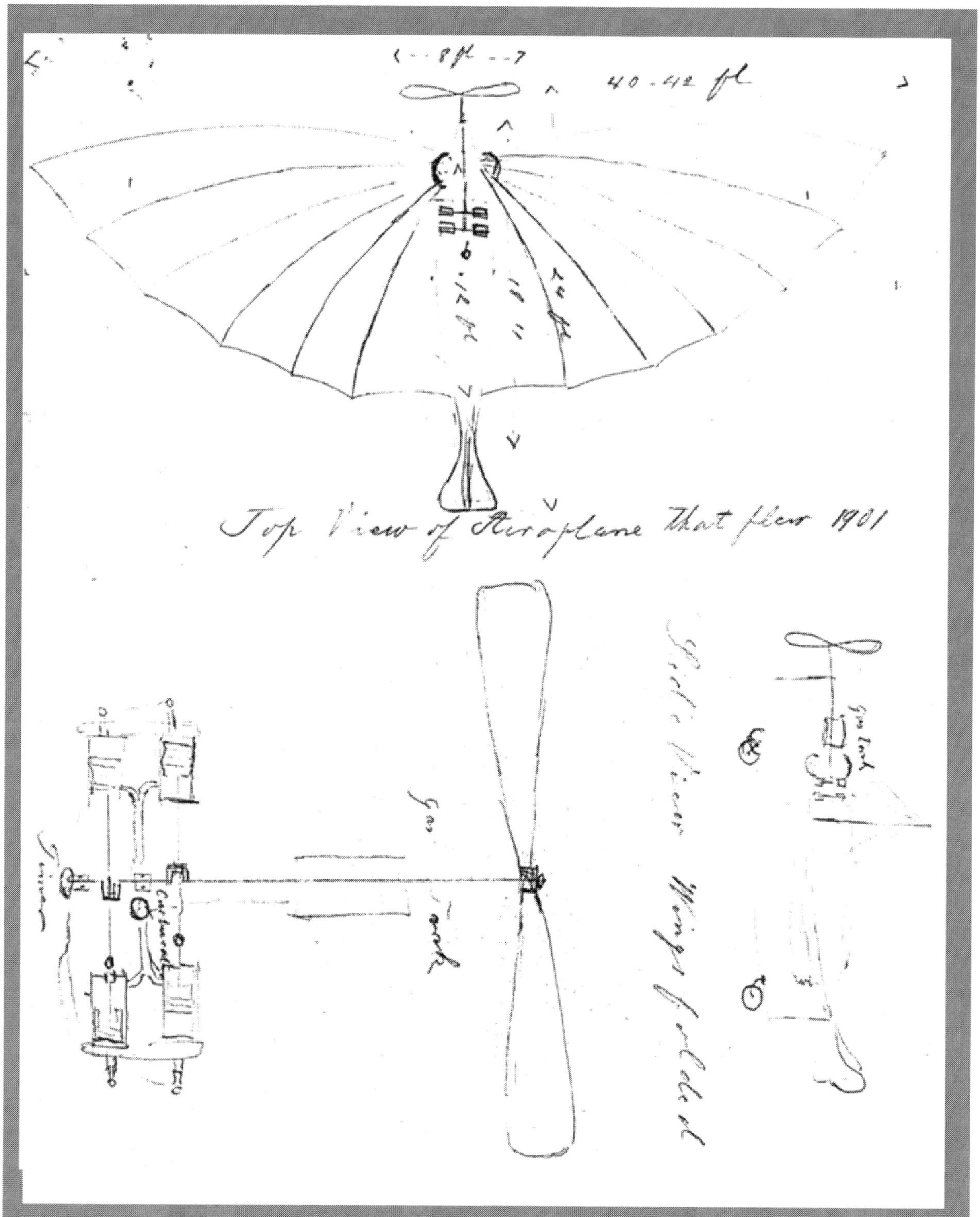


**Johann Weißkopf Beilage zum Brief an Stella Randolph, 6. August 1934, S.9**

Obiger Plan zeigt ein Flugzeug mit nur einem Propeller. Dies, obwohl das Flugzeug Nr. 21 zwei Propeller hatte. Zwar hatte das Flugzeug Nr. 20 (Anfang 1901) – laut Anton Pruckner – nur einen Propeller. Johann Weißkopf war aber zu diesem Zeitpunkt noch nicht in Bridgeport. Ein späteres Flugzeug von 1906 jedoch, an dessen Bau Johann Weißkopf beteiligt war, hatte nur einen Propeller sowie einen Benzinantrieb. Johann Weißkopfs Erinnerung an die Nr. 21 könnte daher möglicherweise durch das spätere Flugzeug beeinflusst worden sein.

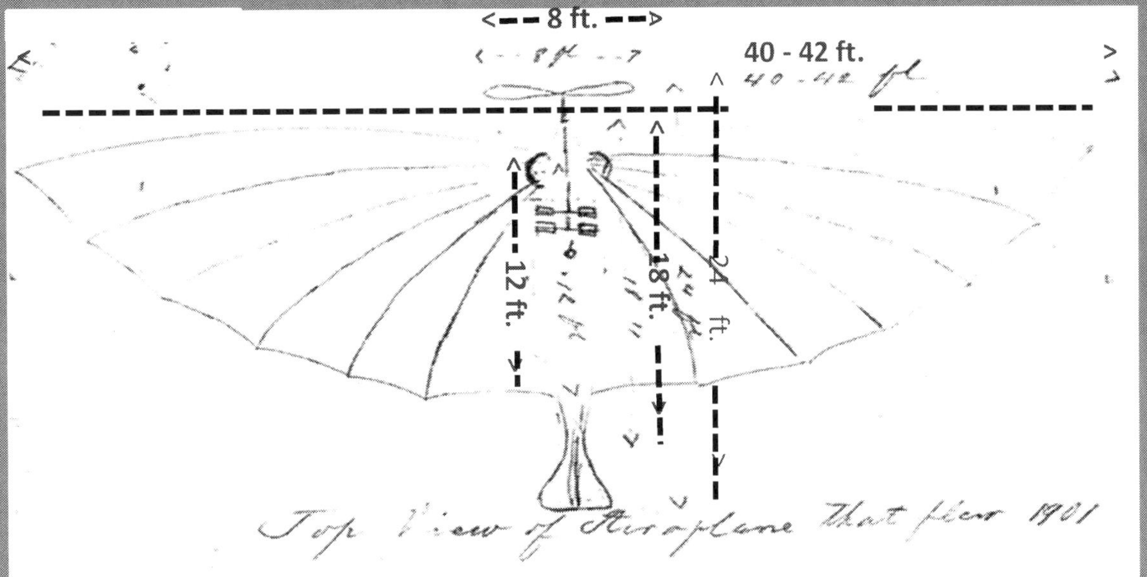


Top view of aeroplane that flew 1901

Draufsicht des Flugzeugs, das 1901 flog.

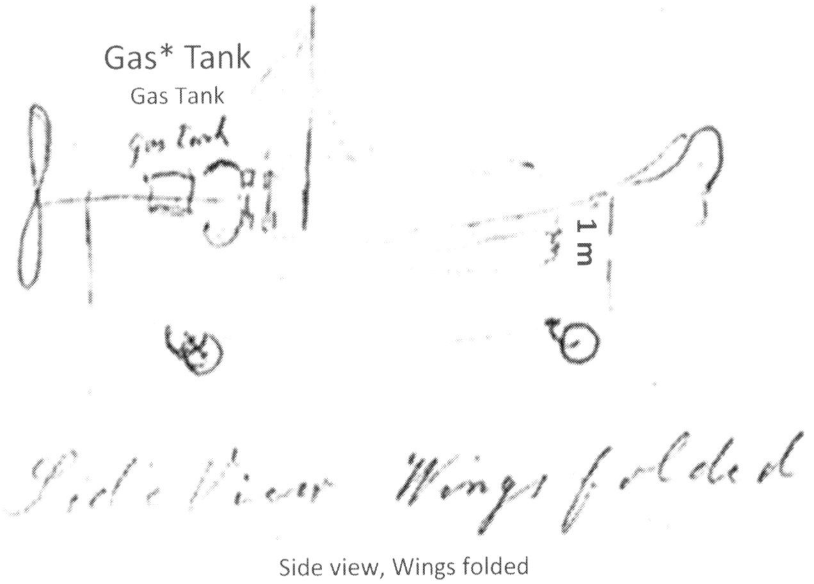


Side view, Wings folded

Seitenansicht; Flügel angelegt

**Johann Weißkopf Beilage zum Brief an Stella Randolph, 6. August 1934, S.9 (Ausschnitte)**

Die Planzeichnung von Johann Weißkopf zeigt ein Seitenruder.
* Die Bezeichnung „gas tank“ ist missverständlich. Im heutigen US-amerikanischen Sprachgebrauch bedeutet „gas“ Benzin. Im Jahre 1901 bedeutete es Gas – aber im deutschen Sinne des Wortes. (Damals verwendete man in den USA das Wort „petroleum“ – wie heute noch im britischen Sprachgebrauch – für Benzin.) Die Unklarheit entstammt nicht nur der Frage, ob Johann Weißkopf a). aktuelle oder historische Bezeichnungen verwendete, sondern von daher, dass er seine Planzeichnung b). im Jahre 1934, und c). in Kanada anfertigte.

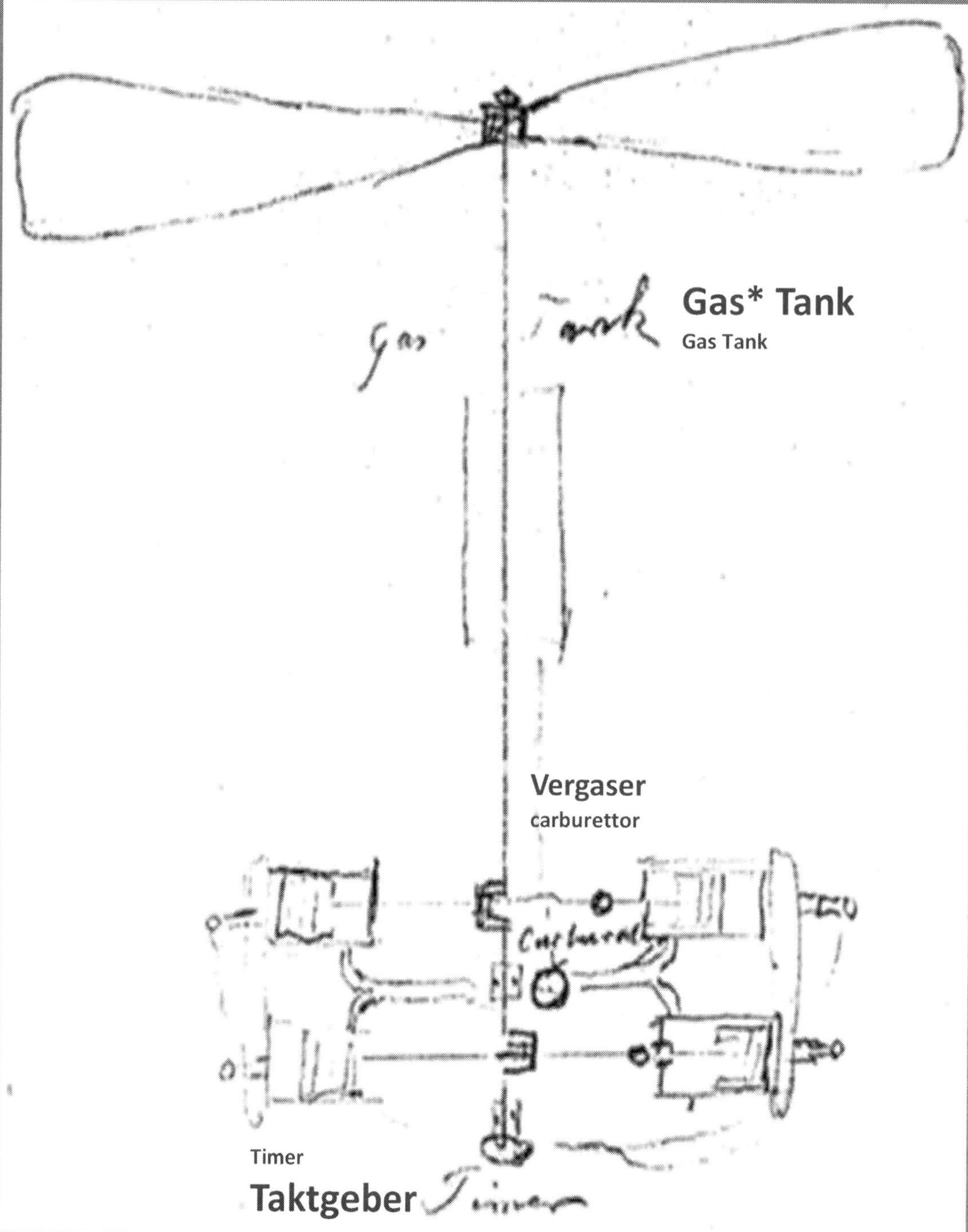

Johann Weißkopf Beilage zum Brief an Stella Randolph, 6. August 1934, S.9 (Ausschnitt)

4

then went to the place where you visited us. Now, going back to actually living in Bpt, it was at 241 Pine St a little house located in the rear yard of a larger house.

My dad had his shop located there for a while then moved it to a large lot, (large at that time) some where near a Mfg Co known as the (American Tube and stamping Co.) or maby it was (Wheeler & Hobbs) I'm not sure. This lot was located between Bostwick Ave and Handcock Ave running paralell. The other boundaries are Pine St and Cherry St I believe. Whether the house is still standing I do not know, but I'm sure the shop is not standing any more.

We are both well, my wife and I. Three of my children are

**Charles Whitehead Brief an Stella Randolph, 19. Februar 1964, S.4 (Auszug)**

then went to the place where you visited us. Now going back to actually living in Bridgeport it was at 241 Pine St., a little house located in the rear yard of a larger house.
My Dad had his shop located there for a while, then moved it to a large lot (large at that time) somewhere near a manufacturing company known as the (American Tube and Stamping Company) or maybe it was (Wheeler & Hobbs), I'm not sure. This lot was located between Bostwick Avenue and Handcock [Hancock] are running parallel. The other boundaries are Pine Street and Cherry Street, I believe. Whether the house is still standing I do not know, but I'm sure the shop is not standing anymore.
We are both well. My wife and I. Three of my children are

danach sind wir dorthin gezogen, wo Sie uns besucht haben. Und als wir davor in Bridgeport lebten, war es in einem kleinen Haus im Hinterhof eines größeren Hauses an der Pine Street 241.
Einige Zeit hatte mein Papa seine Werkstatt dort, dann zog er auf ein größeres Grundstück (groß für die damaligen Verhältnisse) irgendwo in der Nähe einer Herstellungsfirma, die sich „American Tube and Stamping Company" nannte, oder vielleicht hieß sie „Wheeler & Hobbs" [Wilmot & Hobbs ist gemeint], ich bin mir nicht sicher. Dieses Grundstück befand sich zwischen den parallel verlaufenden Straßen Bostwick Avenue und Hancock Street. Die anderen Begrenzungen sind, glaube ich, Pine Street und Cherry Street. Ob das Haus noch steht, weiß ich nicht. Aber ich bin mir sicher, dass die Werkstatt nicht mehr steht.
Wir sind beide gesund, meine Frau und ich. Drei unserer Kinder

**Charles Whitehead Brief an Stella Randolph, 19. Februar 1964, S.4 (Auszug)**

# Roll-out der Nr. 21

Der in der Nachbarstadt zu Bridgeport lebende Aeronautik-Redakteur von Scientific American, Stanley Yale Beach, lernte Gustav Weißkopf am 30. Mai 1901 kennen und machte an diesem Tag die ersten bekannten Fotografien von dessen Flugzeug Nr. 21. Der Bericht wurde am 8. Juni 1901 zeitgleich in der Zeitschrift *Scientific American* auf Seite 357 sowie in der örtlichen Zeitung *Bridgeport Evening Farmer* auf Seite 1 erstmals veröffentlicht.

Über die nächsten Tage und Wochen ist belegt, wie Weißkopf mehrere kurze Flüge bzw. „Hüpfer" mit seiner Maschine machte. Doch, erst 76 Tage später am 14. August 1901 versuchte Gustav Weißkopf einen ersten langen Flug.

Leider ist nicht belegt, welche Änderungen an seiner Maschine in dieser Phase der Entwicklung vorgenommen wurden. Ausgerechnet notwendige strukturelle Verstärkungen, Schuboptimierung und Steuerung wären normalerweise in dieser letzten Entwicklungsphase vorgenommen worden, so dass davon auszugehen ist, dass bestimmte Vorrichtungen, die zum Zeitpunkt des Fluges installiert waren, auf diesen Fotos noch nicht zu sehen sind.

Der Bericht über das „roll-out" der Flugmaschine Nr. 21 wurde durch die Nachrichtenagenturen in alle Welt verbreitet. Er ist u.a. in Nordamerika, Europa sowie bis nach Japan, und Australien verbreitet worden.

Im Bericht von *Scientific American* wird oft übersehen, dass die Schwanzflosse ausdrucklich auch zur horizontalen Steuerung (also zum Kurvenflug) eingesetzt werden sollte. Was zunächst vielleicht komisch erscheint, war in der damaligen Denkweise normal. Denn mit einer solchen Schwanzflosse haben Vögel schon immer eine Kurve gesteuert. Insgesamt sind die angegebenen Leistungsdaten mit jenen eines schwach motorisierten leichten Sportflugzeugs aus der heutigen Zeit vergleichbar.

Dieser Bericht samt Fotoserie hält den Entwicklungsstand des Weißkopf-Flugzeugs am 30. Mai 1901 unwiderlegbar fest. Zwar liegt der Zeitpunkt 2,5 Monate vor dem Jungfernflug. Für Flugzeugbauer ist jedoch nachvollziehbar, welche Bauschritte bis dahin ausstehen (Verstrebung & Steuerung). Auf den Bildern ist im Übrigen ein – in flugphysikalischer Hinsicht – stimmiges Flugzeug. Die Verhältnisse (z.B. Schwerpunkt, Propellergröße/-anordnung, Auftriebsfläche) passen. Sie entsprechen den Parametern eines modernen Flugzeugs. Abweichend hiervon sind lediglich a). Rippen auf der Flügeloberseite, b). Schränkungsgrad und Spitzenform der Propeller, und c). Art der Krafterzeugung.

fires, and every precaution is taken to guard against these conflagrations. At most of the older workings, as well as at the new mines, there are complete systems of fire alarms, fire doors, and pipe lines; the employes are organized into thoroughly drilled companies of firemen; and steam fire engines and duplex fire pumps are provided. Supplementary to the regular alarm apparatus, connection between all the various workings of a mine is maintained by means of a system of electric bells and private telephones. That all possible precautions have not made the natural storehouses of copper invulnerable, however, is evidenced by the fact that some time ago one of the shafts of the Calumet and Hecla mine caught fire and burned fiercely for weeks, entailing a loss of $15,000 a day, and this in spite of the fact that this mine has a private water works system which daily pumps two million gallons of water a distance of nearly five miles.

## ELECTRIC AUTOMOBILE—KRIEGER SYSTEM.

One of the latest types of electric automobiles is the new two-place machine of the Krieger type, or "electrolette," as it is called. This is the smallest machine of this type which has been designed up to the present. In this system the front wheels turn at the end of a fixed shaft, and each is driven by a separate motor with reduction gearing, thus doing away with the differential and making a less complicated arrangement. This machine has been designed to meet the demands for a light electric automobile and to overcome the objection that an electromobile must necessarily be heavy, on account of the weight of the accumulators, as well as costly. It has thus been necessary to design a vehicle which should be free from these objections; it should be light and easily operated, and should not require more than ordinary attention from its owner. It must also cover a considerable distance without recharging, in spite of the light weight of the vehicle, and its average speed should be somewhere near that of a petroleum automobile. M. Krieger, owing to his previous experience in this direction, has succeeded in solving the problem of a light electric vehicle, and the present machine is the result. As will be seen, it is a two-place vehicle, but as the carriage body is made removable, a four-place body may be substituted, in spite of the small size of the machine. The front axle, which is fixed, is carried well in front, and at each end the wheel turns like that of an ordinary carriage. The fixed axle supports near the wheel an electric motor of 3 horse power, which is of the latest design and entirely inclosed by its circular casting and end-pieces. The pinion comes out at the side next the wheel and engages with a large gear wheel which is fixed against it. The gear and pinion are inclosed in a tight case. Thus each wheel is turned independently by its own motor, and the result is a great gain in simplicity, owing to the suppression of the differential; it is this system which has made the Krieger type one of the most successful of the electric automobiles. The truck is supported upon the front shaft by a curved spring. The whole system turns about a central pin, and is steered by the hand-wheel above, by means of a pinion and toothed sector. The accumulators are contained in a box which is fixed in the truck below the carriage body and is arranged so that it may be easily slid out from the rear. The batteries are of the Fulmen type, and have a total weight of 800 pounds, allowing a run of at least 65 miles on a single charge. The two motors, each of 3 horse power, give a total of 6 horse power for the machine, which enables it to climb heavy grades without injuring the motors. The latter are arranged so as to be accessible from above, which renders their inspection and cleaning much easier than in the ordinary type of electric vehicle. The total weight of the machine, in spite of the 800 pounds of accumulators, is only 1,700 pounds, of which the motors represent 220 pounds. The mean speed on a level grade is 21 miles an hour, or 12 to 15 miles over an average road. The controller of the Krieger type has the advantage that the steering wheel and controller are mounted in a single device and the whole direction of the machine is brought to one point. The shaft of the steering wheel passes down through the carriage body, while surrounding it is a hollow shaft upon which is mounted the controller drum. The latter is turned about the main shaft by a handle directly under the steering wheel. The controller is formed of an insulating cylinder carrying a series of contact rings which rub against the contact spring-pieces at the side of the box. The controller may take 11 different positions, including start, slow, mean and high speeds, an extra speed, electric brake and reverse. The electric braking action is carried out by placing the *motors in short circuit, thus giving a powerful brake* upon the front wheels; besides this, the rear wheels carry a band brake.

THE KRIEGER ELECTRICAL AUTOMOBILE.

## A NEW FLYING MACHINE.

A novel flying machine has just been completed by Mr. Gustave Whitehead, of Bridgeport, Conn., and is now ready for the preliminary trials. Several experiments have been made, but as yet no free flights have been attempted. The machine is built after the model of a bird or bat. The body is 16 feet long and measures 2½ feet at its greatest width and is 3 feet deep. It is well stayed with wooden ribs and braced with steel wires and covered with canvas which is tightly stretched over the frame. Four wheels, each one foot in diameter, support it while it stands on the ground. The front wheels are connected to a 10 horse power engine to get up speed on the ground, and the rear wheels are mounted like casters so that they can be steered by the aeronaut. On either side of the body are large aeroplanes, covered with silk and concave on the underside, which give the machine the appearance of a bird in flight. The ribs are bamboo poles, and are braced with steel wires. The wings are so arranged that they can be folded up. The 10-foot rudder, which corresponds to the tail of a bird, can also be folded up and can be moved up and down, so as to steer the machine on its horizontal course. A mast and bowsprit serve to hold all the parts in their proper relation.

In front of the wings and across the body is a double compound engine of 20 horse power, which drives a pair of propellers in opposite directions, the idea being to run the machine on the ground by means of the lower engine until it has the necessary speed to rise from the ground. Then the upper engine actuates the propellers so as to cause the machine to progress through the air to make it rise on its aeroplanes. The wings are immovable and resemble the outstretched wings of a soaring bird. The steering will be done by running one propeller faster than the other in a way analogous to the way in which an ocean steamer having twin screws can be turned, a special aeroplane being provided to maintain longitudinal and transverse stability.

The lower engine is of 10 horse power, and weighs 22 pounds. The diameter of the cylinder is 3 7-16 inches by 8 inches stroke. The upper engine is a double compound cylinder, the diameters being 2¼ and 3 7-16 inches with a 7 inch stroke. The engine weighs 35 pounds, and calcium carbide is used to develop pressure by means of explosions. The propellers weigh 12 pounds, and are 6 feet in diameter, with a projected blade surface of 4 square feet. With a drawbar test, the upper engine being run at full speed, the *dead pull was 365 pounds. The weight of the body* and wheels is 45 pounds. The wings and tail have 450 square feet of supporting surface, and the weight is 35 pounds.

Messrs. William Jessop, the famous steel manufacturers of Sheffield (England), are about to establish extensive steel works in this country. This decision has been caused by the American Steel Combine and the high prohibitive tariffs imposed upon foreign steel. Messrs. Jessop have a large business connection on this side, and by the establishment of local works, owing to fuel being cheaper, they intend to force the market, and thus to oppose the Steel Trust. The proposal has excited the greatest interest in the steel circles of Sheffield, and other manufacturers who also have an American connection contemplate a similar step. The enterprise is being substantially supported financially. Already several English manufacturing firms have established works in foreign countries protected by heavy tariffs. Notably is this the case with Russia, and the enterprise has been attended with signal success.

WHITEHEAD'S FLYING MACHINE, SHOWING ENGINE AND PROPELLERS.

WHITEHEAD'S FLYING MACHINE, SHOWING AEROPLANES.

Scientific American, 8. Juni 1901, S.357

### A NEW FLYING MACHINE.

A novel flying machine has just been completed by Mr. Gustave Whitehead, of Bridgeport, Conn., and is now ready for the preliminary trials. Several experiments have been made, but as yet no free flights have been attempted. The machine is built after the model of a bird or bat. The body is 16 feet long and measures 2½ feet at its greatest width and is 3 feet deep. It is well stayed with wooden ribs and braced with steel wires and covered with canvas which is tightly stretched over the frame. Four wheels, each one foot in diameter, support it while it stands on the ground. The front wheels are connected to a 10 horse power engine to get up speed on the ground, and the rear wheels are mounted like casters so that they can be steered by the aeronaut. On either side of the body are large aeroplanes, covered with silk and concave on the underside, which give the machine the appearance of a bird in flight. The ribs are bamboo poles, and are braced with steel wires. The wings are so arranged that they can be folded up. The 10-foot rudder, which corresponds to the tail of a bird, can also be folded up and can be moved up and down, so as to steer the machine on its horizontal course. A mast and bowsprit serve to hold all the parts in their proper relation.

In front of the wings and across the body is a double compound engine of 20 horse power, which drives a pair of propellers in opposite directions, the idea being to run the machine on the ground by means of the lower engine until it has the necessary speed to rise from the ground. Then the upper engine actuates the propellers so as to cause the machine to progress through the air to make it rise on its aeroplanes. The wings are immovable and resemble the outstretched wings of a soaring bird. The steering will be done by running one propeller faster than the other in a way analogous to the way in which an ocean steamer having twin screws can be turned, a special aeroplane being provided to maintain longitudinal and transverse stability.

The lower engine is of 10 horse power, and weighs 22 pounds. The diameter of the cylinder is 3 7-16 inches by 8 inches stroke. The upper engine is a double compound cylinder, the diameters being 2¼ and 3 7-16 inches with a 7-inch stroke. The engine weighs 35 pounds, and calcium carbide is used to develop pressure by means of explosions. The propellers weigh 12 pounds, and are 6 feet in diameter, with a projected blade surface of 4 square feet. With a draw-bar test, the upper engine being run at full speed, the dead pull was 265 pounds. The weight of the body and wheels is 45 pounds. The wings and tail have 450 square feet of supporting surface, and the weight is 35 pounds.

WHITEHEAD'S FLYING MACHINE, SHOWING ENGINE AND PROPELLERS.

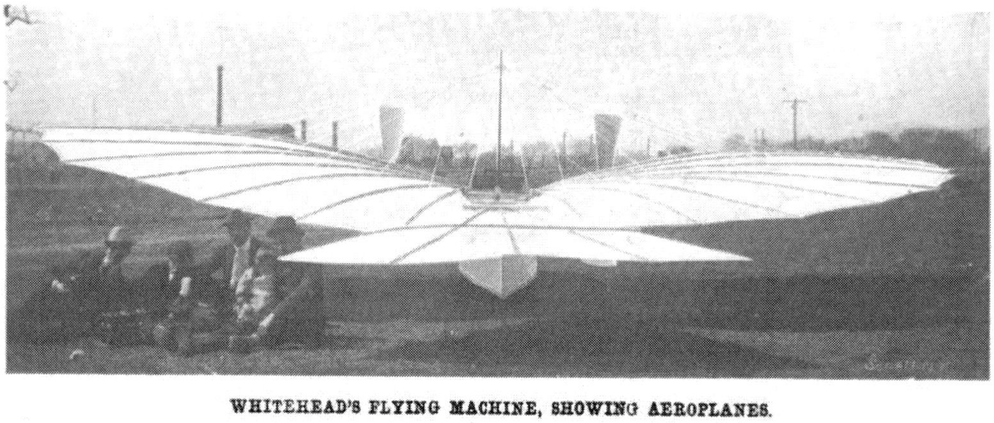

WHITEHEAD'S FLYING MACHINE, SHOWING AEROPLANES.

Scientific American, 8. Juni 1901, S.357 (Auszug)

## EINE NEUE FLUGMASCHINE

Eine neuartige Flugmaschine wurde soeben von Gustav Weißkopf aus Bridgeport/ Connecticut fertiggestellt und steht nun für die ersten Flugversuche bereit. Etliche Experimente sind schon durchgeführt worden, aber bis jetzt wurden noch keine freien Flüge damit versucht.

Die Maschine wurde nach dem Vorbild eines Vogels oder einer Fledermaus gebaut. Der Rumpf ist 16 Fuß lang, misst 2½ Fuß an seiner breitesten Stelle und ist 3 Fuß hoch. Er ist mit hölzernen Rippen gut verstrebt, mit Stahldraht verspannt und das Rahmengestell ist mit Segeltuch straff bezogen. Vier Räder, jedes mit einem Fuß Durchmesser, steht sie auf dem Boden. Die Vorderräder sind mit einem 10-PS-Motor verbunden, um beim Start zu beschleunigen. Die hinteren sind lenkrollenähnlich montiert, damit diese vom Aeronauten gesteuert werden können. An den beiden Flanken des Rumpfes befinden sich jeweils große, mit Seide bespannten Tragflächen, die auf deren Unterseite konkav gewölbt sind und der Maschine die Erscheinung eines Vogels im Fluge verleihen. Die Rippen bestehen aus Bambusstangen und sind mit Stahldraht verspannt. Die Flügel sind so angeordnet, dass sie zusammengefaltet/angelegt werden können. Das 10 Fuß lange Ruder, das dem Schwanz eines Vogels entspricht, kann auch zusammengefaltet und, um die Maschine auf horizontalem Kurs zu steuern, nach oben und unten bewegt werden. Ein Mast und ein Bugspriet dienen dazu, alle Teile im richtigen Verhältnis zueinander zu fixieren.

Vor den Flügeln und quer zum Rumpf ist ein doppelter Verbundmotor mit 20 Pferdestärken, der ein Propellerpaar in gegenläufiger Richtung antreibt. Die Idee dahinter ist, der Maschine mit Hilfe des unteren Motors auf dem Boden Anlauf zu geben, bis sie die erforderliche Geschwindigkeit hat, um vom Boden abzuheben. Dann treibt der obere Motor die Propeller an, um damit die Maschine durch die Luft vorwärts zu bewegen, um – von ihren Flügeln getragen – aufzusteigen. Die Flügel sind unbeweglich und ähneln den ausgebreiteten Schwingen eines segelnden Vogels. Die Steuerung wird dadurch erreicht, dass der eine Propeller schneller als der andere läuft; analog der Methode, einen Ozeandampfer mit zwei Schiffsschrauben zu drehen. Eine spezielle Tragfläche dient zur Gewährleistung der Längs- und Querstabilität.

Der untere Motor hat 10 Pferdestärken und wiegt 22 Pfund. Der Zylinder hat einen Durchmesser von 3 $^{7}/_{16}$ Zoll bei einem 8 Zoll Hub. Der obere Motor hat einen doppelten Verbundzylinder mit einer Bohrung von 2¼ und 3 $^{7}/_{16}$ Zoll mit einem 7 Zoll Hub. Dieser Motor wiegt 35 Pfund; mittels Verbrennung von Calzium-carbid wird der erforderliche Druck entwickelt. Die Propeller wiegen 12 Pfund und haben einen Durchmesser von 6 Fuß mit einer wirksamen Angriffsfläche von 4 Quadratfuß. Als bei einem Test der obere Motor mit voller Geschwindigkeit lief, lag die absolute Zugkraft bei 365 Pfund. Das Gewicht des Rumpfes und der Räder beträgt 45 Pfund. Die Flügel und der Schwanz weisen eine Auftriebsfläche von 450 Quadratfuß auf und deren Gewicht beträgt 35 Pfund.

**Scientific American, 8. Juni 1901, S.357 (Auszug)**

## Neue Flugmaschinen.

### Whitehead's Flugmaschine.

Ein Amerikaner, namens Gustav Whitehead in Bridgeport (Connecticut) hat jüngst seine Flugmaschine in die Oeffentlichkeit gebracht, welche nunmehr über die Brauchbarkeit der Maschine bei den demnächst stattfindenden Flugversuchen urtheilen soll. Whitehead hatte vorher schon einige Versuche unternommen, doch bis nun den freien Flug noch nicht gewagt. Nach dem „Scientific American" ist die Vorrichtung nach den Erfahrungen über den Vogelflug als Drachenflieger, also ohne Tragballon, ähnlich schon bestehenden derartigen Maschinen gebaut. Der Körper ist 5 Meter lang und mißt in seiner größten Breite fast einen Meter, wogegen die Höhe rund einen Meter beträgt. Hölzerne Rippen, die durch Stahlgestänge versteift sind, tragen die Segelflächen, welche straff über dem Gestelle gespannt sind. Das Gestell ruht auf vier, je 30 Centimeter im Durchmesser haltenden Laufrädern als Stütze für die Maschine, so lange diese sich auf dem festen Boden befindet. Die Vorderräder sind mit einem zehnpferdigen Motor verbunden, so daß das Fahrzeug damit auf dem Boden bewegt werden kann, während die Hinterräder als drehbare Rollen fungiren und dem Fahrer als Steuerung auf festem Grunde dienen.

Beiderseits des Mittelbalkens sind die mächtigen Aeroplane mit einer Außendecke von Seidenstoff in hohler Form fallschirmartig ausgespannt, vermöge welcher Einrichtung die Flugmaschine einem riesigen fliegenden Vogel gleicht. Die Rippen des Tragwerkes sind aus Bambusrohren hergestellt und, wie schon erwähnt, mit Stahlspangen verstärkt, in Charnieren beweglich, wodurch sie sich leicht zusammenklappen und entfalten lassen. Im mittleren Theile, angrenzend an die Aeroplane, befindet sich ein ungefähr 3 Meter langes Ruder aus einer Segelfläche, dem Schwanze des Vogels entsprechend, das ebenfalls zusammenfaltbar ist und ein Auf- und Abwärtsbewegen gestattet. Hierdurch soll die Steuerung des Fahrzeuges im freien, horizontalen Fluge bewirkt werden.

Ein in der Mittelachse aufragender Mast und ein Bugspriet dienen dazu, das Ganze durch gespannte Seile im Gleichgewichte zu erhalten. Vor den großen Schwingen und quer über dem Stamme befindet sich weiters eine Zwillings-Compound-Maschine von 20 Pferdestärken, die ein Paar Luftschrauben ineinander entgegengesetzter Richtung antreibt, sobald der Flug beabsichtigt und zu diesem Zwecke dem Flugapparate mittelst der oberwähnten kleineren Kraftmaschine auf dem festen Grunde eine bestimmte Anfangsgeschwindigkeit ertheilt worden ist. Sodann tritt nämlich der größere Motor in Thätigkeit und treibt die beiden Flugschrauben im angedeuteten Sinne an. Auf diese Weise soll die Flugvorrichtung, getragen von den hohlen Segelflächen, befähigt sein, ihre Reise durch den Luftraum zu machen. Bemerkt sei noch, daß die Segelflächen während der Fahrt unbeweglich ausgebreitet sind, so etwa wie ein Vogel die Flügel in der Phase des Schwebens stellt.

Die Steuerung der Flugmaschine beabsichtigt der Erbauer damit zu erreichen, daß er einer der beiden Luftschrauben eine größere Umdrehungsgeschwindigkeit ertheilt als der zweiten, da ja ein ähnlich mit Zwillingsschrauben ausgestattetes Dampfschiff durch gleiche Manöver gedreht werden kann. Ein weiteres Aeroplan dient endlich noch dazu, das Fahrzeug im Gleichgewichte zu sichern.

Der kleine Antriebsmotor hat, wie erwähnt, 10 Pferdestärken und wiegt im betriebsfähigen Zustande 11 Kilogramm. Der Durchmesser der Cylinder beträgt 8 Centimeter und der Kolbenhub deren 20. Die große Maschine hat doppelte Compoundcylinder von 6 Centimeter Durchmesser für den Hochdruck- und 8 Centimeter Durchmesser für den Niederdruckcylinder mit Kolbenhub von 20 Centimeter. Dieser Motor wiegt 18 Kilogramm und empfängt die Energie als Explosionsmotor durch eine Calciumcarbidfüllung. Die beiden Luftschrauben wiegen 6 Kilogramm und haben je 2 Meter im Durchmesser, so daß sie jede ungefähr 1/2 Quadratmeter Fläche aufweisen. Das Gesammtgewicht der Flugmaschine beläuft sich auf 180 Kilogramm, wovon auf die todte Masse etwa 30 Kilogramm entfallen.

Der Stein der Weisen. XXVII. 33

Fig. 1. Whitehead's Flugmaschine. Der Motor und die Luftschrauben.

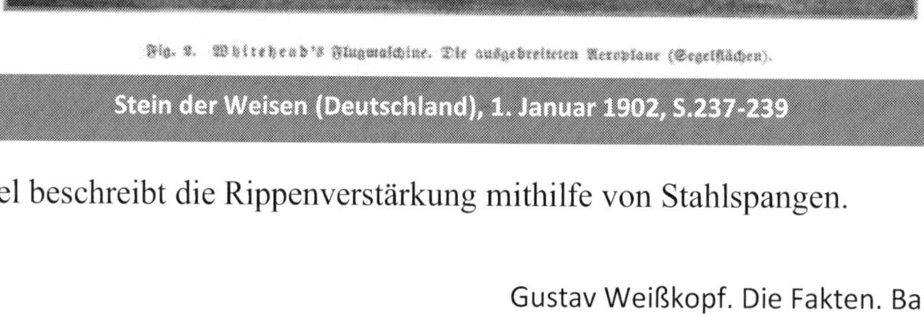

Fig. 2. Whitehead's Flugmaschine. Die ausgebreiteten Aeroplane (Segelflächen).

Stein der Weisen (Deutschland), 1. Januar 1902, S.237-239

Obiger Artikel beschreibt die Rippenverstärkung mithilfe von Stahlspangen.

NEUE FLUGMASCHINEN.

Whitehead's Flugmaschine.

Ein Amerikaner, namens Gustav Whitehead in Bridgeport (Connecticut) hat jüngst seine Flugmaschine in die Öffentlichkeit gebracht, welche nunmehr über die Brauchbarkeit der Maschine bei den demnächst stattfindenden Flugversuchen urtheilen soll. Whitehead hatte vorher schon einige Versuche unternommen, doch bis nun den freien Flug noch nicht gewagt. Nach dem "Scientific American" ist die Vorrichtung nach den Erfahrungen über den Vogelflug als Drachenflieger, also ohne Tragballon, ähnlich schon bestehenden derartigen Maschinen gebaut. Der Körper ist 5 Meter lang und mißt in seiner größten Breite fast einen Meter, wogegen die Höhe rund einen Meter beträgt. Hölzerne Rippen, die durch Stahlgestänge versteift sind, tragen die Segelflächen, welche straff über dem Gestelle gespannt sind. Das Gestell ruht auf vier, je 30 Centimeter im Durchmesser haltenden Laufrädern als Stütze für die Maschine, so lange diese sich auf dem festen Boden befindet. Die Vorderräder sind mit einem zehnpferdigen Motor verbunden, so daß das Fahrzeug damit auf dem Boden bewegt werden kann, während die Hinterräder als drehbare Rollen fungiren und dem Fahrer als Steuerung auf festem Grunde dienen.

Beiderseits des Mittelbalkens sind die mächtigen Aeroplane mit einer Außendecke von Seidenstoff in hohler Form fallschirmartig ausgespannt, vermöge welcher Einrichtung die Flugmaschine einem riesigen fliegenden Vogel gleicht. **Die Rippen** des Tragwerkes sind aus Bambusrohren hergestellt und, wie schon erwähnt, **mit Stahlspangen verstärkt**, in Charnieren beweglich, wodurch sie sich leicht zusammenklappen und entfalten lassen. Im mittleren Theile, angrenzend an die Aeroplane, befindet sich ein ungefähr 3 Meter langes Ruder aus einer Segelfläche, dem Schwanze des Vogels entsprechend, dass ebenfalls zusammenfaltbar ist und ein Auf- und Abwärtsbewegen gestattet. Hierdurch soll die Steuerung des Fahrzeuges im freien, horizontalen Fluge bewirkt werden.

Der Stein der Weisen. XXVII.

Ein in der Mittelachse aufragender Mast und ein Bugspriet dienen dazu, das Ganze durch gespannte Seile im Gleichgewichte zu erhalten. Vor den großen Schwingen und quer über dem Stamme befindet sich weiters eine Zwillings-Compound-Maschine von 20 Pferdestärken, die ein Paar Luftschrauben in einander entgegengesetzter Richtung antreibt, sobald der Flug beabsichtigt und zu diesem Zwecke dem Flugapparate mittelst der oberwähnten kleineren Kraftmaschine auf dem festen Grunde eine bestimmte Anfangsgeschwindigkeit ertheilt worden ist. Sodann tritt nämlich der größere Motor in Thätigkeit und treibt die beiden Flugschrauben im angedeuteten Sinne an. Auf diese Weise soll die Flugvorrichtung, getragen von den hohlen Segelflächen, befähigt sein, ihre Reise durch den Luftraum zu machen. Vermerkt sei noch, daß die Segelflächen während der Fahrt unbeweglich ausgebreitet sind, so etwa wie ein Vogel die Flügel in der Phase des Schwebens stellt.

Die Steuerung der Maschine beabsichtigt der Erbauer damit zu erreichen, daß er einer der beiden Luftschrauben eine größere Umdrehungsgeschwindigkeit ertheilt als der zweiten, da ja ein ähnlich mit Zwillingsschrauben ausgestattetes Dampfschiff durch gleiche Manöver gedreht werden kann. Ein weiteres Aeroplan dient endlich noch dazu, das Fahrzeug im Gleichgewichte zu sichern.

Der kleine Antriebsmotor hat, wie erwähnt, 10 Pferdestärken und wiegt im betriebsfähigen Zustande 11 Kilogramm. Der Durchmesser der Cylinder beträgt 8 Centimeter und der Kolbenhub deren 20. Die große Maschine hat doppelte Compoundcylinder von 6 Centimeter Durchmesser für den Hochdruck- und 8 Centimeter Durchmesser für den Niederdruckcylinder mit Kolbenhub von 20 Centimeter. Dieser Motor wiegt 18 Kilogramm und empfängt die Energie als Explosionsmotor durch eine Calciumcarbidfüllung. Die beiden Luftschrauben wiegen 6 Kilogramm und haben je 2 Meter im Durchmesser, so daß sie jede ungefähr ½ Quadratmeter Fläche aufweisen. Das Gesamtgewicht der Flugmaschine beläuft sich auf 180 Kilogramm, wovon auf die todte Masse etwa 30 Kilogramm entfallen.

**Stein der Weisen (Deutschland), 1. Januar 1902, S.237-239**

In der von Stanley Yale Beach am 30. Mai 1901 aufgenommenen Fotoserie ist in jedem Bild sowohl der Motor für den Bodenantrieb (entweder am Boden oder in den Händen Weißkopfs), als auch der für den Propellerantrieb (quer über dem Bug der Maschine) zu sehen.

In einigen Fotos schimmert die Sonne durch die Segeltuch-Bespannung hindurch und deutet sowohl die Auslegung der Rippenstruktur des Rumpfes, als auch – wenn man genau hinsieht – die Kreuzverstärkung der Rumpfstruktur mittels Stahlseilen an. Die einzelnen Rippen des Flügels sind jeweils mit einem Stahldraht nach oben zur Mastspitze sowie einem nach unten zur seitlichen Rumpfunterkante verstärkt. Die vorderste Flügelrippe ist jeweils mittels Stahldrahts mit dem Bugspriet verbunden. Und die Krümmung der Tragfläche wird ebenfalls durch ein Spannseil pro Rippe gesichert.

Die im Bericht angegebenen Maße können durch Anwendung der bei der Musterung Weißkopfs zum Militärdienst durch das US-Militär im Jahre 1918 vorgenommenen Messung seiner Körpergröße (5 Fuß und 9 Zoll = 1,752m) bzw. in der Besatzungsliste der Brigg „Jane Adeline“ (5 Fuß und 8 Zoll = 1,727m) überprüft werden. [Besagte Musterungskarte ist – dem Prinzip der Chronologie zufolge – in einem späteren Band dieser Serie enthalten. Besagte Besatzungsliste befindet sich in einem früheren Band.]

In der Fotoaufnahme der Maschine von hinten kann die Verlinkung der Steuerknüppel bzw. des zentral vor dem Piloten montierten Hebels gesehen werden. Seile führen nach links und rechts weg vom Hebel jeweils um eine Rolle herum und von dort aus bis zur Mastspitze hinauf, wo sie jeweils über eine Umlenkrolle mit den Stützseilen der Flügel verbunden sind. Zusammen mit der nahezu identischen Beschreibung der Quersteuerung im Jahre 1899 im Bericht einer Tageszeitung in Pittsburgh, sowie der ebenfalls identischen Beschreibung der Steuerung durch Johann Weißkopf, deutet dies auf eine Flügelverwindung hin. [Ein weiterer Hinweis auf eine Flügelverwindung ist im Drachenmodell verkörpert, der durch Weißkopf im Jahre 1902 in einem Luftfahrtjournal *Aeronautical World* veröffentlicht wurde, und gemäß der Chronologie in einem späteren Band dieser Serie vorgestellt wird.]

Es kann beobachtet werden, dass in allen Fotos die zwei Propeller in zueinander symmetrisch angeordneten Positionen stehen, was drauf hindeuten könnte, dass sie miteinander gekoppelt waren. Auch eine Analyse des Motorgestänges deutet diese Schlussfolgerung an. Dies steht im Widerspruch zur Angabe Weißkopfs, dass Schubdifferenzial zur Seitensteuerung angewendet werden soll. Allerdings wurden Flugversuche erst Monate später und ab Herbst 1901 mit einem neuen Motor unternommen, so dass dies mit der Ankündigung Weißkopfs, eine Steuerung über Schubdifferential einzurichten, nicht unbedingt im Widerspruch steht.

Auf dem Boden im Hintergrund links von der Maschine ist eine Art Trommelgefäß zu sehen. Dieser Gegenstand ist im Bild leider zu verschwommen, um definitiv sagen zu können, was es genau ist. Dessen Größe und Schattenbildung würden jedoch mit einem für Automobile aus dieser Zeit typischen Dampfgenerator bzw. Tank übereinstimmen.

Auf den Fotos kann eine Krümmung der Propellerblätter erkannt, aber aufgrund der jeweiligen Kamerawinkel nicht genau gemessen werden. Noch schwieriger ist es, eine Schränkung des Propellers zu erkennen. Allerdings geben Fotos, die erstmalig 1903 veröffentlicht wurden, Aufschluss über diese Punkte. [Diese werden gemäß der Chronologie in einem späteren Band dieser Serie gezeigt.]

Foto aufgenommen durch Stanley Yale Beach, 30. Mai 1901

**Foto aufgenommen durch Stanley Yale Beach, 30. Mai 1901**

Foto aufgenommen durch Stanley Yale Beach, 30. Mai 1901

Vergrößerung des Radantriebsmotors, 30. Mai 1901

Vergrößerung des Propellerantriebsmotors, 30. Mai 1901

Vergrößerung des Steuerhebels, 30. Mai 1901

Nachstehender Artikel ist nahezu wortgleich mit dem Stammbericht. Er veranschaulicht die Verbreitung des Artikels samt Fotos in europäischen Fachkreisen.

JUNE 28, 1901. ENGLISH MECHANIC AND WORLD OF SCIENCE: No. 1892. 421

Whitehead's Flying Machine, showing Engines and Propellers.

it was evident that the eland felt that its last hour had come." Dogs weep quite easily. The same is true of certain monkeys. As for the elephant, there is abundant evidence of the ease with which it weeps. Sparrman assures us that it sheds tears when wounded, or when it sees that it cannot escape, its tears roll from its eyes like those of a human being in affliction. Tennant, speaking of captured elephants, says that "some remain quiet, lying on the ground without manifesting their grief otherwise than by the tears that bathe their eyes and run constantly down." Aquatic animals, too, are able

Whitehead's Flying Machine, showing Aëroplanes.

to weep. Thus all authors agree in saying that dolphins, at the moment of death, draw deep sighs and shed tears abundantly. A young female seal has also been seen to weep when teased by a sailor.

## WHITEHEAD'S FLYING-MACHINE.

A NOVEL flying-machine has just been completed by Mr. Gustave Whitehead, of Bridgeport, Conn., and is now ready for the preliminary trials. Several experiments have been made, but as yet no free flights have been attempted. The machine is built after the model of a bird or bat. The body is 16ft. long, and measures 2½ft. at its greatest width, and is 3ft. deep. It is well stayed with wooden ribs and braced with steel wires, and covered with canvas which is tightly stretched over the frame. Four wheels, each 1ft. in diameter, support it while it stands on the ground. The front wheels are connected to a 10H.P. engine, to get up speed on the ground, and the rear wheels are mounted like casters, so that they can be steered by the aëronaut. On either side of the body are large aëroplanes covered with silk, and concave on the underside, which give the machine the appearance of a bird in flight. The ribs are bamboo poles, and are braced with steel wires. The wings are so arranged that they can be folded up. The 10ft. rudder, which corresponds to the tail of a bird, can also be folded up, and can be moved up and down, so as to steer the machine on its horizontal course. A mast and bowsprit serve to hold all the parts in their proper relation.

In front of the wings and across the body is a double-compound engine of 20H.P., which drives a pair of propellors in opposite directions, the idea being to run the machine on the ground by means of the lower engine until it has the necessary speed to rise from the ground. Then the upper engine actuates the propellors so as to cause the machine to progress through the air to make it rise on its aëroplanes. The wings are immovable and resemble the outstretched wings of a soaring bird. The steering will be done by running one propellor faster than the other in a way analogous to the way in which an ocean steamer having twin screws can be turned, a special aëroplane being provided to maintain longitudinal and tranverse stability.

The lower engine is of 10H.P., and weighs 22lb. The diameter of the cylinder is 3 1/16in. by 8in. stroke. The upper engine is a double-compound cylinder, the diameters being 2¼ and 3 7/16in., with a 7in. stroke. The engine weighs 35lb, and calcium carbide is used to develop pressure by means of explosions. The propellors weigh 12lb, and are 6ft. in diameter, with a projected blade surface of 4sq. ft. With a draw-bar test, the upper engine being run at full speed, the dead pull was 365lb. The weight of the body and wheels is 45lb. The wings and tail have 450sq. ft. of supporting surface, and the weight is 35lb.—*Scientific American.*

## NEW FISHES INVENTED BY MAN.

HAVE you ever eaten a shad-bass, a brook trout-salmon, a shad-herring, or goldfish-carp? These are but a few of the new animals or hybrids which the United States Fish Commission has been inventing recently. A number of finny creatures have been turned out by careful mating which nature never dreamed of. The record of the work is a fish story much stranger than fiction.

By this artificial breeding it is expected eventually to produce fish which will combine all the virtues and none of the faults of the common edible fish. Fish bones may soon be a thing of the past. It is even possible that such mating may be performed in the case of the crustaceans and molluscs.

The shad-bass has not only been produced in large quantities, but thousands of them have already been liberated in Southern waters. The shad and the bass never breed together in Nature. They are as unlike in their way as the tiger and the hippopotamus. The modern miracle was accomplished by sprinkling the eggs of the shad with the milt of the male bass, and hatching them out in glass jars full of water. The new fishes were liberated when ten days old. A similar cross has been made between the shad and the river herring. Several of these were caught after reaching maturity. They turned out to be about the size of a herring, and nearly as bony. The shad-herring, while extremely interesting from a scientific standpoint, is not likely to become popular as a table delicacy for this reason. Whitefish have been mated with herring at the hatching station on Lake Erie. The whitefish-herring is already becoming common in these waters. These fishes weigh about 2lb. when full grown.

Perhaps the most successful experiment along these lines is the breeding of the salmon and the brook trout in California. The product of this mixed parentage is nearly as large as the salmon, and retains much of the sweetness of the trout. Successful hybrids have also been made by crossing different kinds of trout. It is probable that a useful new fish may be obtained by mating the cod with the haddock.—*American Paper.*

## A POINT ABOUT WATCH DIALS.

"I WILL bet," said a watchmaker to a customer the other day, "that you cannot correctly put down the numerals on the dial plate of your watch."

"Done!" said the other. And he wrote, I, II, III, IV—

"Wrong," interrupted the watchmaker. "Pull out your watch and look at the figure four."

Sure enough the figure was IIII, not IV.

"Are all clocks and watches made that way?" asked the customer, as he put his watch back.

"All that have Roman figures on their dial."

"Why."

"Well, there is a tradition which accounts for the custom. The first clock that resembles the ones now in use was made by a famous French jeweller named Henri Vick, in 1370. He made a present of it to King Charles V., surnamed the Wise. Now Charles was wise in many ways, but he did not know everything, though having a reputation to sustain he pretended to omniscience. When Vick brought him the clock he examined the works very attentively, seeking a flaw somewhere. 'Yes,' he said, at last, 'the clock works well, but you have got the figures on the dial wrong.' 'Surely not, your Majesty,' demurred the jeweller. 'Yes, that four should be four ones.' 'You are wrong, your Majesty.' 'I am never wrong,' thundered the King. 'Take it away and correct the mistake.' Vick did as commanded. The fashion was followed by others. And so to this day we have IIII. instead of IV.

English Mechanic and World of Science, 28. Juni 1901, Band 73, England, S.421

## AHMT DIE BEWEGUNG EINES VOGELS NACH.

### Eine Flugmaschine, die einen guten Anlauf nimmt, und dann durch die Luft fliegt.

Wenn ein großer Vogel, zum Beispiel ein Adler, fliegen möchte, kann es sich nicht durch die einfache Bewegung seiner Flügel anheben, sondern muss zunächst mit ausgebreiteten Flügeln am Boden Anlauf nehmen, bis ihn der Luftdruck vom Boden abhebt. Sobald er empor ist, kann er bald meilenweit herumsegeln und braucht nur hin und wieder einen Flügelschlag, um den Ausgleich zu halten.

So gestaltet sich das Prinzip, welches Gustav Weißkopf von Bridgeport in Connecticut in der abgebildeten Flugmaschine einzusetzen versucht. Der Originalton des Erfinders wird im *New York „Journal"* wie folgt wiedergegeben: „Ich bin davon überzeugt, dass vor kurzem erfolgte Versuche mit meiner neuen weiterentwickelten Flugmaschine die praktische Umsetzbarkeit der Flugnavigation unter Beweis gestellt haben. Ich habe mein Schiff über eine Flugstrecke von 1.500 Yards getestet und es verhielt sich prima bis ein falsch befestigter Bolzen die Maschinerie in Unwucht brachte.

„Meine Maschine ist keilförmig und im Flug erinnert ihre Bewegung an die einer Fledermaus. Der Rumpf ist 16 Fuß lang, 3½ Fuß breit und 5 Fuß hoch. Der Holzrahmen wird durch Stahldrahtverstrebung gestützt und ist mit straff gespanntem Segeltuch bespannt.

„In meiner Maschine unten befindet sich ein Motor mit 10 Pferdestärken, der an den zwei vorderen aus insgesamt vier jeweils mit einem Fuß Durchmesser versehenen Rädern angeschlossen ist.

# IMITATES A BIRD'S MOTIONS.

## A Flying Machine That Gets a Good Start and Then Soars Through the Air.

WHEN a large bird, such as the eagle, for example, wishes to fly it cannot raise itself by simply flapping its wings, but must run rapidly along the ground with wings spread until the pressure of the air lifts it from the ground. Once afloat it can soon soar for miles, with only an occasional flap of its wings to restore its equilibrium.

Such is the principle which Gustave Whitehead, of Bridgeport, Conn., has attempted to utilize in the flying machine shown in the illustration. The inventor's own story is given by the New York "Journal" as follows: "I am convinced that recent experiments with my new and improved flying machine have demonstrated the practicability of aerial navigation. I have tested my ship for a distance of 1,500 yards, and she behaved nobly until an improperly riveted bolt threw the machinery out of gear.

"My machine is shaped like a wedge, and when in motion its flight is similar to that of a bat. The body is 16 feet long, 3½ feet broad and 5 feet deep. The frame is of wood supported by steel wires, and is covered with canvas, hauled taut.

"In the bottom of my machine is a 10-horse power engine to which the two front wheels, there being four wheels in all, each one foot in diameter under it,

THE WHITEHEAD FLYING MACHINE.

Die hinteren Räder sind wie Umlenkrollen montiert, damit sie durch den Aeronauten leicht gesteuert werden können. An den Flanken seitlich befinden sich jeweils große auf der Unterseite konkav gewölbte, mit Seide überzogene Tragflächen. Die Flügel, mit Rippen aus Bambus, sind so ausgelegt, dass sie fächerartig zusammengeklappt werden können.

„Das Geheimnis meiner Erfindung liegt in meinen zwei Motoren, die den vollen Patentschutz noch nicht genießen. Der untere Motor ist in der Lage, die Maschine mit einer Geschwindigkeit von 50 Meilen pro Stunde über den Boden anzutreiben. Sobald die notwendige Geschwindigkeit erreicht wird, starte ich den oberen bzw. Deckmotor, der zwei Propeller in gegenläufige Richtung antreibt, was die Maschine dann, wenn die Flügel wie jene eines großen Vogels im Flug ausgebreitet sind, allmählich in die Luft hebt.

are attached. The rear wheels are mounted like casters so as to be susceptible of easy steering by the aeronaut. On either side are large aeroplanes, concaved on the under side and covered with silk. The wings, the ribs of which are of bamboo wood, are so adjusted that they can close up like a fan.

"The secret of my invention lies in my two engines, which are not yet fully protected by patent.

"The bottom engine is capable of driving the machine along the ground at the rate of 50 miles an hour. When the necessary speed has been obtained I start the top or surface engine, which drives a pair of propellers in opposite directions, gradually lifting the machine into the air, when the wings are thrown out until they appear like a huge bird in flight.

**Pittsburgh Daily Post, 23. Juni 1901, S.23**

**Een nieuwe Vliegmachine.**

In de *Scientific American* van 8 Juni wordt eene beschrijving gegeven van een nieuwe vliegmachine, uitgedacht door Gustave Whitehead, van Bridgeport (Connecticut).

De machine, gebouwd in den vorm van een vogel, is 4.90 meter lang en meet 0.76 meter op haar grootste breedte. De hoogte is 0.91 meter. Het geraamte is van hout, waarvan de deelen met staaldraad goed stevig verbonden zijn en is luchtdicht bedekt met linnen. Vier raderen van 0.30 meter middellijn dragen het geheel, wanneer het op den grond rust. De beide voorste raderen worden door een motor van 10 paardekracht in beweging gebracht, de achterste dienen tot sturen en kunnen door den luchtschipper naar willekeur worden bewogen. Ter zijde van het lichaam van den vogel vindt men groote vleugels, eveneens bestaande uit een houten geraamte, met zijde overdekt. Zij staan rond met den hollen kant naar beneden en kunnen worden opgevouwen. Een roer van drie meter lang vormt den staart van den vogel. Deze kan eveneens worden opgevouwen. Onder het lichaam vindt men nog een motor van 20 paardekracht, die de vleugels in de gewilde richtingen kan bewegen.

De uitvinder stelt zich voor, zijne machine eerst op den grond te doen loopen tot zij een voldoende snelheid verkregen heeft om zich naar boven te kunnen bewegen. Dan wordt de tweede motor in werking gesteld en de vleugels worden bewogen. Door den eenen vleugel sneller dan de andere te doen bewegen, hoopt hij zijn toestel te kunnen sturen, onafhankelijk van de werking van den staart. De vleugels en de staart vormen een draagvlak van 41 vierkante meter en wegen 15.8 kilogrammen. De kleine motor van 10 paardekracht weegt 10, die van 20 paardekracht 16 kilogrammen. Voor het bewegen der motor stel Whitehead zich voor acetyleen te gebruiken.

**Het Nieuws van den Dag, 1. Oktober 1901, 3. Ausgabe, Niederlande, S.10**

**Eine neue Flugmaschine.**

Im Scientific American vom 8. Juni wird eine neue Flugmaschine beschrieben, die von Gustave Whitehead aus Bridgeport (Connecticut) entwickelt wurde.

Die in Form eines Vogels gebaute Maschine ist 4,90 Meter lang und misst an ihrer größten Breite 0,76 Meter. Die Höhe beträgt 0,91 Meter. Der Rahmen besteht aus Holz, dessen Teile gut mit Stahldraht verbunden und luftdicht mit Leinen bedeckt sind. Vier Räder von 0,30 Metern in der Mitte stützen das Ganze, wenn es auf dem Boden ruht. Die beiden Vorderräder werden von einem mit 10 Pferdestärken ausgestatteten Motor in Bewegung gesetzt. Die Hinterräder sind für die Lenkung bestimmt und können vom Luftschiffer beliebig bewegt werden. An den Seiten des Rumpfs des Vogels befinden sich große Flügel, die aus einem mit Seide bedeckten Holzrahmen bestehen. Diese richten ihre hohle Seite nach unten und können zusammengefaltet werden. Ein drei Meter langes Ruder bildet den Schwanz des Vogels. Dieser kann auch zusammengefaltet werden. Unter der Karosserie befindet sich ein weiterer Motor mit 20 Pferdestärken, der die Propeller in die gewünschten Richtungen antreibt.

Der Erfinder stellt sich vor, dass seine Maschine zuerst auf dem Boden Anlauf nimmt, bis sie eine ausreichende Geschwindigkeit erreicht hat, um sich nach oben zu bewegen. Dann wird der zweite Motor gestartet und die Propeller werden angetrieben. Indem er einen Propeller schneller als den anderen antreibt, hofft er, sein Gerät unabhängig von der Bedienung des Heckruders steuern zu können. Die Flügel und das Leitwerk bilden eine Auftriebsfläche von 41 Quadratmetern und wiegen 15,8 Kilogramm. Der kleine Motor mit 10 PS wiegt 10, der mit 20 PS 16 Kilogramm. Als Treibstoff für den Motor setzt Whitehead auf die Verwendung von Acetylen.

Mr. Gustave Whitehead, of Bridgeport, Conn., has invented a new flying machine after the model of a bird or bat. It is 16 feet long, 3 feet deep, and 2½ feet wide. It is well stayed with wooden ribs, braced with steel wires, and covered with canvas. It stands on four wheels, each a foot in diameter, and a 10-horse-power engine starts it from the ground. The wings, or aeroplanes, can be folded up. A rudder corresponding to the tail of the bird steers the machine horizontally. The machine once in the air is moved by another 20-horse-power engine driving two propellers, which can also assist in steering, by one turning faster than the other. The apparatus is now ready for preliminary trials.

**Japan Daily Mail, Japan, 3. August 1901, S.124**

Hr.. Gustav Weißkopf aus Bridgeport/Connecticut hat nach dem Vorbild eines Vogels bzw. einer Fledermaus eine neue Flugmaschine erfunden. Sie ist 16 Fuß lang, 3 Fuß hoch, und 2 ½ Fuß breit. Eine hölzerne Rippenkonstruktion, welche mit Stahldraht verspannt und mit Segeltuch überzogen ist, gibt ihr eine gute Festigkeit. Sie steht auf vier Rädern mit jeweils einem Fuß Durchmesser. Ein Motor von 10 Pferdestärken treibt sie über die Startstrecke an. Die Flügel bzw. Tragflächen können zusammengefaltet werden. Ein dem Schwanz eines Vogels ähnliches Ruder bewirkt die horizontale Steuerung. Sobald die Maschine in der Luft ist, wird sie durch einen weiteren Motor von 20 Pferdestärken, der mit zwei Propellern verbunden ist, welche auch durch schnelleres Drehen des einen als des anderen eine Steuerung bewirken können, angetrieben. Der Apparat steht nun zur Erprobung bereit.

**Nouvelle machine volante américaine.** — *Scientific American* (8 juin 1901) donne la description d'une nouvelle machine volante imaginée par *M. Gustave Whitehead*, de Bridgeport (Connecticut) et dont un modèle va être soumis à des expériences sous peu.

Cette machine volante est établie en forme d'oiseau : le corps a 4m 90 de long et mesure 0m 76 à sa plus grande largeur ; sa hauteur est de 0m 91 ; il est formé d'un bâtis en bois (avec assemblages retenus par des fils d'acier) et couvert d'une toile appliquée hermétiquement contre le bâtis. Quatre roues de 0m 30 de diamètre supportent ce corps quand il repose sur le sol ; les roues de devant sont reliées à un moteur de 10 chevaux, les roues de derrière sont directrices et peuvent être dirigées à volonté par l'aéronaute. De part et d'autre, il y a de grands aéroplanes formant les ailes de l'oiseau et constitués également de bâtis en bois recouverts en soie ; ils présentent leur concavité vers le sol et peuvent être repliés. Un gouvernail de 3 mètres, qui représente la queue de l'oiseau, se trouve à l'arrière ; il peut aussi être replié. En avant des ailes et en travers du corps de la machine se trouve un moteur compound de 20 chevaux actionnant dans des directions inverses une paire de propulseurs.

L'inventeur compte faire courir sa machine sur le sol à l'aide du moteur inférieur jusqu'à ce qu'elle ait atteint la vitesse nécessaire pour se détacher du sol ; à partir de ce moment la propulsion serait assurée par le moteur supérieur agissant sur les propulseurs. En faisant tourner un propulseur plus vite que l'autre, on pourrait diriger l'appareil indépendamment de l'action du gouvernail.

Les ailes et la queue offrent une surface portante de 41 mètres carrés et pèsent 15k,8. La machine inférieure, de 10 chevaux, pèse 10 kilos et la machine supérieure, de 20 chevaux, pèse 16 kilos ; l'inventeur compte utiliser le carbure de calcium comme explosif pour la marche de ces moteurs.

**Revue Rose, Paris, Frankreich, 3. August 1901, S.157**

**Neue amerikanische Flugmaschine.** - Scientific American (8. Juni 1901) beschreibt eine neue Flugmaschine, die von Herrn Gustave Whitehead aus Bridgeport (Connecticut) vorgestellt wurde und die in Kürze erprobt werden soll.

Diese Flugmaschine hat die Form eines Vogels: Der Körper ist 4,90 m lang und misst an seiner breitesten Stelle 0,76 m: seine Höhe beträgt 0,91 m: Er besteht aus einem Holzrahmen (der mit Stahldraht verspannt ist) und ist mit Segeltuch, das eng an den Rahmen aufgebracht ist, überzogen. Der Rumpf ruht am Boden auf vier Rädern mit einem Durchmesser von je 0,30 m: Die Vorderräder sind mit einem 10-PS-Motor verbunden, die Hinterräder sind lenkbar und können vom Aeronauten nach Belieben gesteuert werden. Auf beiden Seiten gibt es große Tragflächen, welche die Flügel des Vogels bilden und ebenfalls aus mit Seide bedeckten Holzrahmen bestehen. Sie sind auf ihrer Unterseite konkav und können zusammengefaltet werden. Am Heck befindet sich ein 3 Meter langes Ruder, das den Schwanz des Vogels darstellt. Es kann auch zusammengeklappt werden. Vor den Flügeln und oberhalb des Rumpfs der Maschine befindet sich ein Verbundmotor mit 20 PS, der ein Paar Propeller in entgegengesetzter Richtung antreibt.

Der Erfinder beabsichtigt, seine Maschine mit dem unteren Motor auf dem Boden Fahrt aufnehmen zu lassen, bis sie die Geschwindigkeit, die zum Abheben vom Boden erforderlich ist, erreicht hat. Von diesem Moment an würde der Antrieb durch den auf die Triebwerke einwirkenden oberen Motor sichergestellt. Wird ein Triebwerk schneller als das andere angetrieben, so kann das Flugzeug unabhängig von der Bewegung des Ruders gesteuert werden.

Die Flügel und das Heck bilden eine Auflagefläche von 41 Quadratmetern und wiegen 15,8 kg. Die untere Maschine mit 10 Pferdestärken wiegt 10 Kilo, und die obere Maschine mit 20 Pferdestärken wiegt 16 Kilo; Der Erfinder beabsichtigt, Calciumcarbid als Treibstoff für den Betrieb dieser Motoren zu verwenden.

NEW FLYING MACHINE.

**Mr.** Gustave Whitehead, of Bridgeport, Conn., has invented a new flying machine after the model of a bird or bat. It is 16ft. long, 3ft. deep, and 2½ft. wide. It is well stayed with wooden ribs, braced with steel wires, and covered with canvas. It stands on four wheels, each a foot in diameter, and a 10 horse-power engine starts it from the ground. The wings, or aeroplanes, can be folded up. A rudder corresponding to the tail of the bird steers the machine horizontally. The machine once in the air is moved by another 20 horse-power engine driving two propellers, which can also assist in steering by one turning faster than the other.

**London Mercury, England, 27. Juli 1901, S.7**

NEUE FLUGMASCHINE.

Hr. Gustav Weißkopf aus Bridgeport/Connecticut hat nach dem Vorbild eines Vogels bzw. einer Fledermaus eine neue Flugmaschine erfunden. Sie ist 16 Fuß lang, 3 Fuß hoch, und 2 ½ Fuß breit. Eine hölzerne Rippenkonstruktion, welche mit Stahldraht verspannt und mit Segeltuch überzogen ist, gibt ihr eine gute Festigkeit. Sie steht auf vier Rädern mit jeweils einem Fuß Durchmesser. Ein Motor von 10 Pferdestärken treibt sie über die Startstrecke an. Die Flügel bzw. Tragflächen können zusammengefaltet werden. Ein dem Schwanz eines Vogels ähnliches Ruder bewirkt die horizontale Steuerung. Sobald die Maschine in der Luft ist, wird sie durch einen weiteren Motor von 20 Pferdestärken, der mit zwei Propellern verbunden ist, welche auch durch schnelleres Drehen des einen als des anderen eine Steuerung bewirken können, angetrieben.

**The Parisian Flying Machine.**

There are probably in the world as many men who think they can make and fly an airship as there are cranks who think they can run a newspaper. Millions of money have been cast in the air by inventors whose imitations of birds have had to be sold as scrap iron. At the present moment there are several dozens of airships "on the make." It is almost needless to say that many of them are the product of American brains and capital. The Yankee thinks he rules the earth; he is aiming at ruling the waves, and he must be chagrined to find that France threatens to rule the air before he has been able to find his wings, so to speak.

One of the American flying machines that are highly spoken of is the Whitehead, the creation of a Connecticut man. It is, unlike M. Santos-Dumont's production, built on the bird principle, with ponderous canvas wings and a wide-spread canvas tail. Tail and wings are fixed, and do not move like a bird's. The machine is driven by a powerful engine, and it runs along the ground until its speed causes it to rise in the air, the great spread of canvas assisting the body to rise.

Many airship inventors are mercifully hampered in their operations by a lack of funds, and at least one British inventor lectures about his flying machine, but the whole concern, wings and body, is as yet floating about in his capacious head, where there is abundance of room for experiments.

Other inventors are more happily situated. Kress, the Viennese engineer, was hampered in his operations, and the Emperor of Austria quite lately came to his assistance, supplying the inventor with money to enable him to carry out his experiments. Hafman, a Berlin engineer, being unable to put his ideas into steel and canvas—those ideas being presumably considerably bigger than his purse—has built a working model of an airship, which has a wide spread of canvas wings, but possesses no tail. An ingenious arrangement raises the aerial monster. Long legs lie under it, and, these being raised, the airship also rises. When the legs collapse the airship drops, but so great is the accumulation of air under the wings that the ship is arrested in its descent, the engines are set a-going, and the machine rises speedily and gracefully—that is, if the ideas work out in practice. Airships and balloons, however, like the schemes of men, "gang aft agley," and leave their creators nought but grief and pain for promised fortunes and aerial trips.

**London St. James Gazette, UK, 17. Juli 1901, S.6**

[...]

Eine der amerikanischen Flugmaschinen, die hoch gelobt wird, ist die Kreation Weißkopfs, eines Mannes aus Connecticut. Anders als die Konstruktion des M. Santos-Dumont basiert sie auf dem Vogelprinzip, samt massigen Flügeln aus Segeltuch und einer breiten Schwanzflosse, ebenfalls aus Segeltuch. Schwanzflosse und Flügel sind fest montiert und schlagen nicht wie jene eines Vogels. Die Maschine wird durch einen kräftigen Motor angetrieben und nimmt über den Boden zunächst Anlauf bis sie, assistiert durch die groß ausgebreitete Segeltuchfläche, dadurch in die Luft angehoben wird. [...]

Mr. Gustave Whitehead, of Bridgeport, Connecticut, has invented a new flying machine after the model of a bird or bat. It is 16ft. long, 3ft. deep, and 2½ft. wide. It is well stayed with wooden ribs, braced with steel wires, and covered with canvas. It stands on four wheels, each a foot in diameter, and a 10-horse-power engine starts it from the ground. The wings, or aeroplanes, can be folded up. A rudder, corresponding to the tail of the bird, steers the machine horizontally. The machine, once in the air, is moved by another 20-horse-power engine driving two propellers, which can also assist in steering, by one turning faster than the other. The apparatus is now ready for preliminary trials.

**1901-09-07, Bendigo Advertiser, Australien, S.2**

Hr. Gustav Weißkopf aus Bridgeport/Connecticut hat nach dem Vorbild eines Vogels bzw. einer Fledermaus eine neue Flugmaschine erfunden. Sie ist 16 Fuß lang, 3 Fuß hoch, und 2 ½ Fuß breit. Eine hölzerne Rippenkonstruktion, welche mit Stahldraht verspannt und mit Segeltuch überzogen ist, gibt ihr eine gute Festigkeit. Sie steht auf vier Rädern mit jeweils einem Fuß Durchmesser. Ein Motor von 10 Pferdestärken treibt sie über die Startstrecke an. Die Flügel bzw. Tragflächen können zusammengefaltet werden. Ein dem Schwanz eines Vogels ähnliches Ruder bewirkt die horizontale Steuerung. Sobald die Maschine in der Luft ist, wird sie durch einen weiteren Motor von 20 Pferdestärken, der mit zwei Propellern verbunden ist, welche auch durch schnelleres Drehen des einen als des anderen eine Steuerung bewirken können, angetrieben. Der Apparat steht nun zur Erprobung bereit.

Am Tag nach der Vorstellung der Maschine Nr. 21 in *Scientific American* ist ein erster detaillierter Bericht über deren Erprobung in der Zeitung *New York Sun* erschienen. Dieser enthält zunächst viele interessante biografische Hinweise.

Über eine Ankunft in den USA *„vor sechs Jahren“* also im Jahre 1895 wird berichtet – auch über die Flugmaschine von 1897, die wegen eines Rechtsstreits um den Motor in New York vor sich hin rostet. Eine Lehre bei Otto Lilienthal sowie ein Besuch bei Hiram Maxim in England runden den biografischen Teil ab.

IMPROVED FLYING MACHINE

New York Sun, 9. Juni 1901, S.2

In diesem Artikel ist erstmals von den Investoren Andrew Cellie und Daniel Varovi die Rede. Danach taucht Varovi nicht mehr auf, was daran liegen könnte, dass dieser Nachname sonst nirgends in den Digitalarchiven Nordamerikas auftaucht. Im selben Artikel wird er später „Varoni“ genannt. Cellie zieht ebenfalls bald aus Bridgeport weg.

Kerninhalt des Artikels ist die Beschreibung einer Flugerprobung am 3. Mai 1901. Weißkopf preist die horizontale Stabilität sowie das Kraft-Gewichtsverhältnis seines Motors als Hauptvorzüge seiner Maschine an, und spricht davon, Patente beantragen zu wollen.

Das Erprobungsgelände sei in der Nähe der Ortschaft Fairfield ca. fünfzehn Meilen entfernt. Um Mitternacht sei man losgefahren, und es solle bis Sonnenaufgang dauern, bis man dorthin gelange. [Anzumerken sei, dass das Ausbreiten und sichern der Flügel für den Flug erhebliche Zeit in Anspruch genommen haben muss.] Auch, dass kein Teil der Stadt Fairfield 15 Meilen entfernt liegt, wohl aber vom *County* [Landkreis] Fairfield.

Es ist von einem „Lenkrad“ [„steering wheel“] die Rede, das die Hinterräder lenkt. Ein Verfahren, bei dem nach Erreichen der Startgeschwindigkeit die Kraft des Druckgas-

Generators vom unteren Radantriebs-Motor auf den oberen Propellerantriebs-Motor umgeleitet wird, wird ebenfalls beschrieben.

Sandsäcke mit einem Gewicht von 220 Pfund seien als Simulation des Pilotengewichts in den Rumpf gelegt worden. Von einer Kuppe in der Straßenmitte aus sei gestartet worden. Die Maschine sei auf eine Höhe von ca. 12m gestiegen, aber nach 300m nach unten abgekippt. Beim zweiten Versuch sei sie 800m weit geflogen und gegen einen Baum geprallt, was die Propeller beschädigt habe.

Wie später auch bei den Gebrüdern Wright geschehen[59] habe der Journalist offenbar eigenmächtig dazu gedichtet, dass beabsichtigt sei, einen Rotor einzubauen.

[59] 1904-01-17, New York Herald, NY, p.3

## IMPROVED FLYING MACHINE

*BRIDGEPORT MAN HAS ONE WITH WHEELS AND A TAIL LIKE A BIRD'S.*

**Has Built It in His Front Yard—Made Two Flights Out in the Country Early in May —Goes on Wheels Until It Gets Ready to Fly —Of Light Weight and Can Keep Its Balance**

BRIDGEPORT, Conn., June 8.—Gustave Whitehead, who lives in Pine street, this city, has in front of his house a yard, and in the yard there is a rough-board shed, and in the rough-board shed there is a flying machine. Mr. Whitehead—whose name is not Whitehead, but Weisskopf, which in German means Whitehead—is an enthusiast on flying machines. He became infatuated with the subject while a boy, living with his parents in Germany. Subsequently he became an assistant and a pupil of Lilienthal, who fell to his death from one of his aeroplane machines in 1896.

Then Mr. Whitehead went to England and studied the Maxim flying contrivance and afterward, six years ago, came to this country where he has met Prof. Langley of the Smithsonian Institution and other aeronautical sharps. A few years ago he built a flying machine in New York which now lies rusting in innocuous desuetude somewhere in Spring street in that city going to decay, Mr. Whitehead says, because of failure to deliver a motor of a certain type which was ordered, and never completed and about which there now is legal controversy.

About a year ago Mr. Whitehead came to Bridgeport, his interest and his faith in flying machines in no wise abated. He is a marine engineer by trade but as building flying machines is his serious occupation in life he got employment as a night watchman in a steel manufactory near his home here so that he might have some part of the light of each day in which to work on the problem in which his whole heart is enlisted.

Having interested Andrew Cellie and Daniel Varovi in the subject they supplied him with the small amount of money he required and last November he began work on the present machine which was completed several weeks ago and is now undergoing repairs made necessary by an accident which happened at the machine's trial flight on May 3 last.

These repairs are nearly completed and at an early date the flying machine again will be tested. When and where the test will be made Mr. Whitehead will not tell, because he does not want to be bothered with a crowd and because he does not wish any snap-shot verdict of failure to go abroad as the result of some mischance that may involve in no manner the vital principles of the machine.

New York Sun, 9. Juni 1901, S.2

## WEITERENTWICKELTE FLUGMASCHINE

### MANN AUS BRIDGEPORT HAT EINE MIT RÄDERN UND EINEM SCHWANZ WIE EIN VOGEL.

**Er hat sie in seinem Vorgarten gebaut – machte Anfang Mai im ländlichen Gebiet zwei Flüge – fährt auf Rädern bis sie zu fliegen bereit ist – hat ein geringes Gewicht und kann sich stabil halten.**

BRIDGEPORT, Connecticut, 8. Juni – Gustav Weißkopf, der in der Pine Street in dieser Stadt wohnt, hat vor seinem Haus einen Hof, und im Hof gibt es einen Bretterverschlag, und im Bretterverschlag gibt es eine Flugmaschine. Herr Whitehead – dessen Name nicht Whitehead, sondern Weißkopf lautet, was im Deutschen Whitehead bedeutet – ist ein Enthusiast für Flugmaschinen. Als er noch als Junge bei seinen Eltern in Deutschland lebte, hat ihn das Thema gefesselt. In weiterer Folge wurde er Schüler und Assistent von Lilienthal, der im Jahre 1896 aus einer seiner Maschinen in den Tod stürzte.

Sodann reiste Herr Weißkopf nach England, um die Erfindung Maxims unter die Lupe zu nehmen, und danach vor sechs Jahren kam er in dieses Land, wo er Prof. Langley von der Smithsonian Institution sowie andere aeronautische Spitzenköpfe kennenlernte. Vor einigen Jahren baute er eine Flugmaschine in New York, die nun irgendwo in der Spring Street in jener Stadt in harmloser Armseligkeit rostend verfällt. Hr. Weißkopf sagt, die Maschine wurde nie fertig, weil es über einen bestellten Motor eines bestimmten Typs, der nicht geliefert wurde, nun einen Rechtsstreit gibt.

Vor etwa einem Jahr kam Weißkopf, dessen Interesse und Glauben an Flugmaschinen in keinster Weise gemindert war, nach Bridgeport. Er ist vom Beruf Schiffsingenieur, aber da seine ernsthafte Lebensaufgabe die Erbauung einer Flugmaschine ist, sicherte er sich eine Beschäftigung als Nachtwächter in einer Stahlmanufaktur in der Nähe seiner Wohnung, so dass ihm wenigstens ein Teil des Lichts eines jeden Tages bleibt, um an jenem Problem, für das sein Herz schlägt, zu arbeiten.

Nachdem er Andrew Cellie und Daniel Varovi für sein Thema interessieren konnte, stellten ihm diese den kleinen Geldbetrag, den er dafür benötigte, zur Verfügung, und im letzten November begann er mit dem Bau der aktuellen Maschine, welche vor einigen Wochen fertig wurde und nun Reparaturarbeiten unterzogen wird, die durch einen Unfall notwendig wurden, der sich heuer am 3. Mai beim letzten Erprobungsflug der Maschine ereignete.

Diese Reparaturen sind schon fast fertig und zum frühestmöglichen Termin wird die Maschine erneut getestet. Wann und wo der Test stattfindet, wird Herr Weißkopf nicht verraten, dies weil er durch eine Menschenmenge nicht belästigt werden will, aber auch, weil er nicht möchte, dass sich ein Schnellschuss-Urteil über einen angeblichen Misserfolg infolge irgendeines Zufallsereignisses, das die grundsätzliche Tauglichkeit der Maschine nicht tangiert, bis nach Übersee ausbreitet.

Wherein Mr. Whitehead believes he has advanced further toward solving the problem of the airship than have Langley and Maxim is in the matter of motor and the maintenance of equilibrium. The trouble of all the flying machines that have flown is that they have a habit of turning turtleback in mid-flight. There has been no contrivance heretofore devised which will maintain their horizontal stability. After going a greater or less distance their noses point up into the air and they turn over backward and down toward the ground, or they turn over forward.

This difficulty Mr. Whitehead believes he has conquered. He believes that he has invented a method of controlling his forces so that the machine will keep on an even fore-and-aft keel except when he wishes it to ascend or descend to a certain level, and that this level once attained the airship will sail along this plane with entire horizontal stability. What the method is which brings about this result Mr. Whitehead is unwilling to tell. He has not yet got his patent on the device nor has he got a patent on the motor system which he uses, which is the other feature of his machine which he believes puts it in a higher class than any others which have been produced. The great drawback to the other motors is their weight as compared with the horsepower they develop. Maxim's flying machine, for instance, weighed eight pounds to the horse power while Mr. Whitehead says that his machine only weighs two pounds to the horse power.

A curious feature of Mr. Whitehead's contrivance is that, as it stands now, it is a combination of an automobile and a flying machine When the experiments were made on May 3 which resulted in the accident, Mr. Whitehead says, the flying machine travelled along the road with its own power from in front of his house in Pine street to a place out near Fairfield several miles away. In addition to Mr. Whitehead it carried Mr. Cellie the entire distance. It was not driven rapidly because the inventor did not wish to take any chances of straining the machinery, but it showed itself capable, even with the little wooden wheels one foot high on which it rolls, of developing a very considerable speed.

The general model of the machine is a bird or a bat. There is a body sixteen feet long, tapering to points at each end and with an extreme width in the middle of ½ feet. From each side of this body there spring out wide, bat-like wings, concave on the under side, thus giving the impression of a soaring bird. From tip to tip the wings measure 38 feet. They are made of muslin and ribbed with bamboo poles; the muslin, however, in the perfected machine will be replaced with silk, which was not used in the present case on account of the expense.

New York Sun, 9. Juni 1901, S.2

Jene Punkte, bei denen Herr Weißkopf glaubt, näher an die Lösung des Luftschiff-Problems als Langley und Maxim gekommen zu sein, sind zum einen beim Motor und zum anderen bei der Stabilität. Bei allen bisher erprobten Flugmaschinen war das Problem, dass sie dazu neigen, sich mitten im Flug aufzutürmen und nach hinten herunter zu fallen. Bislang gab es kein Gerät, das imstande war, die Längsstabilität zu halten. Nachdem sie sich über eine kurze oder längere Distanz vorwärts bewegt hatten, richteten sich ihre Buge nach oben, woraufhin sie entweder nach hinten weg oder vorn über kippten.

Herr Weißkopf glaubt, diese Schwierigkeit besiegt zu haben. Er glaubt, eine Methode entwickelt zu haben, um die Kräfte soweit unter Kontrolle zu halten, dass die Maschine vom Bug bis zum Heck eine waagrechte Rumpfausrichtung beibehält, außer wenn er es wünscht, dass sie bis in eine bestimmte Höhe steigt oder sinkt, und sobald diese Höhe erreicht wurde, dass das Luftschiff auf dieser Ebene mit vollkommener Längsstabilität entlang fliegen wird. Welche genaue Methode dieses Resultat herbeiführt, weigert sich Herr Weißkopf zu verraten. Er hat weder für diese Vorrichtung einen Patentschutz, noch hat er für das durch ihn verwendete Antriebssystem ein Patent, welches die andere Eigenschaft seiner Maschine ist, von der er glaubt, dass sie diese in eine höhere Klasse versetzt, als jegliche anderen bisher produzierten. Der große Nachteil der anderen Motoren ist deren Gewicht im Verhältnis zu den Pferdestärken, die sie entwickeln. Die Maschine Maxims wog zum Beispiel acht Pfund pro Pferdestärke, während Weißkopf von seiner Maschine behauptet, dass sie nur zwei Pfund pro Pferdestärke wiegt.

Eine kuriose Eigenschaft von Weißkopfs Maschine, wie sie nun in ihrer jetzigen Version dasteht, ist, dass sie eine Kombination aus einem Automobil und einer Flugmaschine ist. Als am 3. Mai die Experimente, bei denen sich der Unfall ereignete, durchgeführt wurden, erzählt Herr Weißkopf, dass die Flugmaschine unter eigener Kraft von seinem Haus in der Pine Street über die Straße bis zu einem um einige Meilen entfernten Ort nahe Fairfield fuhr. Neben Herrn Weißkopf wurde auch Herr Cellie über die gesamte Distanz befördert. Da der Erfinder keine Risiken, die Maschinerie zu überlasten, eingehen wollte, wurde sie zwar nicht schnell gefahren, zeigte sich aber dennoch, trotz der kleinen ein Fuß hohen Holzräder, auf denen sie rollt, in der Lage, eine beachtliche Geschwindigkeit zu entwickeln.

Das grobe Vorbild für die Maschine ist ein Vogel bzw. eine Fledermaus. Es gibt einen sechzehn Fuß langen Rumpf, welcher sich an beiden Enden jeweils zu einer Spitze verjüngt, und mittig an der breitesten Stelle ½ Fuß breit ist. Von den Seiten erstrecken sich breite, fledermausähnliche Flügel, die an ihren Unterseiten konkav sind, was den Eindruck eines gleitenden Vogels vermittelt. Von Spitze zu Spitze beträgt die Spannweite 38 Fuß. Die Flügel sind mit Segeltuch bespannt und haben Rippen aus Bambus: in der Endversion wird jedoch das Segeltuch durch Seide ersetzt, was aufgrund der Kosten zur jetzigen Zeit nicht verwendet wird.

What still more heightens the bird-like appearance of the craft as it rests on the ground prepared for flight is the movable tail at the stern—a veritable muslin and bamboo bird's tail which can be flopped up and down to direct and aid ascent or descent as in the case of the bird. The wings, however, are fixed, held in position by light but strong wire stays that run to a mast and bowsprit, which can be quickly unstepped. When the craft is not going to fly, and it generally isn't, the wings are folded and lie compactly along the sides. The tail also can be folded up and stored away.

Four wheels each a foot high support the floor of the craft upon the ground and the two hind wheels move on pivots and are turned to the right or the left by a steering wheel with cord attachment which is placed well up forward. These swivel wheels are to guide the machine when it is travelling along the road as an automobile. There are two motors, one resting on the floor, or deck, of the craft, and the other on a light board running crosswise and on a level with the top of the muslin sides of the machine which are three feet high. The deck motor, which is of ten-horse power, operates the wheels on which the machine rests and so drives it over the road as an automobile. The other, or upper, motor, works the two air propellers on each side of the craft. These propellers, which are of wood, weigh twelve pounds, and are six feet in diameter, with a blade surface of four square feet.

It is the idea to run the machine on the ground by means of the lower engine until sufficient momentum has been obtained to enable the machine to rise easily from the ground. Then the two air propellers are set in motion and as the machine rises the lower engine is shut off and all the force directed to the propellers, which will drive it through the air with the widely outstretched wings on either side as aeroplanes to make it soar as a bird soars through the air. It will be steered by the propellers, one of them running faster than the other, or even in a reverse direction, just as a twin-screw steamship is steered by the different speed or direction of its revolving screws. The propeller engine is of 20-horse power.

The lower, 10-horse power engine weighs 22 pounds with a cylinder diameter of 3 7-16 inches, and an 8-inch stroke. The upper engine is a double-compound cylinder, with 2¼ and 3 7-16 inches diameter and a 7-inch stroke. This upper engine weighs 35 pounds. The power is developed by calcium carbide in a series of rapid gas explosions which create an even piston pressure. The ma-

New York Sun, 9. Juni 1901, S.2

Was die vogelähnliche Erscheinung des Fahrzeugs, wie es auf dem Boden steht und auf den Flug wartet, noch weiter verstärkt, ist der bewegliche Schwanz am Heck – ein regelrechter Vogelschwanz aus Segeltuch und Bambus, der nach oben und unten bewegt werden kann, um wie bei einem Vogel den Auf- und Abstieg zu bewirken. Die Flügel sind jedoch starr, und sie werden durch leichte aber starke Drahtstücke, die an einem Mast und an einem Bugspriet zusammenlaufen, die jeweils schnell abmontiert werden können, in Position gehalten. Wenn das Fahrzeug nicht fliegt, was generell der Fall ist, werden die Flügel eingeklappt und liegen kompakt an den Seiten. Auch der Schwanz kann zusammengeklappt und verstaut werden.

Vier Räder, je ein Fuß hoch, stützen die Unterseite des Fahrzeugs auf dem Boden, und die zwei hinteren Räder bewegen sich auf Drehzapfen und können mittels einer Schnur, die weit nach vorne verläuft, nach links und rechts gedreht werden. Diese schwenkbaren Räder dienen dazu, die Maschine zu steuern, während sie auf der Straße als Automobil gefahren wird. Es gibt zwei Motoren; der eine ruht auf dem Boden bzw. Deck des Fahrzeugs, und der andere auf einem leichten Brett, das quer auf einer Ebene mit der Oberkante der drei Fuß hohen Rumpfseitenwände verläuft. Der Deckmotor, der zehn Pferdestärken leistet, treibt die Räder, auf denen die Maschine ruht, wie ein Automobil über die Straße an. Der andere bzw. obere Motor treibt die zwei Propeller, die sich jeweils an der Seite des Fahrzeugs befinden, an. Diese Propeller aus Holz wiegen jeweils zwölf Pfund und haben einen Durchmesser von sechs Fuß mit einer Blattfläche von jeweils vier Quadratfuß.

Es ist beabsichtigt, die Maschine mittels des unteren Motors über den Boden zunächst Anlauf nehmen zu lassen, bis ausreichend Schwung erreicht wurde, damit die Maschine in der Lage ist, vom Boden leicht abzuheben. Dann werden die beiden Luft-Propeller in Gang gesetzt, und während sich die Maschine anhebt, wird der untere Motor ausgeschaltet und alle Kraft auf die Propeller umgelenkt, welche sie an den jeweiligen Seiten mit ausgestreckten Flügeln so vorwärts treiben, wie ein Vogel durch die Luft fliegt. Sie wird durch die Propeller gesteuert, indem der eine schneller als der andere läuft, oder auch sogar rückwärts läuft, genauso wie ein Dampfschiff durch die unterschiedliche Geschwindigkeit bzw. Richtung seiner Drehschrauben gelenkt wird. Der Propellermotor hat 20 Pferdestärken.

Der untere Motor von 10-Pferdestärken wiegt 22 Pfund, hat einen Zylinderdurchmesser von $3^{7}/_{16}$ Zoll und einen 8 Zoll-Hub. Der obere Motor hat Doppelverbundzylinder mit 2¼ bzw. $3^{7}/_{16}$ Zoll Durchmesser und einem 7 Zoll-Hub. Dieser obere Motor wiegt 35 Pfund. Die Kraft wird durch Calciumcarbid in einer Serie schneller Gaszündungen, die einen gleichmäßigen Zylinderdruck ergeben, erzeugt. Die Maschine

chine as it stands now is so crudely made because of the limited means at the inventor's disposal that a great deal of the power developed is lost by friction. Mr. Whitehead estimates that with ball bearings he could add two horse power to the applied strength.

"It was a little after midnight," said Mr. Whitehead to-day, "when we started out to make the experiments which resulted in the accident. I went at that hour because I did not want to attract attention and get a crowd. Mr. Varoni went ahead on a bicycle; Mr. Cellie rode with me in the machine. We started from in front of my house and before we got out of the city a number of people saw us and stopped to look with wonder at the queer automobile that was going by. With the wings folded the machine is only about ten feet wide across the frame that supports the propellers, so we did not look so very cumbersome in the street. It was only the queer boat-like shape which caught people's attention, that and the white muslin sides.

"In the city I drove her pretty fast, but when we got out into the country I slowed up and took it easy so as not to strain anything, and then I did not want to get to the place until daylight. I will not tell you where the place is for I want to go there again, maybe, for our next experiment and do not want it known. It is a good fifteen miles distant, however, and is out Fairfield way. The road is hilly but the machine climbed the hills all right. We passed one horse and wagon about dawn and the horse took fright at us and ran away. I did not hear of any smash-up, however, so I guess nothing serious happened.

"It was just good and daylight when we were ready to begin the experiment. We started the machine on the crest of a hill and from right in the middle of the road With the under motor it got a good momentum and began to rise from the effect of the aeroplane wings. Oh, no, I did not ride in the machine; not much. It has not reached a sufficient stage of perfection for that. I never for a moment had any intention of taking the flight in it. But I did put in 220 pounds of sand ballast and it would have carried a good deal more.

"When the machine begins to rise the upper engine is started and the lower engine automatically stops. It worked perfectly. The machine sailed up into the air to a height, I should think, of forty or more feet. It cleared the tops of the trees at all events and I drew a long breath of relief when I saw it do that. It went the first time about an eighth of a mile, then it took a slant down to the ground because there was no living intelligence on board to control it and to keep it horizontally stable.

**New York Sun, 9. Juni 1901, S.2**

wie sie jetzt dasteht, ist wegen der bescheidenen Mittel, die dem Erfinder zur Verfügung stehen, so grob gebaut, dass ein großer Teil der erzeugten Kraft durch Reibung verloren geht. Herr Weißkopf schätzt, dass er mithilfe von Kugellagern weitere zwei Pferdestärken herausholen könnte.

„Es war kurz nach Mitternacht", sagt Herr Weißkopf heute, „als wir uns losmachten, um jene Experimente durchzuführen, bei denen sich der Unfall ereignete. Ich brach zu jener Stunde auf, weil ich keine Aufmerksamkeit erzeugen wollte, die eine Menschenmenge anzieht. Herr Varoni ist auf einem Fahrrad voraus gefahren. Herr Cellie ist mit mir in der Maschine gefahren. Wir sind vor meinem Haus losgefahren, und noch bevor wir die Stadt verlassen hatten, sahen uns viele Menschen und hielten an, um das komische vorbeifahrende Automobil zu bestaunen. Mit den Flügeln angelegt ist die Maschine nur etwa zehn Fuß breit und die Propeller werden auf dem Rahmen gestützt, so dass wir auf der Straße nicht allzu sehr unbeholfen aussahen. Es war lediglich die seltsame bootsähnliche Form, welche die Aufmerksamkeit der Leute auf sich zog – dies und die Flanken aus weißem Segeltuch.

„In der Stadt habe ich sie ziemlich schnell gefahren, aber als wir weiter aufs Land kamen fuhr ich langsamer, um nichts zu überstrapazieren, und außerdem wollte ich erst zum Tagesanbruch am Zielort ankommen. Ich werde Ihnen nicht sagen, wo der Ort liegt, weil ich vielleicht einmal wieder dorthin möchte, um unser nächstes Experiment auszuführen und nicht will, dass er bekannt wird. Er liegt jedoch in Richtung Fairfield gut fünfzehn Meilen entfernt. Die Straße ist zwar hügelig, aber die Maschine fuhr die Hügel glatt hinauf. Bei erster Dämmerung fuhren wir an einem Pferdekutschengespann vorbei, woraufhin sich das Pferd erschreckte und davonlief. Ich hörte jedoch seither von keinem Unfall, so dass ich davon ausgehe, dass nichts Ernstes passiert ist.

„Just, als sich ein gutes Tageslicht entwickelt hatte, waren wir bereit, das Experiment zu beginnen. Auf der Kuppe eines Hügels und in der Straßenmitte begannen wir den Startlauf. Mithilfe des unteren Motors bekam sie einen guten Schwung und begann, durch den Effekt der großen Flügel, abzuheben. Oh, nein. Ich fuhr in der Maschine nicht mit: wirklich nicht. Dafür hat sie noch keinen ausreichenden Entwicklungszustand erreicht. Ich hatte zu keinem Zeitpunkt die Absicht, darin einen Flug zu machen. Aber ich legte sehr wohl 220 Pfund Sandballast hinein, und sie hätte wohl eine ganze Menge mehr befördern können.

„Sobald die Maschine abzuheben beginnt, startet der obere Motor und der untere schaltet automatisch ab. Das hat perfekt funktioniert. Die Maschine ist, so schätze ich, bis in eine Höhe von vierzig oder mehr Fuß hinauf geflogen. Sie war jedenfalls höher als die Baumwipfel und ich atmete tief ein, als ich sie dies tun sah. Beim ersten Mal flog sie etwa eine Achtelmeile weit, aber da es keine lebende Intelligenz an Bord gab, um sie zu steuern und in einer horizontal stabilen Lage zu halten, neigte sie sich dann abwärts in Richtung Boden.

"It was not hurt by the fall and we tried it again. The second time it rose higher and went farther. It went a full half-mile this trip, I should think. Then again the lack of an intelligent hand to guide it brought it to grief. It slanted downward and dashed bow on against a tree. This crash ended the experiments. The machine was smashed more or less about the propeller structure and could not be used any more that day.

"As near as I can guess I should say the machine was in the air the last time about a minute and a half. Yet I cannot tell. I was too much excited. It was a wonderful sight to see. The machine looked so big in the air and looked so like some great living monster flying about that the effect was almost enough to scare you. I was as curious and as much moved by the spectacle as any stranger could have been. I could not note the time of flight or anything else. I could do nothing but look.

"I do not know just when the next experiment will be made, but it will be soon. I think I shall change the method of launching the ship in the air. Instead of the wheels below and the running start, I think I will put under the machine a propeller to drive it up into the air and then start the progressive propellers. By the same under propellers the machine could be lowered as well raised. All you would have to do would be to reverse the motion.

"The advantage of my machine over Mr. Maxim's is that Maxim uses steam and that means an enormous proportionate weight for the motor. I have no fuel, no water and no condensers to carry. That is one advantage of my machine. Another is in the appliance for maintaining horizontal stability. This motor and the stability appliance are not yet quite perfected and hence I have not yet applied for patents. Until I do apply I must keep the inventions a secret."

**New York Sun, 9. Juni 1901, S.2**

„Sie wurde durch den Absturz nicht beschädigt und wir versuchten es daher noch einmal. Beim zweiten Mal stieg sie höher auf und flog weiter. Diesmal denke ich, dass sie eine gute halbe Meile weit flog. Dann kam sie wegen des Fehlens einer intelligenten Hand, die sie steuert, zu Bruch. Sie neigte sich abwärts und prallte mit dem Bug gegen einen Baum. Der Absturz bedeutete das Ende der Experimente. Die Maschine war um die Propellerstruktur weitgehend zerschlagen und konnte an jenem Tage nicht mehr zum Einsatz kommen.

„So gut ich schätzen kann, meine ich, dass die Maschine beim letzten Versuch etwa eineinhalb Minuten in der Luft war. Ich kann's aber nicht genau sagen, weil ich zu aufgeregt war. Es war ein wunderbarer Anblick. Die Maschine wirkte in der Luft so groß und sah irgendwie wie ein großes lebendiges Monster aus, das herumfliegt, so dass es fast den Effekt hatte, einen zu erschrecken. Ich war durch dieses Spektakel ebenso neugierig und so sehr bewegt, wie jeglicher Fremder gewesen wäre. Ich konnte weder die Flugdauer noch irgendetwas anderes notieren. Ich konnte nichts außer zuschauen.

„Ich weiß nicht genau, wann die nächste Erprobung durchgeführt wird, es wird aber bald sein. Ich glaube, dass ich die Methode zum Starten in die Luft ändern werde. Statt die Räder unten zu haben und den Startlauf zu nehmen, denke ich dass ich unterhalb der Maschine einen Rotor montieren werde, um sie in die Luft hochzuheben, um dann erst die vorwärtstreibende Propeller zu starten. Mittels dieser Unterrotoren könnte die Maschine sowohl gesenkt als auch angehoben werden. Man müsste lediglich die Drehrichtung ändern.

„Der Vorteil meiner Maschine gegenüber jener des Herrn Maxim ist, dass Maxim Dampf verwendet, was im Verhältnis ein enormes Motorgewicht ergibt. Ich muss keinen Brennstoff, kein Wasser und keine Kondensatoren mitführen. Dies ist der eine Vorteil meiner Maschine. Ein weiterer liegt im Mechanismus, um die Längsstabilität zu halten. Dieser Motor sowie die Stabilitätsvorrichtungen sind noch nicht perfekt, weshalb ich dafür noch keine Patente beantragt habe. Bis ich das mache, muss ich diese Erfindungen geheim halten."

Der Bericht in der *New York* ***Sun*** am 9. Juni 1901 hat offenbar den Wettbewerb auf den Plan gerufen. Binnen Tagen schickte der konkurrierende *New York* ***Herald*** einen Journalisten nach Bridgeport, der ein Interview durchführte und Fotos aufnahm. Sein Bericht wurde am 16. Juni 1901 veröffentlicht.

Im Interview kam zunächst heraus, dass Weißkopf auf seinen Schiffreisen neben Südamerika auch Indien besucht habe. (Dafür würde sprechen, dass er angeblich auf einem australischen Schiff gedient hatte.) Besuche bei den Luftfahrtpionieren Maxim in England und Lilienthal in Deutschland (vermutlich 1896) werden ebenfalls erwähnt. Auch der Kontakt zu Prof. Langley, der Mitglied der Boston Aeronautical Society war und deren Veranstaltungen während Weißkopfs Dienstzeit besuchte, wird erwähnt. Und schließlich erfährt der Leser, was aus der motorisierten Maschine Ende 1897 in New York geworden ist. Es ist unklar, wer damals der Motorhersteller war. Es könnte aber Stephen Balzer sein, der ein paar Jahre später einen Motor für Langley baute.

Aus der frühen Kindheit Weißkopfs erfährt der Leser, dass er bereits im Alter von sechs Jahren aus dem Sonnenschirm seiner Großmutter ein Fluggerät gebastelt haben soll. Der Besuch einer Schule im bayerischen Ausperg (es ist unklar, ob hier „Augsburg" oder „Ansbach" gemeint sein könnte) wird erwähnt.

Eine Tätigkeit als Nachtwächter und tagsüber als Flugzeugentwickler im Böhmenviertel von Bridgeport wird beschrieben. Drei Fotos zeigen den Hinterhof, wo Weißkopf sein Flugzeug baute. In einem der Fotos kann das Warnschild „*Keep out, danger!*" (Draußen bleiben, Gefahr!) gelesen werden. Im selben Foto ist die einzige visuelle Überlieferung der Flugmaschine Nr. 21 mit für den Straßentransport angelegten Flügeln zu sehen. Eine Fotomontage zeigt das Flugzeug über den Dächern von Downtown Bridgeport mit dem Sound von Long Island im Hintergrund.

Weißkopf schildert die Bedeutung und Notwendigkeit eines Triebwerks mit gutem Kraft/Gewichts-Verhältnis zur Lösung des Flugproblems, sowie die baldige relative Bedeutungslosigkeit der Ballontechnik.

Rätselhafterweise wird Weißkopf damit zitiert, dass Acetylengas „*in den Zylindern*" seines Motors zur Zündung gebracht wird. Eine nähere Analyse des Motors ergibt jedoch, dass es sich dabei offenbar um einen Expansionsmotor (bei dem eingeleiteter Gasdruck die Zylinder bewegt) statt um einen Explosionsmotor (bei dem die Zylinderbewegung durch interne Zündung erzeugt wird) handelt. Angaben Weißkopfs an anderer Stelle unterstützen eher die Schlussfolgerung, dass das Acetylengas mit flüssiger Luft gemischt wurde und in einer Brennkammer (die nicht auf den Fotos zu sehen ist) zur Zündung gebracht wurde. Da Weißkopf mehrfach beteuerte, die Funktionsweise seines Triebwerks geheim halten zu wollen, könnte es sich hierbei um eine Art Irreführung oder Ablenkung handeln. Alternativ könnte es sich beim erwähnten „Zylinder", wo die Zündung vorgenommen wird, wohl doch um besagte gesonderte Brennkammer handeln. Abschließend wird Maxim und dessen Motor erwähnt, was die Frage aufwirft, inwieweit Maxims Helfer Henry A. House, der vor Ort wohnte, in Weißkopfs Projekt eingebunden war.

In dieser Quelle wird – wie zuvor im New York Sun – eine Flügelspannweite von *38 Fuß* angegeben (anderswo wird oft nur 36 Fuß erwähnt). Der Artikel schließt mit einer Prognose über die künftigen Treiber der Flugzeug-Entwicklung (Militär- und Postdienste) ab.

Im Artikel wird eine Flugdauer über 1,5 Meilen von 3 Minuten angegeben. Dies ergibt eine Fluggeschwindigkeit von 20 mph (32,2 km/h).

Auch dieser Artikel verbreitete sich um die ganze Welt und ist besonders häufig in Neuseeland erschienen.

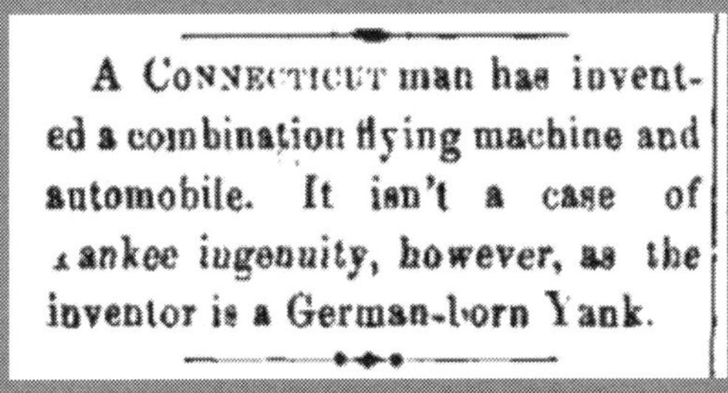
A CONNECTICUT man has invented a combination flying machine and automobile. It isn't a case of Yankee ingenuity, however, as the inventor is a German-born Yank.

21. Juni 1901, Greensburg News, IN, S.2

EIN MANN AUS CONNECTICUT hat eine Kombination Flugmaschine und Automobil erfunden. Es handelt sich jedoch dabei um kein Beispiel eines Yankee-Genies, da der Erfinder ein in Deutschland geborener Yank ist.

# *Nachtwächter aus Connecticut glaubt, heraus gefunden zu haben, wie man fliegt.*

New York Herald, 16. Juni 1901, Teil 5, S.3

DAS LUFTSCHIFF, WIE ES IM FLUGE AUSSEHEN WÜRDE

**New York Herald, 16. Juni 1901, Teil 5, S.3**

FRONTANSICHT DES LUFTSCHIFFS

ERFINDER
GUSTAV WEISSKOPF

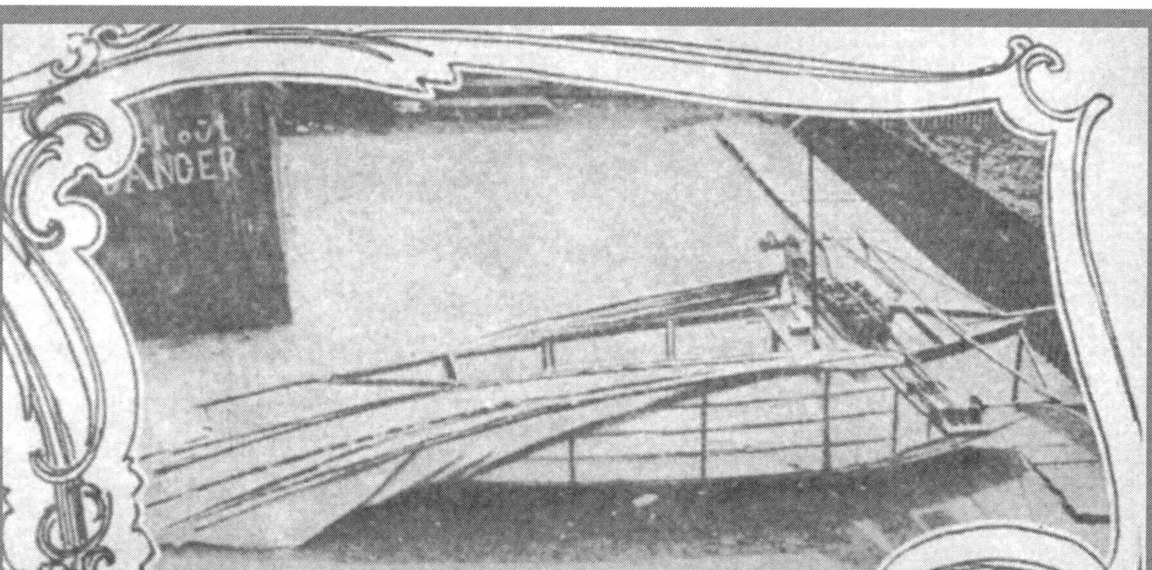


**New York Herald, 16. Juni 1901, Teil 5, S.3**

DAS SCHIFF MIT ANGELEGTEN FLÜGELN

Gustave Whitehead is a humble night watchman at Bridgeport, Conn. During the day, however, he is a scientist. He is devoted to problems of air navigation and is a compeer of Maxim, Langley, Von Zeppelin and others equally well known in aeronautics. He has built fifty-six flying machines. The present perfected invention is his fifty-seventh, and in it he embodies his principles of bird flight as applicable to man. Mr. Whitehead is a Bavarian and a worldwide traveller. He has studied and photographed the flight of the albatross in the South Seas, the vulture in India and the eagle in the northern regions. He claims that what nature has done for ornithology machinery can do for man. His ship has sailed the air for a distance of half a mile clear. He claims that airships on his plan will yet circumnavigate the atmosphere of the globe with a single load of fuel. - - -

Gustav Weißkopf ist ein bescheidener Nachtwächter aus Bridgeport/Connecticut. Tagsüber ist er jedoch Wissenschaftler. Es widmet sich dem Problem der Flugnavigation und ist ein Kollege von Maxim, Langley, von Zeppelin und anderen, die im Umfeld der Aeronautik ähnlich gut bekannt sind. Er hat bereits sechsundfünfzig Flugmaschinen gebaut. Die aktuell entwickelte Maschine ist seine Siebenundfünfzigste, und darin sind jene Prinzipien des Vogelfluges verkörpert, die auf den Menschen angewandt werden können. Herr Weißkopf ist ein weltweit gereister Bayer. Er hat den Flug des Albatros beobachtet und fotografiert im südlichen Ozean, den Geier in Indien sowie den Adler in den nördlichen Regionen. Er behauptet, was die Natur für die Ornithologie geleistet hat, kann auch die Technologie für den Menschen leisten. Sein Schiff ist in der Luft über die Strecke einer guten halben Meile bereits gesegelt. Er behauptet, dass Luftschiffe nach seinem Muster eines Tages den Globus mit nur einer Tankfüllung umrunden werden.

Whitehead's air ship is built of wood, canvas and steel. The body is sixteen feet long and is mounted on wheels propelled by a small engine in order to get up speed enough to cause the ship to mount on the aeroplanes, or wings. The latter are of silk, ribbed with bamboo They are shaped like a bat's wings and are stationary. Between these aeroplanes is an engine, which works a pair of propellers at the will of the operator, giving the ship its speed. This separate engine is twenty horse power and is run by force developed from calcium carbide, whose gas is exploded by electricity in cylinders. This is also Mr. Whitehead's invention. Aeronauts in America and Europe are watching the developments of the daring watchman-scientist invention with increasing interest. - - - - -

**New York Herald, 16. Juni 1901, Teil 5, S.3**

Das Luftschiff Weißkopfs ist aus Holz, Segeltuch und Stahl gebaut. Der Rumpf hat eine Länge von sechzehn Fuß und steht auf Rädern, die durch einen kleinen Motor angetrieben werden, um genügend Geschwindigkeit aufzunehmen, damit das Schiff dazu gebracht wird, von den Flügeln getragen zu werden. Letztere sind aus Seide und haben Rippen aus Bambus. Sie sind unbeweglich und haben die Form eines Fledermausflügels. Zwischen diesen Flügeln befindet sich ein Motor, der nach dem Regelungswillen des Piloten zwei Propeller antreibt und dem Schiff seine Geschwindigkeit verleiht. Dieser separate Motor hat zwanzig Pferdestärken und wird durch eine aus Calciumcarbid gewonnene Kraft betrieben, dessen Gas mittels Strom in den Zylindern zur Zündung gebracht wird. Auch dabei handelt es sich um eine Erfindung Weißkopfs. Mit zunehmendem Interesse wird die Entwicklung der Erfindung des wagemutigen Wächter-Wissenschaftlers durch Aeronauten in Amerika und Europa beobachtet.

BRIDGEPORT is the inventor's Eden. Everywhere is the sound of brass, the clatter of shuttles and the whir of wheels, day and night, summer and winter. It is little wonder, then, that the sojourner in the Park City soon acquires casters in the cranium, breathing as he does a pregnant mixture of genius, iron filings and gunpowder.

Bridgeport has many foreign quarters, and in their darkest depths the bacillus of invention penetrates, with the effect that every now and then somebody is carried in a straitjacket to Middletown or else startles the world with some amazing mechanical achievement. Out of the heart of the Bohemian quarter of Bridgeport comes the latest aspirant for wealth and honors. His name is Gustave Whitehead, and his invention is an air ship, constructed on the natural lines of the swift winged bat.

Mr. Whitehead is a young man still in spite of the fact that he has built fifty-six airships of various designs previous to this one, his latest one unifies all the good points of the former with some new points original to the later modernising. The most important of these is the employment of calcium carbide as motive power-something that comes close to being a genuine inspiration toward the ability of aerial navigation to carry great power without too great weight being hitherto the *greatest obstacle to manned* flight.

Mr. Whitehead has been making air ships since he was six years old. His first one was constructed at that early age out of his grandmother's Sunday parasol. That was in far off Bavaria. After passing through the high school of Ausperg, the youthful inventor became discontented with his slow progress and started about the globe on a maritime career. He saw a good deal of foreign countries and peoples, finally settling down in America as offering the best base for his aerial enterprises, making trips to England and Europe however, as occasion demanded to keep in touch with aeronautical progress achieved under Maxim Zeppelin, Lilienthal and the ill fated Andrée and others who are pioneers in this dangerous and exciting sport which promises such rewards and practical results.

The artfulness of the inventor is patent in his skillful solution to the problem of air navigation. During all these years, although required to earn his daily bread during darker hours of the day, while he took from his own recreation the time necessary to proceed with his inventions. He is at once employed at night in one of Bridgeport's industrial factories, working on his flying machine by day. It speaks well for his prodigy in industry as well as his extraordinary effort of great endurance that he is able to serve two masters with due credit to him.

**New York Herald, 16. Juni 1901, Teil 5, S.3**

Bridgeport ist der Garten Eden des Erfinders. Überall hört man den Klang von Messing, das Klappern von Lieferwägen und das Summen von Schwungrädern, Tag und Nacht, Sommer wie Winter. Es ist daher kein Wunder, dass der Ausflügler in der sogenannten „Park City" bald eine Umlenkrolle im Großhirn benötigt, da er konstant eine schwere Mischung aus Genie, Eisenscherben und Schießpulver einatmet.

Bridgeport hat viele Ausländerviertel, die in ihren tiefsten Untiefen vom Bazillus der Erfindung durchdrungen sind, mit der Folge, dass jemand hin und wieder in einer Zwangsjacke nach Middletown abgeführt wird oder ansonsten die Welt mit der Erschaffung eines wundersamen Mechanismus erstaunt. Aus dem Herzen des Böhmenviertels Bridgeports stammt der aktuelle Anwärter auf Ruhm und Reichtum. Sein Name ist Gustav Weißkopf und seine Erfindung ist ein nach dem natürlichen Vorbild der flinken beflügelten Fledermaus modelliertes Luftschiff.

Herr Weißkopf ist trotz der Tatsache, dass er vor diesem aktuellen Exemplar bereits sechsundfünfzig Luftschiffe unterschiedlichen Musters gebaut hat, noch ein junger Mann, und das aktuelle verbindet sämtliche guten Eigenschaften der bisherigen mit neuen Eigenschaften, die infolge der fortlaufenden Iteration neu entstanden sind. Die wichtigste davon ist der Einsatz von Calciumcarbid als Betriebsmittel – dies sei nahe daran, ein echter Durchbruch auf dem Weg zur Befähigung der Flugnavigation, große Antriebskraft ohne zu schweres Gewicht mitzuführen. Bislang galt dies bei der Verwirklichung des bemannten Fliegens als größtes Hindernis.

Seit dem sechsten Lebensjahr baut Herr Weißkopf Luftschiffe. Sein erstes wurde im frühen Alter aus dem Sonntags-Regenschirm seiner Großmutter gefertigt. Das war im weit entfernten Bayern. Nach dem Besuch der Schule in Ausperg, störte sich der junge Erfinder an seinem langsamen Fortschritt und machte sich um den Globus zu einer maritimen Karriere auf. Er sah eine ganze Menge fremder Länder und Völker, ließ sich jedoch am Ende in Amerika als bestem Ort für seine Luftfahrt-Unternehmungen nieder. Er machte jedoch gelegentlich Reisen nach England und Europa, wie dies die Umstände erforderten, um hinsichtlich der aeronautischen Entwicklungen, die unter Maxim, Zeppelin, Lilienthal und dem vom Schicksal ereilten Andrée entstanden sind, sowie andere Pioniere dieses gefährlichen und aufregenden Sports, der üppige Entlohnungen und praktischen Fortschritten verspricht, auf der Höhe zu sein.

Die Kunstfertigkeit des Erfinders ist an seiner geschickten Lösung des Problems der Flugnavigation erkennbar. Während dieser vielen Jahre, obwohl er darauf angewiesen war, während der dunklen Stunden des Tages sein tägliches Brot zu verdienen, entnahm er seiner eigenen Freizeit die notwendige Zeit, um mit seinen Erfindungen voranzukommen. Denn er ist gleichzeitig in einer der Industriefabriken Bridgeports des Nachts angestellt, während er tagsüber an seiner Flugmaschine arbeitet. Es zeugt sowohl von seiner Fleißbegabung als auch von seiner außerordentlichen Ausdauer, dass er diesen zwei Herren dienen kann, wofür ihm gebührende Anerkennung zusteht.

"Power generated with the minimum of weight is the problem of aerial navigation," said Mr. Whitehead. Heretofore the common means of generating power have been employed either by means of electrodynamic apparatus, steam, petroleum, naphtha, etc.. It is well proven, at least conclusively, to say that the air ship of the future will depend upon the generated power, and will remain always heavier than the air rather than something made lighter, as by hydrogen gas, for buoyancy.

"Balloons will necessarily be always at the mercy of wind and gravitation, whereas a winged machine which has its own power intact within it like the albatross or turkey may rise or fall at the will of the operator regulating the speed and power by changing angle of incidence which is its real power. This construction is based upon many years' study of birds' tail sets of the sea and high mountain varieties, from the gull of the Pacific to the condor of the Andes, but of the meaner species—the swift winged swallow or the night soaring bat.

"It is one thing to make an air ship which allows the operator to take a leap off a high cliff and soar three or four miles over the level plain. It is scarcely more than jumping from a sixth story window strapped to a strong umbrella. But to move along on the level ground for a short distance on a truck as my present flying machine does, pursuing an upward tendency as the speed progresses, finally leaving the ground altogether and moving along, propelled by its own internal machinery - this is the final stadium.

"And this is exactly what I have achieved with my greatest invention. My longest flight has not been more than half a mile and that has been accomplished with speed and complete safety. To construct an air ship which will carry a passenger a quarter of a mile over level ground does not sound like a very wonderful achievement but nevertheless it is. This little anecdote proves my theory correct. The balloon is bound to be discarded in experiments in air navigation for the air ship of the future will be heavier than the air and impelled by its own internal mechanism.

"Now, what is the ideal mechanism for aerial flight? Naturally the maximum power combined with the minimum weight. If your airship weighs a hundred pounds, your engines, boilers and fuel must approach as nearly an equal weight as possible. In the airship which I have constructed a twenty horse power double compound engine fur-

**New York Herald, 16. Juni 1901, Teil 5, S.3**

„Die Herausforderung der Flugnavigation lautet, bei einem Minimum an Gewicht, Kraft zu erzeugen," sagte Herr Weißkopf. Bisher ist die Erzeugung von Kraft in gewöhnlicher Weise mittels elektrodynamischer Apparate, Dampf, Benzin, Naphtha usw. erfolgt. Es ist klar bewiesen, zumindest im konklusiven Sinne, dass das Luftschiff der Zukunft durch die Kraftquelle bestimmt wird, und immer wenn es schwerer als Luft statt etwas leichter gemachtes ist, zwecks des Auftriebs etwa auf Wasserstoff angewiesen sein wird.

„Ballons werden zwangsläufig immer der Gnade des Windes und der Gravitation ausgeliefert sein, während es hingegen einer mit Flügeln ausgestatteten Maschine mit eigener, wie beim Albatros oder Truthahn, innen vorhandenen Kraftquelle möglich ist, mittels Regulierung der Geschwindigkeit, der Kraft und des Flügel-Anstellwinkels (was die eigentliche Kraft ist), nach Belieben des Piloten zu steigen oder zu fallen. Diese Konstruktion basiert auf der jahrelangen Beobachtung der Schwanzflossen von Meeres- und Gebirgsvogelarten, von der Möwe des Pazifikozeans bis zum Condor der Anden, aber auch von den gemeineren Arten – der flinken Schwalbe oder der nachts fliegenden Fledermaus.

„Es ist eine Sache, ein Luftschiff zu bauen, welches es dem Piloten ermögliche, von einer hohen Klippe aus drei oder vier Meilen weit über eine flache Ebene zu gleiten. Es umfasst kaum mehr, als am starken Regenschirm festgebunden aus dem Fenster eines sechsstöckigen Gebäudes zu springen. Sich aber, wie bei meiner Flugmaschine, für eine kurze Distanz über ebenen Boden auf einem Fahrgestell zu beschleunigen, bei zunehmender Geschwindigkeit eine nach oben gerichtete Neigung einzunehmen, und schließlich überhaupt den Boden zu verlassen und sich fortan mittels eigener intern eingebauter Maschinerie fortzubewegen – das ist das ultimative Ziel.

„Und genau dies habe ich mit meiner größten Erfindung erreicht. Mein bisher längster Flug erstreckte sich über nicht weiter als eine halbe Meile und dieser wurde mit viel Geschwindigkeit und bei voller Sicherheit vollzogen. Eine Flugmaschine zu bauen, die einen Menschen eine Viertelmeile weit über ebenen Boden trägt, klingt zunächst nicht wie eine besondere Errungenschaft. Dennoch ist es das. Diese kurze Anekdote erweist meine Theorie als richtig. Der Ballon ist dazu prädestiniert, als Gegenstand von Flugnavigations-Experimenten verworfen zu werden. Denn das Luftschiff der Zukunft wird schwerer als Luft und durch seinen eigenen internen Mechanismus angetrieben sein.

„Nun, was ist der ideale Mechanismus zum Fliegen? Natürlich ist es ein Maximum an Kraft mit einem Minimum an Gewicht. Wiegt also Ihr Luftschiff einhundert Pfund, so sollten Ihr Motor, Boiler und Betriebsmittel so nahe wie möglich dem gleichen Gewicht entsprechen. In jenem Luftschiff, das ich gebaut habe, liefert

nishes all the power necessary for sustaining weight. The pressure developed from calcium carbide and the gas generated therefrom is exploded in the cylinders. In this engine, weighing not more than thirty-five pounds, I can develop as much power as is possible in a steam boiler weighing three hundred pounds, and fuel necessary for a long flight instead of weighing several hundred pounds like coal or petroleum, weighs less than fifteen pounds. This calcium carbide engine is my own invention as well, and promises great things for automobiles and other machines which require great power with the least possible weight.

"There are two engines in my airship. One is on the floor of the body proper for running the ship along the tracks till it acquires the necessary speed rise up the fixed aeroplanes, which are spread like wings on either side. The upper engines are placed between the aeroplanes giving swift rotary motion to the propeller blades which are six feet in diameter, with a blade surface of four square feet. These are sufficient to keep the entire body in motion while suspended upon its aeroplanes, the weight of the body of the ship being about fifty pounds, the total weight of aeroplanes, engines, propellers, fuel, &c., being about one hundred and fifty pounds.

"The body proper is sixteen feet long, ribbed with light wood and steel, and covered with canvas tightly stretched over the framework. The wings are of silk, thirty-eight feet from tip to tip, with a ten foot rudder tail, all braced with bamboo and light steel, and capable of being folded up like the wings of a gigantic locust when at rest. A thin mast and bowsprit give additional firmness to the stationary aeroplanes and the tail, which can be moved up or down with a view to guiding the machine while on a horizontal course. The lateral steering is done by running one propeller faster than the other, while the body is suspended upon its 430 square feet of silk.

"Aerial navigation is no longer the Darius Green nightmare that popular illusion perpetuates. It has become a scientific possibility. From the balloon of Montgolfier, in 1783, down to the splendid achievements of modern investigators like Langley, Maxim, Holland, Von Zeppelin, Lilienthal and others, the progress has been steady and promising, while the necessity of aerial inventions becomes more and more apparent in naval and military warfare, in postal service and all transportation problems. Photography has given us a most complete theory of flight under many conditions."

New York Herald, 16. Juni 1901, Teil 5, S.3

ein Doppelverbundmotor von zwanzig Pferdestärken sämtliche Kraft, um das Gewicht zu tragen. Der Druck des aus Calciumcarbid gewonnenen Gases wird in den Zylindern zur Zündung gebracht. In diesem Motor, der nicht mehr als fünfunddreißig Pfund wiegt, kann ich so viel Kraft wie möglich entwickeln.

„Statt eines 300 Pfund wiegenden Dampfkessels samt jenes für einen langen Flug notwendigen Betriebsmittels wie Kohle oder Benzin, das weitere Hunderte von Pfund schwer ist, wiegt mein Motor weniger als 15 Pfund. Auch dieser Calciumcarbid-Motor ist eine eigene Erfindung von mir und verspricht große Dinge für Automobile und andere Maschinen, die große Kraft bei geringstmöglichem Gewicht benötigen.

„In meinem Luftschiff gibt es zwei Motoren. Einer liegt auf dem Rumpfboden und dient zum Antreiben des Schiffs der Strecke entlang bis die notwendige Geschwindigkeit erreicht wurde, um, von den sich zu jeder Seite hin erstreckenden festen Flügeln getragen, aufzusteigen. Die oberen Motoren sind zwischen den Flügeln montiert und übertragen eine schnelle Drehbewegung auf die Propellerblätter, die jeweils einen Durchmesser von sechs Fuß und pro Blatt eine Angriffsfläche von vier Quadratfuß aufweisen. Dies reicht dazu aus, um den gesamten Flugkörper in Bewegung zu halten, während er von den Flügeln getragen wird, wobei das Gewicht des Rumpfes etwa fünfzig, und das Gesamtgewicht von Flügeln, Motoren, Propellern, Betriebsmittel, etc. etwa einhundertfünfzig Pfund beträgt.

„Der Rumpf hat eine Länge von sechzehn Fuß, hat Rippen aus leichtem Holz und Stahl, und das Rahmengestell ist mit Segeltuch straff bespannt. Die Flügel sind aus Seide, haben eine Spannweite von achtunddreißig Fuß, und es gibt einen zehn Fuß langen Ruderschwanz, alles mit Bambus und leichtem Stahl verspannt, und so beschaffen, dass es wie die Flügel einer sich ausruhenden riesigen Heuschrecke zusammengeklappt werden kann. Ein dünner Mast und Bugspriet statten die festen Flügel mit zusätzlicher Festigkeit aus, und der Schwanz kann nach oben oder unten bewegt werden, um die Maschine auf einem horizontalen Kurs zu steuern. Die laterale Steuerung wird durch schnelleres Betreiben des einen Propellers als des anderen bewirkt, während der Rumpf von 430 Quadratfuß Seide getragen wird.

„Flugnavigation ist nicht mehr der durch populäre Phantasie verewigte Darius-Green-Albtraum. Sie liegt nun im Bereich der wissenschaftlichen Möglichkeiten. Vom Ballon Montgolfiers im Jahre 1783 bis hin zu den glorreichen Errungenschaften moderner Forscher wie Langley, Maxim, Holland, von Zeppelin, Lilienthal und andere ist der Fortschritt stetig und vielversprechend, da die Notwendigkeit einer Flugnavigation im Umfeld der Kriegsführung von Marine und Militär, im Postdienst, sowie in allen Belange der Mobilität immer offensichtlicher wird. Zumal hat uns die Fotografie einen fast vollständigen theoretischen Einblick in viele unterschiedliche Fluglagen vermittelt.“

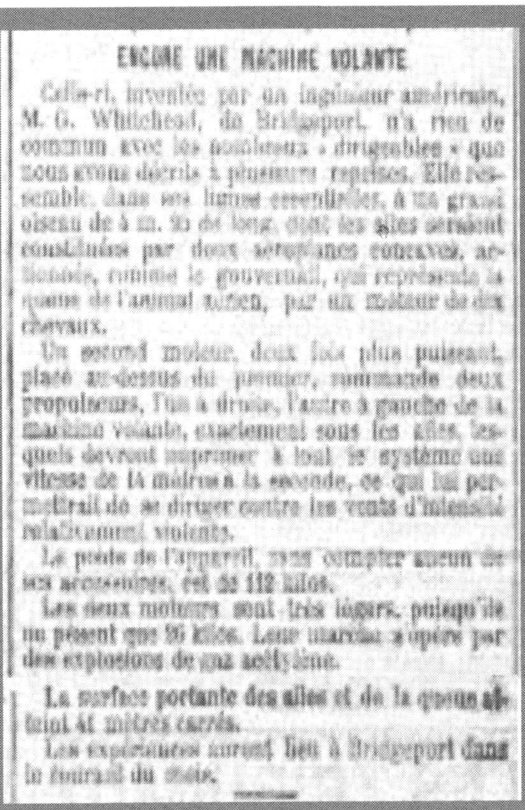

ENCORE UNE MACHINE VOLANTE

Celle-ci, inventée par un ingénieur américain, M. G. Whitehead, de Bridgeport, n'a rien de commun avec les nombreux « dirigeables » que nous avons décrits à plusieurs reprises. Elle ressemble, dans ses lignes essentielles, à un grand oiseau de 4 m. 90 de long, dont les ailes seraient constituées par deux aéroplanes concaves, actionnés, comme le gouvernail, qui représente la queue de l'animal ailé, par un moteur de dix chevaux.

Un second moteur, deux fois plus puissant, placé au-dessus du premier, commande deux propulseurs, l'un à droite, l'autre à gauche de la machine volante, exactement sous les ailes, lesquels devront imprimer à tout le système une vitesse de 14 mètres à la seconde, ce qui lui permettrait de se diriger contre les vents d'intensité relativement violente.

Le poids de l'appareil, sans compter aucun de ses accessoires, est de 112 kilos.

Les deux moteurs sont très légers, puisqu'ils ne pèsent que 26 kilos. Leur marche s'opère par des explosions de gaz acétylène.

La surface portante des ailes et de la queue atteint 41 mètres carrés.

Les expériences auront lieu à Bridgeport dans le courant du mois.

9. Aug. 1901, Le Petit Parisien, FR, S.4

**WIEDER MAL EINE FLUGMASCHINE**

Dieses Modell, das durch den amerikanischen Ingenieur Herrn G. Weißkopf erfunden wurde, hat nichts mit den vielen "Luftschiffen" gemein, die wir mehrmals beschrieben haben. In seinen Grundzügen ähnelt es einem großen Vogel von 4,9 Meter Länge, dessen Flügel aus zwei konkaven Tragflächen bestehen, welche zusammen mit dem einem Vogelschwanz ähnelndem Ruder, von einem Motor mit zehn Pferdstärken angetrieben wird.

Ein zweiter doppelt so starker Motor, der oberhalb des ersten angeordnet ist, treibt zwei Propeller an, einer rechts und der andere links von der Flugmaschine, welche direkt vor den Tragflächen liegen, und den gesamten Apparat mit einer Geschwindigkeit von 14 Meter pro Sekunde antreiben, die es ihm erlauben würde, bei Winden von relativ heftiger Intensität zu navigieren.

Das Gewicht des Geräts ohne Zubehör beträgt 112 kg.

Beide Motoren sind sehr leicht, da sie insgesamt nur 26 Kilo wiegen. Diese werden durch die Verbrennung von Acetylengas in Gang gesetzt.

Die Auftriebsfläche der Flügel und des Hecks beträgt 41 Quadratmeter.

Die Erprobung wird später in diesem Monat in Bridgeport stattfinden.

**Bestuurbare Luchtschepen.**

Ook in Amerika zit men niet stil, waar het de oplossing van dit vraagstuk geldt. Nu is weder een vliegmachine samengesteld door Gustaf Whitehead te Poridgeport in Connecticut. Zij is 4,90 meter lang, 0,76 meter op haar breedst, en 0,91 meter hoog, gemaakt van dunne plankjes, door ijzerdraad aaneen verbonden. Staat het toestel op den grond, dan rust het op vier wielen, elk van 0,30 meter in doorsnede. Aan de voorwielen is een motor verbonden van tien paardenkrachten; de achter wielen dienen om de richting aan te geven. Aan weerszijden zijn groote vleugels, welker holle kant naar beneden is gekeerd. Deze vleugels kunnen opgevouwen worden. Een roer van drie meters lengte, voorstellende den staart van een vogel, bevindt zich aan het achterdeel. Ook deze staart kan worden opgevouwen. Vóór de vleugels in het lichaam der machine is een motor van twintig paardenkrachten, die ook achteruit kan werken.

De kleinste motor, die aan de voorwielen, dient om het toestel over den grond te bewegen tot dat het de noodige snelheid heeft om de lucht in te gaan; dan wordt de voortbeweging verder verzekerd door den grooteren motor die op twee voortstuwers werkt. Door den eenen voortstuwer sneller te laten werken dan den anderen, zou men het toestel kunnen besturen, onafhankelijk van het roer.

De vleugels en de staart hebben een oppervlakte van 41 vierkante meters en wegen samen slechts 15.8 kilogram. De kleinere beweegmachine weegt tien en de grootere zestien kilogram; de motors worden in beweging gebracht door een explosief van calcium carbuur.

**17. Sept. 1901, Jakarta, Het Nieuws van den Dag voor Nederlandsch-Indië, Indonesien 2. Ausg., S.1**

**Lenkbare Luftschiffe.**

Auch in Amerika sitzen die Menschen nicht still, wenn es um die Lösung dieses Problem geht. Nun wurde eine weitere Flugmaschine von Gustav Weißkopf in Bridgeport/Connecticut gebaut. Sie ist 4,90 Meter lang, 0,76 Meter breit und 0,91 Meter hoch und besteht aus dünnen Brettern, die mit Stahldraht befestigt sind. Befindet sich das Gerät auf dem Boden, so ruht es auf vier Rädern mit einem Durchmesser von jeweils 0,30 Metern. Mit den Vorderrädern ist ein Motor mit zehn Pferdestärken verbunden; die Hinterräder dienen zur Richtungssteuerung. Auf beiden Seiten befinden sich große Flügel, deren hohle Seite nach unten zeigt. Diese Flügel können zusammengefaltet werden. Am Heck befindet sich ein drei Meter langes Ruder, das dem Schwanz eines Vogels ähnelt. Diese Schwanzflosse kann ebenfalls zusammengefaltet werden. Vor den Flügeln im Rumpf der Maschine befindet sich ein Motor von zwanzig Pferdestärken, der auch im Rückwärtsgang betrieben werden kann.

Der kleinere Motor, der an den Vorderrädern angebracht ist, dient dazu, das Gerät über den Boden anzutreiben bis es die erforderliche Geschwindigkeit hat, um in die Luft zu gelangen, anzutreiben. Zu diesem Zeitpunkt wird der Vortrieb durch den größeren Motor, der zwei Propeller antreibt, fortgesetzt. **Wird ein Propeller schneller als der andere angetrieben, so kann die Maschine unabhängig vom Rudern gesteuert werden.**

Die Flügel und der Schwanz haben eine Fläche von 41 Quadratmetern und wiegen zusammen 15,8 Kilogramm. Der kleinere Antrieb wiegt zehn und der größere sechzehn Kilogramm; Die Motoren werden mit dem Betriebsmittel Calciumcarbid in Bewegung gesetzt.

Mr. Gustave Whitehead, of Bridgeport, Connecticut, has invented a new flying machine after the model of a bird or bat. It is 16ft. long, 3ft. deep, and 2½ft. wide. It is well stayed with wooden ribs, braced with steel wires, and covered with canvas. It stands on four wheels, each a foot in diameter, and a 10-horse-power engine starts it from the ground. The wings, or aeroplanes, can be folded up. A rudder, corresponding to the tail of the bird, steers the machine horizontally. The machine, once in the air, is moved by another 20-horse-power engine driving two propellers, which can also assist in steering, by one turning faster than the other. The apparatus is now ready for preliminary trials.

**7. Sept. 1901, Bendigo Advertiser, Australien, S.2**

Hr. Gustav Weißkopf aus Bridgeport/Connecticut hat nach dem Vorbild eines Vogels bzw. einer Fledermaus eine neue Flugmaschine erfunden. Sie ist 16 Fuß lang, 3 Fuß tief, und 2½ Fuß breit. Sie ist mit Holzlatten fest konstruiert, durch Stahldrähte verspannt und mit Segeltuch überzogen. Sie steht auf vier Rädern, die jeweils ein Durchmesser von einem Fuß haben. Ein Motor von 10 Pferdestärken treibt sie auf dem Boden an. Die Flügel bzw. Tragflächen können zusammengefaltet werden. Ein Ruder, welches dem Schwanz eines Vogels ähnelt, bewirkt die horizontale Steuerung. Sobald die Maschine in die Luft aufsteigt, wird sie durch einen weiteren Motor von 20 Pferdestärken, der zwei Propeller – die mittels Beschleunigung des einen schneller als den anderen ebenfalls zur Steuerung eingesetzt werden können – angetrieben. Der Apparat steht nun für die vorläufige Flugerprobung bereit.

# UN AVIATEUR A ACÉTYLÈNE

Le correspondant à New-York du *Daily Mail* annonce que M. Gustave Whitehead, l'inventeur des fameuses torpilles auto-motrices, vient de combiner une machine pour la navigation aérienne avec un automobile. L'ensemble de la puissance motrice, y compris un générateur à acétylène et un moteur, avec du combustible pour 20 heures pèse 2 kilogs environ par cheval. Dans une expérience qu'il a faite tout récemment à Bridgeport, M. Whitehead a parcouru une route macadamisée à une vitesse de 20 milles à l'heure et de petites distances à raison de 30 milles. Il a ensuite ouvert la soupape de la machine qui déployant ses ailes s'est élevée à une hauteur de 16 mètres. Après avoir navigué pendant une demi-heure, M. Whitehead a atterri sain et sauf. La machine a 5 m. 20 de long environ et a l'aspect d'une immense crosse du genre de celles employées pour le jeu de cricket. M. Whitehead qui considère que sa machine n'est pas encore sortie de la période d'essai, mais que son invention est appelée à diminuer de 75 0/0 le poids de n'importe quel moteur actuellement en usage. De nouvelles expériences plus longues que la première vont être tentées dès que le temps le permettra. Qui donc oserait prétendre maintenant que le moteur à acétylène n'a aucun avenir ?

PERRAULT.

**6. Okt. 1901, Le Journal de L'Acétylène, Frankr., S.318**

**EIN ACETYLEN-FLIEGER**

Der New Yorker Korrespondent des Daily Mail berichtet, dass Gustav Weißkopf, der Erfinder der berühmten autonomen Torpedos, gerade eine Maschine für die Flugnavigation mit einem Automobil kombiniert hat. Die gesamte Antriebseinheit, einschließlich eines Acetylengenerators und eines Motors mit Kraftstoff für 20 Stunden, wiegt ungefähr 2 Kilogramm pro Pferdestärke. In seinem letzten Experiment in Bridgeport fuhr Weißkopf auf einer asphaltierten Straße mit 20 Meilen pro Stunde und über kurze Entfernungen mit 30 Meilen. Dann öffnete er das Ventil der Maschine, deren Flügel sie bis in eine Höhe von 16 Metern erhob. Nachdem er eine halbe Stunde lang gesegelt war, landete Herr Weißkopf unverletzt. Die Maschine ist ungefähr 5,20 Meter lang und sieht aus wie ein riesiger Schläger, wie er für das Cricket-Spiel verwendet wird. Hr. Weißkopf, der der Ansicht ist, dass seine Maschine die Testphase noch nicht beendet hat, behauptet, dass seine Erfindung das Gewicht aller derzeit verwendeten Motoren um 75% reduziert. Neue Experimente, die länger als die ersten dauern werden, werden unternommen, sobald es die Zeit erlaubt. Wer würde es wagen, jetzt so zu tun, als hätte der Acetylen-Motor keine Zukunft?

PERRAULT.

# Briefwechsel

## Chanute/Wright/Meyers

Einer der bemerkenswertesten zeitgenössischen Korrespondenzvorgänge, in dem Gustav Weißkopf vorkommt, fand zwischen dem Eisenbahningenieur und Flugforscher Octave Chanute und Wilbur Wright statt.

Mitte 1901 waren die Gebrüder Wright auf der Suche nach einem Triebwerk für ihre Flugmaschine. Da wies sie Herr Chanute auf das Triebwerk Weißkopfs hin, das dieser für einen Luftschiffbauer namens Carl Meyers gerade baute. Bemerkenswert ist hierbei sowohl die implizite Empfehlung des Weißkopf-Motors – wo sich doch Chanute sonst öfter mal abfällig über den Deutschen Weißkopf geäußert hatte –, als auch die Tatsache, dass Chanute so getan hat, als würde er Weißkopf nicht kennen, obwohl er nur fünf Jahre zuvor sogar den Bau einer Maschine namens „*Weiskopf Apparat*" selbst mitfinanziert hatte. Möglicherweise habe Chanute nicht erkannt, dass der Motorenbauer „*Whitehead*" mit dem früheren Angestellten der Boston Aeronautical Society „*Weiskopf*" identisch sei.

Am nächsten Tag, dem amerikanischen Nationalfeiertag am 4. Juli 1901, schrieb Chanute den Luftschiffbauer Meyers an und bat um weitere Informationen über das Triebwerk Whiteheads. Am bemerkenswertesten ist jedoch die Tatsache, dass Wilbur Wright postwendend auf den Brief Chanutes antwortete und die Leistungsdaten des Weißkopf-Motors hochlobte.

Drei Personen (Ing. J. Harworth, Ing. A. Pruckner, C. Steeves) sagten unter Eid aus, dass sie die Gebrüder Wright beim Besuch von Gustav Weißkopf in Bridgeport gesehen hatten. Nachstehender Schriftverkehr liefert das Motiv dafür (die Suche nach einem kräftigen Motor). Da die Brüder auch über die Mittel und Gelegenheit dazu verfügten, gilt nach den Regeln einer Beweisführung der behauptete Besuch als erwiesen… es sei denn, die Glaubwürdigkeit der Zeugen könnte begründet infrage gestellt werden. („Begründet" heißt nicht, Orville Wright und seine Biografen sehen es anders.)

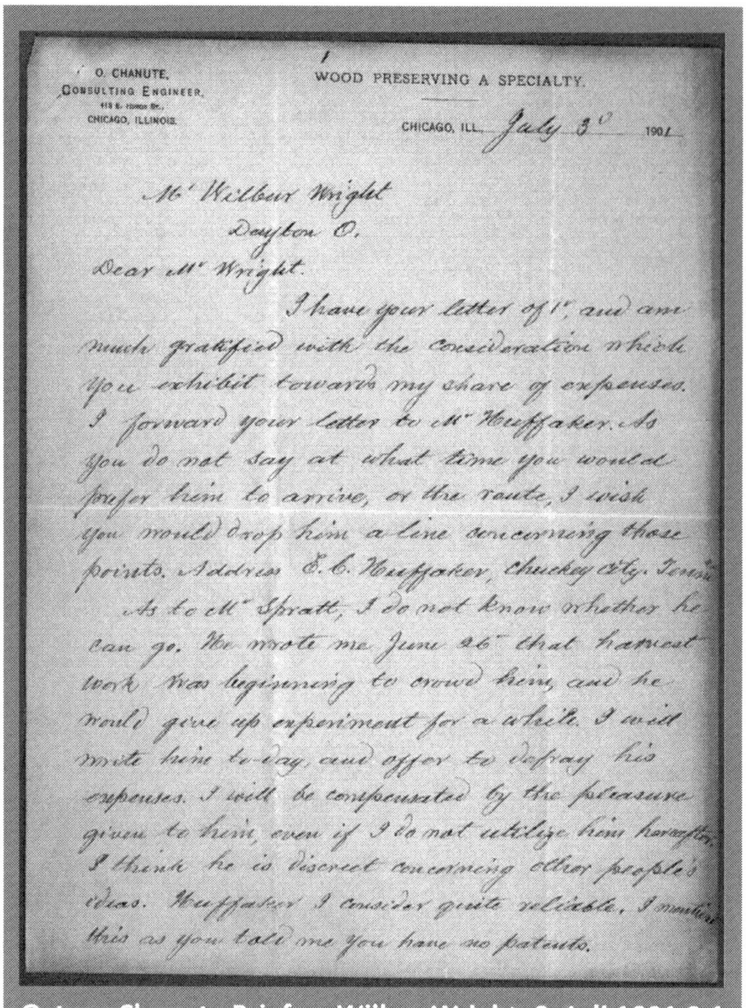

O. CHANUTE,
CONSULTING ENGINEER,
413 E. Huron St.,
CHICAGO, ILLINOIS.

WOOD PRESERVING A SPECIALTY.

CHICAGO, ILL. July 3d 1901

Mr Wilbur Wright
Dayton O.

Dear Mr Wright.

I have your letter of 1st, and am much gratified with the consideration which you exhibit towards my share of expenses. I forward your letter to Mr Huffaker. As you do not say at what time you would prefer him to arrive, or the route, I wish you would drop him a line concerning those points. Address E. C. Huffaker, Chuckey City. Tenn.

As to Mr Spratt, I do not know whether he can go. He wrote me June 26th that harvest work was beginning to crowd him, and he would give up experiment for a while. I will write him to-day, and offer to defray his expenses. I will be compensated by the pleasure given to him, even if I do not utilize him hereafter. I think he is discreet concerning other people's ideas. Huffaker I consider quite reliable. I mention this as you tell me you have no patents.

**Octave Chanute Brief an Wilbur Wright, 3. Juli 1901 S.1**

O. CHANUTE
BERATENDER INGENIEUR
413 O. HURON STR.
CHICAGO, ILLINOIS

FACHGEBIET: HOLZKONSERVIERUNG.

CHICAGO, ILL. 3. Juli , 190 1 .

*Herrn Wilbur Wright*
*Dayton O.*

*Lieber Herr Wright,*

*Ich habe Ihren Brief vom 1. und bin über die von Ihnen präsentierte Einschätzung meines Kostenanteils sehr zufrieden. Ich werde eine Kopie Ihres Briefes an Herrn Huffaker übermitteln. Da Sie nicht ausführen, zu welcher Zeit Sie es bevorzugen, dass er eintreffen soll, bzw. über welche Route, bitte ich Sie ihm hinsichtlich dieser Punkte kurz zu schreiben. Adresse: E. C. Huffaker, Chuckey City, Tennessee.*

*Was Herrn Spratt betrifft, so weiß ich nicht, ob er kommen kann. Am 6. Juni schrieb er mir, dass ihn die Erntearbeit anfängt zu bedrängen, und dass er vorübergehend auf Experimente verzichtet. Ich werde ihn heute anschreiben und ihm anbieten, seine Kosten zu übernehmen. Ich werde durch die ihm vermittelte Freude entschädigt, selbst wenn ich ihn danach nicht mehr in Anspruch nehme. Ich glaube, dass er hinsichtlich der Ideen anderer diskret ist. Herrn Huffaker betrachte ich als sehr zuverlässig. Ich erwähne dies, da Sie mir sagten, dass Sie noch keine Patente haben.*

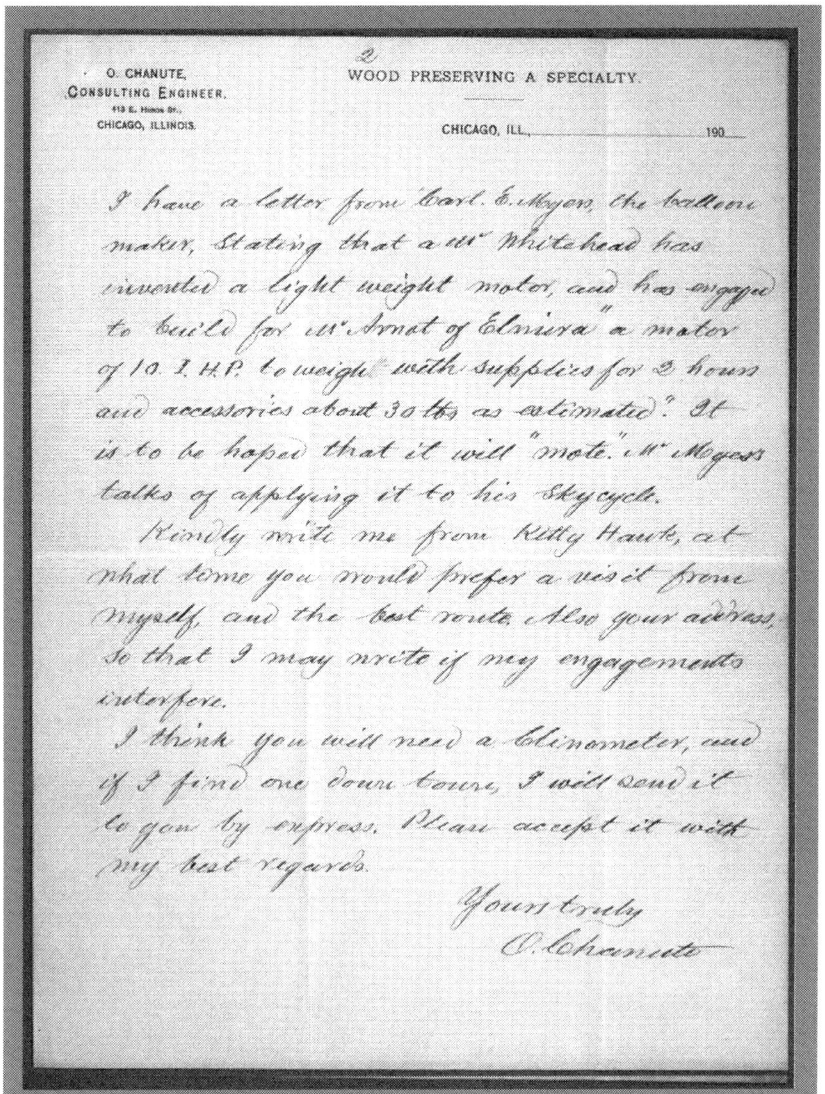

2

O. CHANUTE,
CONSULTING ENGINEER,
413 E. HURON ST.,
CHICAGO, ILLINOIS.

WOOD PRESERVING A SPECIALTY.

CHICAGO, ILL., ______________ 190__

I have a letter from Carl. E. Myers, the balloon maker, stating that a Mr Whitehead has invented a light weight motor, and has engaged to build for Mr Arnot of Elmira" a motor of 10. I.H.P. to weigh with supplies for 2 hours and accessories about 30 lbs as estimated". It is to be hoped that it will "mote." Mr Meyers talks of applying it to his Skycycle.

Kindly write me from Kitty Hawk, at what time you would prefer a visit from myself, and the best route. Also your address, so that I may write if my engagements interfere.

I think you will need a Clinometer, and if I find one down town, I will send it to you by express. Please accept it with my best regards.

Yours truly
O. Chanute

**Octave Chanute Brief an Wilbur Wright, 3. Juli 1901 S.2**

O. CHANUTE
BERATENDER INGENIEUR
413 O. HURON STR.
CHICAGO, ILLINOIS

FACHGEBIET: HOLZKONSERVIERUNG.

CHICAGO, ILL. ____________, 190___.

*Mir liegt ein Brief des Ballonmachers Carl E. Meyers vor, der behauptet, dass ein Herr Weißkopf einen leichten Motor erfunden hat, und dass dieser durch Herrn Arnot aus Elmira engagiert wurde, einen 10-PS-Motor zu bauen, der samt Betriebsmittel für 2 Stunden und Zubehör geschätzt zirka 30 Pf. wiegt. Es bleibt zu hoffen, dass er „motiert". Herr Meyers spricht davon, ihn in seinen Skycycle einzubauen.*

*Schreiben Sie mir bitte netterweise aus Kitty Hawk, zu welcher Zeit Sie meinen Besuch bevorzugen, und was die beste Route sei; auch Ihre Anschrift für den Fall, dass meine Engagements dazwischen kommen.*

*Ich glaube, Sie werden ein Neigungsmessgerät benötigen, und sollte ich eins finden, werde ich es Ihnen freilich per Express zusenden. Ich bitte darum, es mit meinen besten Wünschen anzunehmen.*

*Mit freundlichen Grüßen*
*O. Chanute*

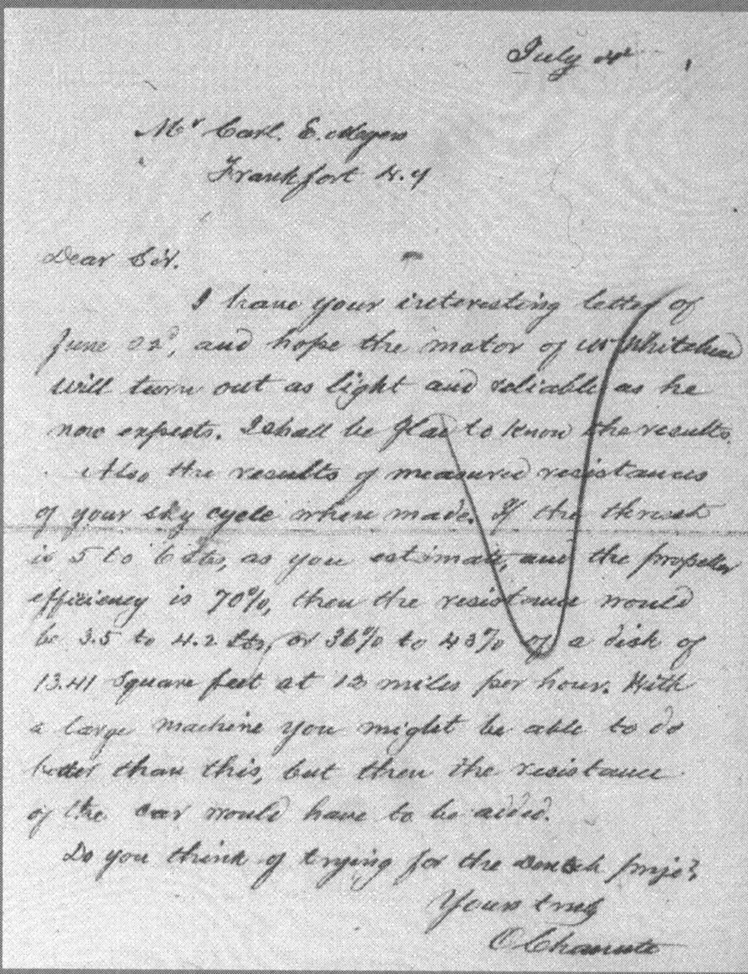

July 4th,

Mr Carl E. Meyers
Frankfort N.Y.

Dear Sir,

I have your interesting letter of June 22d, and hope the motor of Mr Whitehead will turn out as light and reliable as he now expects. I shall be glad to know the results.
Also the results of measured resistances of your sky cycle when made. If the thrust is 5 to 6 lbs, as you estimate, and the propeller efficiency is 70%, then the resistance would be 3.5 to 4.2 lbs, or 36% to 43% of a disk of 13.41 square feet at 12 miles per hour. With a large machine you might be able to do better than this, but then the resistance of the car would have to be added.

Do you think of trying for the Deutsch prize?

Yours truly
O. Chanute

**Octave Chanute Brief an Carl E. Myers, 4. Juli 1901**

*4. Juli* [190]*1*
*Herrn Carl E. Meyers*
*Frankfort N.Y.*

*Sehr geehrter Herr,*

***Mir liegt Ihr interessanter Brief vom 22. Juni vor, und ich hoffe, dass der Motor des Herrn Weißkopf am Ende so leicht und zuverlässig wird, wie er derzeit erhofft. Ich würde mich darüber freuen, die Ergebnisse zu erfahren.***

*Bitte auch, sofern diese zwischenzeitlich erfolgt sind, um die Ergebnisse der Messung des Luftwiderstandes Ihres Skycycle. Beträgt der Schub, wie von Ihnen geschätzt 5 bis 6 Pf., und der Wirkungsgrad des Propeller liegt bei 70%, dann wäre der Luftwiderstand 3,5 bis 4,2 Pf. bzw. 36% bis 43% einer Scheibe im Ausmaß von 13,41 Quadratfuß bei einer Geschwindigkeit von 12 Meilen pro Stunde. Mit einem größeren Motor könnten Sie vielleicht ein besseres Ergebnis erzielen, Sie müssten aber den Luftwiderstand der Kabine hinzurechnen.*

*Haben Sie daran gedacht, sich um den Deutsch-Preis zu bewerben?*

*Mit freundlichen Grüßen*
*O. Chanute*

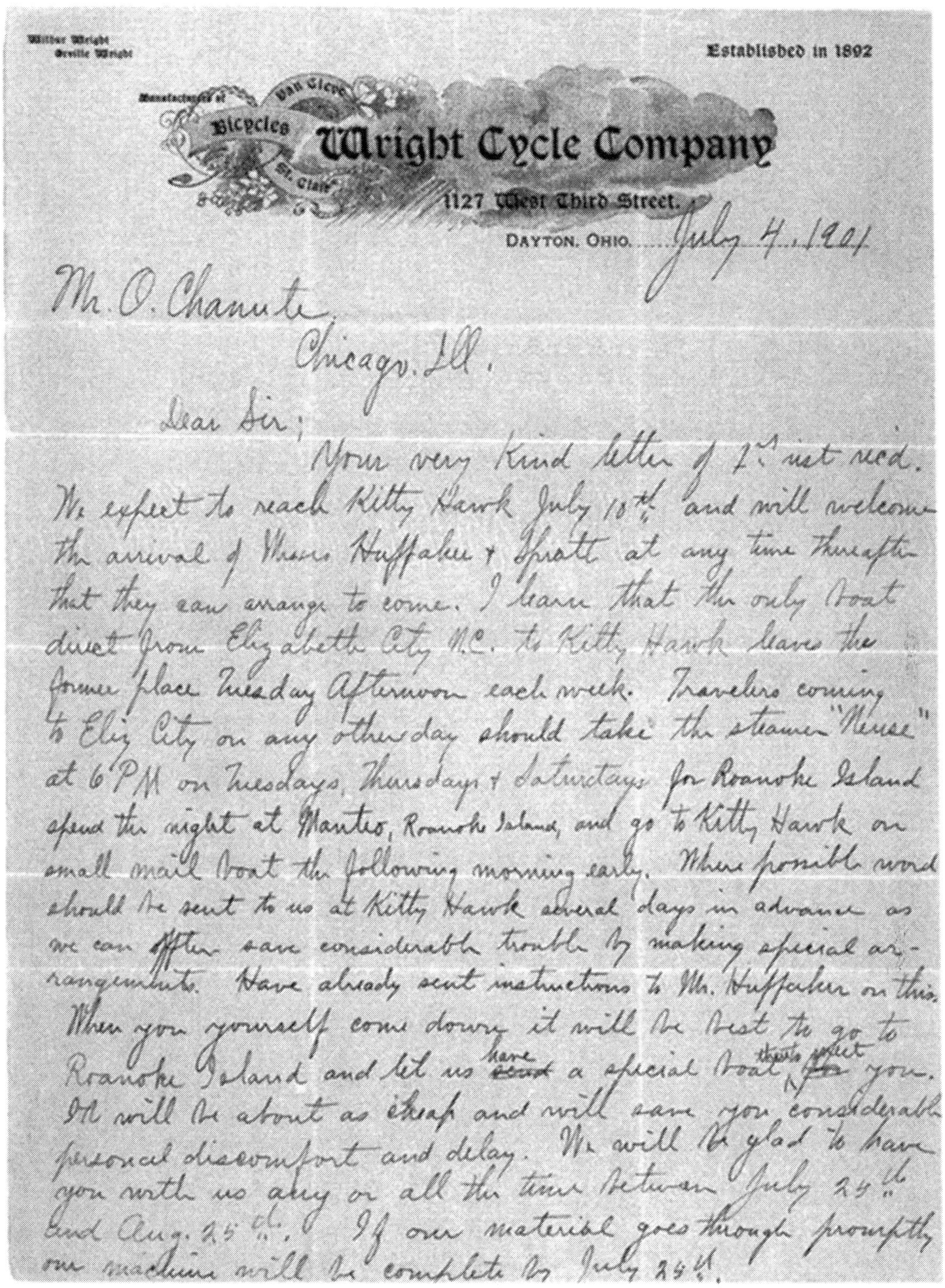

Wilbur Wright
Orville Wright

Established in 1892

Manufacturers of Van Cleve Bicycles St. Clair

Wright Cycle Company

1127 West Third Street.

DAYTON, OHIO. July 4, 1901

Mr. O. Chanute,
Chicago, Ill.

Dear Sir;

Your very kind letter of 1st inst recd. We expect to reach Kitty Hawk July 10th and will welcome the arrival of Messrs Huffaker & Spratt at any time thereafter that they can arrange to come. I learn that the only boat direct from Elizabeth City N.C. to Kitty Hawk leaves the former place Tuesday afternoon each week. Travelers coming to Eliz City on any other day should take the steamer "Neuse" at 6 PM on Tuesdays, Thursdays & Saturdays for Roanoke Island spend the night at Manteo, Roanoke Island, and go to Kitty Hawk on small mail boat the following morning early. Where possible word should be sent to us at Kitty Hawk several days in advance as we can often save considerable trouble by making special arrangements. Have already sent instructions to Mr. Huffaker on this. When you yourself come down it will be best to go to Roanoke Island and let us ~~send~~ have a special boat there to meet you. It will be about as cheap and will save you considerable personal discomfort and delay. We will be glad to have you with us any or all the time between July 24th and Aug. 25th. If our material goes through promptly our machine will be complete by July 24th.

Wilbur Wright Brief an Octave Chanute, 4. Juli 1901, S.1

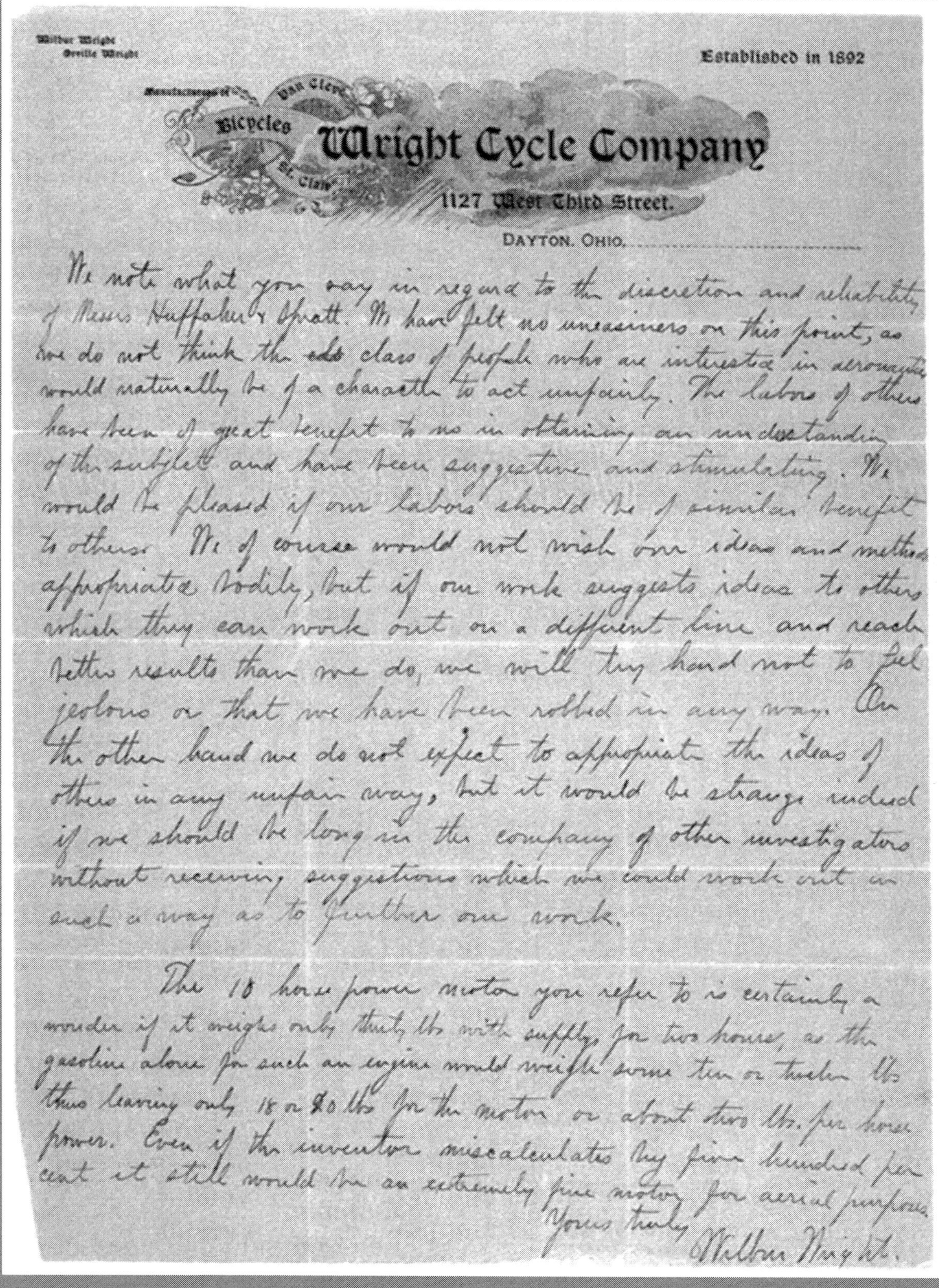

Wilbur Wright
Orville Wright

Established in 1892

Manufacturers of Van Cleve Bicycles St. Clair

**Wright Cycle Company**

1127 West Third Street.

DAYTON, OHIO.

We note what you say in regard to the discretion and reliability of Messrs Huffaker & Spratt. We have felt no uneasiness on this point, as we do not think the ~~old~~ class of people who are interested in aeronautics would naturally be of a character to act unfairly. The labors of others have been of great benefit to us in obtaining an understanding of the subject and have been suggestive and stimulating. We would be pleased if our labors should be of similar benefit to others. We of course would not wish our ideas and methods appropriated bodily, but if our work suggests ideas to others which they can work out on a different line and reach better results than we do, we will try hard not to feel jealous or that we have been robbed in any way. On the other hand we do not expect to appropriate the ideas of others in any unfair way, but it would be strange indeed if we should be long in the company of other investigators without receiving suggestions which we could work out in such a way as to further our work.

The 10 horse power motor you refer to is certainly a wonder if it weighs only thirty lbs with supply for two hours, as the gasoline alone for such an engine would weigh some ten or twelve lbs thus leaving only 18 or 20 lbs for the motor or about two lbs. per horse power. Even if the inventor miscalculates by five hundred per cent it still would be an extremely fine motor for aerial purposes.

Yours truly
Wilbur Wright.

**Wilbur Wright Brief an Octave Chanute, 4. Juli 1901, S.2**

**Wilbur Wright**
**Orville Wright** **Established in 1892**

**Manufacturers of Bicycles [of the brands] van Cleve, St. Claire**

# Wright Cycle Company

**1127 West Third Street,**

DAYTON OHIO *July 4th, 1901*

*Mr. O. Chanute*

*Chicago Ill.*

*Dear Sir,*

*Your very kind letter of 1st [3rd] inst. rec'd. We expect to reach Kitty Hawk July 10th and will welcome the arrival of Messrs. Huffaker and Spratt at any time thereafter that they can arrange to come. I learn that the only boat direct from Elizabeth City, N. C., to Kitty Hawk leaves the former place Tuesday afternoon each week. Travelers coming to Eliz. City on any other day should take the Steamer Neuse at 6 P.M. on Tuesdays, Thursdays, and Saturdays for Roanoke Island, spend the night at Manteo, Roanoke Island, and go to Kitty Hawk on small mail boat the following morning early. Where possible word should be sent to us at Kitty Hawk several days in advance as we can often save considerable trouble by making special arrangements. Have already sent instructions to Mr. Huffaker on this. When you yourself come down it will be best to go to Roanoke Island and let us have a special boat there to meet you. It will be about as cheap and will save you considerable personal discomfort and delay. We will be glad to have you with us any or all the time between July 25th and August 25th. If our material goes through promptly our machine will be completed by July 25th.*

*We note what you say in regard to the discretion and reliability of Messrs. Huffaker and Spratt. We have felt no uneasiness on this point, as we do not think that the class of people who are interested in aeronautics would naturally be of a character to act unfairly. The labors of others have been of great benefit to us in obtaining an understanding of the subject and have been suggestive and stimulating. We would be pleased if our labors should be of a similar benefit to others. We of course would not wish our ideas and methods appropriated bodily, but if our work suggests ideas to others which they can work out on a different line and reach better results than we do, we will try hard not to feel jealous or that we have been robbed in any way. On the other hand we do not expect to appropriate the ideas of others in any unfair way, but it would be strange indeed if we should be long in the company of other investigators without receiving suggestions which we could work out in such a way as to further our work.*

***The 10-horsepower motor you refer to is certainly a wonder if it weighs only thirty lbs. with supplies for two hours, as the gasoline alone for such an engine would weigh some ten or twelve lbs. thus leaving only 18 or 20 lbs. for the motor or about two lbs. per horsepower. Even if the inventor miscalculates by five hundred percent it still would be an extremely fine motor for aerial purposes.***

*Mit freundlichen Grüßen*

*Wilbur Wright*

**Wilbur Wright Brief an Octave Chanute, 4. Juli 1901, S.1-2**

Wilbur Wright
Orville Wright.

**gegründet im Jahre 1892**

Hersteller von **Fahrrädern** [der Marken] **van Cleve, St. Claire**

# Wright Fahrrad Gesellschaft

**1127 westl. 3. Straße,**

DAYTON OHIO *4. Juli, 1901* .

*Herrn O. Chanute*
*Chicago Ill.*

*Sehr geehrter Herr,*

*Ihr sehr netter Brief vom 1. [3.] wurde soeben erhalten. Wir gehen davon aus, dass wir am 10. Juli Kitty Hawk erreichen werden und würden gerne die Herren Huffaker und Spratt, sofern diese ihr Kommen einrichten können, zu jeder Zeit danach begrüßen. Ich habe erfahren, dass das einzige Boot, welches direkt aus Elizabeth City/North Carolina Kitty Hawk ansteuert, ersteres am Dienstagnachmittag einer jeden Woche verlässt. Reisende, die an jedem anderen Tag nach Eliz. City kommen, sollten den Dampfer „Neuse" um 18 Uhr an Dienstagen, Donnerstagen und Samstagen nach Roanoke Island nehmen, die Nacht in Manteo verbringen, und früh am nächsten Morgen mit dem kleinen Postboot nach Kitty Hawk fahren. Sofern möglich sollte uns einige Tage im Voraus eine Benachrichtigung nach Kitty Hawk zugesendet werden, da wir oftmals durch Sonderabmachungen erhebliche Mühe einsparen können. Diesbezüglich habe ich Herrn Huffaker bereits benachrichtigt. Speziell bei Ihrer Anreise wäre es am besten, wenn Sie zunächst bis zur Roanoke Island reisen, dann schicken wir Ihnen gesondert ein Boot dorthin, um Sie abzuholen. Dies wird ungefähr so kostengünstig sein und wird Ihnen erhebliche persönliche Unannehmlichkeiten und Verzögerungen ersparen. Wir erfreuen uns Ihrer durchgehenden oder teilweisen Anwesenheit bei uns zu jeder Zeit zwischen dem 25. Juli und dem 25. August. Wird unser Material rechtzeitig transportiert, so wird unsere Maschine bis 25. Juli fertig sein.*

*Wir nehmen Ihre Ausführungen hinsichtlich der Verschwiegenheit und Zuverlässigkeit der Herren Huffaker und Spratt zur Kenntnis. Wir haben uns in dieser Hinsicht nicht unwohl gefühlt, da wir nicht der Annahme sind, dass jener Menschentyp, der sich für die Aeronautik interessiert, charakterlich dazu neigen würde, sich unfair zu verhalten. Aus den Arbeiten anderer haben wir großen Nutzen gezogen, als es darum ging, das Thema zu begreifen, und sie waren anregend und stimulierend. Es würde uns freuen, wenn sich unsere Arbeiten auch für andere als nützlich erweisen würden. Wir würden uns freilich nicht wünschen, dass unsere ureigenen Ideen durch andere übernommen werden, aber sollte unsere Arbeit bei anderen Ideen anregen, die diese auf eine andere Art so weiter entwickeln können, das sie bessere Ergebnisse erzielen, werden wir unser Bestes tun, nicht neidisch zu sein oder das Gefühl zu haben, auf irgendeine Weise beraubt worden zu sein. Umgekehrt gehen wir nicht davon aus, dass wir uns die Ideen anderer auf unfaire Weise aneignen werden. Es wäre dennoch seltsam, wenn wir viel Zeit in der Gesellschaft anderer Forscher verbringen würden, ohne Anregungen zu erhalten, die wir so umsetzen könnten, dass diese unsere Arbeit voranbringen.*

***Der Motor von 10 Pferdestärken, auf den Sie sich beziehen, sofern dieser nur dreißig Pfund samt Betriebsmittel für zwei Stunden wiegt, ist sicher ein Wunder, da allein das Benzin für einen solchen Motor etwa zehn bis zwölf Pf. wiegen würde, was nur etwa 18 bis 20 Pf. für den Motor übrig lässt, also ungefähr zwei Pfund pro Pferdestärke. Selbst wenn sich der Erfinder dabei um fünfhundert Prozent irrte, wäre dieser ein für aeronautische Zwecke extrem gut geeigneter Motor.***

Mit freundlichen Grüßen
Wilbur Wright

**Wilbur Wright Brief an Octave Chanute, 4. Juli 1901, S.1-2**

# Verbindung zu Maxim

Bild Nr. 32: Fotografie durch Stanley Yale Beach, 30. Mai 1901

**Ingenieur Henry Alonzo House**
23. April 1840 – 18. Dezember 1930

Eines der ungelösten Rätsel um Gustav Weißkopfs Flugzeug ist, welche Rolle Henry Alonzo House bei seiner Entwicklung gespielt hat. House war nicht nur ein berühmter Erfinder (er wurde beispielsweise von der zeitgenössischen amerikanischen Presse als Erfinder des Dampfautos im Jahre 1866 gefeiert), sondern in den 1890er Jahren baute er das Triebwerk und die Propeller des Flugzeugs von Sir Hiram S. Maxim.

Fotos von Weißkopfs Flugzeug, aufgenommen von Stanley Yale Beach am Memorial Day am 30. Mai 1901, zeigen House wie er im Alter von 61 Jahren einerseits neben Gustav Weißkopf auf der Backbordseite von dessen Flugzeug steht, und andererseits, wie er neben Weißkopf auf der Steuerbordseite des Flugzeugs im Gras sitzt. Laut einer Aussage von Beach vom 17. Juli 1934 war House an dem Projekt beteiligt. Beach gab jedoch keine Einzelheiten bekannt[60]. Und da House wusste, dass Beach der Automobil- und Luftfahrtredakteur von Scientific American war, stellt sich die Frage, warum sich House neben Weißkopf und dessen Flugzeug auf Fotos hingestellt hätte, die in Amerikas führendem Fach- und Wissenschaftsjournal veröffentlicht werden sollten.

**Henry A. House (links) und Gustav Weißkopf (rechts) stehen vor der Maschine Nr. 21 am 30. Mai 1901**

[60] 1934-07-17, Protokoll eines telefonischen Interviews mit Stanley Yale Beach durch Stella Randolph

**(v.l.n.r.) Henry A. House, James Dickie, Frederick Szur, Rose Whitehead, und Gustav Weißkopf vor der Maschine Nr. 21 am 30. Mai 1901**

Als Weißkopfs Biografin Stella Randolph Herrn Stanley Beach interviewte, dachte sie – anscheinend aufgrund ihres Mangels an spezifischen Luftfahrtkenntnissen –, dass Beach das Thema wechseln wollte, als er anfing, über Henry A. House zu sprechen. Sie drängte ihn daher, wieder über Weißkopf zu sprechen. Dadurch verlor sie die Chance, mehr darüber zu erfahren. Gemäß dem Protokoll ihres Interviews brachte Beach die Beteiligung von House zu Beginn des Gesprächs zur Sprache, was möglicherweise ein Hinweis darauf war, welche Bedeutung er dem Mitwirken von House beimaß. Wenn Fräulein Randolph gewusst hätte, dass Henry A. House jenes Genie war, das Hiram Maxims Flugzeug in England gebaut hatte, und dass House einer der größten amerikanischen Erfinder des Industriezeitalters war, hätte sie sicherlich mehr wissen wollen.

Neben Weißkopf und House wurden auch die anderen Personen auf dem Foto identifiziert: Das Baby ist Gustav Weißkopfs ältestes Kind Rose. Der jüngere Mann ist James Dickie (identifiziert durch sich selbst, als ihm das Foto während eines Interviews mit dem Ermittler K. I. Ghormley 1948 gezeigt wurde)[61]. Der andere Mann ist ein Nachbar, Frederick Szur, der im selben Gebäude wie Weißkopf in der Pine Street 241, lebte. Als Szur im August 1934 von Weißkopfs Sohn Charles interviewt wurde, erinnerte sich dieser daran, dass Weißkopf einen Flug entlang der State Street im Westen von Bridgeport vollbracht hatte[62]. Und laut der US-Volkszählung von 1900 lebte Henry A. House in ebendieser State Street an der Nr. 835[63] – knapp eine Meile von Weißkopfs Werkstatt entfernt. Also, warum erscheint House auf den Bildern?

Henry Alonzo House wurde in Brooklyn als Sohn des Architekten Ezekiel House und dessen Ehefrau Susanna King geboren[64]. Im Alter von sechs Jahren zog seine Familie ins ländliche Pennsylvania und im Alter von zwölf Jahren zurück in den Bundesstaat New York in die Kleinstadt Owego. Mit 17 Jahren entwarf und patentierte er ein automatisiertes Tor. Anschließend arbeitete er von 1857 bis 1859 zwei Jahrelang in Chicago[65], bevor er mit 22 Jahren während des amerikanischen Bürgerkriegs nach Owego zurückkehrte, eine Knopflochmaschine erfand und das Patent dafür an die Wheeler & Wilson Co. in Bridgeport verkaufte.

---

[61] 1948-06-21, Bericht von K.I. Ghormley für C.D. Hudson, S.3
[62] 1934-08-21, Charles Whitehead Brief an Stella Randolph, S.3-4
[63] 1900-06-05, US-Volkszählung Bridgeport Ward 4, Supt.Distr.CT, Enum.Distr.17, Blatt 5, Zeile 1
[64] 1930-12-20, Brooklyn Times Union, NY, S.24
[65] 1930-12-19, Wilkes-Barre Evening News, PA, S.2

Am 23. November 1862 heiratete er seine Cousine Mary in Pennsylvania. Tage später starb seine Mutter in Brooklyn. Einige Tage danach am 8. Dezember 1862 zog das junge Paar nach Bridgeport[66] und blieb bis auf einige wenige bedeutsame Jahre in Südengland für den Rest seines Lebens dort.

House wurde sofort von der Knopfloch-Fertigungs-Firma Wheeler & Wilson eingestellt und hat im folgenden Jahr vier weitere Nähmaschinenpatente angemeldet[67]. 1864 verlegte er schließlich die Werkstatt seiner Familie von Brooklyn nach Bridgeport. Und 1865 wurde sein erster Sohn geboren[68]. Im selben Jahr patentierte er einen Rasenmäher[69].

1867 starb sein Vater. Davor Im Frühjahr 1866, hatte er seine berühmteste Erfindung gemacht. Sie war ein 15-PS-Dampfwagen, mit dem er durch die Straßen von Bridgeport bis nach Stratford fuhr[70]. Sein kommerzieller Durchbruch gelang jedoch 1868, als ein von ihm patentierter Nähmaschinenaufsatz zu einem weltweiten Erfolg wurde.

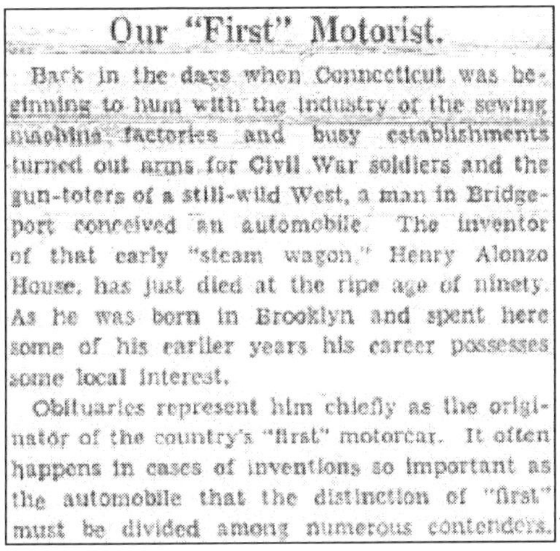

Our "First" Motorist.

Back in the days when Connecticut was beginning to hum with the industry of the sewing machine factories and busy establishments turned out arms for Civil War soldiers and the gun-toters of a still-wild West, a man in Bridgeport conceived an automobile. The inventor of that early "steam wagon," Henry Alonzo House, has just died at the ripe age of ninety. As he was born in Brooklyn and spent here some of his earlier years his career possesses some local interest.

Obituaries represent him chiefly as the originator of the country's "first" motorcar. It often happens in cases of inventions so important as the automobile that the distinction of "first" must be divided among numerous contenders.

[71]

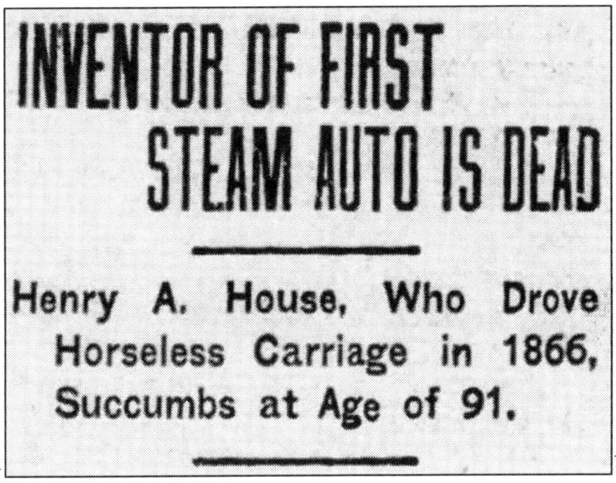

INVENTOR OF FIRST STEAM AUTO IS DEAD

Henry A. House, Who Drove Horseless Carriage in 1866, Succumbs at Age of 91.

[72]

**Nachruf von Henry A. House, Erfinder des Dampfautomobils**

1869 verließ House die Wheeler Co. und wandte seine Aufmerksamkeit vom Nähen ab und dem Stricken zu. In kurzer Folge erhielt er fünf Patente für verschiedene Strickmaschinen und gründete die Armstrong and House Manufacturing Co. in Bridgeport[73]. Sobald das Unternehmen lief, überließ er die tägliche Geschäftsführung seinem Partner und nahm seine erfinderische Tätigkeit wieder auf. Er konzentrierte sich zuerst auf den maschinellen Umgang mit Zündholz, dann mit Tierfellen, und dann auf die Herstellung von Papierartikel. Letztere gab ihm Erfahrung mit hocherhitztem Dampf.

1871 wurde ein zweiter Sohn geboren[74]. 1873 wurde Henry Mitgründer der Bridgeport "Mechanics & Farmers Savings Bank". Einer der anderen Gründer war George Turney[75] von jener Familie, in deren Besitz das Grundstück südöstlich vom Dorf Fairfield stand, wo Gustav Weißkopf am 14. August 1901 seinen ersten langen Motorflug unternahm.

---

[66] 1912-11-23, Bridgeport Times and Evening Farmer, CT, S.5; 1912-11-25, S.10
[67] 1866-07-07, Scientific American, NY, S.25
[68] 1865-02-27, CT Bureau of Vital Statistics, Geburtsurkunde
[69] 1865-08-05, Scientific American, NY, S.89
[70] 1930-12-19, Wilkes-Barre Evening News, PA, S.2
[71] 1930-12-20, Brooklyn Daily Eagle, NY, S.8
[72] 1930-12-20, Franklin News-Herald, PA, S.8
[73] 1930-09-29, Hartford Courant, CT, S.17; 1893-10-05, Hartford Courant, CT, S.8
[74] 1871-01-03, CT Geburtsregister - Sohn William Newton House
[75] 1923-10-04, Bridgeport Telegram, CT, S.21

1874 wurden ein weiterer Sohn[76] und 1875 eine Tochter[77] geboren. Der Sohn wurde im Alter von vier Jahren bei einem Unfall mit einer Feuerwaffe getötet[78]. Früher in jenem Jahr, 1878, hatte Henry seine Aufmerksamkeit auf die Herstellung von Hüten gerichtet, den Herstellungsprozess patentiert[79] und die House & Wheeler Hat Co. gegründet. 1897 wurde eine weitere Tochter geboren[80]. 1880 lebte er in der Noble Street in Bridgeport[81]. In diesem Jahr wandte er sich der Industrialisierung des Umgangs mit Pelz zu und patentierte 1882 eine Pelzbehandlungsmaschine[82]. Nach dem Tod seines jungen Sohnes nahm er sich jedoch eine mehrjährige Auszeit.

1883 wechselte er in die Verpackungsindustrie und erfand den Pappkarton[83]. Später in diesem Jahr reiste er nach England und kehrte im folgenden März zurück. Es ist unklar, ob er auf dieser Reise seinen Bekannten Hiram S. Maxim nach England begleitet hat[84]. 1885 erfand er das Sandstrahlen als Poliermethode und wechselte dann zu Telegraphie und Telefonen, um im folgenden Jahr Patente auch darüber einzureichen[85]. Er erfand auch Räder für Rollschuhe[86].

1889 brannte seine Fabrik nieder[87]. Also beantragten er und sein Sohn Reisepässe[88] und nahmen Jobs bei Hiram S. Maxim an, der in der Nähe von London eine Flugmaschine baute[89]. Die ganze Familie reiste am 4. September 1889 nach England[90]. Maxim stellte auch einen anderen Amerikaner ein, George Mortson aus Hartford/Connecticut. Mortson wurde später Henrys Schwiegersohn, nachdem dieser seine zweite Tochter geheiratet hatte.

---

[76] 1874-02-22, CT Geburtsregister - Sohn William Ezekiel House
[77] 1875-11-21, CT Geburtsregister - Tochter Libbie Debbie Grace
[78] 1878-10-18, Hartford Courant, CT, S.4
[79] 1871-04-08, Scientific American, NY, S.236
[80] 1879-06-05, CT Geburtsregister - Tochter Bertha Valena
[81] 1880-06-01, US-Volkszählung, Bridgeport CT , Supt.Disr.1, Enum.Distr.131, Blatt 16, Zeile 39
[82] 1880-10-23, New Haven Morning Journal-Courier, CT, S.4
[83] 1887-06-22, Boston Globe, MA, S.3
[84] 1884-03-26, Einreisevermerk Ellis Island, Ankünfte aus Southampton, U.S.S. New York
[85] 1886-12-25, Electrical Review, NY, S.10; 1886-12-16, Boston Globe, MA, S.6
[86] 1885-10-17, Boston Globe, MA, S.6
[87] 1889-03-02, Hartford Courant, CT, S.6
[88] 1889-08-31, Passantrag - Henry A.House
[89] 1890-11-22, Engineer, NY, S.130
[90] 1889-09-05, New Haven Morning Journal-Courier, CT, S.2

Maxim war ein Amerikaner aus dem östlichsten Bundesstaat Maine, der von 1879 bis 1883 in Bridgeport lebte. Während dieser Zeit entwickelte er Stromerzeugungsmaschinen für die Städte New York und Bridgeport und richtete die erste elektrische Beleuchtung in der Fairfield Avenue (einer Straße entlang welcher Gustav Weißkopf später flog) ein. Die Produktionsstätte von Maxim wurde später zum Werk von Coulter & McKenzie (wo später viele Teile für das Flugzeug von Gustav Weißkopf hergestellt wurden)[91]. Er erfand das mittels Rückstoßes angetriebene Maschinen-gewehr. Das verkaufte er, aber nicht an Nathaniel Wheeler[92], dem Geschäftspartner von House in Bridgeport, sondern an die britischen Streitkräfte. In England gründete er eine Firma mit £ 1,4 Mio. Stammkapital[93], nahm die britische Staatsbürgerschaft an, und wurde von König Edward VII. zum Ritter geschlagen.)

Henry A. House (oben links neben dem Propellerblatt), Smithsonian-Direktor Samuel P. Langley und Hiram S. Maxim (jeweils links und rechts auf dem Gras sitzend), 1894

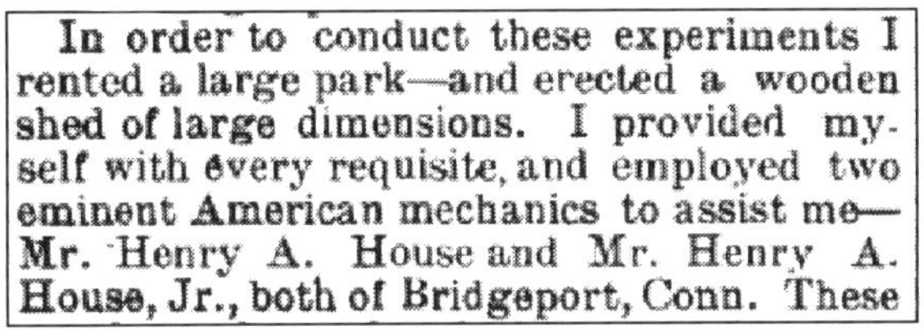

In order to conduct these experiments I rented a large park—and erected a wooden shed of large dimensions. I provided myself with every requisite, and employed two eminent American mechanics to assist me—Mr. Henry A. House and Mr. Henry A. House, Jr., both of Bridgeport, Conn. These

**„Um diese Experimente durchführen zu können, habe ich ein großes Areal angemietet und dort einen großen Schuppen errichtet. Ich habe mich mit allem dazu Notwendigen ausgestattet und zwei hervorragende amerikanische Mechaniker – Herrn Henry A. House sowie Herrn Henry A. House Jr., beide aus Bridgeport/Connecticut – angestellt."**

**Hiram S. Maxim in Railroad & Engineering Journal, 1. Jan. 1891, S.29**

Obwohl Maxim viele Dinge erfunden hat, war sein erster Anspruch auf Ruhm die elektrische Glühbirne. Aufgrund von Manövern über feine Aspekte des Patentrechts durch Thomas Edison und dessen Berater William J. Hammer verlor Maxim jedoch seinen Kampf um das Glühbirnenpatent. [Anmerkung: W.J. Hammer wurde später Berater der Gebrüder Wright.] Seine nächste große Errungenschaft und die Quelle seines größten Reichtums war die Erfindung des Maschinengewehrs. Zusammen mit dem Industriellen Edward Vickers und dem Investor Robert R. Symon wurde ein Syndikat gegründet, um es weltweit zu produzieren und zu vermarkten.

Maxim erkannte auch das Potenzial einer Flugmaschine als Kriegswaffe und überzeugte Symon, ebenfalls den Bau eines 8.000-Pfund-schweren Flugzeugs mit einer Flügelspannweite von 110 Fuß zu finanzieren. Unter den Motorflugzeugen vor 1900 ist das von Maxim wohl das bekannteste und erfolgreichste. Als Symon jedoch krank wurde und später starb, wurde das teure Projekt eingestellt.

---

[91] 1916-11-24, Bridgeport Times and Evening Farmer, CT, S.1-2

[92] 1914-11-10, Bridgeport Times and Evening Farmer, CT, S.9

[93] 1888-07-19, London Standard, UK, S.1

**Die Maxim-Flugmaschine**

**Henry A. House (oben, links) und Hiram S. Maxim (rechts) in Maxims Werkstatt in England, ca. 1891**

Der anfängliche Schwerpunkt der Arbeit von House in England lag auf der Erfindung eines leichten Dampfmotors mit enormer Leistung. Die Hälfte der Patentrechte im Zusammenhang mit der Entwicklung des Flugzeugtriebwerks wurde dem Finanzier Robert Rintoul Symon übertragen, die andere Hälfte wurde auf den Namen von House und seinem Sohn eingetragen – aber *nichts wurde auf den Namen von Maxim eingetragen*[94].

[94] 1894-06-23, Engineering and Mining Journal, NY, S.586; 1894-06-27, Boston Globe, MA, S.9; 1895-02-06, Boston Globe, MA, S.9

"Maxim did not take an active part in the work," Mr. House explained. "During the three years he was dealing with the British, French and Russian governments on his machine gun, and the only times we saw him were occasionally on Sundays, when he would drop down to Bakesley to see how we were coming along. He had absolute confidence in my father, and allowed him to make any minor changes or improvements he wished to."

In der Tat scheint die bisherige Geschichtsschreibung die Tatsache, dass House und nicht Maxim die Flugmaschine gebaut und ihre Schlüsselkomponenten erfunden hat, nicht angemessen widerzuspiegeln. Als Henry A. House Jr. kurz nach dem Tod seines Vaters interviewt wurde, erklärte er, dass Maxim mit dem Verkauf von Maschinengewehren so sehr beschäftigt gewesen sei, dass er darauf vertraute, dass sein Vater die gesamte Arbeit ohne ihn erledige[95].

Sechs Monate lang hat Henry A. House verschiedene Arten von Propellern für die Maxim-Flugmaschine getestet. Schließlich entschied er sich für eine Zwei-Blatt-Version mit einem gewölbten Querschnitt und einer Schränkung, die den Einstellwinkel dem Blatt entlang optimierte. Ein Vergleich der auf nachstehenden Fotos abgebildeten Propeller ergibt, dass der durch Maxim im Jahr 1894 verwendete Propeller dem von Weißkopf im Jahr 1901 sehr ähnlich war. Der Kurator für Frühluftfahrt am Deutschen Museum Hans Holzer meinte tatsächlich, dass es: „gesichert erscheint ", dass Weißkopf das Propellerdesign von Maxim übernommen habe[96]. Es war aber der Entwurf von House.

"I'll never forget what a time we had finding satisfactory propellers," said Mr. House. "For six months my father did nothing but make them and test them. He tried every kind of wood he could get, and he made the props in all kinds of lengths and shapes, two-bladed and four-bladed.

"After he had made one, he would have the woodworker carve a small model of it, which he would test in a little wind tunnel he had invented. In all, he rejected about 600 propellers before he decided on the two-blade 18-foot type."

**Popular Aviation, 1. Juni 1931, S. 43**

**Henry (Harry) A. House Jr.**

**„Maxim hat sich an der Arbeit nicht aktiv beteiligt", erklärte Herr House. „Während dieser drei Jahre verhandelte er mit den britischen, französischen und russischen Regierungen über sein Maschinengewehr. Wir haben ihn gelegentlich an manchen Sonntagen gesehen, wenn er in Bakesley vorbeischauen würde, um nachzusehen, wie wir vorankamen. Er vertraute meinem Vater blind. Ihm war gestattet, wie er es wünschte, kleine Änderungen oder Verbesserungen vorzunehmen."**

**"Ich werde nie vergessen, wie schwer es war, zufriedenstellende Propeller zu finden", sagte Herr House. „Sechs Monate lang hat mein Vater nichts anderes gemacht, als sie zu bauen, und zu testen. Er probierte jede Holzart, die er herbeischaffen konnte, und er baute sie in allen möglichen Längen und Formen, sowohl Zweiblatt, als auch Vierblatt Propeller. „Nachdem er einen gebaut hatte, ließ er den Tischler ein kleines Modell davon schnitzen, das er in einem von ihm erfundenen Windkanal dann testen würde. Insgesamt hat er rund 600 Propeller verworfen, bevor er sich auf den 18 Fuß Zweiblatt Typ festlegte."**

**Popular Aviation, 1. Juni 1931, S. 43**

**Propeller von Hiram Maxim 1894 (links); und von Gustav Weißkopf, 1901 (rechts)**

[95] 1931-06-01, Popular Aviation, S.43, 55

[96] 2001, Schwipps/Holzer, Flugpionier Gustav Weißkopf, Aviatik Verlag, Oberhaching, S.24

Nicht nur bei den Propellern, sondern auch bei den Motoren scheint es Ähnlichkeiten zwischen dem für Maxim durch House gebaute Motoren und Weißkopfs Motor gegeben zu haben. Beide waren Verbundmotoren, die einen Niederdruck- und einen Hochdruckzylinder verwendeten. Der von House entwickelte 180 PS und wurde in einer vertikalen Reihenanordnung mit einem Doppelmotor gekoppelt, um insgesamt 360 PS zu liefern. Der Verbundmotor von Weißkopf entwickelte 10 bis 20 PS und wurde in einer entgegengesetzten horizontalen Anordnung mit einem Doppelmotor gekoppelt, um insgesamt 20 bis 40 PS zu entwickeln. Nachstehende Abbildungen zeigen jeweils eine einzelne Einheit des Verbundmotors.

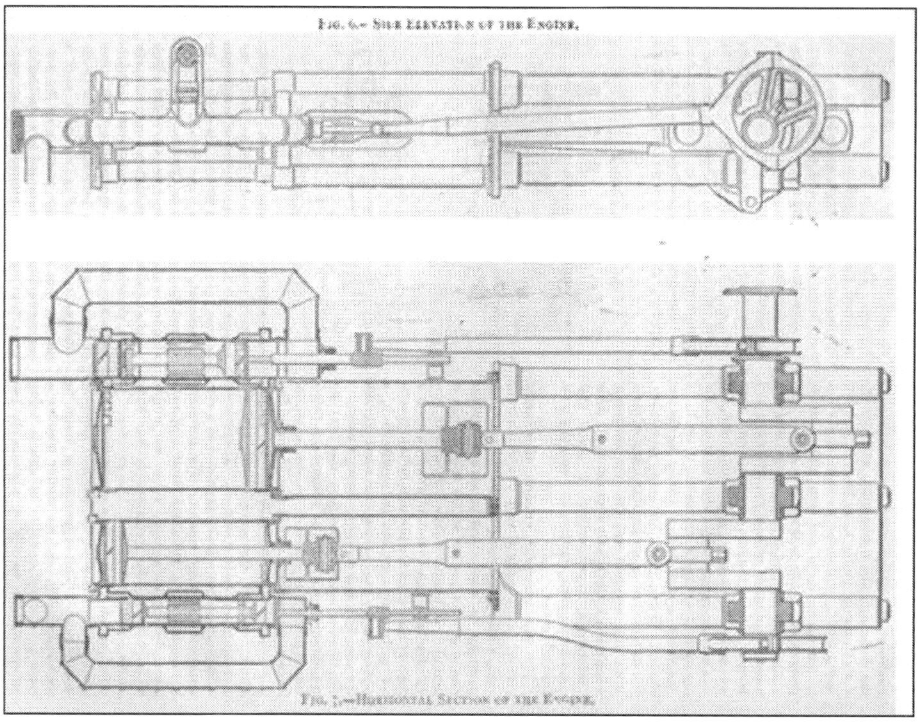

**Seiten- & Draufansichten des House/Maxim Motors**

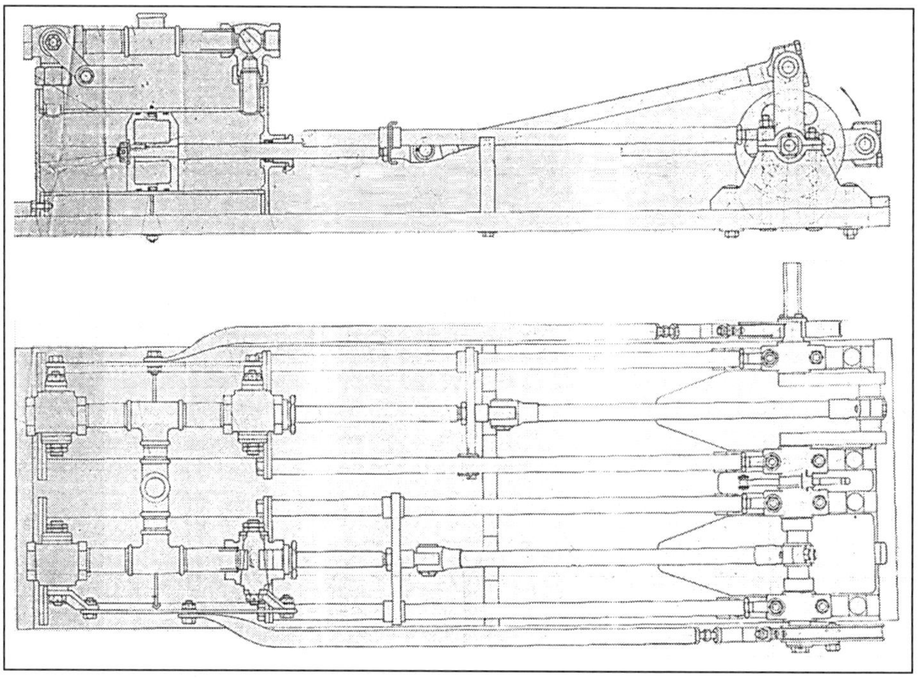

**Seiten- & Draufansichten des Weißkopf Motors**

Ungeachtet der Unterschiede in Druck und Leistung veranschaulicht eine Gegenüberstellung von Fotos der Motoren von jeweils House und Weißkopf Ähnlichkeiten in der Konstruktion.

MAXIM CARRYING ONE OF HIS FLYING MACHINE ENGINES; WEIGHT, 300 LBS.; EFFECTIVE HORSE-POWER, 180. WEIGHT AND POWER CONSIDERED, IT IS CLAIMED TO BE THE LIGHTEST ENGINE IN THE WORLD.

THE ENGINE IN PERSPECTIVE.

**House/ Maxim Motor**

**Weißkopf Motor**

Auch andere Einzelheiten der House/Maxim und Weißkopf Motoren weisen Ähnlichkeiten auf.

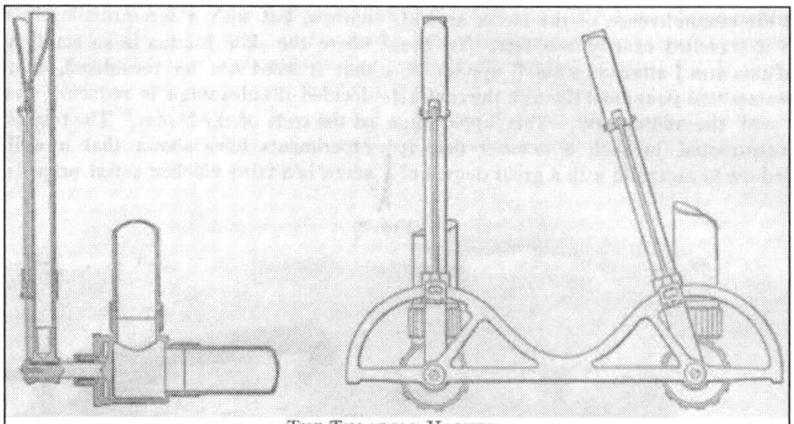

THE THROTTLE VALVES.

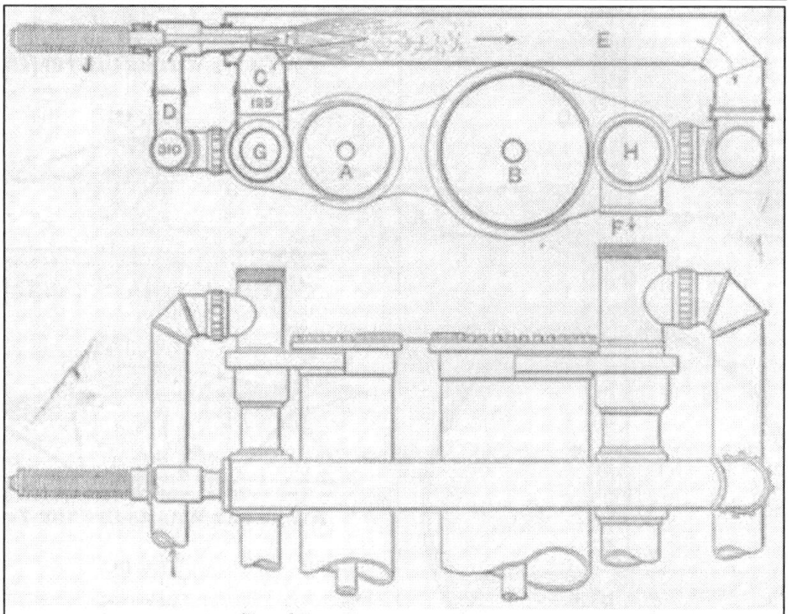


THE HIGH PRESSURE BY-PASS.

**Ventil- & Steuerungs-Anordnung: House/Maxim Motor**[97]

**Ventil- & Steuerungs-Anordnung: Gustav Weißkopfs Motor**

[97] 1894-11-30, Journal of the Society for Arts, UK, S.28-29

Leider ist kein klares Foto des Gasdruckgenerators von Gustave Weißkopf verfügbar. Ein Objekt, das in zwei der bekannten Fotos von Weißkopfs Flugzeug im Hintergrund erscheint (einschließlich eines, das House abbildet), könnte möglicherweise dieser Generator sein. Der Generator hätte zuerst herausgezogen werden müssen, bevor Weißkopfs Bodenmotor (den er auf dem Foto unten hält) entnommen hätte werden können. Die Gasgeneratoren von House/Maxim und Weißkopf hatten jeweils eine zylindrische, gerippte Form.

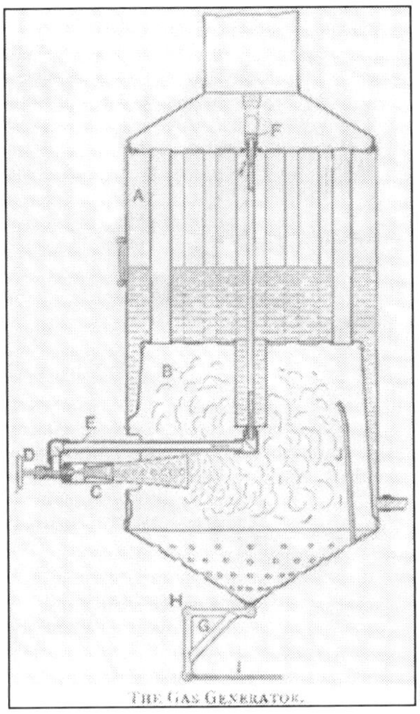


[98]

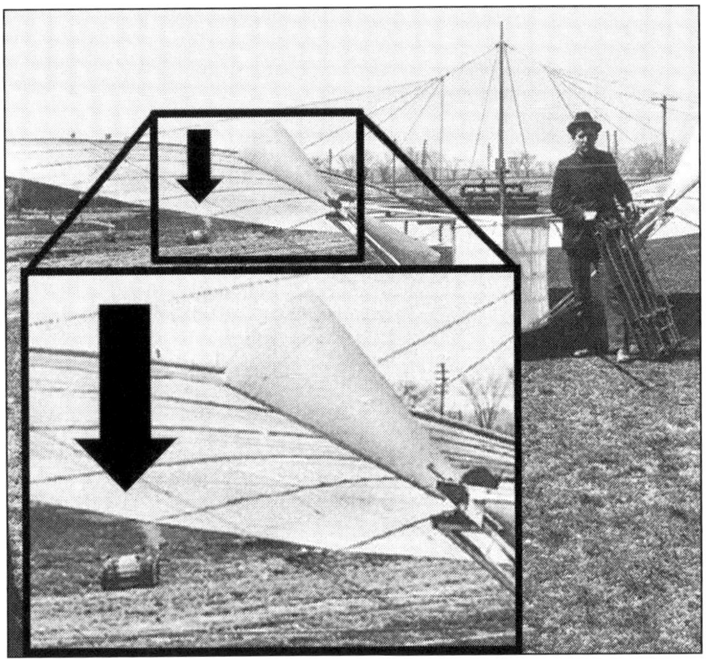

**Der Gasgenerator von Maxim / House (links) und der Weißkopf-Generator (rechts)**

Eine weitere Ähnlichkeit zwischen House/Maxim einerseits und Whitehead andererseits war die Methode, mit der beide bestimmte Komponenten getestet haben. Maxim/House und Weißkopf testeten Flügel und Propeller mit einem kreisförmig rotierenden Arm. Sie waren jedoch nicht die Urheber dieser Idee. Es war bekannt, dass Lilienthal, Phillips und Langley zuvor ein solches System verwendet hatten. Diese Gemeinsamkeit dient daher eher dazu zu veranschaulichen, wie Weißkopf im Mainstream der Entwicklungstechnik lag, und nicht als Hinweis darauf, ob es eine in der Sache kooperierenden Verbindung zwischen Weißkopf und House gab.

Nach drei Jahren verließen die Herren House die Vollzeitbeschäftigung bei Maxim/Symon und begannen, Motorboote für die reichen und adeligen Klassen Europas zu entwerfen, zu patentieren[99], und zu bauen. Diese Schnellboote verwendeten leichte Hochdruckkessel, Verbunddampfmaschinen und Propeller, die auf Geschwindigkeit optimiert waren. Es handelte sich also dabei um einen ähnlichen Fokus wie zuvor beim Flugzeug mit dem Unterschied, dass man damit viel Geld verdienen konnte. In technischer Hinsicht bestand der Hauptunterschied darin, dass der Kessel des Maxim-Flugzeugs mit Naphtha, während der bei Schnellbooten mit schwerem Kerosinöl (heute als Diesel bekannt) beheizt wurde.

Das Flugzeug von Maxim wurde mehrmals unbeabsichtigt im Flug getestet. Einmal war House an Bord. Die Maschine lief auf ihrer 1.800 Fuß langen Schiene, auf der die Räder in einer Doppelschiene eingeschlossen waren - eine unten (zur Unterstützung) und die andere oben (um das Abheben der Maschine zu verhindern und den Auftrieb zu messen). Wenn die Doppelverbund-Inline-

---

[98] 1894-11-30, Journal of the Society for Arts, Band 43, Nr. 2193, UK, S.24
[99] 1894-06-19, Hartford Courant, CT, S.8

Dampfmaschine mit maximal 360 PS[100] lief, erzeugte sie mehrere tausend Pfund Schub. Es entwickelte sich schnell eine hohe Vorwärtsgeschwindigkeit und das Flugzeug produzierte über 10.000 Pfund Auftrieb, wodurch es seine obere Schiene durchbrach und abstürzte[101].

Das Flugzeug von Maxim wurde am 31. Juli 1894 erneut unbeabsichtigt getestet. Erneut gab die obere Schiene nach und die Maschine hob ab. Die Dampfzufuhr wurde sofort unterbrochen, aber erst, als die Maschine mehrere hundert Fuß weit geflogen war[102].

1894 kehrte House nach Bridgeport zurück, wo er mit der Herstellung von Kerosinbrennern begann. Nebenher fand er Zeit, einen Sternmotor[103] sowie drei Arten von Dampfreglern[104] zu patentieren. Er reiste zurück nach England, um dort den Winter 1894/1895 zu verbringen[105], und dann wieder im Frühling und Sommer des Jahres 1896, um seine Petroleumbrenner weiterzuentwickeln. Er kehrte am 16. August 1896 in die USA zurück[106]. In der Tat könnten sich die Wege von Weißkopf und House im Sommer 1896 gekreuzt haben, denn Weißkopf behauptete, er habe Maxim zu dieser Zeit in England besucht[107]. Dies war möglicherweise als Teil einer von Samuel Cabot geleiteten Gruppe von der Boston Aeronautical Society.

Einen Monat nach seiner Rückkehr nach Amerika war House in seinem dampfbetriebenen Schnellboot im Hafen von Bridgeport zu sehen[108]. Er hatte das Boot aus England importiert und aufgrund seines innovativen Charakters verzichtete die Behörde auf Zölle. Das Boot war so schnell, dass es die Strecke von Bridgeport nach Blackrock Harbour in nur sieben Minuten zurücklegte[109]. (Weißkopf stürzte später mit seinem Flugzeug in den Hafen von Blackrock ab.) Im folgenden Jahr verkaufte House eines seiner Schnellboote an den New Yorker Bankier J.P. Morgan, der persönlich nach Bridgeport kam, um es abzuholen[110].

Die mysteriösen Gemeinsamkeiten zwischen House und Weißkopf vertiefen sich im Zusammenhang mit einem Zwischenfall Mitte 1897. In diesem Jahr war Bridgeports Patentanwalt Wooster, der zuvor als Angestellter beim US-Patentamt gearbeitet hatte, ein Kandidat für den Posten des Patent-Commissioners. Die Kandidatur scheiterte, als Vorwürfe erhoben wurden, er habe als Angestellter Patentideen gestohlen und als Anwalt sogar in die Büros von Erfindern – darunter das von Henry A. House – einbrechen lassen[111]. (Wooster war der Patentanwalt, den Weißkopf im Jahre 1912 mit der Vorbereitung seines Hubschrauberpatents beauftragte. [112])

1898 begann House eine intensive Phase der Entwicklung von Erfindungen für Automobile. Diese dauerte bis 1904 an. Im April 1899 stellte er auf der Fairfield County Fair seinen LiFu Dampfwagen (Liquid Fuel Engineering Co.) aus[113]. Und im Juni 1899 explodierte ein Auto, das er mit hoher Geschwindigkeit gerade testete, bei Ash Creek. (Zwei Jahre später soll Gustav Weißkopf auch an diesem Ort geflogen sein)[114].

---

[100] 1913-05-03, Scientific American, NY, S.420-421
[101] 1931-06-01, Popular Aviation, S.43, 55
[102] 1894-09-01, North American Review, Band 159, Nr.454, S.344-352
[103] 1895-01-14, Hartford Courant, CT, S.9
[104] 1895-02-08, Hartford Courant, CT, S.9; 1895-02-22, New Hartford Tribune, CT, S.2
[105] 1895-01-12, NY Passagier-Ankunftsregister, Henry A. House, U.S.S. Paris
[106] 1896-08-16, Philadelphia Inquirer, PA, S.5
[107] 1901-06-09, The New York Sun, NY, S.2
[108] 1896-09-22, New Haven Daily Morning Journal and Courier, CT, S.7
[109] 1896-09-13, New York Herald, Connecticut Supplement
[110] 1897-10-08, New Haven Daily Morning Journal and Courier, CT, S.3
[111] 1897-05-15, Meriden Daily Republican, CT, S.5
[112] Patentantrag Gustav Weißkopfs, Sammlung des Autors (Geschenk der Familie Whitehead)
[113] 1899-04-23, Horseless Age, NY, S. 24
[114] 1899-06-10, Hartford Courant, CT, S.13; 1899-06-14, Electricity, NY, S.355

Im Dezember 1899 erwarb ein "Steam Motor Supply Syndicate" die Automobilpatente von Maxim und House, mit der Zielsetzung, die Dampfautomobilindustrie zu beherrschen[115]. In der Ankündigung bezeichnete das Branchenjournal "*Horseless Age*" das Triebwerk von Mr. House als "außerordentlich klein, leicht und kostengünstig". Ein Jahr später kaufte das gleiche Patentsyndikat die Rechte für dessen LiFu-Fahrzeug[116].

Inmitten dieser Phase entstand das Foto von Henry A. House – nur einen kurzen Spaziergang von seinem Haus entfernt – neben der Flugmaschine von Gustav Weißkopf. Im besagten Flugzeug war ein besonders leichter Kessel, eine Verbunddampfmaschine mit enormer Leistung und zwei auf Geschwindigkeit optimierte fast identische Propeller wie in der Maxim-Maschine eingesetzt. Alles bloß ein Zufall?

House hielt sein Interesse an der Luftfahrt weit über seine Anstellung bei Maxim und sein Fototermin bei Weißkopf hinaus aufrecht. 1906, im Alter von 66 Jahren, reiste er nach New York, um an einem Luftfahrtvortrag teilzunehmen[117].

1908 waren sowohl sein Sohn Henry A. Jr. als auch sein Schwiegersohn Mortson wieder in Connecticut. Zusammen gründeten sie Unternehmen, um Metallgürtel bzw. Trinkgefäße herzustellen.

Ein Fahrradunfall mit Gesichtsverletzungen im Jahre 1909 führte dazu, dass Henry A. House schließlich etwas weniger betriebsam wurde[118]. 1910, im Alter von 70 Jahren, waren er und seine Ehefrau bereits bei deren Tochter Grace Brinkley und ihrem Ehemann in der Wood Avenue 705 in Bridgeport eingezogen[119].

1915 starb Henrys Ehefrau Mary, als sie eine Reise an die Niagarafälle unternahmen, um ihren Sohn, der dort ein neues Unternehmen zur Herstellung von Weizenkeksen gegründet hatte, zu besuchen. 1916 starb Maxim.

In einem Interview an seinem 90. Geburtstag (sechs Monate vor seinem Tod) schätzte House, dass er mehr als 300 Patente in verschiedenen Ländern der Welt auf seinen Namen eingetragen hatte. Er überlegte laut, was alles passiert wäre, wenn zum Beispiel die Maxim-Flugmaschine fertiggestellt und erfolgreich geflogen wäre[120].

Henry A. House ist am 18. Dezember 1930 im Alter von 90 Jahren gestorben.

Obwohl bis heute nur wenige Details über die Beteiligung von Henry A. House an Weißkopfs Projekt bekannt sind, können einige Tatsachen mit Zuversicht behauptet werden: Prominente und wohlhabende Erfinder und Wissenschaftler mit dem Status von Henry A. House suchen keine Nachahmer auf, die ihrer Meinung nach vom geringen Kaliber sind (normalerweise ist es umgekehrt). Wenn sie die Neugierde doch packt, gefährden sie ihre berufliche Glaubwürdigkeit sicher nicht, indem sie ihren Leichtsinn verschärfen und sich in Begleitung eines „hoffnungslosen Träumers" und seiner „unpraktischen" Erfindung für die Nachwelt fotografieren lassen.

---

[115] 1899-12-06, Horseless Age, NY, S.5
[116] 1900-12-12, Horseless Age, NY, S.32
[117] 1906-03-24, New York Sun, NY S.5
[118] 1909-04-13, Bridgeport Times and Evening Farmer, CT, S.5
[119] 1910-04-21, US-Volkszählung Bridgeport CT Distr. 5, Supt.Distr.29, Enum.Distr.20, Blatt 10B, Zeile 60
[120] 1930-05-01, Wilmington Evening Journal, Delaware, S.4

Das Erscheinen von House auf den Fotos mit Weißkopf ist ein Beweis dafür, dass es einem der erfahrensten, praktischsten Luftfahrtkonstrukteure der Welt nicht peinlich war, mit Gustav Weißkopf und seinem Flugzeug in Verbindung gebracht zu werden.

# Zeugen

In der Liste von potentiellen Zeugen, die Junius Harworth an Stella Randolph schickte, befand sich der Name eines Jugendfreunds, Samuel Mellitz, den er selbst sofort anschrieb. Sam schrieb zurück und bestätigte, dass er die Erinnerungen Harworths teile.

Leider ist es weder Stella Randolph in den Jahren 1934 bis 1936 noch dem vom Verlag beauftragter Forscher K.I. Ghormley im Jahr 1948 bei Besuchen vor Ort in Bridgeport gelungen, Herrn Mellitz anzutreffen. Dies liegt daran, dass Mellitz als Richter am Obersten Gericht von Connecticut, sowie als prominenter Führer der jüdischen Gemeinde in den Vereinigten Staaten von Amerika über Monate im Voraus ausgebucht, und für kurzfristige Treffen nicht verfügbar war. [Obwohl Mellitz erst 1982 verstarb, waren offenbar Forscher, die vor Ort wohnten, über Jahrzehnte nicht bemüht, eine Aussage vom glaubwürdigsten und politisch unantastbarsten aller Zeugen einzuholen.]

Eine weitere Zeugin, die der Autor durch Zufall beim Durchstöbern einer alten Kiste am Dachboden des Urenkels von Gustav Weißkopf in Florida aufspürte, war Maisie Plotkin. Als Ehefrau des Schwippschwagers der ersten Tochter Gustav Weißkopfs hatte sie kein direktes Verwandtschaftsverhältnis zu Weißkopf. Dennoch schrieb sie die Urenkelkinder Weißkopfs als „*Tante Maisie*" an.

Zu einem Zeitpunkt, als sie noch keine Verbindung zur Familie Weißkopf hatte, wohnte Maisie Rennison in jenem Teil Bridgeports, in dem Weißkopf viele seiner Flugexperimente machte. Einziger Schönheitsfehler ihrer informellen Erklärung ist, dass sie *kein Datum* für die von ihr beobachteten Flüge angibt. Zwar ist aus dem Zusammenhang heraus erkennbar, dass sie die Urenkel Weißkopfs über die Pioniertaten ihres Urgroßvaters informieren wollte. Bedacht hat sie dabei offenbar nicht, dass ihre Erklärung eines Tages als Zeugenaussage verwendet werden und daher für die Geschichtsschreibung wertvoll sein könnte.

LAW OFFICES OF

**MELLITZ & WEINGARTEN**

NEWFIELD BUILDING - 1188 MAIN STREET

BRIDGEPORT, CONNECTICUT

TELEPHONE 5-1161

SAMUEL MELLITZ
CHARLES WEINGARTEN

JOHN B. CANTY

October 1, 1934.

Mr. Julius W. Horvath,
14959 Mark Twain Blvd.,
Detroit, Mich.

My dear Julius:

To say that I was surprised to receive your letter, would be putting it very mild. It certainly was a voice from the past.

I cannot tell you how much pleasure I received in recalling the many incidents you brought back to my mind. I am rather amazed that it was possible for you to have such a vivid recollection of the many details concerning incidents that took place so long ago.

I am enclosing herewith a map of Bridgeport and Stratford, on the reverse side of it is a map of Fairfield. I believe you will have no difficulty in locating on these maps all of the places you mention in your letter, and I trust that the map will serve the purpose for which you need it.

I trust that sometime before very long the occasion will present itself when I can meet you personally and renew the friendship that existed during our youth.

With best wishes, I am

Sincerely,

Sam

SM/HOS.

**Samuel Mellitz Brief an Junius Harworth, 1. Oktober 1934**

RECHTSANWALTSKANZLEI
MELLITZ & WEINGARTEN
SAMUEL MELLITZ
CHARLES WEINGARTEN
JOHN B. CANTY

NEWFIELD GEBÄUDE – 1188 MAIN STREET
BRIDGEPORT, CONNECTICUT
TELEPFON 5-1161

1. Oktober, 1934

Hrn. Julius W. Horvath,
14959 Mark Twain Blvd.,
Detroit, Michigan

Mein lieber Julius:

Zu sagen, dass ich überrascht war, deinen Brief zu erhalten, wäre wohl sehr untertrieben. Das war sicherlich eine Stimme aus der Vergangenheit.

Ich kann nicht beschreiben wie viel Freude es mir bereitete, mich an die vielen Ereignisse zu erinnern, die du mir wieder ins Bewusstsein gerufen hast. Ich bin darüber etwas verwundert, dass es dir möglich war, eine so klare Erinnerung an die vielen Details hinsichtlich Ereignisse, die sich vor so langer Zeit ereignet haben, abzurufen.

Ich lege hiermit eine Karte von Bridgeport und Stratford bei, auf deren Rückseite sich eine Karte von Fairfield befindet. Ich glaube, dass es dir keine Schwierigkeiten bereiten wird, all die Orte, die du in deinem Brief erwähnst, zu lokalisieren, und ich hoffe, dass die Karte jenem Zweck dient, für den du sie benötigst.

Ich hoffe, dass sich vor nicht allzu langer Dauer die Gelegenheit ergibt, dass ich dich wieder persönlich treffen, und jene Freundschaft aufleben lassen kann, die während unserer Jugend herrschte.

Mit besten Grüßen verbleibe ich

ergebens,

Sam

SM/HOS.

**Samuel Mellitz Brief an Junius Harworth, 1. Oktober 1934**

**Dr. h.c. Samuel J. Mellitz,**
**Richter am Obersten Gericht**
6. Mai 1891 – 26. Dez. 1982

Samuel Mellitz wurde am 6. Mai 1891 in Bridgeport[121] geboren. Seine Eltern wanderten wenige Jahre zuvor aus dem polnischen Gebiet des österreichischen Kaiserreiches in die USA aus. Sein Vater Jacob Mellitz kam 1888 und seine Mutter Josephine „Peppie“ (geb. Hausman) 1889 in Amerika an. Die Familie lebte zuerst im East End von Bridgeport. Ein Jahr nach der Geburt von Samuel zog sie als erste jüdische Familie ins West End[122]. Dort richtete sein Vater ein Drogerie- & Konserven-Laden ein[123]. Samuel war eines von neun Kindern. Seine Mutter starb 1905 und sein Vater 1909. Seine älteren Geschwister arbeiteten im Familienunternehmen. Sie lebten in der Pine Street 249 in Bridgeport[124]. 1901 war ihr Nachbar auf der Nr. 241 ein Mann namens Gustav Weißkopf. Samuel Mellitz war zehn Jahre alt. Erst 1934 wurde er gebeten, sich an diesen Mann zu erinnern.

Samuel schloss die High School 1908 ab und besuchte danach die Yale Law School[125], die er 1911 mit Auszeichnung abschloss[126]. Er musste seinen 21. Geburtstag im Jahr 1912 abwarten, bevor er als Rechtsanwalt in Connecticut zugelassen werden durfte[127]. Zusammen mit seinem Klassenkameraden Harry Goldstein eröffnete er eine Anwaltskanzlei. Am 18. Juni 1916 heiratete Samuel Sadye L. Silverman, die in New Yorks Upper East Side aufgewachsen, die Tochter eines örtlichen Kaufmanns, in der Green Street Synagoge war. Als sein Cousin und Schwager Morris ein Autohaus, die Standard Motor Co., eröffnete, wurde Sam Schatzmeister[128]. Bis 1927 war er Mitglied der West End Building and Loan Association[129].

Samuel war nicht nur Notar[130], sondern auch in diversen Vereinen (Freimaurer, I.O.B.B. [131] – Tempelmeister des Jahres 1926), Bruderschaften (X.T.K.) und in der Politik aktiv. Er war Mitglied der Demokratischen Partei und war auf verschiedene Weise Delegierter von Konventionen, Kandidat für lokale Ämter und Friedensrichter. 1914 war er Delegierter des Staatskonvents[132]. Ein Jahr später zusammen mit dem Apotheker Nicholas Horvath, dem Bruder von Junius Harworth, ein Kandidat als

---

[121] 1917-06-05, US Militär Musterungsakte, Samuel Mellitz
[122] 1958-05-11, Bridgeport Post, CT, S.11
[123] 1917, History of Bridgeport and Vicinity, CT, S.227
[124] 1900-06-02, US-Volkszählung Bridgeport CT Ward 3, Supt.Distr.26, Enum.Distr.15, Blatt 3, Zeile 80
[125] 1909-06-21, Bridgeport Times and Evening Farmer, CT, S.2; 1908-1909, Catalog of Yale University, S.733
[126] 1911-12-28, Hartford Courant, CT, S.5; 1912, Register of Yale Graduates, S.349; 1914, S.363
[127] 1912-01-15, Hartford Courant, CT, S.7
[128] 1919-03-12, Hartford Courant, CT, S.3
[129] 1927-01-21, Bridgeport Telegram, CT, S.2
[130] 1919, Connecticut State Register and Manual, S.156
[131] 1913-07-11, Bridgeport Times and Evening Farmer, CT, S.6
[132] 1914-09-19, Hartford Courant, CT, S.16; 1914-09-18, Bridgeport Times and Evening Farmer, CT, S.11

demokratischer Delegierter für den Gemeinderat[133]. 1925 verlor er mit nur 70 Stimmen die Wahl zum Stadtrat[134].

1916 begrüßte er Henry Morgenthau in Bridgeport zu einer leidenschaftlichen Rede über Woodrow Wilson und palästinensische Juden[135]. Samuel und Sadye waren orthodoxe Juden. Ihr Leben drehte sich um ihre Religion und die Förderung eines eigenen jüdischen Staates. Samuel war Mitglied von B'nai B'rith[136] und Präsident der YMHA (Young Men's Hebrew Association[137]), wo er einmal u.a. einen Vortrag über „Erholung ohne Versuchung" hielt[138]. 1925 half er bei der Gründung einer hebräischen Schule in Bridgeport[139] und im folgenden Jahr einer neuen Synagoge[140]. 1926 war er Gründungs-Präsident des Jüdischen Gemeindezentrums.

1926 unternahmen er und Sadye die erste von vielen Reisen nach Palästina[141]. 1927 begrüßte er den Präsidenten der Zionist Organization of America in Bridgeport und leitete dafür die Sammelaktion vor Ort[142]. Etwa zur gleichen Zeit begrüßte Sadye die Leiterin der Nationalen Jüdischen Frauenorganisation in Bridgeport[143].

1930 lebte die Familie in der Fairfield Avenue 2681 und hatte bereits drei Kinder: Jacob, Barbara und Beulah[144]. Anfang 1933 organisierte Samuel Proteste gegen die Behandlung von Juden durch die Nazis und warb hierbei um die Unterstützung von US-Politikern[145]. Die Weltwirtschaftskrise war in vollem Gange. Die West Side Bank musste am 29. August 1933 schließen. Samuel wurde zum Insolvenzverwalter der Bank ernannt[146]. Er organisierte sie schnell um und ließ sie bis zum 1. Juni 1934 wieder öffnen. Hierbei erntete er Lob und viele politische Verbündete. Samuel wurde Vorstandsvorsitzender der Bank[147].

Nur wenige Wochen nachdem Samuel die Kontrolle über die neu eröffnete Bank übernommen hatte, wurde er durch eine Stimme aus seiner Vergangenheit heimgesucht. Sein Kumpel aus Kindheitstagen, Junius Harworth - jetzt Ingenieur bei der Packard Motor Car Co. in Detroit - schrieb ihm einen Brief, in dem er sich an die vielen Motorflüge erinnerte, die deren gemeinsamer Nachbar Gustav Weißkopf 1901 unternommen hatte. Er bat Samuel um Hilfe bei der Recherche der Biografin Stella Randolph und forderte eine Karte von Bridgeport an, auf der die Orte aufgeführt waren, an denen Weißkopfs Flüge stattgefunden hatten.

Ohne zu zögern oder zu widersprechen, antwortete Samuel am 1. Oktober 1934, dass er die Erinnerungen von Junius teile. Er legte seinem Schreiben eine Karte von Bridgeport bei. Seine genauen Worte waren: "Ich kann Ihnen nicht sagen, wie viel Freude es mir bereitete, mich an die vielen Vorfälle zu erinnern, die Sie mir in den Sinn gebracht haben." [148]

---

[133] 1915-10-08, Bridgeport Times and Evening Farmer, CT, S.12
[134] 1925-11-04, Bridgeport Telegram, CT, S.2
[135] 1916-10-30, Bridgeport Times and Evening Farmer, CT, S.9
[136] 1915-02-23, Bridgeport Times and Evening Farmer, CT, S.4
[137] 1922-02-22, Bridgeport Telegram, CT, S.11
[138] 1923-01-18, Bridgeport Telegram, CT, S.13
[139] 1925-08-17, Bridgeport Telegram, CT, S.1
[140] 1926-09-08, Bridgeport Telegram, CT, S.8
[141] 1926-08-22, SS Columbus Schiffsmanifest, Zeile 10; 1926-10-12, Bridgeport Telegram, CT, S.15
[142] 1927-02-04, Bridgeport Telegram, CT, S.2
[143] 1927-04-15, Bridgeport Telegram, CT, S.25
[144] 1930-04-07, US-Volkszählung Bridgeport CT Block 167, Supt.Distr.4, Enum.Distr.I-11, Blatt 9A, Zeile 3
[145] 1933-03-25, Hartford Courant, CT, S.1
[146] 1933-09-14, Hartford Courant, CT, S.12
[147] 1936, Story of Bridgeport, CT, S.142
[148] Mellitz, 1934-10-01, Brief Samuel Mellitz an Junius Harworth

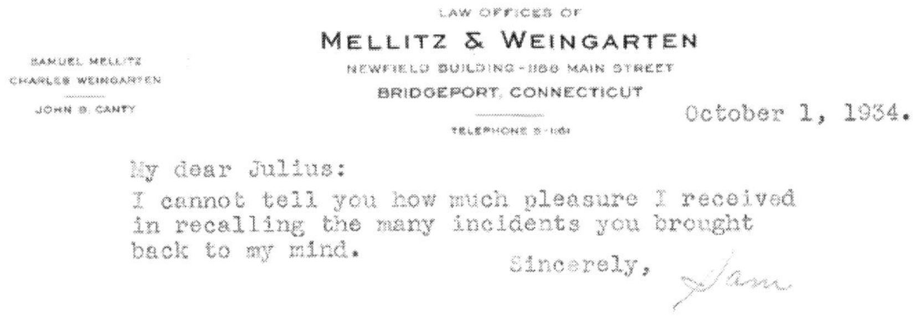
LAW OFFICES OF
MELLITZ & WEINGARTEN
NEWFIELD BUILDING - 1188 MAIN STREET
BRIDGEPORT, CONNECTICUT
TELEPHONE 3-1161

SAMUEL MELLITZ
CHARLES WEINGARTEN
JOHN B. CANTY

October 1, 1934.

My dear Julius:
I cannot tell you how much pleasure I received in recalling the many incidents you brought back to my mind.

Sincerely,
Sam

**Auszug aus relevanten Briefstellen von Samuel Mellitz an Junius Harworth, 1. Oktober 1934**

In den darauffolgenden Jahren konnte Stella Randolph kein Treffen mit Samuel Mellitz vereinbaren. In den Jahren 1934, 1935 und 1936 war sie jeweils nur für wenige Tage in Bridgeport und Samuel war in diesen Jahren sehr beschäftigt.

Einige Wochen nachdem er an Junius geschrieben hatte, wurde Samuel zum Vorsitzenden des Beschwerdeausschusses der Anwaltskammer von Connecticut ernannt. Und nur vier Monate später wurde bekannt gegeben, dass Samuel auf der Shortlist steht, um Amtsrichter zu werden[149]. Die Nominierung des Gouverneurs folgte im April[150], und der Senat[151] und das Repräsentantenhaus[152] bestätigten sie Mitte Mai 1935. Am selben Tag wurde seine Ehefrau Sadye Mitbegründerin der Hadasseh-Bewegung und zur Sekretärin gewählt[153]. Es handelt sich dabei um eine offen zionistische Organisation. Samuel wurde am 11. Februar 1936 als Richter vereidigt[154]. Neben Igor Sikorsky war er jahrzehntelang im Vorstand des St. Vincent-Krankenhauses tätig[155].

Eine Woche später empfing Samuel Prof. Albert Einstein bei einer Veranstaltung, die er für die Yeshiva University organisierte[156]. Sechs Wochen später bei einer vom National Jewish Fund organisierten Veranstaltung sprach sich Samuel gemeinsam mit dem Gouverneur gegen Intoleranz aus[157]. Als der Zustrom jüdischer Flüchtlinge aus Europa in den 1930er Jahren zunahm, half Samuel bei der Organisation einer Konferenz zu diesem Thema in Boston[158]. Zu diesem Zeitpunkt stand seine vierjährige Amtszeit als Richter kurz vor dem Ende. Der Gouverneur gab jedoch bekannt, dass er eine zweite Amtszeit befürworte[159]. Der Senat[160] und das Repräsentantenhaus[161] bestätigten sie mit einer Mehrheit von jeweils rund 90%.

Im Februar 1941 wurde Samuel Vorsitzender des Rechtsausschusses der Freimaurer[162]. Kurze Zeit später und zwei Jahre nach der Verlängerung von Samuels Amtszeit als Amtsrichter ernannte ihn der Gouverneur zum Richter am Landgericht[163]. Dieses Mal wurde er für eine Amtszeit von acht Jahren gewählt[164].

---

149 1935-02-08, Hartford Courant, CT, S.2
150 1935-04-24, Hartford Courant, CT, S.20
151 1935-05-18, Hartford Courant, CT, S.3
152 1935-05-22, Hartford Courant, CT, S.22
153 1935-05-23, Hartford Courant, CT, S.8; 1955-10-28, Bridgeport Post, CT, S.27
154 1936-02-12, Hartford Courant, CT, S.9
155 1955-06-19, Bridgeport Telegram, CT, S.10; 1958-05-11, Bridgeport Post, CT, S.11
156 1938-02-20, Hartford Courant, CT, S.42
157 1938-04-04, Hartford Courant, CT, S.1 & 4
158 1939-01-16, Hartford Courant, CT, S.18
159 1939-04-27, Hartford Courant, CT, S.14
160 1939-05-10, Hartford Courant, CT, S.7
161 1939-05-11, Hartford Courant, CT, S.7
162 1941-02-07, Hartford Courant, CT, S.10
163 1941-06-02, Hartford Courant, CT, S.1
164 1941-06-04, Hartford Courant, CT, S.14

Eine seiner ersten Amtshandlungen bestand darin, Einwanderern die US-Staatsbürgerschaft zu verleihen. Bei dieser Gelegenheit unternahm er den ungewöhnlichen Schritt, die Einwanderungsgeschichte seiner eigenen Familie zu erzählen. In einer spontanen Rede sagte er: "Die Hingabe an dieses Land darf nicht daran gemessen werden, was man bekommen kann, sondern daran, was man für Amerika tun kann." Das war im Jahr 1942. (Einige Jahre später fand eine andere Persönlichkeit aus der Partei der US-Demokraten in Neuengland, sehr ähnliche Worte. [165]

Bald ernannte der Gouverneur Samuel zum Mitglied eines Ausschusses für Rassenbeziehungen[166]. Der Ausschuss bearbeitete in seiner ersten Amtszeit 51 Beschwerden[167]. Vier Jahre später verließ Samuel das Komitee[168] und erhielt eine Auszeichnung für seinen Dienst[169]. 1948 stand sein Richteramt zur Erneuerung an[170]. Ende April 1949 ernannte ihn Gouverneur Bowles zum Richter am Landgericht[171]. Er wurde vom Parlament Anfang Juni 1949 bestätigt[172]. Während dieser zweiten Amtszeit schuf die Legislative das neue Amt des Vorsitzenden Richters, welches Samuel zugeteilt wurde[173].

Während dieser Zeit war Samuel in jüdischen Angelegenheiten aktiv, organisierte Veranstaltungen für die Yeshiva Universität[174] und hielt Reden bei den Eröffnungen von Gemeindezentren[175] und Synagogen[176]. Ende September 1948 wurde Samuel zum Ehrenpräsidenten des Jüdischen Rates[177] und im April 1951 zum Generalvorsitzenden der orthodoxen Juden in Connecticut gewählt[178]. In derselben Woche wurde seine Ehefrau Präsidentin von Hadasseh[179], und sein Schwiegersohn zum Chef der Gerichtsmedizin bestimmt[180]. Ende der folgenden Woche wurde Samuel in den Vorstand der Anti-Diffamierungs-Liga gewählt[181]. Ein Jahr später wurde er Generalvorsitzender der Synagogenkonferenz in Connecticut[182]. Zwei Jahre später erhielt er das Interfaith Award[183], und Mitte 1954 wurde er mit der Ehrendoktorwürde der Yeshiva University ausgezeichnet[184]. Ende 1954 feierte er den 50. Jahrestag der Synagoge in der Hancock Avenue, an deren Gründung sein Vater beteiligt gewesen war[185], und im März 1955 wurde er deren Präsident[186].

**Samuel bei der Eröffnung einer orthodoxen Synagoge**

[165] 1942-11-18, Hartford Courant, CT, S.5
[166] 1943-08-04, Hartford Courant, CT, S.9; 1943-1944, Connecticut State Register and Manual,S.58
[167] 1945-04-08, Hartford Courant, CT, S.18
[168] 1947-06-29, Hartford Courant, CT, S.11
[169] 1947-10-09, Hartford Courant, CT, S.3
[170] 1948-09-18, Hartford Courant, CT, S.2
[171] 1949-04-30, Hartford Courant, CT, S.1
[172] 1949-06-08, Hartford Courant, CT, S.8
[173] 1958-05-11, Bridgeport Post, CT, S.11
[174] 1943-02-20, Hartford Courant, CT, S.3; 1953-11-23, Hartford Courant, CT, S.28
[175] 1943-09-19, Hartford Courant, CT, S.40; 1953-10-28, Hartford Courant, CT, S.12
[176] 1945-11-13, Hartford Courant, CT, S.10 & 1954-01-18, S.25 & 1954-06-10, S.19; 1951-04-14, Bridgeport Telegram, CT, S.38
[177] 1948-09-30, Bridgeport Post, CT, S.12
[178] 1951-04-25, Hartford Courant, CT, S.8
[179] 1951-06-09, Bridgeport Telegram, CT, S.46
[180] 1951-06-05, Bridgeport Telegram, CT, S.41
[181] 1951-06-12, Bridgeport Telegram, CT, S.50
[182] 1952-05-14, Hartford Courant, CT, S.27
[183] 1954-02-26, Hartford Courant, CT, S.22
[184] 1954-10-04, Bridgeport Telegram, CT, S.8
[185] 1954-12-12, Bridgeport Telegram, CT, S.14

Während dieser Zeit war Samuel an der Förderung des Verkaufs von „Israel Bonds“ [187] zur Unterstützung jenes neu entstandenen Staates beteiligt. Im Sommer 1954 unternahmen er und seine Frau eine Reise nach Palästina, die sie zuvor ‚Israel‘ nannten[188]. Samuels Aktivitäten waren so erfolgreich, dass er von Zionisten gefeiert[189] und zum Treuhänder einer Universität in Israel ernannt wurde[190]. In der Tat drehte Samuel einen Film über Israel mit dem Titel "Israel revisited", den er selbst moderierte[191]. Seine Ehefrau Sadye wurde zur Co-Vorsitzenden der Israel Bonds Organization[192]. In einem Interview von 1958 bezeichnete sich das Paar als Zionisten und erklärte, sie seien „hochorthodox“. Zu diesem Zeitpunkt hatten sie bereits drei Reisen nach Palästina unternommen[193].

Im März 1955 war Samuel Mitbegründer des „Key Club“ des Jüdischen Gemeinderates[194]. Er war Delegierter des Rates des Nationalen Jüdischen Wohlfahrtsverbandes[195] und wurde Ehrenpräsident des Nationalen Jüdischen Rates. In dieser Eigenschaft betrieb er Lobbyarbeit bei der US-Regierung mit dem Ergebnis, dass diese einen Sicherheitspakt mit Israel abschloss[196]. Es war also seine erfolgreiche Lobbykampagne, die zur Veränderung der Weltordnung führte. Denn im folgenden Jahr besiegelte dieser Pakt den endgültigen Untergang des britischen Empire in der sogenannten „Suez-Krise“.

**Samuel mit dem US Supreme Court Richter Brennan (links); und der israelischen Außenministerin Golda Meir (rechts)**

Samuels Einflusskreis vergrößerte sich rapide. Bald trat er auf Kongressen mit dem Richter am Obersten US-Bundesgericht, Brennan, auf[197], organisierte Spendenaktionen mit Eleanor Roosevelt[198], begrüßte zusammen mit dem Bürgermeister von Bridgeport (später Vizegouverneur von Connecticut) Tedesco den israelischen Botschafter[199], und veranstaltete Veranstaltungen mit der

---

[186] 1955-03-19, Bridgeport Post, CT, S.6

[187] 1951-07-19, Bridgeport Telegram, CT, S.57; 1954-09-26, S.B-2; 1954-11-06, S.39; 1954-11-22, Hartford Courant, CT, S.17; 1955-05-01, Bridgeport Post, CT, S.B-14

[188] 1954-09-24, Bridgeport Telegram, CT, S.13

[189] 1954-11-20, Bridgeport Telegram, CT, S.12

[190] 1954-11-22, Bridgeport Telegram, CT, S.9

[191] 1955-03-19, Bridgeport Telegram, CT, S.18

[192] 1955-10-28, Bridgeport Post, CT, S.27

[193] 1958-05-11, Bridgeport Post, CT, S.11

[194] 1955-03-10, Bridgeport Telegram, CT, S.6

[195] 1955-09-08, Bridgeport Telegram, CT, S.35

[196] 1955-11-10, Bridgeport Post, CT, S.70; 1955-11-10, Bridgeport Telegram, CT, S.58

[197] 1956-10-24, Hartford Courant, CT, S.1

[198] 1956-12-05, Bridgeport Post, CT, S.79

[199] 1958-05-11, Bridgeport Post, CT, S.8

israelischen Außenministerin und späteren Premierministerin Golda Meir[200]. Die Einflusssphäre seiner Ehefrau nahm ebenfalls zu. Sie wurde unter anderem sogar von Israels Premierminister Ben Gurion persönlich empfangen[201].

Anfang März 1957 wurde Samuel Richter am Obersten Gerichtshof von Connecticut[202], in der folgenden Woche Ehrenvorsitzender des Rabbinerrates von Connecticut[203]. Die Nominierung zum Gericht wurde Anfang April parlamentarisch bestätigt[204] und er wurde Anfang Mai im Amt vereidigt[205]. Im darauffolgenden Sommer reisten er und seine Ehefrau wieder nach Israel[206].

**Ein Zeuge von Whiteheads Flügen (ganz links neben der US-Flagge) bei seiner täglichen Arbeit am Obersten Gerichtshof[207]**

Samuel wurde in die 1960-Ausgabe von "Who's Who?" aufgenommen[208]. Aufgrund seines bevorstehenden obligatorischen Rentenalters von 70 Jahren geschah dies in seinem vorletzten Jahr als Richter am Obersten Gerichtshof statt. Er erreichte diesen Geburtstag am 6. Mai 1961[209]. Dies war jedoch nicht das Ende von Samuels juristischer Karriere. Tage später wurde er zum State Referee ernannt - eine Art Ombudsmann- bzw. Moderator-Funktion[210]. Dieser Job machte ihn bekannter als je zuvor. Abgesehen von der Entscheidung über außergerichtliche Vergleiche in vielen Fällen, in denen der Staat im Konflikt mit Bürgern stand, leitete er einen Ausschuss zur Bereinigung veralteter oder unklarer Gesetze[211]. Es war vor allem seine Leitung einer Kommission zur Bekämpfung des Glücksspiels im Bundesstaat Connecticut, die ihn gegen das organisierte Verbrechen stellte und

---

[200] 1958-10-13, Bridgeport Post, CT, S.1
[201] 1958-10-29, Bridgeport Post, CT, S.27
[202] 1957-03-06, Bridgeport Post, CT, S.1; 1957-03-07, Hartford Courant, CT, S.1
[203] 1957-03-17, Bridgeport Post, CT, S.11
[204] 1957-04-05, Hartford Courant, CT, S.4; 1957-04-06, Bridgeport Post, CT, S.24
[205] 1958-05-06, Bridgeport Post, CT, S.25
[206] 1958-08-09, Bridgeport Post, CT, S.9
[207] 1943-1944, Connecticut State Register and Manual, S.98
[208] 1960-03-23, Bridgeport Post, CT, S.27
[209] 1960-12-29, Hartford Courant, CT, S.12; 1960-12-29, Bridgeport Post, CT, S.22
[210] 1961-05-09, Bridgeport Post, CT, S.4; 1978, Connecticut State Register and Manual, S.298
[211] 1964-04-07, Hartford Courant, CT, S.2

berühmt machte[212]. Er war auch Mitglied eines Gremiums, das lokale Kommissionen zur Verbrechensbekämpfung beaufsichtigte[213]. Er beendete seine Karriere als Vorsitzender des Staatlichen Ethikrates[214].

Samuels letzten Jahre wurden hauptsächlich damit verbracht, diverse Auszeichnungen entgegen zu nehmen. Diese Ehrungen stammten u.a. von Mikur Cholim[215], der amerikanischen Vereinigung für jüdische Bildung[216], dem Key Club[217], B'nai B'rith (bei dem er einst "Mann des Jahres" gewesen war) [218], der Temple Lodge[219], Shimshom[220], dem Jüdischen Rat[221], den Freimaurern[222], der United Jewish Appeal[223], die Ahavath Achim Synagoge[224], die Hilel Schule[225], der Algonquin Club[226] und der Amudin Award der Nationalen Vereinigung Hebräischer Schulen[227].

Samuel starb am 26. Dezember 1982[228], seine Ehefrau Sadye am 13. Juni 1989[229].

Es handelt sich bei Samuel um einen der Zeugen der Motorflüge von Gustave Whitehead- eine Gruppe, die durch das US-Bundesmuseum Smithsonian sowie das Deutsche Museum pauschal als „unzuverlässig" bezeichnet wird.

---

[212] 1965-02-26, Hartford Courant, CT, S.4
[213] 1968-03-13, Bridgeport Post, CT, S.50
[214] 1977-11-22, Bridgeport Post, CT, S.39; 1978, Connecticut State Register and Manual, S.413; 1980, S.266
[215] 1959-03-28, Bridgeport Post, CT, S.13
[216] 1959-06-04, Bridgeport Post, CT, S.15
[217] 1960-01-03, Bridgeport Post, CT, S.62
[218] 1960-03-20, Bridgeport Post, CT, S.19; 1968-03-16, Bridgeport Post, CT, S.3
[219] 1960-10-27, Bridgeport Post, CT, S.39
[220] 1960-11-21, Bridgeport Post, CT, S.10
[221] 1961-11-05, Bridgeport Post, CT, S.D-22; 1961-11-18, Bridgeport Telegram, CT, S.11; 1966-05-01, Bridgeport Post, CT, S.16
[222] 1962-04-03, Hartford Courant, CT, S.30
[223] 1962-06-24, Bridgeport Post, CT, S.3
[224] 1963-03-18, Bridgeport Post, CT, S.39; 1971-05-16, Bridgeport Post, CT, S.42
[225] 1968-05-12, Bridgeport Post, CT, S.83
[226] 1973-05-23, Bridgeport Post, CT, S.1
[227] 1975-11-06, Bridgeport Post, CT, S.45
[228] 1982-12-26, US Social Security Sterbeverzeichnis
[229] 1989-06-13, Hartford Courant, CT, S.86

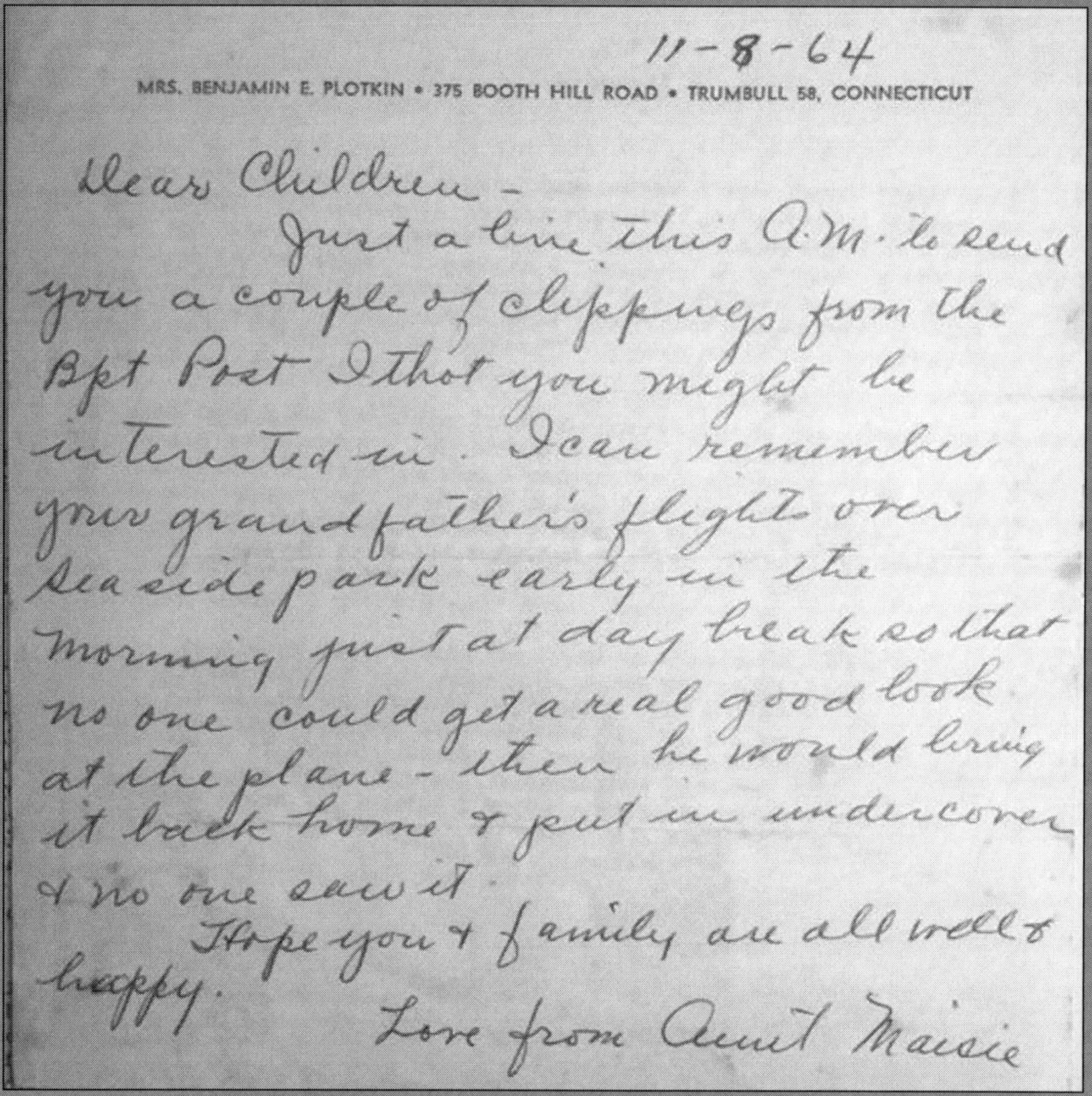

11-8-64

MRS. BENJAMIN E. PLOTKIN • 375 BOOTH HILL ROAD • TRUMBULL 58, CONNECTICUT

Dear Children -

Just a line this A.M. to send you a couple of clippings from the Bpt Post I thot you might be interested in. I can remember your grandfather's flight over Seaside park early in the morning just at day break so that no one could get a real good look at the plane - then he would bring it back home & put in undercover & no one saw it.

Hope you & family are all well & happy.

Love from Aunt Maisie

**Frau Maisie Plotkin Brief an die Rennison Kinder, 8. November 1964**

08.11.1964

**FR. BENJAMIN E. PLOTKIN . 375 BOOTH HILL ROAD . TRUMBULL 58, CONNECTICUT**

Liebe Kinder,

Nur ein paar Zeilen an diesem Vormittag, um euch ein paar Zeitungsausschnitte aus der Bridgeport Post zuzusenden, die euch vielleicht interessieren. Ich kann mich an die Flüge eures Großvaters über Seaside Park erinnern, die direkt bei Tagesanbruch stattfanden, damit niemand einen guten Blick auf das Flugzeug bekommen konnte – danach würde er es nach Hause bringen und unter eine Plane stecken, damit es niemand sieht.

Ich hoffe dass es euch und eurer Familie gut geht, und dass alle glücklich und wohlauf sind.

Alles Liebe von Tante Maisie

**Maisie E. Rennison Plotkin**
22. Jan. 1893 – 18. Sept. 1973

Maisie E. Rennison war das älteste Kind von Robert W. und Hulda A. Rennison. Ihre Eltern waren beide britisch-kanadischer Abstammung. Maisie wurde in Connecticut geboren. Im Jahr 1900 lebte die Familie in der Poplar Street 216, etwa 1,3 km von Gustav Weißkopfs Werkstatt entfernt[230]. Maisie war achteinhalb Jahre alt und genoss ihre Schulferien im Sommer 1901, als sie ein außergewöhnliches Ereignis beobachtete.

In einem Brief vom 8. November 1964 beschrieb sie für ihre Nichten und Neffen, wie sie Gustav Weißkopf im Seaside Park in Bridgeport fliegen sah. Diese kannten die Geschichte aber bereits schon gut. Das liegt daran, dass Maisies jüngerer Bruder, Clyde, Gustav Weißkopfs älteste Tochter Rose geheiratet hat. (Zwei Fotos zeigen Gustav, wie er Baby Rose – Maisies zukünftige Schwägerin – unter dem Flügel seines Flugzeugs Nr. 21 in seinen Armen hält.)

Je nach Gerichtsbarkeit wäre die Aussage Maisies – als Verwandte eines Schwiegersohns – als Zeugin vor einem Gericht nur teilweise verwertbar. Wird sie jedoch als Familie betrachtet, so entkräftet dies wenigstens die Behauptung des ehemaligen Senior-Kurators der Smithsonian Institution Crouch, der einmal behauptete, "kein Familienmitglied hat Weißkopf jemals fliegen gesehen "[231].

Am 21. Februar 1912 in Newark/New Jersey heiratete Maisie Benjamin E. Plotkin[232] (geb. 28. November 1891 in New York)[233]. Benjamin war der zweite Sohn von Max und Annie Plotkin - beide russische Juden[234]. Mit 13 Jahren begann Ben als Bürojunge bei der Holzhandelsfirma Burritt zu arbeiten. Als er Maisie heiratete, arbeitete Benjamin bis 1912 als Buchhalter bei der Holzhandelsfirma von Frank Miller. Im Juni 1920 gründete er sein eigenes Holzgeschäft in Fairfield[235]. Bis 1920 war er Notar[236]. Er und Maisie hatten einen Sohn Robert L. (geb. 1925) und eine Tochter, Beverly Ann (geb. 1934).

1930 lebten sie in der Menton Street 170 in Fairfield. Benjamin war Händler von Baumaterial. Im Jahre 1937 lebte die Familie in der Booths Hill Road 301, in Nichols, Trumbull/Connecticut. Im Jahre 1940 hatte Benjamins den Holzhandels Burritt übernommen und leitete diesen[237].

---

230 1900-06-07, US-Volkszählung Bridgeport CT Ward 5, Supt.Distr.26, Enum.Distr.23, Blatt 6, Zeile 25

231 1981, Crouch, Tom D., Dream of Wings, Norton, New York, NY, S.125 *„Even the members of Whitehead's family could not recall his having mentioned the longs flights of 1901-1902."*

232 1962-02-22, Bridgeport Telegram, CT, S.20

233 1929-02-20, SS Reliance Schiffsmanifest, Zeile 20

234 1910-04-22, US-Volkszählung, Bridgeport CT Ward 6, Supt.Distr.29, Enum.Distr.23, Blatt 7B, Zeilen 83-88

235 1965-10-24, Bridgeport Post, CT, S.76

236 1920 Bridgeport and Southport Directory #54, S.975

237 1962-02-23, Bridgeport Post, CT, S.22;
1930-04-08, US-Volkszählung, Fairfield CT, Supt.Distr.4, Enum.Distr.1-123, Blatt 8A, Zeile 20;
1940-05-02, US-Volkszählung, Trumbull-Nichols, Supt.Distr.4, Enum.Distr.1-123A, Blatt 13B, Zeile 47

1947 wurde das Eigentum am Familienhaus auf Maisie übertragen[238]. Vier Jahre später starb Maisies Mutter[239] und nach drei weiteren Jahren ihr Bruder Frank[240]. 1957 heiratete ihre Tochter[241]. Bis zu diesem Zeitpunkt war Maisie mit der Veranstaltung von Kunstausstellungen beschäftigt und sogar selbst Kunstlehrerin geworden[242]. Im Jahre 1962 war sie Präsidentin des City Clubs of Bridgeport, einer Wohltätigkeitsorganisation[243].

1965 verliehen die örtlichen Ritter von Columbus Maisies Ehemann Benjamin den "Citizens 'Award", um seinen Zivildienst und das Stipendienprogramm seines Unternehmens für lokale Highschool-Jugendliche zu würdigen[244].

Am 22. Oktober 1969 starb Maisies Schwägerin Rose Whitehead Rennison in Florida[245], am 16. September 1973 Maisie. [246]

---

[238] 1947-09-16, Bridgeport Telegram, CT, S.34
[239] 1951-07-14, Bridgeport Telegram, CT, S.45
[240] 1954-10-03, Bridgeport Telegram, CT, S.47
[241] 1957-06-16, Bridgeport Post, CT, S.18
[242] 1955-11-29, Bridgeport Telegram, CT, S.76; 1957-04-28, Bridgeport Post, CT, S.24; 1962-08-08, Bridgeport Post, CT, S.44
[243] 1962-07-14, Bridgeport Post, CT, S.10
[244] 1965-10-24, Bridgeport Post, CT, S.76
[245] 1969-10-24, Miami Herald, FL, S.58
[246] 1973-09-18, Bridgeport Post, CT, S.34; 1973-09-18, Bridgeport Telegram, CT, S.26

Neben Junius Harworth war Anton Pruckner einer der Helfer und Wegbegleiter Weißkopfs. Über einen Zeitraum von mehr als drei Jahrzehnten machte Pruckner immer wieder beeidete Erklärungen über Geschehnisse rund um die Person Gustav Weißkopf.

Pruckner beschreibt die vielen Arten von Antriebstechnik, die er mit Weißkopf zusammen baute, von Schießpulver- über Dampf- und Kerosin/Diesel- bis hin zum Benzin-Antrieb. Diese Motoren wurden sowohl in Booten als auch in Flugzeugen und einem Hubschrauber eingebaut. Ihre jeweilige Leistung rangierte von 12 PS bis hin zu 250 PS. Pruckner beschreibt auch Flüge mit von Weißkopf gebauten Segelflugzeugen.

Pruckner bestätigte, dass er die Flugzeuge Weißkopfs oft fliegen sah. Er beschrieb Flüge im Seaside Park in Bridgeport und über das Hafengewässer in einer einmotorigen Vorgänger-Maschine von Nr. 21, die er „*Nr. 20*“ nannte. Insbesondere bestätigte er, beim Flug vom 14. August 1901 über eine halbe Meile als Zeuge anwesend gewesen zu sein.

Pruckner behauptete ferner, selbst in Weißkopfs Maschine Nr. 22 geflogen zu sein. Er bestätigte zudem, dass dafür ein größerer Motor gebaut wurde, als in der Maschine Nr. 21 vorhanden war. Nur vom Hörensagen kannte er jedoch die Umstände des angeblichen 11 Kilometer weiten Flugs über den Long Island Sund vom 17. Januar 1902, welche im Artikel vom 1. April 1902 in der Zeitschrift *American Inventor* beschrieben wurden. [Gemäß der Chronologie erscheint besagter Artikel erst in einem späteren Band dieser Serie.]

Brisanterweise behauptet Pruckner, anwesend gewesen zu sein, als in der Zeit vor 1903 die Gebrüder Wright Weißkopf in seiner Werkstatt in Bridgeport besucht hätten.

Pruckner irrt sich, wenn er erklärt, Weißkopf seit 1899 gekannt zu haben. Kennen gelernt haben sich die Beiden erst nachdem Weißkopf im Sommer 1900 nach Bridgeport, und Pruckner am 3. Jan. 1901 in Amerika ankam. Irrtümlich ist auch seine Angabe, dass bereits ab 1900 Stanley Y. Beach der Finanzier von Weißkopf war. Bekannt ist, dass Weißkopf im Jahre 1901 zunächst durch einen Herrn Miller, dann bis 17. Januar 1902 durch Hermann Linde, und danach ab April 1902 bis ca. 1904 durch seinen Bruder Johann Weißkopf finanziert wurde, bevor Beach im Jahre 1905 als Finanzier einstieg.

Bridgeport, Connecticut
July 16, 1934

I, ANTON T. PRUCKNER, 79 Scofield Avenue, Bridgeport, Connecticut, do depose and declare that I, personally was acquainted with the late Gustave Whitehead and was employed by him in the construction of motors and heavier than air flying machines.

I have known the late Gustave Whitehead since 1899, and was employed by him when he had his shop in the yard back of his home at 241 Pine Street, Bridgeport, Connecticut. I was present and assisted him on practically every occasion when he tested his airplanes. It was our custom to do most of this testing in the early mornings in order to avoid the danger that crowds of children about the machines would create at other times.

Because of the lack of finances the said Mr. Whitehead was unable to construct his planes as well as he wished. About 1900 he obtained some financial help from a man named Stanley Y. Beach. The first flights made by Mr. Whitehead lasted only approximately five minutes' time and the plane rose not more than fifteen to thirty feet from the ground.

In the construction of motors we experimented with gun powder, but I was afraid of this type of engine, and once when Mr. Whitehad had a severe explosion with it, he finally gave up using it. We also experimented with steam-driven motors. I recall one time when a pipe heated by the steam became so soft as to bend. At last we worked on gasoline-driven air-cooled motors, only. The last motor I recall helping Mr. Whitehead construct was 250 h.p. It had eight cylinders and a big bore. Mr. Whitehead had considerable difficulty with Mr. Beach, and this engine was taken by Mr. Beach and put into a boat. I believe it is the one which Mr. Beach caused to be sunk in the Sound as a result of increasing its speed too suddenly.

I personally know the facts, as stated in Mr. Whitehead's letter to the Editor of the American Inventor, and published in the issue of April 1, 1902, to be true. I flew in this machine with Mr. Whitehead ~~in the first flight he mentions as having taken place on January 17, 1902~~, and I saw him make the ~~second~~ flight across the Sound to which he refers. I know the facts, as stated in the following paragraph quotedfrom his letter to be exactly as stated therein:

"This machine has been tried twice, on January 17, 1902. It was intended to fly only short distances, but the machine behaved so well that at the first trial it covered nearly two miles over the water of Long Island Sound, and settled in the water without mishap to either machine or operator. It was then towed back to the starting place. On the second trial it started from the same place and sailed with myself on board across Long Island Sound. The machine kept on steadily in crossing the wind at a height of about 200 feet, when it came into my mind to try t steering around in a circle. As soon as I turned the rudder and drove one propeller faster than the other the machine turned a

Eidesstattliche Erklärung von Anton Pruckner, 16. Juli 1934, S.1

Bridgeport/Connecticut
16. Juli 1934

Ich, ANTON T. PRUCKNER, Scofield Avenue 79, Bridgeport/Connecticut, erkläre hiermit unter Eid, dass ich mit dem verstorbenen Gustav Weißkopf persönlich bekannt, und durch ihn bei der Erbauung von Motoren sowie Flugmaschinen schwerer-als-Luft angestellt war.

Ich habe den verstorbenen Gustav Weißkopf seit 1899 gekannt, und war bei ihm schon, während er seine Werkstatt hinter seinem Haus an der Pine Street 241 in Bridgeport/Connecticut hatte, angestellt. Ich war anwesend und assistierte ihm bei fast jeder Gelegenheit, wenn er seine Flugzeuge testete. Es war unsere Gewohnheit, den Großteil der Erprobungen frühmorgens durchzuführen, um die Gefahr, die zu anderen Zeiten durch Scharen von Kindern rund um die Maschinen entstehen würde, zu vermeiden.

Wegen knapper Finanzmittel war es besagtem Hrn. Weißkopf nicht möglich, seine Flugzeuge so gut zu bauen, wie er es gerne getan hätte. Um circa 1900 erhielt er finanzielle Hilfe von einem Mann namens Stanley Y. Beach. Die ersten von Hrn. Weißkopf gemachten Flüge dauerten lediglich etwa fünf Minuten an, und das Flugzeug ist nicht mehr als fünfzehn bis dreißig Fuß über den Boden aufgestiegen.

Bei der Konstruktion von Motoren experimentierten wir mit Schießpulver, aber ich hatte vor dieser Art von Motor Angst. Einmal, als Hr. Weißkopf beim Einsatz dieses Motors eine schwere Explosion erlebte, hörte er endlich damit auf. Wir machten auch Versuche mit von Dampf angetriebenen Motoren. Ich kann mich daran erinnern, als einmal ein Rohr durch den Dampf so stark erhitzte, dass es sich verbog. Zuletzt arbeiteten wir ausschließlich an mit Benzin betriebenen luftgekühlten Motoren. Der letzte Motor, bei dem ich mich daran erinnere, Hrn. Weißkopf geholfen zu haben, leistete 250 P.S.. Er hatte acht Zylinder und eine breite Bohrung. Herr Weißkopf hatte beträchtliche Schwierigkeiten mit Hrn. Beach, und Hr. Beach nahm diesen Motor und montierte ihn auf einem Boot. Ich glaube, es handele sich dabei um jenen [Motor], der infolge des plötzlichen Erhöhens von dessen Taktgeschwindigkeit durch Hrn. Beach im Sund versenkt wurde.

Ich habe persönlich Kenntnis davon, dass die Fakten, wie sie durch Hrn. Weißkopf im Brief an den Redakteur von American Inventor dargelegt und in der Ausgabe vom 1. April 1902 veröffentlicht wurden, wahr sind. In dieser Maschine bin ich mit Hrn. Weißkopf geflogen ~~beim ersten Flug, den er angibt, welcher am 17. Januar 1902 unternommen wurde~~ und ich habe gesehen, wie er den ~~zweiten~~ Flug über den Sund, auf den er sich bezieht, durchgeführt hat. Ich weiß, dass die Fakten, wie diese im nachstehenden aus dem Brief zitierten Absatz behauptet wurden, exakt so sind, wie darin angegeben:

„Diese neue Maschine wurde am 17. Januar 1902 zweimal erprobt. Es war beabsichtigt, nur kurze Strecken zu fliegen, aber die Maschine verhielt sich beim ersten Testflug so gut, dass sie fast zwei Meilen über die Gewässer des Long Island Sound zurücklegte und dann im Wasser ohne Schaden an Maschine oder Bediener sich niedersetzte. Sie wurde dann zum Startpunkt zurückgeschleppt. Beim zweiten Versuch wurde vom gleichen Platz aus gestartet und sie segelte mit mir selbst an Bord über dem Long Island Sound. Die Maschine flog stetig geradeaus, den Wind in etwa 200 Fuß Höhe kreuzend, als mir der Gedanke kam, zu versuchen, einen Kreis zu steuern. Sobald ich das Ruder drehte und einen Propeller schneller als den anderen laufen ließ, drehte die Maschine in eine

**Eidesstattliche Erklärung von Anton Pruckner, 16. Juli 1934, S.1**

Anton T. Pruckner -2- July 16, 1934

bend and flew north with the wind at a frightful speed, but turned steadily around until I saw the starting place in the distance. I continued to turn but when near the land again, I slowed up the propellers and sank gently down on an even keel into the water, she readily floating like a boat. My men then pulled her out of the water, and as the day was at a close and the weather changing for the worse, I decided to take her home until Spring."

I do not recall the names of any other persons who witnessed this particular trial, or assisted in towing the boat to the shore. This was only one of a number of short flights we had made, and as Mr. Whitehead tried to avoid crowds as much as possible we rarely had people about if we could avoid it. I recall experiments made with gliders also, and many times flew in them, or towed them for their start. I also assisted Mr. Whitehead in his later work on the helicopter which was never completed perfectly.

Subscribed and sworn to before me this 16th day of July 1934.

Anton T. Pruckner

Witness A.C.Mann

A.C.Mann
Notary Public.

**Eidesstattliche Erklärung von Anton Pruckner, 16. Juli 1934, S.2**

Anton T. Pruckner -2- 16. Juli 1934

Kurve und flog mit dem Wind mit einer beängstigenden Geschwindigkeit nordwärts, sie drehte sich jedoch stetig weiter, bis ich den Startplatz in der Ferne sah. Ich drehte weiter, aber in der Nähe des Ufers verlangsamte ich die Propeller und sank sanft auf ebenem Kiel ins Wasser; sie schwamm problemlos wie ein Boot. Meine Männer zogen sie dann aus dem Wasser; und nachdem der Tag zu Ende ging und sich das Wetter verschlechterte, beschloss ich, sie bis zum Frühjahr heim zu schaffen."

Ich erinnere mich weder an die Namen etwaiger anderen Personen, die dieser Erprobung als Zeuge beiwohnten, noch die beim Schleppen des Boots ans Ufer geholfen haben. Dieser war nur einer von einer Vielzahl kurzer Flüge, die wir durchgeführt haben, und da Hr. Weißkopf so weit wie möglich Menschenansammlungen zu vermeiden versuchte, hatten wir soweit wir es verhindern konnten, selten Leute dabei. Ich erinnere mich auch an Experimente mit Segelfliegern, und ich bin oft darin geflogen bzw. habe sie beim Start geschleppt. Ich habe Hrn. Weißkopf auch bei seinen späteren Arbeiten am Hubschrauber, die nie vollständig abgeschlossen wurden, geholfen.

Vor mit unter Eid erklärt am 16. Tag
von Juli 1934.

Anton T. Pruckner

Zeuge A.C.Mann

A.C.Mann
Öffentlicher Notar

**Eidesstattliche Erklärung von Anton Pruckner, 16. Juli 1934, S.2**

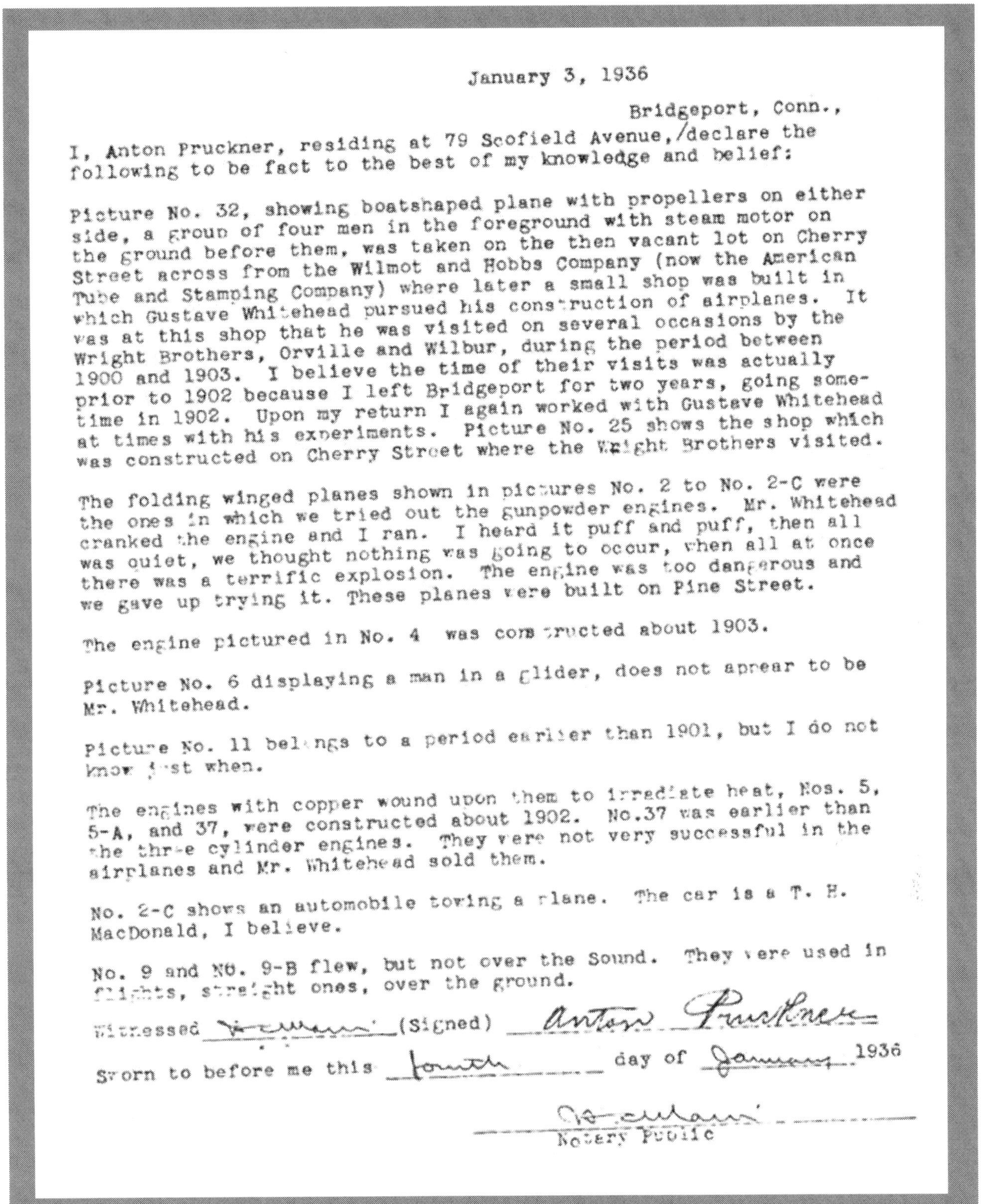

January 3, 1936

Bridgeport, Conn.,

I, Anton Pruckner, residing at 79 Scofield Avenue,/declare the following to be fact to the best of my knowledge and belief:

Picture No. 32, showing boatshaped plane with propellers on either side, a group of four men in the foreground with steam motor on the ground before them, was taken on the then vacant lot on Cherry Street across from the Wilmot and Hobbs Company (now the American Tube and Stamping Company) where later a small shop was built in which Gustave Whitehead pursued his construction of airplanes. It was at this shop that he was visited on several occasions by the Wright Brothers, Orville and Wilbur, during the period between 1900 and 1903. I believe the time of their visits was actually prior to 1902 because I left Bridgeport for two years, going sometime in 1902. Upon my return I again worked with Gustave Whitehead at times with his experiments. Picture No. 25 shows the shop which was constructed on Cherry Street where the Wright Brothers visited.

The folding winged planes shown in pictures No. 2 to No. 2-C were the ones in which we tried out the gunpowder engines. Mr. Whitehead cranked the engine and I ran. I heard it puff and puff, then all was quiet, we thought nothing was going to occur, when all at once there was a terrific explosion. The engine was too dangerous and we gave up trying it. These planes were built on Pine Street.

The engine pictured in No. 4 was constructed about 1903.

Picture No. 6 displaying a man in a glider, does not appear to be Mr. Whitehead.

Picture No. 11 belongs to a period earlier than 1901, but I do not know just when.

The engines with copper wound upon them to irradiate heat, Nos. 5, 5-A, and 37, were constructed about 1902. No.37 was earlier than the three cylinder engines. They were not very successful in the airplanes and Mr. Whitehead sold them.

No. 2-C shows an automobile towing a plane. The car is a T. H. MacDonald, I believe.

No. 9 and No. 9-B flew, but not over the Sound. They were used in flights, straight ones, over the ground.

Witnessed ________ (Signed) Anton Pruckner

Sworn to before me this fourth day of January 1936

________
Notary Public

Eidesstattliche Erklärung von Anton Pruckner, 3. Januar 1936

3. Januar 1936

Bridgeport/Connecticut

Ich, Anton Pruckner, wohnhaft in der Scofield Avenue Nr. 79 ^ erkläre, dass Nachstehendes nach bestem Wissen und Gewissen Tatsache ist:

Bild Nr. 32, welches ein bootsförmiges Flugzeug mit Propellern zu jeder Seite, und im Vordergrund eine Gruppe von vier Männern mit einem vor ihnen am Boden liegenden Dampfmotor zeigt, wurde auf dem damals leerstehenden Grundstück an der Cherry Street gegenüber der Firma Wilmot & Hobbs (heute die Firma American Tube and Stamping) aufgenommen, wo später eine kleine Werkstatt errichtet wurde, in welcher Gustav Weißkopf seiner Konstruktion von Flugzeugen nachging. Es war in dieser Werkstatt, dass er einige Male durch die Gebrüder Wright, Orville und Wilbur, in der Zeit zwischen 1900 und 1903 besucht wurde. Ich glaube, dass die Zeitpunkte ihrer Besuche vor 1902 lagen, da ich für zwei Jahre Bridgeport verließ, und irgendwann im Jahre 1902 abgereist bin. Nach meiner Rückkehr habe ich wieder von Zeit zu Zeit mit Gustav Weißkopf bei seinen Experimenten gearbeitet. Bild 25 zeigt die Werkstatt, welche an der Cherry Street errichtet wurde, und wo die Gebrüder Wright zu Besuch waren.

Die Faltflügel-Flugzeuge, die in den Bildern Nr. 2 und Nr. 2-C gezeigt sind, waren diejenigen, in denen wir die Schießpulver-Motoren ausprobiert haben. Hr. Weißkopf drehte den Motor und ich bin weg gelaufen. Ich hörte zweimal den Auspuff, dann war alles still. Wir glaubten, nichts würde passieren. Dann gab's auf einmal eine gewaltige Explosion. Der Motor war zu gefährlich, so dass wir Versuche damit aufgaben. Diese Flugzeuge wurden an der Pine Street gebaut.

Der auf Nr. 4 abgebildete Motor wurde circa 1903 gebaut.

Bild Nr. 6, der einen Mann im Segelflieger zeigt, scheint nicht Hr. Weißkopf zu sein.

Bild Nr. 11 stammt aus einem Zeitraum vor 1901, aber ich weiß nicht, von wann.

Die mit Kupfer umwundenen Motoren, um Hitze abzuführen, Nrn. 5, 5-A und 37, wurde circa 1902 gebaut. Nr. 37 war früher als die drei-Zylinder Motoren. Diese waren in den Flugzeugen nicht erfolgreich, weshalb sie Hr. Weißkopf weiterverkaufte.

Nr. 2-C zeigt das Schleppen eines Flugzeugs durch ein Automobil. Ich glaube, das Auto war ein T. B. MacDonald.

Nr. 9 und Nr. 9.B sind geflogen, aber nicht über den Sound. Diese wurden bei Geradeausflügen über dem Boden eingesetzt.

Bezeugt durch _W. Mann_ (unterzeichnet) _Anton Pruckner_

vor mir am _vierten_ Tag von _Januar_ 1936 unter Eid erklärt

_W. Mann_

Öffentlicher Notar

**Eidesstattliche Erklärung von Anton Pruckner, 3. Januar 1936**

Page 1.

AFFIDAVIT

DATE Oct. 30, 1964

I, ANTON PRUCKNER, living at 561 Morehouse Highway, Fairfield, Connecticut, do hereby declare under oath, that I personally was acquainted with the late Gustave Whitehead and worked in his employ for a number of years, both part and full time. We worked in the construction of heavier-than-air type craft, and I also aided him in the construction of aircraft engines of many types which were of his design and were used in connection with his experiments of powered flight.

I was born in Hungary and came to the United States at the age of 17, in the year 1900. My schooling consisted of two years highschool which was all that was required. Then you would go to school for engineering. I spent two years in engineering school (mechanical). During those entire four years I had to serve my apprenticeship in a factory-training school as a machinist. I graduated from that school as a journeyman machinist. Had I completed two more years of engineering, I would have received my diploma as an engineer. Instead, I chose to come to America. I did receive a diploma for the apprentice work of machinist and I have submitted this document along with a copy of my birth certificate for your files at CAHA. I was fully qualified when I arrived in the United States to work on mechanical machinery of all types. I can swear to the fact that Gustave Whitehead was an excellent mechanic and was an expert in designing new type engines and other ingenious items necessary for the building of his aircraft. He would often times just make a sketch on a board or in the dirt for what we would be making. Seldom did he draw plans on paper in any great detail. It was mostly trial and error.

I lived across the street from the shop which Whitehead used while he experimented at 241 Pine Street. I was curious to find out what he was making and speaking a little German, I found he was trying to build a machine that would fly in the air. I immediately went to work with him when he asked if I would like to help. Always wanting to learn something new, this talk of flying made me interested.

At this time I wish to declare that certain parts of an affidavit made by me on July 16, 1934 and which was published in Lost Flights of Gustave Whitehead (written by Miss Stella Randolph and published by PLACES, INC., in 1937) referring to the 7-mile flight over Long Island Sound was confusing. I have had a fully detailed description of what that statement claimed explained to me during the period of the many interviews made in this new research. I see now where I did not fully understand the references made to flights made over Long Island Sound. It was not intended to mean in any statement that I saw the 7-mile flight take place. What I thought that statement said was I knew that the flight took place because of talk by those who had seen it and because Whitehead, himself, told me he made it. When I spoke of a flight that I witnessed, it did not happen at Lordship. We made many flights over Long Island Sound at Seaside Park in Bridgeport.

**Eidesstattliche Erklärung von Anton Pruckner, 30. Oktober 1964, S.1**

Seite 1

Eidesstattliche Erklärung

DATUM 30. Okt. 1964

Ich, ANTON PRUCKNER, wohnhaft an der Morehouse Highway 561, Fairfield Connecticut, erkläre hiermit unter Eid, dass ich mit dem verstorbenen Gustav Weißkopf persönlich bekannt war, und dass ich über einige Jahre als von ihm Beschäftigter sowohl in Voll- als auch in Teilzeit gearbeitet habe. Wir arbeiteten an der Konstruktion von Flugzeugen schwerer-als-Luft, und ich assistierte ihm bei der Konstruktion vieler Arten von Flugzeugmotoren, welche durch ihn entworfen, und in Verbindung mit seinen Motorflug-Versuchen verwendet wurden.

Ich wurde in Ungarn geboren und kam im Jahre 1900 im Alter von 17 Jahren in die Vereinigten Staaten. Meine Ausbildung bestand aus zwei Jahren Gymnasium. Das war damals alles, was erforderlich war. Danach besuchte man die Schule fürs (mechanische) Ingenieurswesen. Während dieser gesamten vier Jahre musste ich meine Lehre in der Werksschule einer Fabrik als Maschinist leisten. Ich schloss jene Schule als Maschinisten-Geselle ab. Hätte ich weitere zwei Jahre Ingenieursausbildung gemacht, so hätte ich das Ingenieurs-Diplom bekommen. Stattdessen beschloss ich, nach Amerika auszuwandern. Ich erhielt eine Abschlussurkunde für meine Lehre als Maschinist, und stellte diese sowie eine Kopie meiner Geburtsurkunde für Ihre Akten bei der CAHA zur Verfügung gestellt. Als ich in den Vereinigten Staaten ankam, war ich also vollständig qualifiziert, an mechanischen Geräten aller Art zu arbeiten. Ich kann die Tatsache beschwören, dass Gustav Weißkopf ein exzellenter Mechaniker und ein Experte bei der Konstruktion von neuen Arten von Motoren, sowie weiteren genialen Gegenständen zur Erbauung seiner Flugzeuge, war. Oftmals würde er bloß eine einfache Skizze auf einer Tafel oder auf der Erde von jener Sache, die wir bauen wollten, aufmalen. Selten hat er irgendwelche Pläne auf Papier oder im großen Detail gezeichnet. Es war überwiegend Versuch und Irrtum.

Ich wohnte gegenüber jener Werkstatt, die Weißkopf benützte, als er in der 241 Pine Street experimentierte. Ich war neugierig, herauszufinden, was er da machte, und da ich ein wenig Deutsch konnte, fand ich heraus, dass er versuchte, eine Maschine zu bauen, die durch die Luft fliegen würde. Als er mich fragte, ob ich ihm helfen möchte, fing ich sofort an, mit ihm zu arbeiten. Da ich immer etwas Neues lernen wollte, hatte dieses Reden übers Fliegen mein Interesse geweckt.

Zur jetzigen Zeit möchte ich erklären, dass Teile jener Eidesstattliches Erklärung, die ich am 16. Juli 1934 gemacht habe, und welche in ‚Lost Flights of Gustave Whitehead' veröffentlicht wurde (durch Frl. Stella Randolph und von PLACES INC. im Jahre 1937 verlegt), in welcher ich auf den 7-Meilen Flug über dem Long Island Sound Bezug nahm, unklar waren. Während dieser neuen Recherchephase und der vielen dabei gemachten Interviews, wurde mir vollständig und detailliert erläutert, was in jener Erklärung behauptet wurde. Nun sehe ich, wo ich die Hinweise auf die Flüge über dem Long Island Sund nicht ganz verstanden habe. Es war nicht die Absicht, bei irgendeiner Aussage zu erklären, dass ich den Hergang des 7-Meilen Fluges gesehen hätte. Was ich annahm, war, dass die Aussage erklärte, dass ich davon wusste, dass der Flug stattgefunden hatte, weil diejenigen, die ihn gesehen hatten darüber redeten, und weil mir Weißkopf selbst davon erzählt hatte, dass er ihn gemacht hatte. Als ich über einen Flug sprach, den ich bezeugt hatte, fand dieser nicht in Lordship statt. Wir haben viele Flüge über dem Long Island Sound im Seaside Park in Bridgeport gemacht.

**Eidesstattliche Erklärung von Anton Pruckner, 30. Oktober 1964, S.1**

When I arrived back from Elizabethport, N. J., where I worked for a short time, I heard about the long 7-mile flight over the water. I believe Whitehead made that flight, as his aircraft did fly well and with the bigger engine we had built, the plane was capable of such a flight. Whitehead was of fine moral character, and never in all the long time I was associated with him or knew him did he ever appear to exaggerate. I have never known him to lie; he was a very truthful man. I believed him then when he said he flew, and I still believe he did what he said. I have no reason to believe otherwise. I saw his aircraft fly on many occasions and I see no need to disbelieve this particular event.

The aircraft had two engines, one for the power of the propellors and the other for powering the wheels on the body of the plane. With the wings folded back, we would run along the streets on the way to the testing area with that power. It was also used when taking off for flights. Once in the air, that engine was shut off.

I did witness and was present at the time of the August 14, 1901 flight. The flight was about 1/2 mile in distance overall and about 50 feet or so in the air. The plane circled a little to one side and landed easily with no damage to it or the engine or the occupant who was Gustave Whitehead.

We made many aircraft engines; gun-powder, kerosene, and gasoline. I can recall very little at this late date about the engine referred to as calcium carbide. The first gasoline engine being constructed by Whitehead was a two-cylinder one, which ran nicely. There was no carburetor: the ignition system was the "make and break" type. Next Whitehead and I made a three-cylinder engine with an unusual air-cooling device, using loops of copper wire wrapped about the cylinder wall. You have a photo of this engine. No welding was done. Only a blacksmith could weld at that time, and he could not do this on a cylinder. Whitehead tried many types of engines in airplanes including the three-cylinder engine, but one which was most successful was the four-cylinder design.

We used to take the craft known as #21 but unlike #21 it had only a single propellor at the time. The rest of the aircraft was the same. (I would call this airplane #20). This craft was flown many times in distances of 150 to 300 feet out over the waters at Seaside Park in Bridgeport, Conn. (I have located the area with a visit to that site with Capt. O'Dwyer, to the best of my ability and recollection). We would start on the hard-packed ground which was sandy and the craft would rise in the air about five feet or more and continue on a straight course out to the water and land in the shallow part of the water.. This was done in order to avoid any hard landings on the ground which could possibly damage the aircraft. This was in the year of 1900 and the early part of 1901.

**Eidesstattliche Erklärung von Anton Pruckner, 30. Oktober 1964, S.2**

Seite 2.

Als ich von Elizabethport N. J., wo ich für kurze Zeit gearbeitet hatte, zurückkehrte, hörte ich vom langen 7-Meilen Flug über dem Wasser. Ich glaube, dass Weißkopf den Flug durchgeführt hat, weil sein Flugzeug gut geflogen ist, und mit dem größeren Motor, den wir gebaut hatten, das Flugzeug imstande war, einen solchen Flug zu machen. Weißkopf hatte einen vorzüglichen moralischen Charakter, und niemals während der langen Zeit, in der ich mit ihm assoziiert war, bzw. ihn gekannt habe, schien es so, als hätte er übertrieben. Ich habe nie erlebt, dass er gelogen hätte; er war ein sehr wahrheitsliebender Mann. Ich habe ihm damals geglaubt, als er sagte, dass er geflogen ist, und ich glaube immer noch, dass er getan hat, was er sagte. Ich habe keine Veranlassung, etwas anderes zu glauben. Ich habe zu vielen Anlässen sein Flugzeug im Fluge gesehen, und ich sehe keine Veranlassung, dieses eine Ereignis als unglaubhaft zu betrachten.

Das Flugzeug hatte zwei Motoren, einen zum Antrieb der Propeller sowie den anderen zum Antrieb der Räder am Rumpf des Flugzeugs. Mithilfe dieses Antriebs sind wir mit angelegten Flügeln über die Straßen auf dem Weg zum Erprobungsgebiet gefahren. Er wurde auch beim Startlauf zum Flug eingesetzt. Sobald man in der Luft war, wurde dieser Motor abgeschaltet.

Ich bezeugte und war zum Zeitpunkt des Fluges vom 14. August 1901 anwesend. Der Flug war insgesamt über eine Strecke von ungefähr einer ½ Meile und circa 50 Fuß oder so in der Luft. Das Flugzeug bog ein wenig nach einer Seite ab und landete sanft, ohne dass es am Flugzeug, am Motor oder am Insassen, der Gustav Weißkopf war, Beschädigung gab.

Wir bauten viele Flugzeugmotoren; Schießpulver, Kerosin [Diesel], und Benzin. Ich kann mich zu diesem späten Zeitpunkt noch an recht wenig erinnern, was den als Calcium-carbid bezeichneten Motor betrifft. Der erste durch Weißkopf gebaute Benzinmotor hatte zwei Zylinder und ist recht gut gelaufen. Es gab keinen Vergaser: die Zündung war von der Sorte „make and break" [anschließen und kappen]. Anschließend bauten Weißkopf und ich einen Motor mit drei Zylindern und einer recht ungewöhnlichen Kühlungsvorrichtung, bei der Schlingen aus Kupferdraht die Zylinderwände umhüllten. Ihnen liegt ein Foto dieses Motors vor. Nichts wurde geschweißt. Zur damaligen Zeit konnte Schweißen nur durch einen Schlosser durchgeführt werden, aber er konnte an einem Zylinder nicht durchgeführt werden. Weißkopf probierte viele Arten von Motoren an Flugzeugen aus, einschließlich des Drei-Zylinder Motors, aber derjenige, der am erfolgreichsten war, war die Vier-Zylinder Auslegung.

Wir nahmen damals das Flugzeug her, welches als Nr. 21 bekannt ist, doch anders als die Nr. 21 hatte sie zur damaligen Zeit nur einen Propeller. Der Rest des Flugzeugs war gleich (ich bezeichne dieses Flugzeug als die Nr. 20). Über dem Gewässer vor Seaside Park in Bridgeport/Connecticut wurde dieses Flugzeug öfter über Entfernungen zwischen 150 und 300 Fuß geflogen []. Wir sind damals auf dem festen Sand gestartet, in eine Höhe von zirka fünf Fuß aufgestiegen und geradeaus übers Wasser geflogen, wo wir im flachen Bereich gelandet sind. Dies wurde getan, um etwaige harten Landungen auf festem Grund, die das Flugzeug hätten möglicherweise beschädigen können, zu vermeiden. Dies war im Jahre 1900 sowie im Frühjahr 1901.

**Eidesstattliche Erklärung von Anton Pruckner, 30. Oktober 1964, S.2**

Page 3.

I understand Capt. O'Dwyer plans to build a reproduction model of his (G. W.s) #21 aircraft. All I can say is hang on well, because it is going to go up. You must do this to find out if it will leave the ground! I am not in the need of this type of proof, I saw it fly back in 1900 and 1901. You will see what I mean.

I think the work you people have done is a wonderful thing. I just wish poor old "Gus" could have been recognized before this. He was a very smart man and a good man. I would say he was a genius without any doubt.

I can also remember very clearly when the Wright brothers visited at Whitehead's shop here in Bridgeport before 1903. I was present and saw them myself. I know this to be true, because they introduced themselves to me at the time. In no way am I confused, as some people have felt, with the Wittemann brothers who came here after 1906. I knew Charles Wittemann well. The Wright's left here with a great deal of information and [redacted]

I hereby swear that all the foregoing statements were made by me during various interviews with Capt. O'Dwyer and others of the Connecticut Aeronautical Historical Association: Harvey Lippincott, Alex Gardner, and Harold Dolan.

All of this letter has been read to me in both English and in the native language of my country which is Hungarian.

I hope this statement clears up any previous misunderstandings.

During the translation I requested the above lines be deleted as they did not represent the exact statement I would like to have go on record. Note - I turned 18 the day after I stepped off the boat. Pages 1 - 2 - 3 Read O. K.

Signed: Anton Pruckner
ANTON PRUCKNER

Subscribed and sworn to before me this 30th day of Oct 1964.

[illegible]
Notary Public Col. AF Res.
My Commission Expires April 1, 1967

William J. O'Dwyer Witness
Wm. J. O'Dwyer, Capt. USAF

[illegible] Witness
(translator)

963 Laurel Ave.

Bridgeport, Conn.

Eidesstattliche Erklärung von Anton Pruckner, 30. Oktober 1964, S.3

Seite 3.

Mir wurde zu verstehen gegeben, dass Hauptm. O'Dwyer beabsichtigt, einen Nachbau seines (G.W's) Nr. 21 Flugzeugs zu bauen gedenkt. Dazu kann ich nur sagen, halten Sie sich fest, denn es wird aufsteigen. Sie müssen es tun, um festzustellen, ob es den Boden verlässt! Ich brauche jedoch keinen solchen Beweis. Ich habe es damals in den Jahren 1900 und 1901 fliegen gesehen. Sie werden sehen, was ich meine.

Ich glaube, dass die von Ihnen geleisteten Bemühungen eine wunderbare Sache sind. Ich hätte mir bloß gewünscht, dass der arme alte „Gus" zu einem früheren Zeitpunkt Anerkennung erhalten hätte. Er war ein sehr kluger und ein guter Mann. Ich würde ihn ohne jeden Zweifel als Genie bezeichnen.

Ich kann mich auch sehr klar daran erinnern, wie die Gebrüder Wright die Werkstatt Weißkopfs hier in Bridgeport vor 1903 besucht haben. Ich war anwesend und habe sie selbst gesehen. Ich weiß, dass dies der Wahrheit entspricht, weil sie sich mir damals vorgestellt haben. Ich verwechsle das keinesfalls, wie so mancher unterstellt hat, mit den Wittemann Brüdern, die erst nach 1906 hierher kamen. Ich habe Charles Wittemann gut gekannt. Die Gebrüder Wright sind von hier mit einer Menge an Informationen weg gefahren. [redacted]

Ich schwöre hiermit, dass sämtliche vorangegangene Erklärungen während diverser Interviews mit Hauptm. O'Dwyer und anderen von der Vereinigung der Luftfahrtgeschichte Connecticuts, Harvey Lippincott, Alex Gardner, und Harold Dolan, getätigt wurden.

Sämtliche in diesem Brief enthaltenen Inhalte wurden mir sowohl auf Englisch als auch in der Sprache meines Heimatlandes, welche Ungarisch ist, vorgelesen.

Ich hoffe, dass durch diese Erklärung etwaig früheren Missverständnisse beseitigt sind.

Während der Übersetzung bat ich um das Durchstreichen der obigen Zeilen, da diese nicht exakt jener Erklärung, die ich festgehalten haben wollte, entsprachen. Anmerkung – ich wurde 18 am Tag, nachdem ich von Bord gestiegen bin. Seiten 1 – 2 – 3 vorgelesen und i.O..

unterschrieben: Anton Pruckner

ANTON PRUCKNER
Verlesen und vor mir beeidet
am 31. Tag von Okt. 1964

William J. O'Dwyer Zeuge
William J. O''Dwyer, Hauptm. USAF

Res. Steg. Ken W.K. Bessemer Zeuge
(Dolmetscher)
963 Laurel Avenue
Bridgeport/Connecticut

Peter B. Germane
Öffentl. Bestellter Notar Oberst AFRes.
Meine Zulassung läuft am 1. April 1967 ab

**Eidesstattliche Erklärung von Anton Pruckner, 30. Oktober 1964, S.3**

**Ingenieur Anton T. Pruckner**
4. Januar 1883 – 17. November 1966

Anton Pruckner (Antal Prucknr) – auch „Tony" genannt – wurde am 4. Januar 1883 in Diósgyőr, einem Vorort von Miskolc im Nordosten Ungarns, geboren[247]. Dort besuchte er die High School, bevor er am 16. Oktober 1896 eine Lehre im Stahlwerk Diósgyőr begann. Die ersten beiden Jahre lang war er als Maschinisten-Lehrling, die letzten beiden umfassten Ingenieurstudien. Er schloss seine Ausbildung zum Gesellen-Maschinisten ab, machte am 16. Oktober 1900 seinen Abschluss und erhielt am 16. Oktober 1900 ein von einem Richter am Obersten Gerichtshof in Miskolc bestätigtes Diplom.

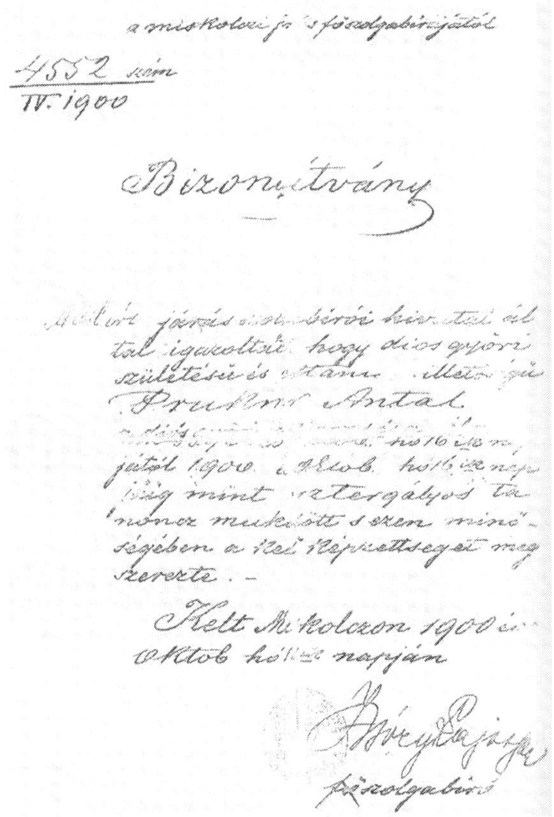
4552 szám
IV. 1900

Bizonyítvány

Kelt Miskolczon 1900 évi októb hó 16 napján

főszolgabíró

Landgericht Miskolc

Nr. 4552
IV - 1900
50c Stempel-
steuer 1898

Gerichtliche Bescheinigung des
Diplomzeugnisses

Der Unterzeichnende bestätigt hiermit, dass ANTON PRUCKNER, wohnhaft in Miskolc, geboren im Vorort Diósgyőr, vom 16. Oktober 1896 bis zum 16. Oktober 1900 im Stahlwerk Diósgyőr beschäftigt war, wo er eine Lehre machte, als Fachkraft an einer Drehmaschine arbeitete, und die Ausbildung zum Maschinist als Geselle abschloss.

Miskolc, 16. Oktober 1900

| | |
|---|---|
| Siegel des Gerichts | Pyjbery, Lajos<br>Richter am Landgericht |

Abschrift des Abschlusszeugnisses (Gerichtsakte) — Übersetzung des Abschlusszeugnisses

Nach seinem Abschluss wanderte Tony Pruckner in die USA aus und ließ sich in Bridgeport/ Connecticut, nieder, wo er gegenüber der Pine Street 241 im West End von Bridgeport ein Zimmer

[247] 1942, US Militär Musterungsakte, Anton T. Pruckner

mietete. Einer seiner ersten Bekannten dort war Gustav Weißkopf. Tony half Weißkopf beim Bau von Flugzeugen und Motoren. In dieser Eigenschaft erklärte er in drei separaten eidesstattlichen Erklärungen, dass er vor 1903 Zeuge von Motorflügen war, die sowohl Weißkopf und er selbst über kurze Strecken im Seaside Park in Bridgeport machte, sowie am 14. August 1901 über anderthalb Meilen anderswo durchgeführt hatten[248].

Tony verließ Bridgeport, um in den Jahren 1902 und 1903 in Elizabethport/New Jersey zu arbeiten. 1902 hatte Tony Elizabeth Varga (Wargo) geheiratet, die – wie er – ebenfalls aus Ungarn stammte. Ihre Heimatstadt war Gonez[249]. Das Paar kehrte irgendwann 1904 oder später nach Bridgeport zurück.

Tony sagte aus, er habe gesehen, wie die Gebrüder Wright Weißkopf vor 1903 besuchten, was den wahrscheinlichen Zeitrahmen eines solchen Besuchs 1901 bis 1902 eingrenzen würde. (Dies war die Zeit unmittelbar nachdem die Wrights einen Brief von Octave Chanute erhalten hatten, in dem ihnen der Weißkopf-Motor empfohlen wurde, und nachdem ihre Experimente bei Kitty Hawk im Sommer 1901 gescheitert waren).

Nach seiner Rückkehr arbeitete Tony bis mindestens 1912 sporadisch mit Weißkopf zusammen, um Motoren, Flugzeuge und einen Hubschrauber zu bauen. Er sagte aus, er habe beim Bau von Dampf-, Acetylen-, Benzin-, Kerosinöl- (Diesel) und Schießpulvermotoren mitgewirkt. Laut Tony waren die Benzinmotoren die erfolgreichsten und umfassten 2-, 3-, 4- und 8-Zylinder-Versionen, wobei der 4-Zylinder-Motor angeblich der erfolgreichste war.

Im Jahre 1910 wohnten Tony mit seiner Ehefrau und ihren zwei ältesten Kinder in der Spruce Street 467 im West End von Bridgeport. Tony arbeitete zu diesem Zeitpunkt als Maschinist in einer Werkstätte[250]. Tony und Elizabeth hatten eine Tochter Irene sowie zwei Söhne, Anton A. und Julius W. Im Jahre 1920 lebten sie in der Scofield Avenue 79 in Bridgeport und Tony arbeitete in einer Automobilfabrik[251]. Bis 1930 waren die zwei älteren Kinder bereits ausgezogen. Tony arbeitete bei der Bullard Machine Tool Co.[252]. Anton A. wurde im Jahre 1933 als Lieutenant in der US Armee vereidigt[253]. Am 21. Oktober 1943 folgte ihm sein Bruder Julius in jenem Beruf[254] und hatte ebenfalls das elterliche Haus verlassen[255].

Tony verbrachte die letzten 18 Jahre seiner Karriere bei der Ready Tool Co. in Fairfield. 1958 wohnte das Paar am Morehouse Highway 561 in Fairfield.

Im August 1964 nahm Tony an Zeremonien zu Ehren von Gustav Weißkopf teil. Der vom Vizegouverneur vertretene Bundesstaat Connecticut erkannte Gustav Weißkopf als „Vater des Fliegens" an. Die anderen anwesenden überlebenden Zeugen waren John Lesko aus Bridgeport und Luftfahrtpionier und Luftfahrt-Berater des US-Präsidenten Charles Wittemann aus New Jersey[256].

Im Jahre 1966 wurde Tony durch den Chefhistoriker bzw. Chefkurator für Luftfahrt an der Smithsonian Institution, Paul Garber, interviewt. Es war Garber, der eine Zeichnung von Tonys Beschreibung der Funktionsweise des Ruders von Weißkopfs Flugzeug Nr. 21 bzw. 22 anfertigte.

---

[248] 1934-07-16, 1936-01-03, 1964-10-30, Eidesstattliche Erklärungen von Anton T. Pruckner
[249] 1963-10-30, Bridgeport Telegram, CT, S.31
[250] 1910-05-02, US Volkszählung Bridgeport CT Ward 3, Supt.Distr.29, Enum.Distr.13, Blatt 49B, Zeile 75
[251] 1920-01-14, US Volkszählung Bridgeport CT Ward 3, Supt.Distr.38, Enum.Distr.13, Blatt 18B, Zeile 95
[252] 1930-04-15, US Volkszählung Bridgeport CT Ward 3, Supt.4, Enum.1-17, Blatt 27A, Zeile 25
[253] 1933-06-25, Hartford Courant, CT, S.6
[254] 1943-10-21, US Militär Musterung - Julius W. Pruckner
[255] 1940-04-19, US Volkszählung Bridgeport CT Ward 3, Supt.Distr.4, Enum.Distr.9-23-B, Blatt 4A, Zeile 35
[256] 1964-08-16, Bridgeport Post, CT, S.2; 1964-08-17, Asbury Park Press, NJ, S.1-2

Garber kam zu dem Schluss, dass die Steuerungsvorrichtungen hinzugefügt worden waren, nachdem die bekannten Fotos des Flugzeugs Nr. 21 aufgenommen worden waren (am Memorial Day, 30. Mai 1901). Garber vermutete auch, dass die seitliche Lenkung über eine Flügelverwindung erfolgte, die der von Prof. John J. Montgomery ähnlich war[257].

Als Tony am 17. November 1966 starb, überlebten ihn seine Frau, zwei Söhne und eine Schwester, Susan Silver aus Youngstown/Ohio. Sohn Anton A. war in Bridgeport geblieben[258], Sohn Julius W. nach Massachusetts gezogen. Tonys Witwe Elizabeth starb am 27. Juni 1970[259].

[257] 1966-11-09, Paul Garber Brief an Maj. W.J. O'Dwyer

[258] 1966-11-18, Bridgeport Telegram, CT, S.57; 1966-11-17, Bridgeport Post, CT, S.70

[259] 1970-06-28, Bridgeport Post, CT, S.D-13

Eine Reihe von Zeugen sagten unabhängig voneinander aus, Flüge über unbebaute Grundstücke im West End von Bridgeport nahe dem Hafen von Black Rock ab Mitte 1901 bis in den Herbst jenes Jahres gesehen zu haben. Flugweiten von bis zu 150 m wurden an unterschiedlichen Orten und in unterschiedlicher Höhe im besagten Gebiet beobachtet.

Bei den Zeugen handelte es sich um den Notar, Alexander Gluck, den Polizisten Joseph Ratzenberger, die Hausfrau Mary Savage, den Ingenieur Louis Darvarich, den Friedensrichter John Lesko, den Ingenieur Thomas Schweikert, den Spediteur Cecil Steeves, den Angestellten Michael Werer, die Hausfrau Elisabeth Koteles, den Maschinisten Louis Lazay, und den Bankvorstand John McCall.

Drei der Zeugen (Ratzenberger, Lesko und Steeves) erinnern sich auch an eine kreisrunde Betonpiste, bzw. an einen im Boden befestigten Pfahl, um welchen herum ein Flugzeug testweise geflogen ist. Zwei davon (Savage und Ratzenberger) erinnern sich an einen Flug, der im Hafen abstürzte.

Der Zeuge Lesko sowie der Bruder des Zeugen Lazay erinnern sich an einen von Weißkopf gebauten Bootsmotor, während sich Harworth daran erinnerte, dass Weißkopf einen Motor fürs Boot vom Vater des Zeugen Steeves gebaut hatte.

Lesko erinnerte sich an Flugzeuge, die beim Start geschleppt wurden.

Wie die Ingenieure Pruckner und Harworth erinnerte sich auch der Zeuge Steeves an einen Besuch der Gebrüder Wright bei Weißkopf in Bridgeport.

I, ALEXANDER GLUCK, residing at 119 Gem Avenue, Bridgeport, Connecticut, do depose and say that I was personally acquainted with the late Gustave Whitehead during the time he was experimenting with heavier than air flying machines.

Approximately 1901 or 1902, when I was only ten or twelve years of age, I was present on an occasion when Mr. Whitehead succeeded in flying his machine, propelled by motor, on a flight of some distance, at a height of four or five feet from the ground. The machine used by Mr. Whitehead was a monoplane with folding wings. I recall its having been pushed from the yard back of the residence where the Whitehead family then lived, 241 Pine Street, Bridgeport, Connecticut, which was opposite my residence at the time (228 Pine Street). The plane was set in motion in the street in front of the house, and when it flew was propelled by an engine. I do not recall what time of year this was, but believe it was in summer or fall. It was at some time when school was not in session, as many other children were present and followed the airplane.

Signed Alexander J. Gluck

Witness: John Krasovec

Subscribed and sworn to before me this 19th day of July 1934.

Julius F. Days.
Notary Public

**Eidesstattliche Erklärung von Alexander Gluck, 19. Juli 1934**

Ich, ALEXANDER GLUCK, wohnhaft Gem Avenue 119 Bridgeport/Connecticut, erkläre hiermit unter Eid, dass ich mit dem verstorbenen Gustav Weißkopf während der Zeit seiner Experimente mit Flugmaschinen schwerer-als-Luft persönlich bekannt war.

Um das Jahr 1901 oder 1902 herum, erst zehn oder zwölf Jahre alt, war ich bei einem Ereignis anwesend, als Herr Weißkopf seine durch Motor angetriebene Maschine erfolgreich über einige Distanz in einer Höhe von vier bis fünf Fuß über dem Boden flog. Die durch Hrn. Weißkopf dabei eingesetzte Maschine war ein Eindecker mit faltbaren Flügeln. Ich erinnere mich daran, wie sie aus dem Hinterhof des Anwesens, wo die Familie Weißkopf in der Pine Street 241 wohnte, welches gegenüber meiner damaligen Wohnung (an der Pine Street 228) lag, geschoben wurde. Die Maschine wurde auf der Straße direkt vor dem Haus in Betrieb genommen, und als sie flog, wurde sie durch einen Motor angetrieben. Ich kann mich nicht an die Jahreszeit erinnern, glaube aber, dass es Sommer oder Herbst war. Es war jedenfalls zu einer Zeit, als Schulferien waren, da viele andere Kinder anwesend waren und dem Flugzeug folgten.

Unterschrieben: Alexander J. Gluck
Zeuge: John Krasovec

Vor mir am 19. Tag von Juli 1934 unter Eid erklärt.

Julius F. Days.
Öffentlicher Notar

**Alexander J. Gluck, Notar**
Juni 1894 – 22. Juli 1952

Die Eltern von Alexander Gluck, Joseph und Elizabeth, wanderten 1885 aus Ungarn in die USA aus[260]. Alexander (oder „Sandor", wie er genannt wurde) wurde in Pennsylvania geboren und zog mit seinen Eltern und vier älteren Geschwistern vor 1897 nach Bridgeport/Connecticut. Dort wurde bald ein jüngerer Bruder geboren[261]. Joseph bekam Arbeit als Metzger. Die Familie lebte in der Spruce Street 229, nur zwei Blocks von Gustav Weißkopfs Haus und Werkstatt entfernt. Gegen Ende 1900 zogen sie in die Pine Street 228, direkt gegenüber von Weißkopf.

Sandor war sieben oder acht Jahre alt, als er sah, wie Gustav Weißkopf seine Flugmaschine aus dem Hof seines Hauses holte und die Straße zwischen ihren Häusern entlang flog[262].

Vor 1910 war Sandors Vater Vorarbeiter in einem Stahlwerk geworden, in dem auch sein älterer Bruder Louis arbeitete. Bis dahin wurde Sandor Lehrling in einer Maschinenwerkstatt. Die Familie war zu diesem Zeitpunkt bereits in die Hancock Avenue gezogen[263].

Im Alter von 24 Jahren heiratete Sandor die 19-jährige Marion. Drei Jahre später hatten sie einen Sohn, Jerome (Jerry). Die Familie rückte näher an das Stadtzentrum in die Wells Street[264] und zusammen mit seinem Vater hatte Sandor einen Kohlenhandel gegründet. In der Zwischenzeit war Sandors älterer Bruder Louis Flugzeuginspektor geworden[265].

Im Bridgeport Directory von 1920 wurde Alexander J. Gluck als Notar[266] und sein Hauptberuf als Zeiterfasser bei der American Tube and Stamping Co. aufgeführt[267]. Dort war er für die Gehaltsabrechnung verantwortlich.

Vor 1934 war Sandor in die Gem Avenue gezogen[268]. Es ist nicht bekannt, wie sich der Kohlehandel oder die Ehe während der Weltwirtschaftskrise entwickelt haben. Im Jahre 1940 lebte Sandor jedenfalls allein in der Fairfield Avenue und war seit einem halben Jahr arbeitslos. Zuvor war er als Angestellter im öffentlichen Dienst und Aktenbeamter für die Verwaltung des Arbeitsprogramms tätig[269].

Im Juli 1948 starb Sandors Mutter[270]. Zu diesem Zeitpunkt war Sohn Jerry in der Automobilindustrie tätig. Am 22. Juli 1952 starb Sandor[271], Anfang 1970 Sandors Ehefrau[272].

---

[260] 1900-06-01, US-Volkszählung, Bridgeport CT Ward 3, Supt.Distr.26, Enum.Distr.15, Blatt 1, Zeilen 95-100
[261] 1900-06-01, US-Volkszählung, Bridgeport CT Ward 3, Supt.Distr.26, Enum.Distr.15, Blatt 2, Zeile 1
[262] 1934-07-19, Zeugenaussage von Alexander J. Gluck
[263] 1910-04-23, US-Volkszählung, Bridgeport CT Ward 29, Supt.Distr.13, Enum.Distr.15, Blatt 24, Zeile 10
[264] 1930-04-04, US-Volkszählung, Bridgeport CT Ward 8, Supt.Distr.4, Enum.Distr.1-52, Blatt 4A193, Zeile 3
[265] 1930-04-20, US-Volkszählung, Bridgeport CT Ward 3, Block 112, Supt.Distr.4, Enum.Distr.1-15, Blatt 205, Zeile 37-39
[266] 1920 Bridgeport and Southport directory #54, S.973-974 - Alexander J. Gluck, Notar
[267] 1920 Bridgeport and Southport directory #54, S.365
[268] 1934-07-19, Zeugenaussage von Alexander J. Gluck
[269] 1940-04-27, US-Volkszählung, Bridgeport CT Ward 7, Block 396, Supt.Distr.4, Enum.Distr.9-86, Blatt 7A, Zeile 25
[270] 1948-07-15, Bridgeport Telegram, CT, S.33
[271] 1952, Grabstein, Mountain Grove Friedhof, Bridgeport/Connecticut, USA; 1952-07-22, Sterberegister von Connecticut
[272] 1970-02-24, Bridgeport Post, CT, S.31

AFFIDAVIT.

I, Joe Ratzenberger, residing at 195 Princeton Street, Bridgeport, Connecticut, declare the following to be fact, to the best of my knowledge and belief:

I remember very well one of the early planes constructed by Gustave Whitehead (illustrated by Nos. 2; 2-A; 2-B;2-C), constructed in his shop on Cherry Street, back of Hancock Avenue. I recall a time, which I think was probably July or August of 1901 or 1902, when this plane was started in flight on the lot between Pine and Cherry Streets. The plane flew at a height of about twelve feet from the ground, I should judge, and travelled the distance to Bostwick Avenue before it came to the ground. I recall the incident very well because I was one of several boys who clung to the back of the plane as it rose into the air and carried us off our feet until we were driven away by some of the men working with Gustave Whitehead. This plane had folding wings constructed on bamboo poles. I know that it had a motor in it for I recall the noise that it made. It was a boat shaped plane and travelled on the ground on wheels.

I recall other planes constructed by Gustave Whitehead which he tested by attaching them to a stake in his yard and letting the motor drive them so that they were kept going about in a circle.

I did not see a flight that was made at Black Rock, but recall very well having been told about the flight and that the plane landed in the water. The boys of our crowd flocked out to Sandy Beach to see it but it was not taken up again on that particular day.

(Signed) Joseph F. Ratzenberger

Hulda O. Stendahl Witness

Subscribed and sworn to, before me this 28th day of January 1936.

Hulda O. Stendahl
Notary Public.

Eidesstattliche Erklärung von Joseph Ratzenberger, 28. Januar 1936

EIDESSTATTLICHE ERKLÄRUNG

Ich, Joe Ratzenberger, wohnhaft an der Princeton Street 195, Bridgeport/Connecticut, erkläre nach bestem Wissen und Gewissen, dass Nachstehendes Fakt ist:

Ich erinnere mich sehr gut an eines der frühen Flugzeuge, die durch Gustav Weißkopf, die in dessen Werkstatt auf der Cherry Street hinter der Hancock Avenue gebaut wurden (illustriert durch [die Fotos] Nrn. 2; 2-A; 2-B; 2-C). Ich erinnere mich an ein Ereignis, welches ich denke wahrscheinlich im Juli oder August 1901 oder 1902 war, als dieses Flugzeug auf dem freien Straßenblock zwischen Pine und Cherry Streets gestartet wurde. Das Flugzeug ist nach meiner Schätzung in einer Höhe von ca. zwölf Fuß über dem Boden geflogen, und legte die Strecke bis zur Bostwick Avenue zurück, bevor es wieder aufsetzte. Ich kann mich deswegen so gut daran erinnern, weil ich einer der vielen Jungen war, der sich hinten am Flugzeug festhielten, als es sich in die Luft hob und uns von den Füßen erhob, bevor wir durch einige der Männer, die mit Gustav Weißkopf arbeiteten, verjagt wurden. Besagtes Flugzeug hatte faltbare Flügel, die aus Bambusrohren gebaut waren. Ich weiß, dass es einen Motor an Bord hatte, denn ich erinnere mich noch an den Lärm, den es gemacht hat. Es war ein bootsförmiges Flugzeug und rollte über dem Boden auf Rädern.

Ich erinnere mich an andere Flugzeuge Gustav Weißkopfs, welche er dadurch erprobte, dass er sie an einem Pfosten in seinem Garten befestigte, und sie vom Motor so antreiben ließ, dass sie sich im Kreis herum bewegten.

Ich habe keinen Flug gesehen, der bei Black Rock durchgeführt wurde, aber ich erinnere mich sehr gut daran, von diesem Flug erzählt bekommen zu haben, und davon, dass das Flugzeug auf dem Wasser aufgesetzt ist. Die Jungen aus unserer Clique eilten nach Sandy Beach, um es zu sehen, aber es hob an diesem Tag nicht mehr ab.

(Unterzeichnet) Joseph D. Ratzenberger

Shields Stendall Zeuge

Vor mir an diesem 28. Tag von Januar 1936 unter Eid erklärt.

Shields A. Stendall
Öffentlicher Notar.

**Eidesstattliche Erklärung von Joseph Ratzenberger, 28. Januar 1936**

Das Flugzeug Weißkopfs von 1901 wird nach einer harten Wasserung am Hafenufer repariert. (Abbildung: Flughistorische Forschungsgemeinschaft Gustav Weißkopf)

Das Flugzeug Weißkopfs von 1901 wird nach einer harten Wasserung am Hafenufer repariert.
(Abbildung: Flughistorische Forschungsgemeinschaft Gustav Weißkopf)

**Joseph D. Ratzenberger, Polizeibeamter**
1. August 1884 – 30. Juni 1938

Joseph Daniel Ratzenberger wurde am 1. August 1884 in Almas/Ungarn geboren. Im Jahre 1891 im Alter von 7 Jahren wanderte er zusammen mit seiner Familie in die USA aus. Die Familie zog in die Pine Street 328 in Bridgeport[273]. Er besuchte die Schule im West End von Bridgeport und wurde im Jahre 1899 als U.S. Staatsbürger aufgenommen.

Die Musik war seine Leidenschaft. In den 1890er-Jahren spielte er Trompete und Kornett im Park Theatre und im Atlantic Drum Corps. Bis 1912 wurde er Dirigent der Olympic Band[274] und spielte auch in der Band der Coast Artillery Corps der Nationalgarde[275]. (Als der Erste Weltkrieg unmittelbar bevorstand, setzte sich Joe dafür ein, dass genügend Bandmitglieder angeworben werden, um als Militäreinheit dienen zu können.[276]) Neben der Musik spielte er Fußball und war auch Ringer, der auf bundesstaatlicher Ebene antrat[277].

Während seiner Zeit als Ringer in den Jahren 1900-1901 erinnert sich Joe an die Luftfahrtexperimente seines Nachbarn, Gustav Weißkopf. In einer eidesstattlichen Erklärung erinnerte sich Joe daran, Weißkopfs Flugzeugtestanlage gesehen zu haben, in der Flugzeuge um einen zentralen Pfahl im Kreis herum flogen. Er erinnerte sich auch daran, Flüge auf einem freien Grundstück an der Cherry Street gesehen zu haben. Er erinnerte sich, dass er sich beim Beschleunigen am Flügel des Flugzeugs festhielt und durch Weißkopf und dessen Helfer verjagt worden war. Bei einem anderen Vorfall erinnerte er sich daran, das Flugzeug gesehen zu haben, nachdem es am Sandstrand in Black Rock Harbor abgestürzt war[278].

Im Jahre 1913 lebte Joe bereits in der Wordin Avenue 971, als er sich als Polizist bewarb[279]. In den folgenden Jahren und erneut im Jahre 1914 war Joe Kandidat der Demokratischen Partei für einen Posten im Gemeinderat von Bridgeport, 3. Bezirk (West End)[280]. Im Jahre 1914 erhielt Joe gleich viele Stimmen wie fünf andere an erster Stelle platzierten Kandidaten als Delegierter des 3.

---

[273] 1900-06-08, US-Volkszählung Bridgeport/CT, Ward 3, Sup.26, Enum.15, Zeile 35-44
[274] 1912-07-12, Bridgeport Times and Evening Farmer, CT, S.8; 1912-08-17, S.7; 1914-08-21, S.1; 1914-12-26, S.1
[275] 1915-03-11, Bridgeport Times and Evening Farmer, CT, S.5
[276] 1916-07-27, Bridgeport Times and Evening Farmer, CT, S.11
[277] 1938-07-01, Bridgeport Post, CT, p.1; Bridgeport Telegram, CT, S.1-2
[278] 1936-01-28, Eidesstattliche Erklärung von Joseph D. Ratzenberger
[279] 1913-03-01, Bridgeport Times and Evening Farmer, CT, S.3
[280] 1913-10-08, Bridgeport Times and Evening Farmer, CT, S.13; 1914-08-27, S.13

Gemeindebezirks zum Democratic Convention[281]. Am 1. Januar 1916 wurde Joe endlich als Polizeibeamter vereidigt[282].

Mit seiner ein Jahr jüngeren Ehefrau Julia geb. Latzko – ebenfalls ungarischer Abstammung[283] – hatte Joe fünf Söhne, William, Joe Jr., Elmer, Ernest und Daniel. Er hatte vier Brüder David Geza Alfred (Sesa) und William (Bela) und zwei Schwester Hova und Lilly. (Sein Großneffe John Ratzenberger ist weltweit bekannt für seine Rolle als Postbote in der TV-Serir „Friends".) Im Jahre 1917 lebte die Familie in der Hanson Avenue 55 in Bridgeport. Zu diesem Zeitpunkt war Joes Mutter Mary geb. Fekete bei ihm eingezogen[284]. Sie wurde drei Straßen vom eigenen Haus entfernt getötet, als sie von einem Lieferwagen überfahren wurde[285].

In einem eher amüsanten Vorfall unterzeichnete Joe eine Petition, um die Eröffnung einer Taverne in seiner Nachbarschaft zu befürworten, und war danach überrascht, als die lokale Zeitung ihn interviewte und ihm vorhielt, dass sich seine Ehefrau öffentlich gegen dieselbe Petition erklärt hatte[286].

**Hochzeitsfoto von Julia Latzko and Joseph Daniel Ratzenberger**

Vor 1930 zog Joe in die Park Street 438 in Bridgeport. Im Rahmen der Volksbefragung jenes Jahres wurde notiert, dass Joe – der im ungarischen Teil des österreichischen Reichs, also in „Austria" – geboren wurde – angeblich aus Australien („Australia") stammte. Zu diesem Zeitpunkt war Joe bereits mit seiner fünf Jahre älteren zweiten Ehefrau Augusta geb. Stratton[287] verheiratet[288].

Am 24. November 1934 war Joe dazu eingeteilt, das starke Automobil-Verkehrsaufkommen in der Nähe des Austragungsortes des Fußballspiels Harvard vs. Yale zu lenken, als er von einem Auto erfasst wurde. Er erlitt innere Verletzungen, eine Gehirnerschütterung, ein gebrochenes rechtes Bein und einen gebrochenen Knöchel. Er erholte sich genug, um wieder leichte dienstliche Aufgaben wahrzunehmen. In dieser Zeit, am 28. Januar 1936, wurde er von der Weißkopf-Forscherin Stella Randolph angesprochen und bezeugte vor einem Notar, was er damals beobachtet hatte.

---

[281] 1914-09-02, Bridgeport Times and Evening Farmer, CT, S.2; 1914-09-05, S.3
[282] 1938-07-02, Hartford Courant, CT, S.9
[283] 1938-10-05, Eheschließungsurkunde des 4. Sohnes Ernest
[284] 1918-09-12, US Mil. Musterung, Joseph D. Ratzinger; 1920 Bridgeport Adressverzeichnis #54, S.570
[285] 1919-01-31, Republican Farmer, CT, S.4
[286] 1911-10-09, Bridgeport Times and Evening Farmer, CT, S.1
[287] 1947-11-17, Bridgeport Post, CT, S.37
[288] 1930-04-08, US-Volksbefragung, Bridgeport Ward 9, Enum.Distr.I62, Supt.Distr.4, Blatt 13A, Zeile 12

Joe starb im Alter von 53 Jahren als indirekte Folge der Verletzungen, die er 1934 im Dienst erlitten hatte. Vor seinem Tod am 30. Juni 1938 war er zwei Monate lang krank gewesen. Es war eine Magenerkrankung, die ihn ins Krankenhaus brachte, wo er am nächsten Tag starb[289].

[289] 1938-07-01, Bridgeport Post, CT, S.1; Bridgeport Telegram, S.1-2; 1938-07-02, Hartford Courant, S.9

Im zweiten Buch von Stella Randolph werden aus ihren Notizen heraus die Angaben einer Zeugin, die sie interviewt hatte, wie folgt festgehalten:

She said, "I used to watch him making the plane, with my late husband, in the Pine Street area where we were living, right across from his shop. The engine noises were terribly loud all the time, and every day blasting motor noises were to be heard for hours on end." Mrs. Savage reported having watched Whitehead attempt to get his plane in the air, but he succeeded in making only short hops in it. The men in the neighborhood tried pushing and pulling at the same time, but it only succeeded in continuing to make short hops.

Then, Mrs. Savage reported, one early morning, about 3:00 A.M., there was a terrific noise outside their home; it sounded like Whitehead's machine! "I asked my husband to go outside and see what was going on," Mrs. Savage said, "as I wasn't feeling too well at the time and didn't feel like getting up. He went out the door to our front porch and said that they were trying to fly the airplane. It didn't get up in the air, although the men were pushing it again. Then, as dawn came along, the breeze came up and all of a sudden the plane went up in the air. We saw it fly all over the neighborhood. It went up and down and flew like it was out of control, then it straightened up and flew to about fifty or more feet in the air; it headed toward Seaside Park and the water in the harbor. The plane settled down in the water rather hard, and some men went out and pulled the plane, with Whitehead in it, to the shore. The craft was damaged slightly, but Whitehead wasn't hurt at all."

**1966, Before the Wrights Flew, S.118-119**

Sie sagte: „Ich habe ihm mit meinem inzwischen verstorbenen Mann zusammen damals dabei zugesehen, wie er in seiner Werkstatt direkt gegenüber von da wo wir in der Pine Street lebten, das Flugzeug gebaut hat. Die Motorengeräusche waren die ganze Zeit furchtbar laut, und jeden Tag waren stundenlang Motorengeräusche zu hören." Frau Savage berichtete, Weißkopf beim Versuch beobachtet zu haben, sein Flugzeug in die Luft zu bringen, aber es gelang ihm damit nur kurze Sprünge zu machen. Die Männer aus der Nachbarschaft versuchten es gleichzeitig zu schieben und zu ziehen, aber es gelang weiterhin nur kurze Sprünge zu machen.

Dann berichtete Frau Savage eines frühen Morgens gegen 3:00 Uhr, dass es vor ihrem Haus ein schreckliches Geräusch gab: Es klang wie die Maschine Weißkopfs! "Ich bat meinen Mann, nach draußen zu gehen und zu sehen, was los war", sagte Frau Savage. "Da ich mich zu jener Zeit nicht wohl fühlte und keine Lust hatte, aufzustehen. Er ging durch die Haustüre zu unserer Veranda hinaus und sagte, dass sie versuchten, das Flugzeug zu fliegen. Es stieg nicht in die Luft, obwohl die Männer es erneut anschoben. Dann, als die Morgendämmerung aufkam, kam eine Brise auf und plötzlich stieg das Flugzeug in die Luft. Wir haben es überall in der Nachbarschaft fliegen sehen. Es ging auf und ab und flog, als wäre es außer Kontrolle geraten, dann richtete es sich auf und flog bis zu fünfzig oder mehr Fuß in die Luft: Es flog in Richtung Seaside Park und dem Wasser im Hafen. Das Flugzeug ließ sich ziemlich hart im Wasser nieder, und einige Männer ruderten hinaus und zogen das Flugzeug samt Weißkopf zum Ufer. Das Fahrzeug wurde leicht beschädigt, aber Weißkopf wurde dabei überhaupt nicht verletzt."

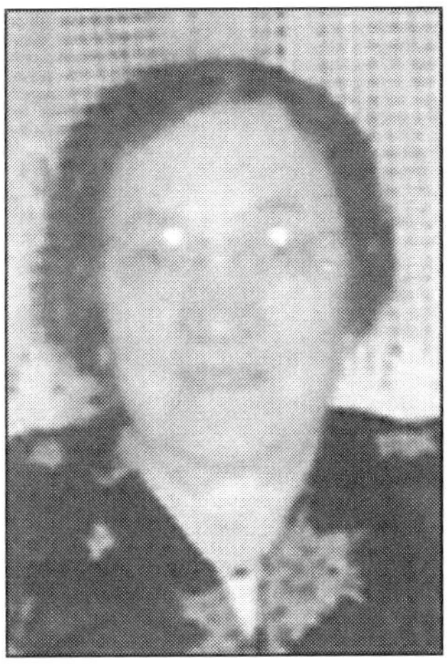

**Mary F. (Jusewicz) Savage**
1884 – May 11, 1973

Mary F. Jusewicz wanderte Ende des 19. Jahrhunderts aus Polen in die USA aus. 1901 war sie eine junge verheiratete Frau, die mit ihrem Ehemann Peter in der Nähe der Ecke Pine Street und Hancock Avenue (Nr. 1072) in Bridgeport lebte. Peter war Zimmermann und arbeitete für eine nahe gelegene Firma, die American Tube and Stamping Co.. Auch er war kürzlich 1900 aus Polen in die USA eingewandert.

Das Paar wohnte schräg gegenüber von Gustav Weißkopf. Nach einer Aussage von Mary am 13. Februar 1964, früh am Morgen in der zweiten Hälfte des Jahres 1901, beobachteten Mary und ihr Ehemann, wie Gustav Weißkopf sein Flugzeug vor ihrem Haus manövrierte, und hörten, wie er den Motor drehte, wie er es zuvor viele Male getan hatte. Dann, als die Sonne aufging, startete Weißkopf in Richtung Black Rock Harbor und das Paar beobachtete, wie er in fünfzig Fuß Höhe aufstieg und von der Nähe ihres Hauses bis zum Hafen flog, wo er hart auf dem Wasser aufsetzte.

1920 wurde Peter im Bridgeport Directory als Polier in der Siemon Street 30 im Black Rock-Bereich von Bridgeport gelistet.

Mary und Peter zogen sich 1945 in ein Haus in der Maplewood Avenue 850 nur 1,5 km von Weißkopf entfernt, zurück. Peters letzter Arbeitgeber war die Bissel Varnish Co. in der Mountain Grove Street 277. Im Jahr 1947 starb Peter, Mary erst 1973. Sie hatten drei gemeinsame Kinder, zwei Söhne und eine Tochter.

Bridgeport, Connecticut

Sept 24th 1934

I, John S.Lesko, residing at 326 Hancock Ave, Bridgeport,Connecticut do depose and say that I was personally acquainted with the late Gustave Whitehead and was associated (~~employed~~) with him during his experiments with heavier than air flying machines.

On about September 1901 I was present on the occasion when Mr. Whitehead succeeded in flying his machine, propelled by motor, on a flight of ~~fourxfeet~~ 50 ft intervals distance, at about four feet off the ground, for a length of time approximating a few seconds at a time.

The type of machine used by Mr. Whitehead was a monoplane. The wing ribs were constructed of bamboo poles,shaped like a birds wing. Mr Whitehead called this plane"The Bird".I understand that this plane was later exhibited at the St.Louis Worlds Fair. This machine was propelled by a four cylinder gasoline engine.

Witnessed by:
D.Arthur Cagleby.

John S Lesko.

Subscribed and sworn to before me this 24th day of September 1934.

Julius J. Dezso
Notary Public

Eidesstattliche Erklärung von John S. Lesko, 24. September 1934

Bridgeport/Connecticut

24. Sept. 1934

Ich, John S. Lesko, wohnhaft Hancock Avenue 326 Bridgeport/Connecticut, erkläre hiermit unter Eid, dass ich persönlich mit dem verstorbenen Gustav Weißkopf bekannt und mit ihm während seiner Experimente an Flugmaschinen schwerer-als-Luft (~~als Angestellter~~) assoziiert war

Ungefähr im September 1901 war ich anlässlich der Gelegenheit anwesend, als es Hrn. Weißkopf gelang, seine durch Motor angetriebene Maschine in Intervallen von jeweils ca. fünfzig Fuß in einer Höhe von ca. vier Fuß über dem Boden zu fliegen für eine zeitliche Dauer von ungefähr jeweils ein paar Sekunden.

Die Art der durch Hrn. Weißkopf eingesetzte Maschine war ein Eindecker. Die Flügelholme waren aus Bambusrohren in der Form eines Vogelflügels gebaut. Hr. Weißkopf nannte diese Maschine „The Bird“ [„Der Vogel“]. Mir wurde zu verstehen gegeben, dass diese Maschine später bei der Weltausstellung in St. Louis ausgestellt wurde. Diese Maschine wurde durch einen vier-Zylinder Benzinmotor angetrieben.

Bezeugt durch: John S. Lesko.
D. Arthur Legledy

Vor mir am 24. Tag von September 1934 unter Eid erklärt.

Julius F. Days
Öffentlicher Notar

**Eidesstattliche Erklärung von John S. Lesko, 24. September 1934**

January 4, 1936

I, John Lesko, conducting business at 328 Hancock Avenue, Bridgeport, Connecticut, declare the following to be fact to the best of my knowledge and belief:

I recall very distinctly the work of Gustave Whitehead with airplanes in the period 1900 to 1905 when he lived on Pine Street. He started at one time to build a runway of concrete in the vicinity of the present St. Stephen's School. My family used to have a restaurant and an old horse and wagon. Many a time we used the horse to pull the "bird" as Mr. Whitehead called his machine, to give it a start. He never finished the runway because he could not get permission from the owner of the land to use it. Many times the children of the community would turn out and lend a hand to give the "bird" a start.

Mr. Whitehead flew his folding winged plane in August, 1902 on Fairfield Avenue, and again a little later at Gypsy Spring. Gypsy Spring was a part with a steep hill that would give the plane a good start. Mr. Whitehead used to construct the planes as gliders first, then put motors into them.

Junius Harworth should remember well about the planes, he was in many a "scrape". Once he started the propellers down in the meadows. He could not see ahead, and crashed over the dyke. Harworth slid about a hundred feet before he stopped.

Once Whitehead tested a motor in a boat, but could not stop the engine. The ignition and carburator pulled loose and there was no way to shut off the motor. There were four men in the boat. Mr. Whitehead shouted, "Hold on, we are going ashore." And we did.

Mr. Whitehead used to make his own motors. He would go to the shop and get a solid block of iron and go home and construct the motor from it. He used to get this material from the shop which is now the Heppenstal Company.

Signed John S Lesko

[illegible] Witness

Sworn to before me this fourth day of January 1936.

[illegible]
Notary Public

Eidesstattliche Erklärung von John S. Lesko, 4. Januar 1936

4. Januar 1936

Ich, John Lesko, mit Geschäftsadresse Hancock Avenue 328, Bridgeport/Connecticut erkläre hiermit, dass Nachstehendes nach bestem Wissen und Gewissen den Tatsachen entspricht:

Ich erinnere mich sehr genau an die Arbeit Gustav Weißkopfs mit Flugzeugen im Zeitraum von 1900 bis 1905, während er in der Pine Street wohnte. Einmal fing er an, eine Piste aus Beton in der Nähe der heutigen St. Stephens Schule zu bauen. Meine Familie hatte früher ein Restaurant sowie ein altes Pferd und eine Kutsche. Viele Male setzten wir unser Pferd ein, um dem „bird" [„Vogel"] wie Hr. Weißkopf seine Maschine nannte, Starthilfe zu geben. Die Piste baute er nie fertig, denn er konnte keine Genehmigung des Grundstückseigentümers bekommen, um sie verwenden zu dürfen. Oftmals erschienen die Kinder aus der Nachbarschaft, um beim Starten des „bird" Hilfe zu leisten.

Hr. Weißkopf ist mit seinem Flugzeug mit Faltflügeln im August 1902 auf der Fairfield Avenue, dann wieder etwas später in Gypsy Spring geflogen. Gypsy Spring war eine Örtlichkeit mit einem steilen Hang, der dem Flugzeug einen guten Startschub geben würde. Hr. Weißkopf hat die Maschinen zunächst als Segelflieger gebaut, sie dann mit Motoren ausgestattet.

Junius Harworth sollte sich sehr gut an die Flugzeuge erinnern, denn er durchlebte viele „Zwischenfälle". Einmal hat er unten auf der Wiese die Propeller gestartet. Da er nicht geradeaus sehen konnte, stürzte er über den Deich. Harworth rutschte ca. hundert Fuß hinab, bevor er zum Stillstand kam.

Einmal testete Weißkopf einen Motor in einem Boot, konnte aber die Maschine nicht mehr abstellen. Die Zündung und der Vergaser hatten sich losgelöst und es gab keinen Weg mehr, den Motor abzuschalten. Es waren vier Männer auf dem Boot. Hr. Weißkopf schrie: „Haltet Euch fest, wir fahren an Land." Und das taten wir auch.

Hr. Weißkopf baute seine eigenen Motoren. Er ging in den Laden und holte sich einen massiven Block Gusseisen, dann ging er nach Hause und baute daraus den Motor. Er holte sein Material damals vom Handelsgeschäft, welches heute die Firma Heprenstal ist.

Unterzeichnet *John S. Lesko*

*W Mann* Zeuge
Vor mir am *vierten* Tag von *Januar* 1936 unter Eid erklärt

*W. Mann*
Öffentlicher Notar

**Eidesstattliche Erklärung von John S. Lesko, 4. Januar 1936**

Date: Sept 3, 1964

I, John S. Lesko, residing at 1390 Fairfield Avenue, Bridgeport, Connecticut, declare the following to be fact to the best of my knowledge and belief:

I recall the work of Gustave Whitehead upon airplanes. When he came to Bridgeport in 1900 and lived on Pine Street, he lived in a house the back yard of which was about fifty feet from ours. Our home was on Hancock Avenue. When Whitehead built his small machine shop in the yard on Pine Street, where he then lived, we could see it from our house and most of the activity about it. I spent many hours at the shop, just watching what went on. At that time I was about ten years old.

Whitehead built a monoplane with folding wings which he called "The Bird." It had a single engine and one propeller. I used to tow this machine into the country where Whitehead could undertake to fly it. Usually we went to the Wordin Estate, at the foot of Spruce Street and a street then named Bird but now known as St. Stephens Street. The owners of the estate had given Whitehead permission to use it.

After making tests of the engine and propellers for some time, Whitehead built a concrete, almost semi-circular runway and a small wooden platform from which to take off. After several attempts at flight, his plane flew a distance of 30 to 50 feet at a height of approximately 4 feet. This was his first flying so far as I know.

Later I hauled Whitehead's plane to Gypsy Spring, to the top of a hill, for take-off. The longest flight I recall seeing Whitehead make was approximately 80 feet at a height averaging about 5 feet.

Whitehead improved his plane by adding two propellers, and he worked at construction of lighter engines having more horsepower. I hauled the cylinders for his engines from the steel mill. Eventually he built a four-cylinder engine. He added four carriage wheels to his plane, too, which I always felt made it too heavy.

In 1904 Whitehead took his plane to St. Louis to the World's Fair. I still have a cup he brought me as a souvenir.

Whitehead operated his machine shop with gasoline engines which he had built. I think he may have been the first man to put a copper water jacket around a steel cylinder.

I recall Jim Dickie. He did not help much with the construction of the planes. He did haul some gravel for construction of the runway.

After Whitehead "went broke" I recall that he worked on laying a concrete road on Long Hill. He invented a concrete-laying machine for the purpose.

Whitehead would become angry when a part broke or something went wrong, and would remove the disabled part. But he did not have violent fits of temper, nor was he a braggart. He was simply not the type, although he did talk often of what he planned and hoped to do.

Signed John S. Lesko

Julius Kozak Witness

Sworn to before me this 3rd day of Sept, 1964.

Notary Public

Eidesstattliche Erklärung von John S. Lesko, 3. September 1964

Datum: 3. Sept. 1964

Ich, John S. Lesko, wohnhaft in der Fairfield Avenue 1390 Bridgeport/Connecticut erkläre hiermit, dass Nachstehendes nach bestem Wissen und Glauben den Tatsachen entspricht:
Ich erinnere mich an die Arbeit Gustav Weißkopfs an Flugzeugen. Als er im Jahre 1900 nach Bridgeport zog und an der Pine Street wohnte, wohnte er in einem Haus, dessen Hinterhof ca. fünfzig Fuß von unserem entfernt war. Unser Zuhause war in der Hancock Avenue. Als Weißkopf seine kleine Maschinisten-Werkstatt im Hinterhof an der Pine Street baute, wo er auch wohnte, konnten wir diese sowie die meisten Aktivitäten um unser Haus herum sehen. Ich habe viele Stunden in der Werkstatt damit verbracht, einfach zuzusehen, was da abging. Zur damaligen Zeit war ich ca. zehn Jahre alt.
Weißkopf baute einen Eindecker mit Faltflügeln, den er „the bird" [„der Vogel"] nannte. Dieser hatte einen einzelnen Motor und einen Propeller. Ich half dabei, diese Maschine aufs freie Feld zu schleppen, wo sie Weißkopf dann fliegen konnte. Meistens sind wir zum Wordin Anwesen am Fuße der Spruce Street und einer Straße namens Birch, die aber heute St. Stephen's Street heißt, hin. Die Inhaber des Anwesens hatten Weißkopf die Genehmigung erteilt, die Fläche zu benützen.
Nachdem er einige Zeit Tests am Motor und an den Propellern durchgeführt hatte, baute Weißkopf eine fast halbkreisförmige Piste sowie eine kleine hölzerne Plattform, von welcher aus er starten konnte. Nach einigen Flugversuchen ist sein Flugzeug über eine Distanz von 30 bis 50 Fuß in einer Höhe von ca. 4 Fuß geflogen. Soweit ich es weiß, handelte es sich dabei um seinen ersten Flug.
Später schleppte ich Weißkopfs Flugzeug zum Starten an den oberen Rand des Hangs nach Gypsy Springs. Der längste Flug Weißkopfs, an den ich mich erinnere, gesehen zu haben, war über ca. 80 Fuß in einer Höhe von ca. 5 Fuß.
Weißkopf verbesserte sein Flugzeug indem er es mit zwei Propellern ausstattete. Er arbeitete auch an der Konstruktion leichterer Motoren, die mehr Pferdestärken hatten. Ich holte für ihn die Zylinder für seinen Motor an der Stahlmühle ab und transportierte sie. Schließlich baute er einen Vier-Zylinder Motor. Er fügte seinem Flugzeug vier Karrenräder hinzu, was mir das Gefühl gab, dass sie es zu schwer machten.
Im Jahre 1904 nahm Weißkopf sein Flugzeug zur Weltausstellung nach St. Louis mit. Ich habe immer noch einen Krug, den er mir als Souvenir mitgebracht hat.
Weißkopf betrieb seine Werkstatt mithilfe von Benzinmotoren, die er selbst gebaut hat. Ich glaube, dass er vermutlich der erste Mann war, der eine kupferne Wasserjacke um einen Stahlzylinder wickelte.
Ich erinnere mich an Jim Dickie. Er hat bei der Erbauung der Maschinen nicht viel geholfen. Er transportierte jedoch Kies für den Bau der Piste.
Nachdem Weißkopf „Pleite ging" erinnere ich mich daran, dass er eine Betonstraße auf Long Hill anlegte. Zu diesem Zweck erfand er eine Beton-Gieß-Maschine.
Weißkopf hätte sich zwar darüber geärgert, wenn ein Teil brach, oder wenn irgendetwas schiefging, woraufhin er das Teil entfernt hätte. Aber er zeigte weder cholerische Ausbrüche, noch war er ein Angeber. Dazu war er einfach nicht der Typ, obwohl er wohl öfter darüber sprach, was er plante und was er hoffte, zu erreichen.

Unterzeichnet John S. Lesko
Julius Kozma Zeuge
Vor mir am 3. Tag von Sept. 1964 unter Eid erklärt.

John T. Lesko
Öffentlicher Notar

**Eidesstattliche Erklärung von John S. Lesko, 3. September 1964**

[290]

**John Stephen Lesko**
26. November 1889 – 6. Juni 1968

John S. Lesko wurde am 26. November 1889[291] in Tazewell/Virginia geboren. Sein Vater wurde 1864 in Hejce Abaju (heute Hejce im Bezirk Borsod Abaúj im Norden Ungarns) geboren. Er wanderte am 22. Oktober 1882 über Hamburg in die USA ein und wurde am 5. April 1892 am Landgericht von Tazewell/Virginia eingebürgert. Zum Zeitpunkt der US-Volkszählung im Jahre 1900 lebte die Familie in der Hancock Avenue 328 und Johns Vater betrieb ein Restaurant[292], was er weiterhin bis mindestens 1905 tat[293]. Der Hinterhof der Familienwohnung grenzte an den Hinterhof einer anderen Familie, die im Hinterhof der nächsten Querstraße wohnte. Diese Familie hieß Weißkopf und wohnte in der Pine Street 241.

In drei eidesstattlichen Erklärungen bestätigte sich John, dass er ständig die Ereignisse in der Hinterhofwerkstatt des Herrn Weißkopf sehen konnte und viel Zeit dort verbracht hatte. Er erinnerte sich, dass er mit dem Pferdewagen der Familie die Maschine zum Wordin Anwesen in der Birch Street, später bekannt als St. Stephen's Street, geschleppt hatte, und erinnerte sich an die kreisförmige Testbahn aus Beton, die Weißkopf an dieser Stelle zusammen mit einer Rampe für seine ersten Flugversuche gebaut hatte. Er erinnerte sich ferner an Flüge, die Herr Weißkopf im September 1901 in einer vogelähnlichen Flugmaschine mit Vierzylindermotor durchgeführt hatte, an einen weiteren Flug, der von einem Hang in Gypsy Springs startete, und an einen Flug im August 1902 entlang der Fairfield Avenue. Lesko half bei der Weiterentwicklung des Flugzeugs, indem er neue Zylinder aus einem Stahlwerk holte[294].

Am 1. Mai 1909 verließ die Familie Lesko das Restaurantgeschäft und wechselte in das Bestattungsgewerbe[295]. Bis dahin war John bereits als Bestatter qualifiziert[296]. Im Jahre 1917 war John bereits mit Anna Theresa, geborene Santa[297], verheiratet und hatte zwei kleine Kinder.

Mitte der 1920er Jahre lebte John in der Courtland Avenue 86 und arbeitete als Bestatter im Familienunternehmen. Von seinen drei Kindern (Helen, John & James) übernahm der älteste Sohn

---

290 1978-04-16, Bridgeport Sunday Post, CT, S.C-5
291 1917-06-05, US Militär, Musterungsakte - John S. Lesko
292 1900-06-02, US Volkszählung, Bridgeport CT Ward 3, Supt.Distr.26 Enum.Distr.15 Blatt 6, Zeilen 12 & 15
293 1905-07-24, Passantrag von John Lesko Sr.
294 Eidesstattliche Erklärungen von John S. Lesko, 24. Sept. 1934; 4. Jan. 1936; 3. Sept. 1964
295 1969-05-01, Bridgeport Telegram, CT, S.65
296 1910-04-20, US Census Bridgeport CT Ward 3, Supt.Distr.29, Enum.Distr.13, Blatt 13A, Zeile 23
297 2003-02-06, Connecticut Post, CT, online edition, eingesehen am 20. Juni 2020

John T. die Firma[298]. Das Geschäft hatte mit seinen Räumlichkeiten in der Hancock Avenue 328 begonnen und war seitdem in die Fairfield Avenue 1390 umgezogen. Es existierte noch im Jahr 2020 unter einem anderen Namen.

John starb am 21. Juni 1974[299].

60 Years
Growing With Bridgeport Since May 1, 1909
60 Years
EVERYONE AT THE LESKO FUNERAL HOME RECOGNIZES HIS RESPONSIBILITY TO THOSE WE SERVE:
To provide distinctive service that is unsurpassed . . .
At a cost within the means of all . . .
Fulfilling the personal needs and wishes of every family . . .
Offering all conveniences of modern funeral service to everyone regardless of individual circumstance . . .
But beyond the mere physical comfort one will find friendly cooperation, sincere understanding and consideration which has brought to the Lesko Family the leadership in funeral service it has developed over the years.
John S. Lesko & Son, Inc.
1390 Fairfield Avenue, Bridgeport 5, Conn.


[298] 1960-11-06, Bridgeport Post, CT, S.10; 1962-11-09, Bridgeport Post, CT, S.43

[299] 1974-06-21, Sterberegister von Connecticut, Akte Nr. 12624

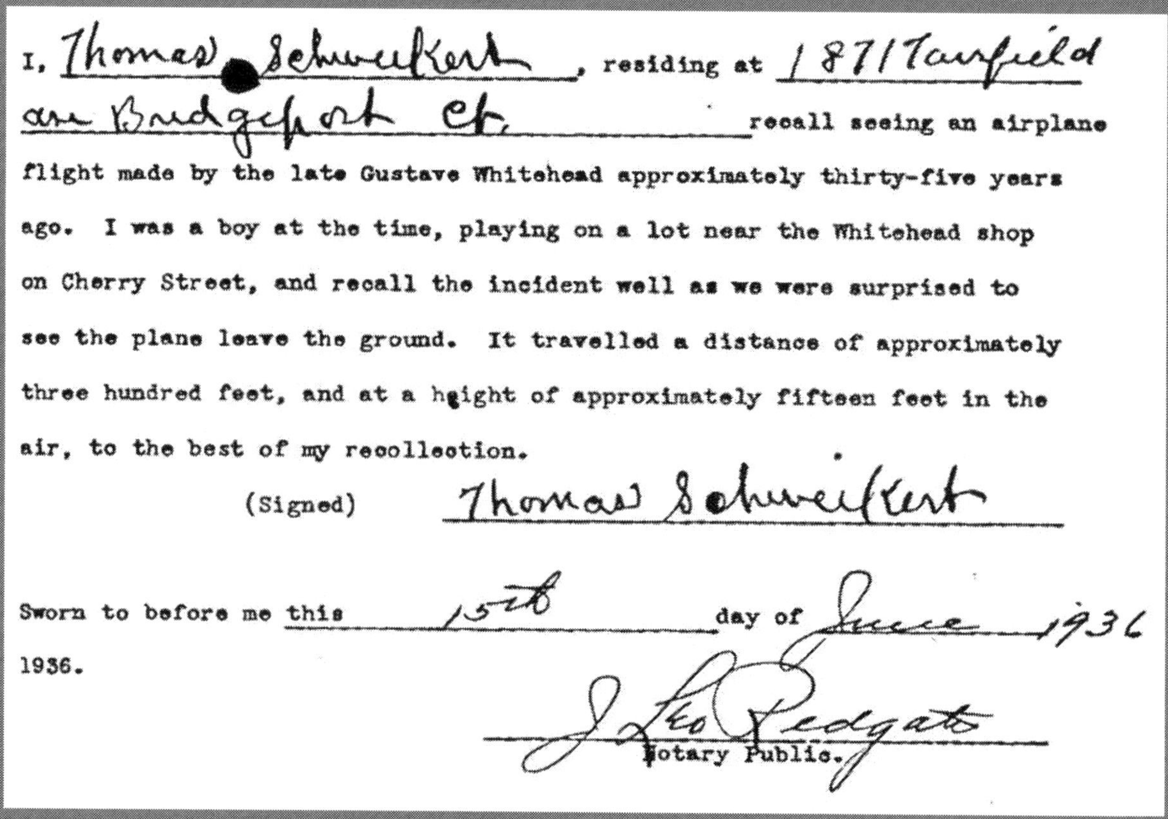

I, Thomas Schweikert, residing at 1871 Fairfield Ave Bridgeport Ct. recall seeing an airplane flight made by the late Gustave Whitehead approximately thirty-five years ago. I was a boy at the time, playing on a lot near the Whitehead shop on Cherry Street, and recall the incident well as we were surprised to see the plane leave the ground. It travelled a distance of approximately three hundred feet, and at a height of approximately fifteen feet in the air, to the best of my recollection.

(Signed) Thomas Schweikert

Sworn to before me this 15th day of June 1936 1936.

J. Leo Redgate
Notary Public.

Eidesstattliche Erklärung von Thomas Schweikert 1. Juni 1936

Ich, Thomas Schweikert, wohnhaft in der Fairfield Avenue 1871, Bridgeport/Connecticut kann mich daran erinnern, vor ungefähr fünfunddreißig Jahren einen durch den verstorbenen Gustav Weißkopf im Flugzeug unternommenen Flug gesehen zu haben. Ich war damals ein Junge und spielte auf dem leeren Grundstück in der Nähe der Werkstatt Weißkopfs an der Cherry Street. Ich kann mich an das Ereignis gut erinnern, weil wir überrascht waren, als wir sahen, wie das Flugzeug abhob. Es ist nach meiner besten Erinnerung über eine Strecke von ca. dreihundert Fuß in einer Höhe von ca. 15 Fuß geflogen.

(Unterzeichnet) Thomas Schweikert

Vor mir an diesem 15. Tag von Juni 1936 1936 unter Eid erklärt.

J. Leo Redgate
Öffentlicher Notar.

**Eidesstattliche Erklärung von Thomas Schweikert 1. Juni 1936**

## Ingenieur Thomas Schweikert

19. April 1878 – 9. Dezember 1946

Thomas Schweikert wurde in New York als Sohn einer amerikanischen Mutter irischer Herkunft, und einem in Deutschland geborenen Vater Johann M., geboren. Schon bei der US-Volkszählung von 1900 wurde seine Mutter als Familienoberhaupt aufgeführt, da sie bereits verwitwet war. Die Familie der Alleinerziehenden lebte in der Pine Street 412, und war erst kürzlich aus der Hancock Avenue 412 dorthin gezogen[300]. Neben Thomas (22) und seiner Mutter Josephine (42) gab es seine jüngeren Geschwister George M. (12), Carrie/Caroline M. (10) und Kate/Katherine (8). Thomas, vom Beruf Seidenweber, war anscheinend der Ernährer der Familie. Im Bridgeport-Verzeichnis von 1900 ist er als Angestellter des „B. Silk Co." aufgelistet[301].

Im Jahr 1901, als er laut seiner Aussage seinen Nachbarn Gustav Weißkopf im Motorflug über eine Distanz von 300 Fuß in einer Höhe von sechs Fuß fliegen sah[302], war Thomas 23 Jahre alt. Es ist nicht bekannt, ob er seine Fähigkeiten im Seidenweben einsetzte, um Weißkopf bei der Herstellung der Flügelbespannung zu unterstützen.

1910 arbeitete Thomas bereits als Ingenieur[303]. Am 25. Oktober 1911 heiratete er die in Irland geborene Anna (Annie) McPadden[304]. Annie war ein Jahr jünger und im Jahre 1899 in die USA eingewandert. Das Paar zog in die Fairfield Avenue 1871. Im Januar 1915 bekam es ein Kind, Edward. Leider erkrankte Edward im September 1916 an Poliomyelitis[305]. Und im Juli 1917 verstarb Thomas' jüngerer Bruder George[306]. Im folgenden Jahr unterzog sich Thomas der Musterungsprüfung zum Militärdienst im Ersten Weltkrieg gegen die Heimat seines Vaters[307]. Und 1920 wurde Thomas im Bridgeport Directory als **Ingenieur** für die C.G. Manufacturing Co. aufgeführt[308]..

Im Mai 1921 starb Thomas' jüngere Schwester Carrie[309]. Bereits im Jahre 1927 war Sohn Edward ein aktiver Befürworter der Interessen von Poliomyelitis-Betroffenen geworden[310]. Bis 1930 arbeitete Thomas als Ingenieur in einer Munitionsfabrik[311]. Sechs Jahre später spürte ihn Stella Randolph auf und erhielt seine Zeugenaussage über die Flüge von Gustav Weißkopf[312].

1940 arbeitete Thomas noch als Ingenieur in der Munitionsfabrik[313]. Er starb am 9. Dezember 1946 und ist im Friedhof von St. Michael in Stratford begraben. 1967 starb seine Schwester Katherine M. [314]. Thomas' Sohn Edward hinterließ keine Nachkommen[315].

---

[300] 1900-06-05, US-Volkszählung, Bridgeport CT Ward 3, Supt.Distr.26, Enum.Distr.15, Blätter 10 & 11, Zeile 1

[301] 1900, Bridgeport Directory, S.370

[302] 1936-06-15, Eidesstattliche Erklärung von Thomas Schweikert

[303] 1910-04-21, US-Volkszählung, Bridgeport CT Ward 4, Supt.Distr.29, Enum.Distr.17, Blatt 4, Zeile 75

[304] 1912-11-08, Bridgeport Times and Evening Farmer, CT, S.14; 1918-09-12, Musterungskarte von Thomas Schweikert

[305] 1916-09-11, Bridgeport Times and Evening Farmer, CT, S.6; & 1916-09-16, S.1

[306] 1917-07-30, Bridgeport Times and Evening Farmer, CT, S.6

[307] 1918-09-12, Musterungskarte von Thomas Schweikert

[308] 1920 Bridgeport and Southport Directory #54, S.601

[309] 1921-05-07, Bridgeport Telegram, CT, S.8

[310] 1927-09-03, Bridgeport Telegram, CT, S.21; & 1951-04-28, S.8; 1958-06-30, Bridgeport Post, CT, S.5; & 1960-09-25, S.39; & 1962-09-05, S.23; 1964-12-12, S.5; 1965-11-07, S.58; 1966-07-12, Bridgeport Telegram, CT, S.18

[311] 1930-04-21, US-Volkszählung, Bridgeport CT Ward 4, block 237, Supt.Distr.1-18, Enum.Distr.4, Blatt 17-A, Zeile 31

[312] 1936-06-15, Eidesstattliche Erklärung von Thomas Schweikert

[313] 1940-04-12, US-Volkszählung, Bridgeport CT Ward 4, Supt.Distr.4, Enum.Distr.9-35, Blatt 4-B, Zeile 60

[314] 1968-07-31, Bridgeport Post, CT, S.46

[315] 1970-01-27, Bridgeport Telegram, CT, S.27

October 10th, 1936.

I, Cecil A. Steeves, residing at 405 Maplewood Avenue, Bridgeport, Connecticut, declare the following to be fact to my best knowledge and belief:

When a boy I lived only one block from the late Gustave Whitehead, my father's business having been located for over thirty years on Spruce Street, while Mr. Whitehead lived and did most of his experimenting on Pine Street. Naturally, boy fashion, I was greatly interested in what Mr. Whitehead was doing, spending a great deal of my time there, both after school hours and during vacations, and he explained much to me about flying machines. Many and many a time I have watched him test a plane while it traveled around and around, in a circle, these tests taking place in his yard, with the plane tied by a rope to a stake which had been driven into the ground, the yard being so small that the plane would have had to have been dismantled in order to have tested it elsewhere. During these tests the plane would rise from three to five feet off the ground. At a later date Mr. Whitehead had a trial flight on the old Gilman Estate located on Fairfield Avenue, between Orland and Ellsworth Streets, the plane at this flight being up in the air.

Mr. Whitehead then moved his shop to Cherry Street where he continued to do his experimenting, this location being opposite the old Wilmot and Hobbs factory, now occupied by The American Tube and Stamping Company. It was here that the Wright Brothers visited Mr. Whitehead during the early 1900's, coming from Ohio and under the guise of offering to help finance his inventions, actually received inside information that aided them materially in completing their own plane. I was at the shop with him when they arrived and waited outside while they talked inside. After they had gone away Mr. Whitehead turned to me and said, "Now since I have given them the secrets of my invention they will probably never do anything in the way of financing me", this proving to have been a true prophesy.

Signed: Cecil A. Steeves

Sworn to before me
this 1st day of February, 1937
Mary B. Reals

Eidesstattliche Erklärung von Cecil A. Steeves, 10. Oktober 1936

10. Oktober 1936.

Ich, Cecil A. Steeves, wohnhaft in der Maplewood Avenue 405, Bridgeport/Connecticut erkläre nach bestem Wissen und Gewissen, dass Nachstehendes den Tatsachen entspricht:

Als Junge lebte ich bloß einen Häuserblock vom zwischenzeitlich verstorbenen Gustav Weißkopf entfernt. Über mehr als dreißig Jahre war das Geschäftslokal meines Vaters an der Spruce Street, und Hr. Weißkopf führte den Großteil seiner Experimente an der Pine Street durch. Natürlich – typisch Junge – faszinierte mich, was Hr. Weißkopf tat. Ich verbrachte daher eine Menge Zeit dort, sowohl nach der Schule als auch während der Schulferien. Er erklärte mir viel über Flugmaschinen. Viele Male sah ich ihm zu, wie er ein Flugzeug im Kreisflug immer wieder herumwirbelnd testete. Diese Flüge fanden mit dem Flugzeug durch ein Seil an einem im Boden gerammten Pfosten befestigt auf seinem Hinterhof statt. Der Hinterhof war so klein, dass das Flugzeug hätte auseinander gebaut werden müssen, um es woanders zu testen. Während dieser Tests würde sich das Flugzeug ca. drei bis fünf Fuß über dem Boden erheben. Zu einem späteren Zeitpunkt führte Hr. Weißkopf auf dem Gilman Anwesen an der Fairfield Avenue, zwischen Orland Street und Ellsworth Street, einen Erprobungsflug durch. Hierbei befand sich das Flugzeug in der Luft.

Hr. Weißkopf zog mit seiner Werkstatt dann in die Cherry Street um, wo er seine Experimente fortsetzte. Diese Örtlichkeit befand sich direkt gegenüber der alten Fabrik von Wilmot und Hobbs, welche heute durch die American Tube and Stamping Company betrieben wird. Hier war es, dass die Gebrüder Wright Hrn. Weißkopf in den frühen 1900er Jahren besucht haben. Sie kamen aus Ohio unter dem Vorwand, finanzielle Hilfe für seine Erfindungen leisten zu wollen. Sie erhielten tatsächlich Insider-Information, die ihnen materiell bei der Fertigstellung ihres eigenen Flugzeug, half. Ich war mit ihm an der Werkstatt, als sie ankamen. Ich wartete draußen, während sie drinnen redeten. Nachdem sie abreisten, drehte sich Hr. Weißkopf zu mir und sagte, „Nun, weil ich ihnen die Geheimnisse meiner Erfindung verraten habe, werden sie wahrscheinlich nie irgendetwas dahingehend tun, um mich zu finanzieren", was sich als wahre Prophezeiung herausgestellt hat.

Unterzeichnet:
*Cecil A. Steeves*

*Vor mir am 1. Tag von Februar 1937*
*unter Eid erklärt*
*Mary B. Reals*

**Eidesstattliche Erklärung von Cecil A. Steeves, 10. Oktober 1936**

August 17th, 1964.

Dear Mr. O'Dwyer,-

A clipping from a Bridgeport paper was sent to me knowing that I would be interested in your attempt to establish proof that Gustave Whitehead did build & fly this plane back in the year of 1901.

The photographs of his plane appearing in the December 1963 issue of Argosy Magazine, also the ones in Stella Randolph's book, Lost Flights of Gustave Whitehead are true pictures of the plane he built in his yard while he was living on Pine Street.

I beleive I am one of the last persons living to day who saw that plane fly.

I hope I may have the pleasure of seeing this worth while history making event come to a successful completion, I remain.

Sincerely,
Cecil A. Steeves, Sr.
109 West 45 St.
New York, N.Y. 10036.

**Cecil A. Steeves Brief an William J. O'Dwyer, 17. August 1964**

17. August 1964

Sehr geehrter Hr. O'Dwyer,

Ein Ausschnitt aus einer Bridgeporter Zeitung wurde mir zugesandt im Wissen darum, dass mich Ihre Bemühung, Beweis dafür zu erbringen, dass Gustav Weißkopf im Jahre 1901 Flugzeuge baute und flog, interessieren würde.

Die Fotografien seines Flugzeugs, die in der Dezember 1963 Ausgabe der Zeitschrift Argosy , auch jene im Buche Stella Randolphs Lost Flights of Gustave Whitehead, sind wahre Abbildung an jenes Flugzeugs, das er baute, als er in der Pine Street gelebt hat. Ich glaube, dass ich eine der letzten, noch lebenden Personen bin, die jenes Flugzeug im Fluge gesehen haben.

Ich hoffe, dass ich das Vergnügen habe, die Vollendung dieses geschichtsträchtigen Ereignisses erleben zu dürfen. Ich verbleibe

mit freundlichen Grüßen

Cecil A. Steeves Sr.
109 West 45 Street
New York, N.Y. 10036

**Cecil A. Steeves Brief an William J. O'Dwyer, 17. August 1964**

**Cecil Abner Steeves Sr.**
30. Jan 1887 – 27. Dez. 1968

Cecil A. Steeves wurde in Kanada geboren. Seine Eltern, William A. und Ida G. Steeves, waren beide als englische Einwanderer nach Kanada gezogen und hatten 1872 geheiratet. Die Familie zog Anfang der 1870er Jahre[316] in die Vereinigten Staaten, reiste aber offenbar in den folgenden Jahren zwischen den beiden Ländern oft hin und her. Schließlich ließen sie sich 1879 in Ansonia/Connecticut nieder. 1884 zogen sie nach Bridgeport weiter und wurden eingebürgert[317].

Dort lebten sie in einer großen Wohnung in der Spruce Street 143, ganz in der Nähe von Gustav Weißkopf. Williams Bruder Coleman und dessen Ehefrau Lizzie wohnten mit dem Ehepaar und ihren neun Kindern zusammen unter einem Dach. Cecil war der drittälteste Sohn[318]. Die Familie besaß auch ein Landhaus in Prospect/Connecticut. Dieses hatte während des Unabhängigkeitskrieges als Hauptquartier George Washingtons gedient.

Cecils Vater hatte eine Spedition[319], in der Cecils ältester Bruder, James-Roy, bereits 1900 als Teamster (Kutscher für mehr als ein Pferd) arbeitete. Cecil trat später in die Firma ein[320]. Seine Schwester Bertha war Präsidentin der örtlichen Wirtschaftsföderation[321] und in der YWCA-Bewegung aktiv[322]. Eine andere Schwester, May, war Krankenschwester[323]. James-Roy diente auch als US-Soldat im Ersten Weltkrieg in Frankreich[324]. Während der Zeit, in der Gustav Weißkopf seine Flugexperimente unternahm, war Cecils Vater Vorsitzender jenes 3. Gemeindebezirks, der Bridgeports West End umfasste. Er war Funktionär der Republikanischen Partei[325].

Cecil war 14 bis 15 Jahre alt, als er – gemäß seiner Aussage – Gustav Weißkopf auf dem Gilman Anwesen zwischen den Straßen Orland und Ellsworth im West End von Bridgeport fliegen sah[326]. Nach einer Aussage von Junius Harworth kaufte Cecils Vater einen Bootsmotor von Gustav Weißkopf[327].

Ein paar Jahre, nachdem er Weißkopf fliegen sah, wurde Cecil in den Bauch geschossen, als er junge Mädchen vor Übergriffen zu verteidigen versuchte[328]. Über Cecils heroischen Tod wurde landesweit

---

316 1910-04-23, US-Volkszählung Bridgeport Ward 3, Supt.Distr.29, Enum.Distr.13, Blatt 22-B, Zeile 92
317 1917, History of Bridgeport and Vicinity, CT, S. 598-599
318 1900-06-01, US-Volkszählung, Bridgeport CT Ward 3, Supt.Distr.26, Enum.Distr.15, Blatt 2, Zeile 9
319 1916-05-22, Bridgeport Evening Farmer, CT, S.2
320 1920-01-05, US-Volkszählung, Bridgeport CT Ward 5, Supt.Distr.38, Enum.Distr.29, Blatt 3-A, Zeile 46
321 1915-01-15, Bridgeport Evening Farmer, CT, S.3
322 1915-01-13, Bridgeport Evening Farmer, CT, S.6
323 1912-05-31, Bridgeport Evening Farmer, CT, S.1
324 1920-11-09, Bridgeport Times, CT, S.1
325 1917, History of Bridgeport and Vicinity, CT, S. 599
326 1937-02-01, Eidesstattliche Erklärung von Cecil A. Steeves
327 1966, Before the Wrights Flew, Randolph, S.128
328 1903-04-20, Hartford Courant, CT, S.2

berichtet[329]. Eine Ente. Zum Glück erholte er sich von dem Vorfall schnell. Cecil heiratete Charlotte („Lottie") Senger, die Tochter eines deutschstämmigen, aber in Frankreich geborenen Friseurs und Zeitungshändlers Henry Senger und einer in Deutschland geborenen Mutter[330].

Cecil und Lottie wohnten in der Beechwood Avenue 222[331], wo sich auch die Spedition befand. Sie hatten drei Kinder, Mildred, Beatrice und Cecil Jr. [332]. 1925 zogen Charlottes Bruder Ferdinand und ihr Neffe Fred bei der Familie in die Maplewood Avenue Nr. 405 ein, nachdem Freds Frau Julia plötzlich gestorben war[333].

Die beiden älteren Töchter hatten glücklicherweise 1930 bereits Bürojobs. Als die Wirtschaftskrise ausbrach, hatte Cecil den Beruf gewechselt und handelte mit Aktien und Anleihen[334]. [Anmerkung: Ausgerechnet Cecils Ehefrau war 1930 jene Datensammlerin der US-Behörde, welche die Volkszählung an der Wohnadresse der Familie durchführte, was die ungewöhnliche Folge hat, dass vorliegende Volkszählungsdaten als Parteienangaben zu werten seien.]

STEEVES
FURNITURE and Piano Mover. Tel. B. 2275. 222 Beechwood Ave.
Toct27-10t

[335]

Das Ehepaar Steeves war sein Leben lang treue Kirchgänger und engagierte sich stark für kirchliche Aktivitäten. Cecil selbst war Chormitglied und leitete Gebetstreffen[336].

1919 starb Cecils Mutter[337], 1949 Cecils Ehefrau Charlotte[338]. 1943 und 1960 starben zwei von Cecils sechs Schwestern, May[339] und Bertha[340]. Bis 1964 lebte Cecil in New York in der West 45th Street 109[341]. Am 27. Dezember 1968, starb Cecil. Er wurde von einem Sohn, zwei Töchtern, zwei Brüdern und zwei Schwestern überlebt[342]. Sein Sohn Cecil A. Jr. starb am 15. März 1992[343].

---

329 1903-03-25, Albert-Lea Enterprise, MN, S.4
330 1914-09-02, Bridgeport Times and Evening Farmer, CT, S.1
331 1914-09-02, Bridgeport Times and Evening Farmer, CT, S.1
332 1920-01-05, US-Volkszählung, Bridgeport CT Ward 5, Supt.Distr.38, Enum.Distr.29, Blatt 3-A, Zeilen 48-50
333 1925-02-12, Bridgeport Telegram, CT, S.8
334 1930-04-17, US-Volkszählung, Bridgeport CT, block 361, Supt.Distr.4, Enum.Distr.I-25, Blatt 17-B, Zeile 57
335 1919-10-29, Bridgeport Standard Telegram, CT, S.44
336 1910-01-26, Bridgeport Evening Farmer, CT, S.3; 1916-12-02, Bridgeport Evening Farmer, CT, S.3; 1927-04-15, Bridgeport Telegram, CT, S.25; 1947-12-19, Bridgeport Telegram, CT, S.27
337 1919-06-03, Bridgeport Standard Telegram, CT, S.4
338 1949, Grabstein, Lawncroft Cemetery, Fairfield, CT, USA
339 1943-12-24, Binghamton Press and Sun Bulletin, NY, S.22
340 1960-11-15, Bridgeport Post, CT, S.56
341 1964-08-16, Eidesstattliche Erklärung/Brief von Cecil A. Steeves
342 1968-12-28, Bridgeport Telegram, CT, S.25
343 1992, Sterberegister von Connecticut

Bridgeport, Connecticut.

I, Micheal Werer, residing at 824 Wordin Ave do depose and say that I was personally acquainted with the late Gustave Whitehead and was associated (or employed by) with him during his experiments with heavier than air flying machines.

On about Sept or Oct 1901 I was present on the occasion when Mr. Whitehead succeeded in flying his machine, propelled by motor, on a flight of about four hundred ft distance, at about six feet off the ground, for a length of time approximating half minute.

The type of machine used by Mr. Whitehead was a folding wing Monoplane. This flight took place on Tunxis Hill Road near Mountain Grove Cemetery Bridgeport Conn.

Witness Stev Kelemen    Signed Michael Werer

Subscribed to and sworn to before me this 24th day of September 19 4.

Julius J. Dapo
Notary Public

Eidesstattliche Erklärung von Michael Werer, 24. September 1934

Bridgeport/Connecticut.

Ich, Michael Werer wohnhaft in der Wordin Avenue 824 erkläre hiermit unter Eid, dass ich mit dem verstorbenen Gustav Weißkopf persönlich bekannt (bzw. bei ihm angestellt) und während seiner Experimente mit Flugzeugen schwerer-als-Luft, assoziiert war.

Im ungefähr September oder Oktober 1901 war ich anwesend, als es Herrn Weißkopf mit seiner durch Motor angetriebenen Maschine gelang, einen Flug über eine Distanz von zirka vierhundert Fuß in einer Höhe von zirka sechs Fuß über dem Boden, auf die Dauer von ungefähr einer halben Minute durchzuführen.

Die Art der dabei durch Hrn. Weißkopf eingesetzten Maschine war ein Faltflügel-Eindecker. Dieser Flug fand im Tunxis Hill Park in der Nähe des Mountain Grove Friedhofs in Bridgeport/ Connecticut statt.

Zeuge Sten Koleonen Unterzeichnet Michael Werer

Vor mir an diesem 24. Tag von September 1934

Julius F. Days
Öffentlicher Notar

**Eidesstattliche Erklärung von Michael Werer, 24. September 1934**

**Michael Werer**

1860 – 24. Sept. 1943

Mika Warer und Mary Bor heirateten 1898 in Ungarn. Mika wanderte Ende 1899 im Alter von 30 Jahren aus Ungarn in die USA aus. Seine neun Jahre jüngere Ehefrau Mary folgte ihm einige Monate später im Jahr 1900 nach. Mika amerikanisierte seinen Namen in Michael Werer.

Das Paar lebte in der Hancock Avenue 229[344], gleich um die Ecke von Gustav Weißkopfs Haus. Laut einer Aussage von Michael vom 24. September 1934 sah er Gustav Weißkopf im September oder Oktober 1901 im Tunxis Hill Park einen durch Motor angetriebenen Eindecker über eine Entfernung von 400 Fuß in einer Höhe von sechs Fuß fliegen[345]. Michael war 31 Jahre alt, als die von ihm beschriebenen Ereignisse geschahen.

Am 8. Sept. 1907 wurde der erste Sohn des Paares, Mika Jr. (genannt Mickey) geboren[346]. Zu dieser Zeit arbeitete Michael Sr. als Packer bei der Bryan's Electric Co.. Am 19. Mai 1921 wurde Michael Sr. als Amerikaner eingebürgert. Zu dieser Zeit lebte er in der Orland Street 105 in Bridgeport[347].

Das Paar hatte zwei weitere Kinder namens Mary und John. 1930 lebte das Paar in der Monroe Street 189[348]. Sohn Michael war Werkzeugmacher in einer Maschinenwerkstatt und der jüngere Sohn John arbeitete in einer Schallplattenfabrik. 1934 lebten sie in der Wordin Avenue 824. Vor 1940 zogen sie in die Bennett Street 69. Tochter Mary war Krankenschwester und der junge John arbeitete als Werkzeugmacher[349].

Im Jahr 1943, als John im Zweiten Weltkrieg diente, starb Michael[350]. Nach dem Zweiten Weltkrieg hieß die Familie Wehrer. Michaels Witwe Mary Bor Wehrer starb im Februar 1963[351].

---

[344] 1910-04-29, US-Volkszählung, Bridgeport CT Ward 3, Supt.Distr.29, Enum.Distr.13, Blatt 40-A, Zeile 14

[345] 1934-09-24, Eidesstattliche Erklärung von Michael Werer

[346] US Social Security Akte Nr. 047-07-2525

[347] 1921-05-19, Einwanderungskarte von Michael Werer

[348] 1930-04-04, US-Volkszählung, Bridgeport CT Ward 4, Block 147, Supt.Distr.1-11, Enum.Distr.4, Blatt 4-A, Zeile 17

[349] 1940, US-Volkszählung, Bridgeport CT Ward 3, Supt.Distr.4, Enum.Distr.9-24, Blatt 64-B, Zeile 57

[350] 1944, Bridgeport Directory, CT, S.869

[351] 1963-02-15, Bridgeport Telegram, CT, S.23; 1963-02-16, Bridgeport Post, CT, S.16

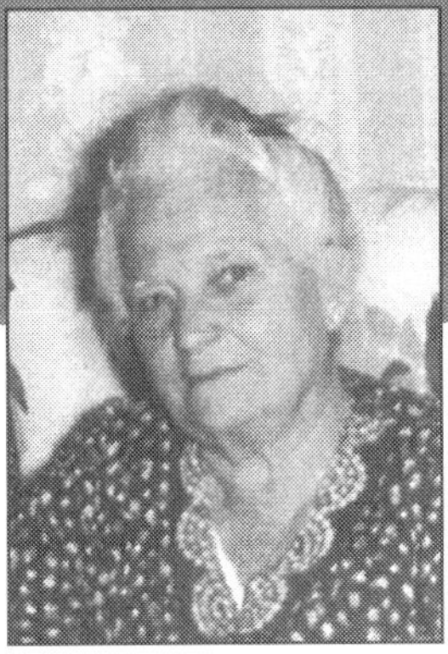

August 1, 1974

To Whom It May Concern:

I, Elizabeth Koteles, declare and testify that I witnessed one of the experimental tests of an aircraft built and designed by the late Gustave Whitehead, during that period of my life when my husband and I lived as neighbors to Mr. Whitehead on Pine Street, Bridgeport, Connecticut.

It was during our early married life and after we had moved from Hancock Avenue that Whitehead also moved into the Pine Street area. Shortly after his arrival he began to build aircraft and engines in his rear yard. His rear yard bordered our yard. These were homes where we rented from landlords.

One day, not long after Whitehead had built his airplane, and as close as I can recall it was around 1901, my husband asked me to walk with him up to Tunxis Hill, to watch Whitehead fly his airplane.

The location of the experiment, as I now understand it to be, was in the Gypsy Springs section of that hill in the general park area of Villa Park. The area where the aircraft was tested was on the level portion, mid-hill, approximately where the present shopping center is located and now known as Topps. We stood at the side of the road and looked over the stone wall onto that field. The craft was just beyond the wall. I can only recall one of the men present was Gustave Whitehead who occupied the aircraft. There were at least two other men whom I cannot, at this date, identify or recall by name. The craft lifted off the ground during one experiment to an elevation of approximately 4 to 5 feet, and I doubt it was over 6 feet. It flew for a distance of approximately 150 to 250 feet before landing. There was no damage to either the aircraft, or Mr. Whitehead. As I recall it, it was a short flight and much less than we had expected to see. That was the only time I ever saw him test the plane or watch it fly. If there were other times I did not see them.

Mr. and Mrs. Whitehead were customers in our store and always paid cash. They were nice people. Very nice.

In response to your question, "Was the ground level?" I can recall it was level and that the ground was smooth, like a park field, and covered with grass.

witness: Ida (Koteles) Berecz — Elizabeth Koteles — 8/1/74 Date

Eidesstattliche Erklärung von Elizabeth Koteles, 1. August 1974, S.1

1. August 1974

An die zuständige Stelle:

Ich, Elizabeth Koteles, erkläre hiermit unter Eid, dass ich während jenes Abschnitts meines Lebens, als ich und mein Ehemann als Nachbarn von Hrn. Weißkopf in der Pine Street in Bridgeport gewohnt haben, Zeugin von einem der experimentellen Testflugs eines durch Gustav Weißkopf konstruierten und gebauten Flugzeugs war.

Dies fand während des Anfangs unseres Ehelebens statt, als wir von der Hancock Avenue [in die Pine Street] umgezogen waren und auch Weißkopf in die Pine Street zog. Kurz nach seiner Ankunft begann er, im Hinterhof Flugzeuge und Motoren zu bauen. Sein Hinterhof grenzte an unserem Hinterhof. Es handelte sich dabei um Wohnungen, die wir von Hausherren mieteten.

Eines Tages, nicht so lange nachdem Weißkopf sein Flugzeug fertig gebaut hatte – und so genau ich mich erinnere war das um 1901 – bat mich mein Ehemann, ihn bei einem Spaziergang nach Tunxis Hill zu begleiten, um Weißkopf beim Fliegen seines Flugzeugs zu beobachten.

Der Durchführungsort des Experiments, soweit ich es verstehe, war im Abschnitt des Hangs namens Gypsy Springs, in der allgemeinen Gegend von Villa Park. Das Gebiet, wo das Flugzeug getestet wurde, war die Ebene vor dem mittleren Hügelteil, ungefähr dort, wo heute das Einkaufszentrum namens Topps steht. Wir standen am Straßenrand und blickten über die Steinmauer auf die Wiese. Das Flugzeug befand sich knapp jenseits der Mauer. Ich kann mich nur an einen der anwesenden Männer erinnern. Das war Gustav Weißkopf, der im Flugzeug saß. Es gab mindestens zwei andere Männer, deren Namen oder Identitäten ich heute nicht mehr abrufen kann. Während eines der Experimente erhob sich das Flugzeug bis in eine Höhe von ca. 4 bis 5 Fuß vom Boden. Ich bezweifele, ob es mehr als sechs Fuß waren. Es flog über eine Distanz von ungefähr 150 bis 250 Fuß, bevor es wieder aufsetzte. Weder beim Flugzeug noch bei Hrn. Weißkopf entstand irgendein Schaden. So wie mir das erinnerlich ist, war das nur ein kurzer Flug und viel weniger, als wir zu sehen erwartet hatten. Das war das einzige Mal, dass ich ihn bei der Erprobung seines Flugzeugs zusah, und es fliegen sah. Sollte es andere Male gegeben haben, habe ich diese nicht gesehen.

Hr. und Fr. Weißkopf waren Kunden in unserem Laden und haben immer in bar bezahlt. Das waren sehr nette Leute. Sehr nett.

Auf Ihre Frage: „War der Boden eben"?, kann ich mich daran erinnern, dass er eben, und dass die Oberfläche glatt war, wie der Rasen in einem Park und mit Gras bedeckt.

Karin A. Berecz

Zeuge: Ida Koteles Berecz — Elizabeth Koteles — 1/8/74

Ida (Koteles) Berecz — Elizabeth Koteles — Datum

**Eidesstattliche Erklärung von Elizabeth Koteles, 1. August 1974, S.1**

-2- August 1, 1974 Statement by
Mrs. Elizabeth Koteles, continued.

In closing this statement, and before signing this Statement document for Mr. William J. O'Dwyer, Major, U.S. Air Force Reserve, I want to declare that the words contained in this statement have been read to me by my daughter, Mrs. Ida (Koteles) Berecz, in both English and in translated (oral) Hungarian, and that this letter Statement is true and correct to the best of my recollection as a former immediate neighbor of the late Gustave Whitehead.

I further swear that I had never read either of Miss Stella Randolph's books or any newspaper or magazine articles about Mr. Whitehead prior to my having met Mr. O'Dwyer and that their interview of me this past February 1974 was the first time I had ever been asked to recall those events for any history records, other than those times when I would speak about those memories to my family and children over the years. The testimony I gave to Mr. O'Dwyer, Mr. Jesse Davidson, and Mr. Lippincott and Mr. Robert Thompson during the television taped interview was done to help in the research of Mr. Whitehead. Lastly, the craft we saw flying -- or being tested -- at Tunxis Hill in 1901 was, to the best of my recollection and memory, the craft shown to me in the photographs presented for my viewing by Mr. O'Dwyer, and which they say was Number 21.

Sincerely,

Mrs. Elizabeth Koteles — Date: Aug 1 1974

Witness: Mrs. Ida Berecz — Date: Aug 1 1974

William J. O'Dwyer — Date: 1 August 1974

Laszlo A. Berecz Aug 1, 1974

**Erklärung von Elizabeth Koteles, 1. August 1974, S.2**

-2- 1. August 1974, Erklärung durch
Fr. Elizabeth Koteles, Fortsetzung.

Zum Abschluss dieser Erklärung und bevor ich dieses Dokument für Hrn. William J. O'Dwyer, Major der U.S. Luftwaffenreserve unterzeichne, möchte ich darlegen, dass jene in dieser Erklärung stehenden Worte mir durch meine Tochter Fr. Ida (Koteles) Berecz sowohl auf Englisch als auch (mündlich) übersetzt ins Ungarische vorgelesen wurden, und dass diese als Brief verfasste Erklärung als ehemalige direkte Nachbarin des verstorbenen Gustav Weißkopf nach bester Erinnerung wahr und richtig ist.

Ich schwöre ebenfalls, dass bevor ich Hrn. O'Dwyer kennengelernt und mit ihm im vergangenen Februar 1974 ein Gespräch geführt habe – außer im Kreise meiner Familie über diese Erinnerungen zu erzählen – dies in all den Jahren das erste Mal war, das ich für irgendeinen historischen Zweck gebeten wurde, diese Erinnerungen abzurufen, und dass ich zuvor weder die Bücher von Stella Randolph noch irgendwelche Zeitungs- oder Zeitschriftenartikel über Hrn. Weißkopf gelesen habe. Die Aussage, die ich Hrn. O'Dwyer, Hrn. Jesse Davidson, Herrn Lippincott und Hrn. Robert Thompson während des aufgezeichneten Fernseh-Interviews gemacht habe, wurde getätigt, um bei der Recherche über Hrn. Weißkopf behilflich zu sein. Abschließend war das Flugzeug, dass wir im Flug -- bzw. bei der Erprobung – am Tunxis Hill im Jahre 1901 gesehen haben, nach meiner besten Erinnerung und Gedächtnis jenes Flugzeug auf den Fotografien, die mir durch Hrn. O'Dwyer gezeigt wurden, von dem gesagt wurde, dies sei die Nummer 21.

Mit freundlichen Grüßen

Frau Elizabeth Koteles — 1. Aug. 1974
Frau Elizabeth Koteles — Datum

Zeugen:
Fr. Ida Berecz — 1. Aug. 1974
Fr. Ida Berecz — Datum

William J. O'Dwyer — 1. Aug. 1974
William J. O'Dwyer — Datum

Karin A. Berecz — 1. Aug. 1974

**Erklärung von Elizabeth Koteles, 1. August 1974, S.2**

**Elizabeth Papp Koteles**
20. September 1871 – 8. Oktober 1974

Elizabeth Papp wurde am 20. September 1871 in Szombathely/Ungarn geboren und wanderte 1885 mit ihrem Vater Andras und ihrer Mutter Mary geb. Tokar in die Vereinigten Staaten von Amerika aus[352]. Die Familie wohnte in der Howard Avenue 339[353].

Sie heiratete im Alter von 18 Jahren und zog bei ihrem neuen Ehemann Stephen Koteles in die Hancock Avenue im West End von Bridgeport ein. Um 1900 zog das Paar in die Pine Street 249[354] und eröffnete dort einen kleinen Gemischtwarenladen. Später in diesem Jahr zog die Familie Weißkopf nebenan ein.

Die Hinterhöfe der Familien grenzten aneinander. Elizabeth konnte daher sehen, wie Gustav Weißkopf dort verschiedene Flugzeuge baute. Ihre Brüder Bert und Andy Papp waren mehrere Jahre lang dessen Assistenten. Sie selbst spendete die Seide ihres Hochzeitskleides für den Flugzeugbau und half beim Nähen der Flügel fürs Flugzeug. Einmal brachte sie ihr Ehemann nach Gypsy Springs, um zu sehen, wie Weißkopf in seinem Flugzeug über eine Strecke von 200 Fuß eine Flugvorführung über flachem Boden vollbrachte. Als sie in den 1960er Jahren von ihrem Enkel Steve Link und in den 1970er Jahren von Major William D. O'Dwyer USAF interviewt wurde, identifizierte sie dieses Flugzeug als Weißkopfs Maschine Nr. 21[355].

Elizabeth und ihr Ehemann wurden Immobilien-Entwickler. Bis 1913 bauten sie ein Dreifamilienhaus in der Waldorf Avenue 60[356]. Ihr Sohn Stephen zog in dieses Haus ein und 1918, als er im Alter von 18 Jahren für die US Armee gemustert wurde, gab er diese Wohnadresse an[357]. 1920 war Elizabeths Schwiegervater, auch Stephen genannt, bei der Bridgeport Electric Co. beschäftigt und lebte in der Bostwick Avenue 460[358]. Dieser starb im Mai 1927[359]. Das Ehepaar verkaufte kurz darauf sein Haus[360].

---

352 1974-10-10, Bridgeport Post, CT, S.64
353 1900-06-04, US-Volkszählung Bridgeport CT Ward 3, Supt.Distr.26, Enum.Distr.15 Blätter 7&8, Zeilen 100 & 1-6
354 1911-05-06, Bridgeport Times and Evening Farmer, CT, S.8
355 1974-08-01, Eidesstattliche Erklärung von Elizabeth Koteles; 1965-11-25, auf Tonträger aufgezeichnetes Interview von Elizabeth Koteles
356 1913-03-22, Bridgeport Times and Evening Farmer, CT, S.2
357 1918-09-10, U.S. Militär Musterungsakte – Stephen Koteles Jr.
358 1920, Bridgeport and Southport directory #54, S.443
359 1927-06-01, Bridgeport Telegram, CT, S.19
360 1927-08-19, Bridgeport Telegram, CT, S.8

Elizabeth und Stephen hatten vier Kinder, Stephen, Ernest, Irene und Ida, geboren jeweils 1900, 1905, 1911 und 1918. Ehemann Stephen war Präsident der örtlichen ungarischen Vereinigung „Bridgeporti Magyar Ref. Betegs Egylet"[361]. 1915 wurde er Vizepräsident der Nationalen Ungarisch-Amerikanischen Föderation[362]. Bis 1916 war er Präsident der United Hungarian Reformed Society of America[363]. In den 1930er-Jahren war er Wirtschaftsprüfer und Mitglied des Obersten Rates der Organisation[364]. Er spendete auch Blut für das Rote Kreuz[365].

**Stephen Koteles**

1947 heiratete der Sohn des Paares, Stephen III, der in der US-Marine diente, eine Frau aus Pennsylvania[366]. Er war Experte für Hochdruckleitungen. In den nächsten Jahrzehnten setzte er seinen Dienst bei der Marine fort[367] und diente auf dem leichten Kreuzer USS Manchester[368], auf dem Flugzeugträger USS Midway[369], wo er für die 12 Dampfturbinen verantwortlich war, und auf der USS Lake Champlain, die Teil des NASA Gemini Raumfahrt-Programms war. Sogar NASA-Astronaut Lt. Cmdr. Charles Conrad hat Steve an Bord des Schiffes zum Dienstantritt feierlich begrüßt. Seine Ehefrau erfuhr von seiner Dienstaufnahme und seine sechs Jahre Dienstverlängerung bei der US Navy auf diesem Schiff, als sie dies in der lokalen Zeitung las[370]. Nach seiner Pensionierung als ältester Mann der Marine überreichte er dem Komiker Bob Hope einen Welpen und hielt in den folgenden Jahren Bekanntschaft mit Hope und dem Hund[371].

**Bob Hope bekommt einen Welpen von Steve Koteles[372]**

Am 17. November 1969 wurde Elizabeth als ältestes Mitglied der First United Church of Christ geehrt. Ihr Vater hatte diese Kirche 75 Jahre zuvor nach seiner Ankunft aus Ungarn gegründet[373].

Elizabeth starb am 8. Oktober 1974 im Alter von 103 Jahren[374].

---

361 1911-05-29, Bridgeport Times and Evening Farmer, CT, S.8
362 1915-11-26, Cincinnati Enquirer, OH, S.2
363 1916-04-04, Pittsburgh Daily Post, PA, S.5
364 1931-06-17, Ligonier Echo, PA, S.1; 1935-03-01, Ligonier Echo, PA, S.3
365 1955-07-14, Bridgeport Post, CT, S.33
366 1947-05-25, Scrantonian Tribune, PA, S.42
367 1956-02-12, Bridgeport Telegram, CT, S.49
368 1956-02-12, Bridgeport Telegram, CT, S.49
369 1958-12-28, Bridgeport Post, CT, S.36; 1960-01-17, Bridgeport Post, CT, S.47
370 1965-08-30, Bridgeport Post, CT, S.1&10
371 1970-12-16, Bridgeport Telegram, CT, S.1; 1970-12-30, Binghamton Press and Sun Bulletin, NY, S.11
372 1971-01-13, Bridgeport Post, CT, S.14
373 1969-11-17, Bridgeport Post, CT, S.42; 1969-11-17, Bridgeport Telegram, CT, S.2
374 1974-10-10, Bridgeport Post, CT, S.64; 1974-10-10, Bridgeport Telegram, CT, S.67

**LOUIS LAZAY** - 343 Grovers Avenue - Bridgeport

Talked with this man on the 'phone and he stated positively that he saw Whitehead's plane in the air 18 to 20' and that it travelled approximately a block. He was 14 or 15 years old at the time, but was unable to state definitely the date of the flight. It took place in the block bounded by Cherry, Bostwick, Hancock and Pine Streets.

1948, Bericht des Ermittlers K.I. Ghormley, S.6

LOUIS LAZAY -343 Grovers Avenue – Bridgeport

Habe mit diesem Mann telefoniert. Dabei sagte er explizit, dass er Weißkopfs Flugzeug ca. 18 bis 20 Fuß in der Luft sah, und dass es ungefähr ein Häuserblock weit geflogen ist. Er war damals 14 oder 15 Jahre alt, konnte aber kein exaktes Datum für den Flug nennen. Dieser fand auf dem Häuserblock, der an die Straßen Cherry, Bostwick, Hancock und Pine Streets angrenzt.

On January 4, 1936, a visit to Mr. Louis Lazay of Bridgeport was repaid by his reporting, "Whitehead started on a vacant lot next to the circus grounds. This is where he made a flight. His plane was driven by a gasoline motor. It was about 1900. I am 50 years old just this month, and this was about the time when I was 14. He lived on Pine Street, next to the Protestant church. His shed was on the lot now owned by Racocci. He had ropes on the plane to tow in starting it, and also started the motor. Junius Harworth was in the plane at the time. He went off the embankment on Bostwick Avenue and landed in a ditch. The distance must have been at least 175 to 180 feet. The machine rose about as high as 30 to 40 feet. This was a folding-wing plane. This particular flight occurred in the spring or fall, but I am inclined to think it occurred in the spring. The flight took place on what was known as the flats, but it was not marshy. The ground was hard. It was near the St. Stephen's School, between the woods and the edge of town. This was all vacant then, with only a few houses on Bostwick Avenue and Spruce Street."

1966, Before the Wrights Flew, S.84

Am 4. Januar 1936 zahlte sich ein Besuch bei Louis Lazay in Bridgeport aus. Dieser berichtete: „Weißkopf machte Startversuche auf einem freien Grundstück neben dem Zirkusgelände. Hier machte er einen Flug. Sein Flugzeug wurde von einem Benzinmotor angetrieben. Es war ungefähr das Jahr 1900. Ich bin erst diesen Monat fünfzig Jahre alt, und dies war ungefähr zu der Zeit, als ich 14 war. Er lebte in der Pine Street, neben der protestantischen Kirche. Seine Werkstatt befand sich auf dem Grundstück, das heute Rococci gehörte. Er hatte Schleppseile am Flugzeug und betrieb gleichzeitig den Motor. Junius Harworth saß bei diesem Versuch im Flugzeug. Er hob vom Damm in der Bostwick Avenue ab und landete in einem Graben. Die Entfernung muss mindestens 175 bis 180 Fuß gewesen sein. Die Maschine stieg ungefähr 30 bis 40 Fuß hoch auf. Dies war ein Klappflügelflugzeug. Dieser Flug fand im Frühjahr oder Herbst statt, aber ich bin geneigt zu glauben, dass er im Frühjahr stattfand. Der Flug fand im Gebiet „The Flats" statt, da war es aber nicht sumpfig. Der Boden war hart. Es war in der Nähe der St. Stephen's School, zwischen dem Wald und dem Stadtrand. Das war damals alles freies Gebiet, mit nur wenigen Häusern in der Bostwick Avenue und der Spruce Street. "

**Louis Lazay**
1888 – 24. Dezember 1965

In den zwei ersten Büchern von Stella Randolph gibt es zwei Personen namens Lazay, Andrew und Louis. Sie waren Brüder und wanderten 1890 zusammen mit ihrem Vater Louis, ihrer Mutter Julia und ihrem Bruder Andrew aus Ungarn in die USA aus. Bald darauf wurde eine jüngere Schwester, Bora (Bertha), geboren. Die Familie lebte in der Pine Street 342[375], direkt gegenüber von Gustav Weißkopf, der in der Nr. 241 wohnte. Andrew war 18 Jahre alt, als Whitehead 1901 flog. Er hat dies aber nicht gesehen. Zu dieser Zeit war Andrews Vater als Mechaniker bei der Wilmot & Hobbs Manufacturing Co. beschäftigt[376]. In jenem Jahr zog die Familie in die Spruce Street 427.

---

[375] 1900-06-05, US-Volkszählung, Bridgeport CT Ward 3, Supt.Distr.26, Enum.Distr.15, Blatt 12, Zeilen 80-84
[376] 1901, Bridgeport Directory

Alles, woran Andrew sich erinnerte, war ein Vorfall mit einem Boot, der von einem der Motoren Gustav Weißkopfs angetrieben wurde, und sich viele Jahre später ereignete[377].

Sein jüngerer Bruder Louis war 13 oder 14 Jahre alt, als Gustav Weißkopf 1901 oder 1902 flog. Er besuchte zu dieser Zeit noch die Schule und erinnerte sich, wie dessen Flugzeug *„mindestens 175 bis 180 Fuß in einer Höhe von 30 bis 40 Fuß" "auf der Bostwick Avenue"* fliegen sah[378]. Er erinnerte sich auch daran, dass Weißkopf den ersten erfolgreichen Benzinflugzeugmotor der USA gebaut hatte[379].

1909 heiratete ihre Schwester Bertha in die Familie Horvath. 1917 gebar sie einen Sohn, Andrew[380]. Bis 1920 arbeitete Berthas Mutter Julia Lazay als Haushälterin im Gästehaus von Horvath am Wordin Court 5[381]. Zu dieser Zeit lebte Louis in der Pine Street 314, nicht weit von dem Ort entfernt, an dem Gustav Weißkopf einst gelebt hatte (Nr. 241). Er arbeitete für die C.G. Manufacturing Co. [382].

1924 kaufte Louis ein Grundstück in der Grover's Avenue. Bei der Volkszählung von 1930 war er ein Werkzeugmacher, der in einem Hardware-Unternehmen beschäftigt war und mit seiner Ehefrau Mary in der Grover's Avenue 343 lebte. Das Paar hatte einen Sohn, Louis J. (22), und zwei Töchter, Jeanette L. (15) und Valerie (13) [383].

Am 4. Januar 1936 wurde Louis Lazay von Stella Randolph in Bridgeport interviewt.

Bis 1940 arbeitete Louis noch als Werkzeugmacher und seine Ehefrau Mary in einer Korsettfabrik. Valerie hatte geheiratet und ihr Ehemann George Nicks, ein Angestellter aus Kentucky, der bei der Remington Typewriter Co. arbeitete, war eingezogen[384]. Sie ließ sich später scheiden, heiratete einen Mr. Blonston und zog nach Miami. Jeanette L. heiratete einen Mann namens Claffey (Klaffey) aus Orange/Connecticut. Louis Jr. war in sozialen Kreisen von Bridgeport aktiv[385]. Sein Sohn Paul beendete 1958 sein erstes Studienjahr am College[386]. Louis J. Jr. zog später nach Saigon in Südvietnam und lebte im Jahre 1965 noch dort. 1979 lebte er wieder in St. Petersburg/Florida.

Bis 1953 zogen Louis und Mary in ein Haus in der 47th Avenue North 5010 in Tampa Bay/Florida[387]. Am 23. April 1965 starb Bertha[388] und Louis im Dezember desselben Jahres[389]. Seine Ehefrau Mary wurde 91 Jahre alt und starb 1979[390].

---

[377] 1937, Lost Flights of Gustave Whitehead, S. 56; 1966, Before the Wrights Flew, S.128

[378] 1937, Lost Flights of Gustave Whitehead, S. 30; 1966, Before the Wrights Flew, S.83-84

[379] 1966, Before the Wrights Flew, Randolph, S.127

[380] 1920-01-10, US-Volkszählung, Bridgeport CT Ward 3, Supt.Distr.38, Enum.Distr.14, Blatt 25-A, Zeile 48

[381] 1920-01-26, US-Volkszählung, Bridgeport CT Ward 3, Supt.Distr.38, Enum.Distr.14, Blatt 62-A, Zeile 43

[382] 1920 Bridgeport and Southport directory #54, S.459

[383] 1930-04-24, US-Volkszählung, Bridgeport CT Ward 3, Block 194, Supt.Distr.4, Enum.Distr.1-10, Blatt 3-B, Zeile 76

[384] 1940-04-22, US-Volkszählung, Bridgeport CT Ward 3, Block 632, Supt.Distr.4, Enum.Distr.9-27, Blatt 16-B, Zeile 43

[385] 1955-01-23, Bridgeport Post, CT, S.C-2

[386] 1958-02-20, Naugatuck News, CT, S.5

[387] 1963-01-07, Tampa Bay Times, FL, S.39; 1955-01-12, Tampa Bay Times, FL, S.13

[388] 1965-04-24, Bridgeport Post, CT, S.20; 1968-12-28, Bridgeport Telegram, CT, S.25

[389] 1968-12-28, Bridgeport Post, CT, S.22;

[390] 1979-05-04, Tampa Bay Times, FL, S.14

THE WORLD IGNORES ANNIVERSARY OF AVIATION'S PIONEER

Gustave Whitehead and Witnesses to His First Airplane Flight in 1901

Bridgeport Telegram, 18. August 1940

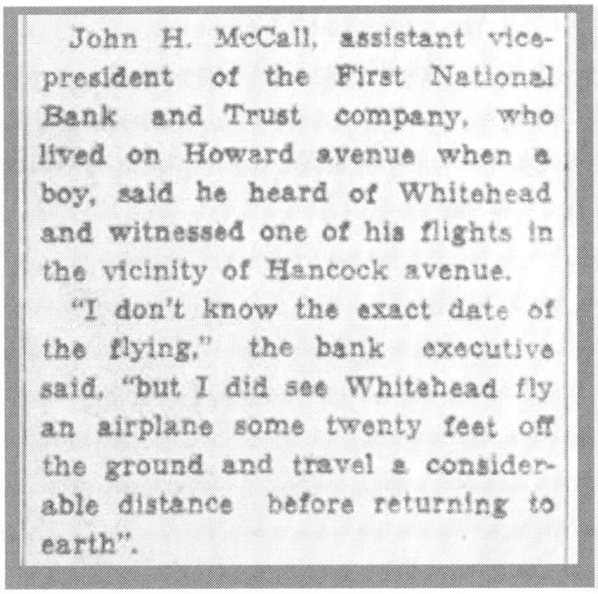

John H. McCall, assistant vice-president of the First National Bank and Trust company, who lived on Howard avenue when a boy, said he heard of Whitehead and witnessed one of his flights in the vicinity of Hancock avenue.

"I don't know the exact date of the flying," the bank executive said, "but I did see Whitehead fly an airplane some twenty feet off the ground and travel a considerable distance before returning to earth".

John H. McCall, stellvertretender Vizepräsident der First National Bank and Trust Company, der als Junge in der Howard Avenue lebte, sagte, er wisse über Weißkopf Bescheid und habe einen seiner Flüge in der Nähe der Hancock Avenue gesehen.

"Ich kenne das genaue Datum des Fluges nicht", sagte der Bankdirektor, "aber ich habe gesehen, wie Weißkopf ein Flugzeug etwa 20 Fuß über dem Boden flog und eine beträchtliche Strecke zurücklegte, bevor er zur Erde zurückkehrte."

**John Henry McCall**
20. Okt. 1888 – 17. Apr. 1959

John H. McCalls Vater Thomas war ein Bauträger im West End von Bridgeport. Sowohl seine Mutter als auch sein Vater stammten aus Irland. Die Familie lebte fast direkt neben Gustav Weißkopf in der Pine Street 277 [391]. Dort sah John im Alter von 13 Jahren Weißkopf fliegen.

John hatte eine Verformung an Hals und Schulter[392] und vermied daher Sport. Er besuchte das New York Business Institute und kehrte nach seinem Abschluss nach Bridgeport zurück, wo er zunächst als Hutmacher[393], dann als Buchhalter, darunter vier Jahre für die Remington-Schreibmaschine und einige weitere Jahre für die Remington Arms Co. arbeitete. 1912 wechselte er in die Buchhaltung der First National Bank.

Bis zur Weltwirtschaftskrise von 1929 war er für die Devisenabteilung der Bank verantwortlich. Anschließend leitete er für die nächsten zehn Jahre die Abteilung Öffentlichkeitsarbeit, Werbung und Neukonten-Akquise. 1939 wurde er stellvertretender Vizepräsident, und 1943 Vizepräsident der Bank. Nach 44 Jahren im Bankwesen ging er 1956 in den Ruhestand und wurde zum einzigen lebenslangen Mitglied des American Institute of Banking (AIB) ernannt[394].

John H. McCall war Schatzmeister zahlreicher gemeinnütziger Organisationen, darunter des Army Emergency Relief Fund, der War Bonds und des Comites des Rotes Kreuzes[395]. 1947 wurde er Co-Vorsitzender des Baufonds der Fairfield University. 1952 wurde er Vorstandsmitglied de St. Vincent's Hospital Board und 1955 dessen Präsident[396]. Er war auch Mitglied des United Negro College Fund und der Interracial Commission[397]. Andere wohltätige Zwecke, für die er sich einsetzte, waren die Pfadfinder[398] sowie Wohltätigkeitsorganisationen gegen Tuberkulose[399] und Muskeldystrophie.

John H. McCall war eng mit der katholischen Kirche verbunden. Sowohl sein Sohn[400] als auch sein Neffe[401] wurden Priester. Zum Zeitpunkt seines Todes war John seit 1954 Präsident des katholischen Wohltätigkeitsbüros. Am Tag seiner Beerdigung blieben katholische Wohltätigkeitsorganisationen in Bridgeport einen halben Tag lang geschlossen[402].

---

[391] 1900-06-02, US-Volkszählung, Bridgeport CT Ward 3, Supt.Distr.26, Enum.Distr.15, Blatt 5, Zeile 48
[392] 1917-06-05, US Militär Musterungsakte John H. McCall
[393] 1910-04-08, US-Volkszählung, Bridgeport CT Ward 3, Supt.Distr.29, Enum.Distr.14, Blatt 7, Zeile 19
[394] 1959-04-17, Bridgeport Post, CT, S.33
[395] 1955-04-15, Bridgeport Telegram, CT, S.22
[396] 1955-06-19, Bridgeport Telegram, CT, S.10
[397] 1948-10-09, Bridgeport Post, CT, S.5
[398] 1951-06-12, Bridgeport Telegram, CT, S.64
[399] 1955-11-13, Bridgeport Post, CT, S.13
[400] 1957-07-14, Bridgeport Post, CT, S.4; 1954-09-12, Bridgeport Telegram, CT, S.65
[401] 1962-02-05, Bridgeport Post, CT, S.25
[402] 1959-04-18, Bridgeport Telegram, CT, S.36

# Jungfernflug Augenzeugen-Bericht

Das wohl wichtigste Dokument zur Untermauerung des Anspruchs Gustav Weißkopfs auf den ersten Motorflug ist ein Augenzeugenbericht, der am 18. Aug. 1901 vier Tage nach dem Ereignis vom 14. August 1901 in der größten Zeitung Connecticuts veröffentlicht wurde. (Die Gebrüder Wright verfügen nicht über ein derartiges Beweismittel.) Wer also die Errungenschaften Weißkopfs in Abrede stelle, muss es schaffen, diese Urkunde zu entkräften.

Im August 1945 griff Orville Wright besagten Artikel mit dem Argument an, dieser sei offensichtlich nicht ernst gemeint, weil die Zeitung mit der Veröffentlichung ganze vier Tage (vom Mittwoch den 14. bis zum Sonntag den 18. August 1901) zugewartet habe. Dabei soll Wright, der schon einmal selbst Verleger von gleich *mehreren* Zeitungen war, übersehen haben, dass die Zeitung „*Bridgeport* **Sunday** *Herald*" hieß und eine reine Sonntagszeitung war. Es gab also keine Verzögerung.

Als sich dieses „Argument" als falsch herausstellte, verlegten sich die Wright-Befürworter auf ein neues Argument. Angeblich soll der Verfasser des Artikels ein zwielichtiger Opportunist und niedrigrangiger Sport Reporter gewesen sein, der Geschichten frei erfand, um als Lokalmatador die Auflage der Zeitung zu erhöhen. Und doch war der Verfasser des Artikels kein geringerer als der jahrzehntelange Chefredakteur der Zeitung, der als Lichtgestalt in der nationalen Presse-Szene und Verfechter des ehrlichen Journalismus galt. Richard Howell hat sogar Bücher über die Ethik im Journalismus geschrieben, die amerikaweiten Absatz fanden. Howell wohnte nicht einmal in Bridgeport, sondern in einer Nachbargemeinde und stammte aus einer Heimat, die zwei Bundesstaaten entfernt lag. Das war also kein „Lokalmatador" oder Opportunist.

Wie zuvor in New York und Pittsburgh lud Weißkopf auch am 14. August 1901 die Presse ein, um seinen Flugversuch zu beobachten. Offenbar ist nur ein Journalist seinem Aufruf gefolgt. Dies könnte an den zeitlichen Rahmenbedingungen der Einladung gelegen haben. Nach einem mitternächtlichen Treffen im Böhmenviertel von Bridgeport sollte auf dem Fahrrad kilometerweit aufs Land hinaus gefahren werden, wo erst am nächsten Morgen zum Sonnenaufgang das Ereignis stattfinden sollte.

Um zwei Uhr morgens kam die Maschine am Erprobungsgelände bei der Ortschaft Fairfield an und wurde noch im Dunkeln auf den Flug vorbereitet. In der ersten Morgendämmerung fand ein kurzer Probeflug mit Sandsäcken als Ballast an Bord statt. Dann kurz vor Sonnenaufgang stieg Weißkopf ein.

Howell beschrieb, wie die Maschine zunächst einen leichten Hang hinab rollte, dann auf eine Höhe von fünfzig Fuß stieg und eine halb Meile weit flog, ein paar Kastanienbäume mittels Einsatzes der Gewichtsverlagerung umflog, bevor sie nach etwa zwei Minuten in der Nähe des Strandes von Fairfield wieder aufsetzte.

Im Artikel wird zwar der aus Texas stammende Luftschiff-Erfinder William D. Custead erwähnt. Dieser scheint jedoch lediglich ein Motorenkunde Weißkopfs

gewesen zu sein, der danach nicht mehr in als Partner von Weißkopf in Erscheinung trat.

Auf dem Weg zum Erprobungsgelände wurde Weißkopf durch Andrew Cellie und James Dickie begleitet. Es ist unklar, ob Cellie und Dickie die fünf Stunden bis zum Sonnenaufgang vor Ort geblieben sind. Denn Dickie konnte sich später nicht daran erinnern, beim Flugversuch anwesend gewesen zu sein. Anton Pruckner und Junius Harworth behaupteten hingegen, beim Flug anwesend gewesen zu sein.

Aus dem vorhandenen Abdruck des Originalartikels von 1901 fehlen Textteile am rechten Rand (siehe nächste Seite). Diese sind in den vergrößerten Auszügen auf den Seiten danach durch den Nachdrucks des Artikels aus dem Jahre 1937 unterlegt und ergänzt, um den Text möglichst nahe an seine Originalform zu vervollständigen.

AUG 18, 1901 SUNDAY HERALD.

WHITEHEAD'S FLYING MACHINE SOARING ABOVE THE TREES

GUSTAVE WHITEHEAD'S STORY

CUSTEAD'S AIR SHIP

GUSTAVE WHITEHEAD
(Specially Photographed for the Herald.)

Bridgeport Sunday Herald, 18. August 1901, S.5

WHITEHEAD'S FLYING MACHINE SOARING ABOVE THE TREES

Bridgeport Sunday Herald, 18. August 1901, S.5

**WEISSKOPFS FLUGMASCHINE SEGELT ÜBER DIE BÄUME**

CUSTEAD'S AIR SHIP

**LUFTSCHIFF CUSTEADS**

GUSTAVE WHITEHEAD
(Specially Photographed for the Herald.)

Bridgeport Sunday Herald, 18. August 1901, S.5

**GUSTAV WEISSKOPF**
**(speziell für den Herald fotografiert)**

HE SUCCESS that has attended the experiments of the young Brazilian, M. Santo-Dumont, in scientific ballooning in France has been responsible for a marked impetus in this country in the fascinating and daring sport of flying. The probability is, however, that the final solution of successfully navigating the air will be accomplished by two American inventors combining their brains and energies toward perfecting a flying machine that will do what scores of men have been working to accomplish for many years.

Gustave Whitehead, of Bridgeport, and W. D. Custead, of Waco, Texas, have co-operated and are now working on a flying machine which is expected to revolutionize the world of aeronautics. Accompanying this article are pictures of both the Custead and Whitehead flying machines. Mr. Whitehead is employed at the Wilmot & Hobbs works as night watchman and during about half the time that is allotted to most men to sleep he is working on his flying machine. Some weeks ago Mr. Whitehead took his machine out beyond Fairfield in a large field and tried it. There was no doubt of its being able to fly but at that time the inventor did not feel like risking himself in it for a trial.

Tuesday night, however, of the last week, Mr. Whitehead, Andrew Cellie and James Dickie, his two partners in the flying machine, and a representative of the Herald left the little shed on Pine street where the machine is housed and took it to a suitable spot beyond Fairfield where its inventor had planed to take his first flight.

The start was made shortly after midnight in order not to attract attention. The wings or propellers were folded tightly to the sides of the body of the air ship. The two engines were carefully tried before starting out and the new aceteline generator was gone over a last time by Mr. Whitehead to see that it was in perfect order. There was only room for two in the machine, Whitehead and Cellie occupying the seats while James Dickie and the Herald representative followed on bicycles.

Bridgeport Sunday Herald, 18. August 1901, S.5

Verantwortlich für den beachtlichen Aufschwung des faszinierenden, waghalsigen Flugsports des Ballonfliegens in unserem Lande war der Erfolg, den der junge Brasilianer, Santos-Dumont, mit seinen wissenschaftlich betriebenen Ballonfahrten in Frankreich zu verzeichnen hatte. Wahrscheinlich werden aber nun zwei Amerikaner die Lösung finden, erfolgreich die Luft zu navigieren. Die beiden Erfinder tun sich zusammen und vereinigen Verstand und Tatkraft, um mit einer perfekten Flugmaschine das zu erreichen, was unzählige Männer vor ihnen jahrelang schon zum Erfolg bringen wollten.

Gustav Weißkopf aus Bridgeport und W. D. Custead aus Waco, Texas, haben sich zusammen getan und arbeiten nun an einer Flugmaschine, die die Welt des Flugwesens revolutionieren wird. Bilder von Custeads und Weißkopfs Flugmaschinen sind diesem Artikel beigefügt. Herr Weißkopf ist bei den Wilmot & Hobbs Werken als Nachtwächter angestellt. Fast die Hälfte der Zeit, die den meisten Männern zum Schlafen dient, arbeitet er an seiner Flugmaschine. Vor einigen Wochen brachte Herr Weißkopf seine Maschine auf ein großes Feld hinter die Ortschaft Fairfield und probierte sie aus. Es gab keinen Zweifel über ihre Flugfähigkeit, aber zu diesem Zeitpunkt wollte der Erfinder selbst darin noch keinen Flugversuch wagen.

Jedoch in der Nacht vom Dienstag zum Mittwoch vergangener Woche verließen Herr Weißkopf, Andrew Cellie und James Dickie seine beiden Partner in der Flugmaschine, sowie ein Reporter des Herald den kleinen Schuppen an der Pine Street, wo die Maschine aufbewahrt wurde und brachten sie an einen geeigneten Ort hinter Fairfield, wo der Erfinder sich vorgenommen hatte, seinen ersten Flug zu unternehmen.

Kurz nach Mitternacht ging es los, weil man keine Aufmerksamkeit erregen wollte. Auf beiden Seiten des Luftschiffs waren die Flügel eng an den Rumpf gefaltet. Bevor man hinausging, wurden die zwei Motoren sorgfältig geprüft, und der neue Acetylengasgenerator wurde von Herrn Weißkopf überprüft; er wollte sich ein letztes Mal davon vergewissern, dass er wirklich in Ordnung sei. In der Maschine war nur Platz für zwei. Weißkopf und Cellie nahmen die Sitze ein, während James Dickie und der Reporter des Herald auf Fahrrädern folgten.

The machine rolls along the ground on small wooden wheels, only a foot in diameter, and, owing to their being so small, the obstructions in the road made it rock from one side to the other in an alarming fashion at times when the speed was fast. After reaching the Protestant Orphan asylum at the corner of Fairfield avenue and Ellsworth street there is a clear stretch of good macadam road and the flying automobile was sent spinning along the road at the rate of twenty miles an hour. For short distances from there on the speed was close to thirty miles, but as the road was not straight or level for any distance this rate of speed could not be maintained. There seems no doubt but that the machine, even with its present common board wheels of only a foot diameter, can reel off forty miles an hour, and not exert the engine to its fulest capacity.

The location selected to fly the machine was back of Fairfield along the highway where there is a large field and few trees to avoid in flying the air ship.

It was about 2 o'clock Wednesday morning when the great white wings of the air ship were spread out ready to leap through the air. Mr. Whitehead was excited and enthusiastic and his two partners were almost as bad. The light was not very strong and everything looked like a ghost. Whitehead spoke in whispers, although the reason for it was not apparent. But probably the very time selected for trying the machine was responsible for that. The Herald representative assisted when the opportunity offered, but a stranger about a flying machine is sadly out of place and absolutely in the way when it comes the hour to fly the ship. Ropes were attached to the ship so that she would not get away from her handlers. In the body of the machine were two bags of sand, each weighing 110 pounds, for ballast. Mr. Whitehead started the engine that propells the machine along the ground on the four wooden wheels, while his two assistants clung to the safety ropes. The newspaper man kept well clear of the machine, partly to better watch the operations and partly not to get tangled up in the ropes and wings of the giant white bat. Slowly the machine started at first to run over the ground, but inside of a hundred yards the men who had hold of the ropes and Inventor Whitehead were running as fast as their legs would travel. Then Whitehead pulled open the throttle that starts the air

**Bridgeport Sunday Herald, 18. August 1901, S.5**

Die Maschine rollt am Boden auf kleinen hölzernen Rädern, die nur einen Fuß Durchmesser haben. Und weil sie so klein waren, brachten die Unebenheiten der Straße die Maschine bei höheren Geschwindigkeiten auf beängstigende Weise zum Schaukeln. Hinter dem protestantischen Waisenhaus an der Ecke Fairfield-Avenue/Ellsworth-Street kommt eine freies Stück gute Teerstraße, und das fliegende Automobil flitzte mit zwanzig Meilen pro Stunde diese Straße entlang. Kurzzeitig lag die Geschwindigkeit bei fast dreißig Meilen, aber da die Straße nie für einen längeren Abschnitt gerade oder eben war, konnte diese Geschwindigkeit nicht beibehalten werden. Zweifellos kann die Maschine selbst mit ihren einfachen kleinen Holzrädern mit nur einem Fuß Durchmesser auch spielend vierzig Meilen pro Stunde erreichen, ohne die Motorleistung voll auszunutzen.

Die Stelle, die zum Probeflug der Maschine ausgesucht war, lag neben der Landstraße hinter Fairfield. Dort ist ein weites Feld, und man muss beim Fliegen der Maschine nur wenigen Bäumen ausweichen.

Gegen zwei Uhr, Mittwochmorgen, wurden die großen weißen Flügel ausgebreitet. Das Luftschiff war fertig zum Sprung durch die Luft. Herr Weißkopf war aufgeregt und begeistert und seinen zwei Partnern ging es fast genauso. Es war nicht sehr hell und alles sah gespenstisch aus. Obwohl kein erkennbarer Grund vorlag, sprach Weißkopf mit flüsternder Stimme. Aber wahrscheinlich war der für den Flug gewählte Zeitpunkt daran schuld. Der Herald-Vertreter half, wann immer sich die Gelegenheit bot, aber wer sich mit Flugmaschinen nicht auskennt, ist leider fehl am Platze und nur stets im Weg, wenn die Stunde des Fluges näher rückt. Die Maschine wurde mit Seilen angeleint, damit sie nicht den haltenden Helfern davon fliegen konnte. Als Ballast lagen im Rumpf der Maschine zwei Sandsäcke, jeder mit einem Gewicht von 110 Pfund. Herr Weißkopf startete den Motor, der die Maschine auf ihren vier Holzrädern auf dem Boden vorwärts trieb, während sich seine zwei Helfer an die Sicherheitsseile klammerten. Der Zeitungsmann hielt einen gewissen Abstand zu der Maschine; teils konnte er so die Vorgänge besser beobachten und teils aus Sicherheitsgründen, um sich nicht in den Seilen und Flügeln dieser riesigen weißen Fledermaus zu verfangen. Zuerst begann die Maschine langsam über den Boden zu rollen. Aber schon innerhalb von hundert Yards [90m] rannten die Männer, die die Seile hielten, und der Erfinder Weißkopf so schnell sie nur konnten. Dann öffnete Weißkopf den Regler, der die Propeller oder Flügel startete

propellers or wings and shut off the ground propelling engine. Almost instantly the bow of the machine lifted and she raised at an angle of about six degrees. The great wings were working beautifully. She looked for all the world like a great white goose raising from the feeding gound in the early mornig dawn. The two men with the ropes were tumbling over the hummocks inthe field, for it was not clear enough yet to avoid such obstructions readily, and Whitehead waved his hands enthusiasticlly and excitedly as he watched his invention rise in the air. He had set the dial so that the power would shut off automatically when it had made one revolution in order that the machine would not keep flying and smash itself against the trees at the other end of the field. When the power was shut off the air ship settled down as lightly on the ground as a bird and not a stitch was broken or a rod bent.

The air ship was now taken back to the starting point. And now the real test was to be made. Whitehead had determined to fly in the machine himself. She had behaved so nicely that he felt that there would no longer be any trouble about his flying in the place of the 220 pounds of sand that was used for ballast on the first trip.

The engines were carefully tested again and every joint and rod in the structure was carefully gone over and critically inspected. The bags of sand were taken out of the machine.

By this time the light was good. Faint traces of the rising sun began to suggest themselves in the east. An early morning milkman stopped in the road to see what was going on. His horse nearly ran away when the big white wings flaped to see if they were all right.

The nervous tension was growing at every clock tick and no one showed it more than Whitehead who still whispered at times but as the light grew stronger began to speak in his normal tone of voice. He stationed his two assistants behind the machine with instructions to hold on to the ropes and not let the machine get away. Then he took his positoin in the great bird. He opened the throttle of the ground propeller and shot along the green sod at a rapid rate.

"I'm going to start the wings!" he yelled. "Hold her now." The two assistants held on the best they could but the ship shot up in the air almost like a kite.

It was an exciting moment.

"We can't hold her!" shrieked one of the rope men.

"Let go, then!" shouted Whitehead back. They let go, and as they did so the machine darted up through the air like a bird released from a cage. Whitehead was greatly excited and his hands flew from one part of the machinery to another. The newspaper

Bridgeport Sunday Herald, 18. August 1901, S.5

und stellte den Motor für den Bodenantrieb ab. Nahezu sofort stieg der Bug hoch und die Maschine erhob sich in einem Winkel von etwa sechs Grad. Die großen Flügel arbeiteten wunderbar. Die Maschine glich haargenau einer großen weißen Gans, die sich von ihrer Weidefläche in der frühen Morgendämmerung erhebt. Die beiden Männer mit den Seilen stolperten über das buckelige Feld, denn es war noch nicht hell genug, um solchen Hindernissen mühelos auszuweichen. Begeistert und aufgeregt winkte Weißkopf mit den Händen, als er seine Erfindung in die Luft aufsteigen sah. Er hatte die Vorwahlscheibe so eingestellt, dass sich der Motor von selbst abstellte, wenn die Scheibe eine Umdrehung gelaufen war, damit die Maschine nicht weiterfliegen und am anderen Ende des Feldes an den Bäumen zerschellen würde. Als der Antrieb abgestellt war, setzte das Luftschiff so leicht wie ein Vogel auf, und nicht eine Naht war gerissen oder gar eine Stange verbogen.

Das Luftschiff wurde nun wieder zur Startposition zurückgebracht. Und nun stand der eigentliche Testflug bevor. Weißkopf hatte beschlossen, die Maschine selbst zu fliegen. Das wunderbare Flugverhalten der Maschine hatte ihm das sichere Gefühl verliehen, dass er nun selbst an die Stelle der 220 Pfund Sand treten könne, die beim ersten Flug als Ballast an Bord waren.

Wieder wurden die Motoren sorgfältig überprüft, und alle Verbindungen, Stäbe und Stangen der Konstruktion aufs Genaueste durchgegangen und kritisch inspiziert. Die Sandsäcke wurden aus der Maschine genommen.

Es wurde schon hell. Die Morgendämmerung kündigte im Osten die aufgehende Sonne an. Ein Milchfahrer war schon so früh am Morgen unterwegs, und er hielt sein Fuhrwerk an, weil er sehen wollte, was hier vor sich ging. Sein Pferd scheute, als die großen weißen Flügel zur Kontrolle bewegt wurden.

Die Spannung stieg mit jeder Minute, und keiner zeigte dies mehr als Weißkopf, der immer noch manchmal flüsterte. Aber als es heller wurde, begann er wieder normal zu sprechen. Er stellte seine beiden Helfer hinter die Maschine und wies sie an, die Seile festzuhalten, damit die Maschine nicht weg konnte. Dann stieg er in den großen Vogel ein. Er öffnete den Regler für den Bodenantrieb und schoss mit flinkem Tempo über den grünen Rasen.

„Ich werde jetzt die Propeller starten!" rief er. „Haltet sie jetzt!" Die beiden Helfer hielten so gut sie konnten, aber das Schiff schoss ähnlich wie ein Drachen in die Lüfte.

Es war ein aufregender Augenblick.

„Wir können sie nicht halten!", schrie einer der Männer an den Seilen.

„Dann lasst sie los!" rief Weißkopf zurück. Als sie losließen, schnellte die Maschine hinauf durch die Luft wie ein eben aus dem Käfig freigelassener Vogel.

Weißkopf war außerordentlich aufgeregt und seine Hände flogen vom einen Teil der Maschine zum anderen. Der Zeitungsmann

man and the two assistants stood still for a moment watching the air ship in amazement. Then they rushed don the slightly sloping grade after the air ship. She was flying now about fifty feet above the ground and made a noise very much like the "chung, chung, chung," of an elevator going down the shaft.

Whitehead had grown calmer now and seemed to be enjoying the exhileration of the novelty. He was headed straight for a clump of chestnut sprouts that grew on a high knoll. He was now about forty feet in the air and would have been high enough to escape the sprouts had they not been on a high ride. He saw the danger ahead and when within two hundred yards of the sprouts made several attempts to manipulate the machinery so he could steer around, but the ship kept steadily on her course, head on, for the trees. To strike them meant wrecking the air ship and very likely death or broken bones for the daring aeronaut.

Here it was that Whitehead showed how to utilize a common sense principle which he had noticed the birds make use of thousands of times when he had been studying them in their flight for points to make his air ship a success. He simply shifted his weight more to one side than the other. This careened the ship to one side. She turned her nose away from the clump of sprouts when within fifty yards of them and took her course around them as prettily as a yacht on the sea avoids a bar. The ability to control the air ship in this manner appeared to give Whitehead confidence, for he was seen to take time to look at the landscape about him. He looked back and waved his hand exclaiming: "I've got it at last!"

He had now soared through the air for fully half a mile and as the field ended a short distance ahead the aeronaut shut off the power and prepared to light. He appeared to be a little fearful that the machine would dip ahead or tip back when the power was shut off but there was no sign of any such move on the part of the big bird. She settled down from a height of about fifty feet in two minutes after the propellers stopped. And she lighted on the ground on her four wooden wheels so lightly that Whitehead was not jarred in the least.

How the inventor's face beamed with joy! His partners threw their arms around his neck and patted him on the back and asked him to describe his feelings while he was flying.

"I told you it would be a success," was all he could say for some time. He was like a man who is exhausted after passing through a severe ordeal. And this had been a severe ordeal to him. For months, yes, years, he had been looking forward to this time, when he would fly like a bird through the air by means that he had studied out with his own brain. He was ex-

Bridgeport Sunday Herald, 18. August 1901, S.5

und die beiden Helfer standen für einen Augenblick still und beobachteten verblüfft das Luftschiff. Dann eilten sie hinter dem Luftschiff her den flachen Abhang hinunter. Es flog jetzt etwa 50 Fuß über der Erde und machte ein Geräusch, ähnlich dem „tschang, tschang, tschang" eines Aufzuges, der einen Schacht hinunterfährt.

Weißkopf war nun ruhiger geworden. Er genoss sichtlich das neuartige Erlebnis. Er flog direkt auf eine Gruppe von Kastanienbäumen zu, die auf einer leichten Anhöhe wuchsen. Er flog jetzt etwa vierzig Fuß hoch. Diese Höhe hätte gereicht, um die Bäume zu überfliegen, stünden sie nicht auf einer Erhebung. Er sah die Gefahr vor sich, und als er etwa 200 Yards [180m] von den Bäumen entfernt war, machte er einige Versuche, die Maschine so zu lenken, dass er die Bäume umfliegen konnte, aber das Schiff blieb fest auf Kurs, direkt auf die Bäume zu. Sie zu streifen würde den Bruch der Flugmaschine und wahrscheinlich den Tod oder zumindest Knochenbrüche für den wagemutigen Aeronauten bedeuten.

Zu diesem Zeitpunkt zeigte Weißkopf, dass er es verstand, eine ganz normale Gesetzmäßigkeit anzuwenden, die er, um Erkenntnisse für den Erfolg seines Luftschiffes zu gewinnen, beim Studium des Vogelflugs schon tausende Male beobachtet hatte. Er verlagerte einfach sein Gewicht mehr auf die eine Seite als auf die andere. Und so neigte sich das Schiff auf die eine Seite und drehte die Nase von der Baumgruppe weg. Dies geschah innerhalb von fünfzig Yards [45m]. Die Maschine flog einen Kurs so elegant um die Bäume herum wie eine Yacht auf See eine Sandbank umsegelt. Das Luftschiff in dieser Weise zu steuern, gab Weißkopf Sicherheit, man sah, dass er sich Zeit nahm, einen Blick auf die Landschaft unter ihm zu werfen. Er schaute zurück und grüßte mit winkender Hand: „Ich habe es endlich geschafft!"

Er war nun schon eine halbe Meile durch die Luft geflogen, und da es zum Ende des Feldes nicht mehr weit war, schaltete der Aeronaut den Antrieb ab und bereitete die Landung vor. Er schien etwas besorgt, dass nach dem Abstellen des Antriebs die Maschine nach vorne oder nach hinten kippen würde, aber es gab seitens des großen Vogels keine Anzeichen dafür. Aus einer Höhe von fünfzig Fuß landete sie in zwei Minuten nach dem Stillstand der Propeller. Sie setzte so sachte auf ihren vier Holzrädern auf, dass Weißkopf nicht im Geringsten erschüttert wurde.

Wie das Gesicht des Erfinders vor Freude strahlte! Seine Partner umarmten ihn, klopften ihm auf den Rücken, und bedrängten ihn, seine Gefühle während des Fluges zu schildern.

„Ich sagte euch doch, dass es ein Erfolg würde", war alles, was er über die Lippen brachte. Er glich einem erschöpften Menschen, der gerade eine schlimme Sache hinter sich hatte. Und für ihn war dies auch so! Seit Monaten, ja Jahren, sehnte er den Zeitpunkt herbei, an dem er wie ein Vogel, auf eine Weise, die er mit seinem eigenen Verstand ersonnen hatte, durch die Luft fliegen würde. Er war er-

hausted and he sat down on the green grass beside the fence and looked away where the sun's first rays of crimson were shooting above the gray creeping fog that nestled on the bosom of Long Island sound.

Gods, what a picture for a painter of "Hopes Realized at Dawn." And there he sat in silence thinking. His two faithful partners and the Herald reporter respected his mood and let him speak the first words:

"It's a funny sensation to fly."

For half an hour the man who had demonstrated that he has a machine that can navigate the air talked of his ten minutes' experience in the air ship. He was enthusiastic, spoke almost like a child who has seen for the first time something new and is panting out of breath in an effort to tell it to its mother.

Thus did Whitehead describe his sensations from the moment the air ship left the ground until she landed again:

But while Mr. Whitehead has demonstrated that his machine will fly he does not pretend that it can be made a commercial success. On the other hand Inventor Custead claims that his airship can be made a commercial success for it differs from Whitehead's in that it rises from the ground vertically while Whitehead's machine must have a running start like a goose before leaving the ground for the flight. Custead claims to have the most feasible form of air ship but he lacks a generator that is sufficiently light and will do the work required to propel the air ship. Whitehead, however, has the generator and by the combination of Custead's air ship and Whitehead's generator it is believed by the inventors that they [redacted]ll be able to perfect a machine tha[redacted]will come nearer to the point of success than any other machine thus far made.

Bridgeport Sunday Herald, 18. August 1901, S.5

schöpft und lies sich auf das grüne Gras neben dem Zaun nieder. Und sein Blick ging weit fort, dorthin, wo sich das Blutrot der ersten Sonnenstrahlen über das Grau des kriechenden Nebels legte, der die Bucht des Long Island Sound verschleiert hatte.

„Erfüllte Hoffnungen in der Morgendämmerung!" Oh, Götter, welch malerisches Bild! Und hier saß er nun schweigend nachdenkend. Seine beiden treuen Partner und der Reporter des Herald achteten seine Gemütsfassung und überließen ihm die ersten Worte:

„Es ist ein eigenartiges Gefühl zu fliegen."

Der Mann hatte bewiesen, dass er eine Maschine hat, mit der er in der Luft fliegen konnte. Nun schilderte er eine halbe Stunde lang das zehnminütige Erlebnis mit seinem Luftschiff. Er war begeistert, und er sprach fast wie ein Kind, das zum ersten Mal etwas Neues gesehen hat und dies ganz außer Atem der Mutter erzählen möchte.

Und so beschrieb Weißkopf seine Gefühle ab dem Moment als das Luftschiff den Boden verließ und bis es wieder landete:

[Siehe Kasten; „Erlebnisbericht"]

Obwohl Herr Weißkopf bewiesen hat, dass seine Maschine fliegen kann, gibt er nicht vor, dass daraus ein geschäftlicher Erfolg werden könne. Auf der anderen Seite beansprucht der Erfinder Custead für sein Luftschiff den kommerziellen Erfolg, denn es unterscheidet sich von der Flugmaschine Weißkopfs darin, dass es senkrecht hochsteigen kann, während Weißkopfs Maschine wie eine Gans vorher Anlauf nehmen muss, bevor sie zum Flug aufsteigt. Custead erhebt den Anspruch, die am besten ausführbare Form eines Luftschiffes zu haben, aber ihm fehlt ein Generator, der leicht genug wäre, um das Luftschiff mit der erforderlichen Kraft antreiben zu können. Weißkopf hingegen hat diesen Generator und, wenn man Weißkopfs Generator in Custeads Luftschiff einbauen würde, so glauben die Erfinder, wären sie in der Lage, eine Maschine herzustellen, die dem Ziel des Erfolgs näher wäre, als jede andere Maschine zuvor.

This new generator of Whitehead's promises great things if the claims of the inventor are fulfilled. The power is developed by a series of rapid gas explosions from calcium carbide. At the present time the spark explosions are not very rapid but Whitehead claims that he can produce 150 explosions to the minute if required. The gas thus generated is forced into a chamber where it comes into contact with a chemical preparation the ingredients of which are known only to Whitehead. The contact of the gas with the chemicals produces an enormous and even piston pressure. It is said that dynamite is nothing compared with this new power. Whitehead has had the chemists inspect his chemical preparation and they marvel at its power. The chemists call the chemical preparation a "queer mixture" but not one of them claims that Whitehead has discovered something valuable.

The only demonstration of the new generator's commercial value has been in its use in the flying machine. There is no doubt that Whitehead made this generator to propel the flying machine along the ground on its wheels and also for the power for the engine that makes the propellers go when flying through the air.

The one great draw back in procuring motive power to run an airship has been the great weight required in the generator and engine. Mr. Whitehead claims that his motor will decrease by seventy-five per cent. the weight of any motor at present in use. The complete motive power, including generator and engine, will weigh about five pounds to the horse power. For a ten horse power generator twenty pounds of carbide are required to run twenty hours. Thus far the longest time a flying machine has been able to fly has been thirty minutes

Bridgeport Sunday Herald, 18. August 1901, S.5

Falls die Behauptungen des Erfinders wahr werden, ist Weißkopfs neuer Generator vielversprechend. Die Kraft entwickelt sich durch eine rasche Folge von Calzium-carbid-Gasexplosionen. Zum gegenwärtigen Zeitpunkt ist die Zündfolge noch nicht sehr schnell, aber Weißkopf behauptet, dass er, falls erforderlich, **150 Zündungen pro Minute** erreichen kann. Das so erzeugte Gas wird in eine Kammer gepresst, wo es mit einem chemischen Präparat in Berührung kommt, dessen Zusammensetzung allein nur Weißkopf kennt. Der Kontakt des Gases mit der Chemikalie erzeugt einen enormen und gleichmäßigen Kolbendruck. Es wird gesagt, dass Dynamit einem Vergleich mit dieser neuen Kraft in keinster Weise standhalten könne. Weißkopf hatte sein chemisches Präparat von Chemikern prüfen lassen, und die sind über dessen Kraft erstaunt. Die Chemiker nennen diese chemische Zusammensetzung eine ‚verrückte Mixtur' aber keiner bestreitet, dass Weißkopf hiermit etwas Wertvolles entdeckt hat.

Die einzige Vorführung von kommerzieller Bedeutung des neuen Generators war die Verwendung in der Flugmaschine. Es gibt keinen Zweifel, dass Weißkopf diesen Generator für den Antrieb der Räder der Flugmaschine auf dem Boden verwendete, sowie für den Antrieb des Motors der Propeller für den Flug durch die Luft.

Das größte Hindernis bei der Erzeugung von Antriebskraft für ein Luftschiff war das große Gewicht von Generator und Motor: Herr Weißkopf behauptet, dass sein Motor fünfundsiebzig Prozent weniger wiegt als alle gegenwärtig in Gebrauch befindlichen Motoren. Das komplette Antriebssystem wird etwa fünf Pfund pro Pferdestärke, einschließlich Generator und Motor, wiegen. Wenn ein zehn Pferdestärke Generator zwanzig Stunden laufen soll, werden dafür zwanzig Pfund Carbid benötigt. Bisher waren 30 Minuten die längste Zeit, die eine Flugmaschine fliegen konnte.

Whitehead's flying machine is sixteen feet long and its general appearance is that of a huge bat. From each side of the body there are wings made of bamboo poles and covered with muslin. These wings are thirty six feet from tip to tip. There is also a tail in the stern of the machine which is intended to regulate the ascent and descent of the ship. There are two engines, one of ten horse power to run the machine on the wheels along the ground and the other of twenty horse power, used to work the propellers in flying. The ten horse power engine weighs twenty-two pounds and the twenty horse engine weighs thirty-five pounds.

Mr. Whitehead and Mr. Custead have formed a company for the purpose of building an air ship. Mr Custead is backed by a company of Southern gentlemen with unlimited capital and they firmly believe in the commercial success of Custead's invention when a proper power can be found to run the machine.

Mr. Custead's air ship is in Waco, Texas, where its inventor originally lived. He is now in New York. The work on the new generator, which Whitehead is to supply, is progressing rapidly. Whitehead has applied for patents to fully protect it and expects no difficulty in receiving them as his generator is unlike any that have been patented.

It is probable that the generators will be manufactured in Bridgeport where every facility is at hand for the manufacture of such articles.

**Bridgeport Sunday Herald, 18. August 1901, S.5**

Weißkopfs Flugmaschine ist 16 Fuß lang und ihr Äußeres gleicht im Allgemeinen einer riesigen Fledermaus. Von jeder Seite des Rumpfes erstrecken sich Flügel, die aus Bambusrohren gefertigt und mit Segeltuch bespannt sind. Die Spannweite beträgt sechsunddreißig Fuß. Ein Schwanz am Heck der Maschine dient dazu, das Steigen und Sinken der Maschine zu regulieren. Zwei Motoren dienen dem Antrieb: der eine hat zehn Pferdestärken und treibt die Räder der Maschine an, der andere mit zwanzig Pferdestärken sorgt für den Antrieb der Propeller während des Fluges. Der zehn-Pferdestärke-Motor wiegt zweiundzwanzig Pfund, und der zwanzig-Pferdestärke-Motor wiegt fünfunddreißig Pfund.

Hr. Weißkopf und Hr. Custead haben zum Zweck des Baus eines Luftschiffes eine Gesellschaft gegründet. Eine Gruppe von Herren aus dem Süden unterstützt Custead mit unbegrenzten Finanzmitteln; diese Herren glauben fest an den geschäftlichen Erfolg von Custeads Erfindung, wenn ein geeigneter Antrieb für das Schiff gefunden werden kann.

Das Luftschiff von Hrn. Custead ist in Waco, Texas, wo der Erfinder ursprünglich wohnte. Zurzeit ist er in New York. Die Arbeit an dem neuen Generator, den Weißkopf liefern soll, kommt zügig voran. Weißkopf hat zum vollen Schutz Patente beantragt. Er erwartet keine Schwierigkeiten bei der Genehmigung, da sein Generator keine Ähnlichkeiten mit bisher patentierten aufweist.

Wahrscheinlich werden die Generatoren in Bridgeport, wo alle Einrichtungen zur Herstellung solcher Geräte vorhanden sind, produziert.

## GUSTAVE WHITEHEAD'S STORY

"I never felt such a strange sensation as when the machine first left the ground and started on her flight. I heard nothing but the rumbling of the engine and the flapping of the big wings. I don't think I saw anything during the first two minutes of the flight, for I was so excited with the sensations I experienced. When the ship had reached a height of about forty or fifty feet I began to wonder how much higher it would go. But just about that time I observed that she was sailing along easily and not raising any higher. I felt easier, for I had a feeling of doubt about what was waiting me further on. I began now to feel that I was safe and all that it would be necessary for me to do to keep from falling was to keep my head and not make any mistakes with the machinery. I never felt such a spirit of freedom as I did during the ten minutes that I was soaring up above my fellow beings in a thing that my own brain had evolved. It was a sweet experience. It made me feel that I was far ahead of my brothers, for I could fly like a bird, and they must still walk.

"And while my brain was whirling with these new sensations of delight I saw ahead a clump of trees that the machine was pointed straight for. I knew that I must in some way steer around those trees or raise above them. I was a hundred yards distant from them and I knew that I could not clear them by rising higher, and also that I had no means of steering around them by using the machinery. Then like a flash a plan to escape the trees came to mind. I had watched the birds when they turned out of a straight course to avoid something ahead. They changed their bodies from a horizontal plane to one slightly diagonal to the horizontal. To turn to the left the bird would lower the left wing or side of its body. The machine ought to obey the same principle and when within about fifty yards of the clump of trees I shifted my weight to the left side of the machine. It swung over a little and began to turn from the straight course. And we sailed around the trees as easy as it was to sail straight ahead.

"This gave me more confidence and I tried steering the machine to the right by shifting my weight to the right past the center of equilibrium. The machine responded to the slightest shifting of weight. It was most sensitive.

"I had soared through the air now for half a mile and not far ahead the long field ended with a piece of woods. When within a hundred yards of the woods I shut off the power and then I began to feel a little nervous about how the machine would act in settling to the ground, for so man[illegible] chines have shown a tendency to fall either on th[illegible] end and such a fall means broken bones [illegible] my machine began to settle evenly and I a[illegible] on [illegible] with scarcely a jar. And not a thing was broken.

"That was the happiest moment of my life, for I [illegible] monstrated that the machine I have worked on for so many years would do what I claimed for it. It was a grand sensation to be flying through the air. There is nothing like it."

Bridgeport Sunday Herald, 18. August 1901, S.5

# GUSTAV WEISSKOPFS ERLEBNISBERICHT

„Niemals zuvor verspürte ich ein derart sonderbares Gefühl, als die Maschine das erste Mal abhob und zu ihrem Flug startete. Außer dem Motorengeräusch und dem Zittern der großen Flügel hörte ich nichts. Ich glaube fast, ich habe während der ersten zwei Minuten des Fluges überhaupt nichts gesehen, so aufgeregt war ich bei all den Eindrücken, die ich empfand. Als das Schiff eine Höhe von etwa vierzig bis fünfzig Fuß erreicht hatte, fragte ich mich, wie hoch es noch steigen würde. Aber just zu diesem Zeitpunkt bemerkte ich, dass es stetig dahinsegelte und nicht mehr stieg. Zunächst war ich ruhiger, hatte aber doch noch ein Gefühl der Unsicherheit vor dem, was mich wohl noch erwartet. Langsam fühlte ich mich sicherer. Alles, was ich zu tun hatte, um einen Absturz zu vermeiden, war, mich zusammenzunehmen und keine Fehler zu machen. Noch nie empfand ich ein solches Gefühl von Freiheit, wie bei diesem zehnminütigen Flug über die Köpfe meiner Mitmenschen hinweg, in einem Gerät, das meiner eigenen Vorstellungskraft entsprungen ist. Es war ein freudiges Erlebnis! Ich fühlte mich meinen Mitmenschen weit voraus; denn ich konnte wie ein Vogel fliegen und sie mussten immer noch zu Fuß gehen.

„Und während all diese neuen freudigen Eindrücke in meinem Kopf kreisten, sah ich eine Gruppe von Bäumen vor mir, auf die die Maschine direkt zusteuerte. Ich wusste, dass ich diese Bäume irgendwie umsteuern oder überfliegen müsste. Ich war noch etwa hundert Yards [90m] entfernt, und mir wurde klar, dass Überfliegen unmöglich war und auch, dass ich keine technischen Möglichkeiten hatte, sie zu umfliegen. Wie ein Blitz kam mir ein Gedanke, wie ich den Bäumen entkommen konnte: Wenn Vögel ihren geraden Flug änderten, um ein Hindernis auszuweichen, brachten sie ihren Körper aus der horizontalen Lage in eine leicht diagonale. Das hatte ich beobachtet. Um nach links zu fliegen, neigten sie ganz einfach ihren linken Flügel oder die linke Seite des Körpers. Die Maschine sollte doch dem gleichen Grundsatz folgen. Und als diese innerhalb von fünfzig Yards [45m] zu der Baumgruppe war, verlagerte ich mein Gewicht auf die linke Seite der Maschine. Sie schwang sich etwas hinüber und begann vom geraden Kurs abzudrehen. Und wir umflogen die Bäume so einfach, als flögen wir geradeaus.

„Das schenkte mir mehr Vertrauen, und ich versuchte, durch Gewichtsverlagerung über den Schwerpunkt hinaus, die Maschine nach rechts zu steuern. Die Maschine reagierte auf die geringste Gewichtsverlagerung. Sie war sehr empfindlich.

„Eine halbe Meile war ich schon durch die Luft gesegelt, und es war bis zum Waldrand nicht mehr weit. Als ich innerhalb von 100 Yards [90m] zu den Bäumen war, schaltete ich den Antrieb ab. Ich wurde etwas unsicher, weil ich nicht wusste, wie sich die Maschine beim Aufsetzen verhalten würde. Schon so manche Flugmaschine hatte bei der Landung eine Tendenz zur Bug- oder Schwanzlastigkeit gezeigt. Im Allgemeinen bedeutet dies einen Sturz mit Knochenbrüchen für den Pilot der Maschine. Aber meine Maschine begann sich gleichmäßig niederzulassen, und ich setzte sachte, fast ohne Ruck, auf dem Boden auf. Nichts ging dabei zu Bruch.

„Dies war der glücklichste Augenblick meines Lebens; denn ich hatte gezeigt, dass die Maschine, an der ich jahrelang gearbeitet hatte, leisten würde, was ich von ihr behauptet hatte. Es war ein riesiges Gefühl, durch die Luft zu fliegen. Es gibt nichts Vergleichbares."

**Bridgeport Sunday Herald, 18. August 1901, S.5**

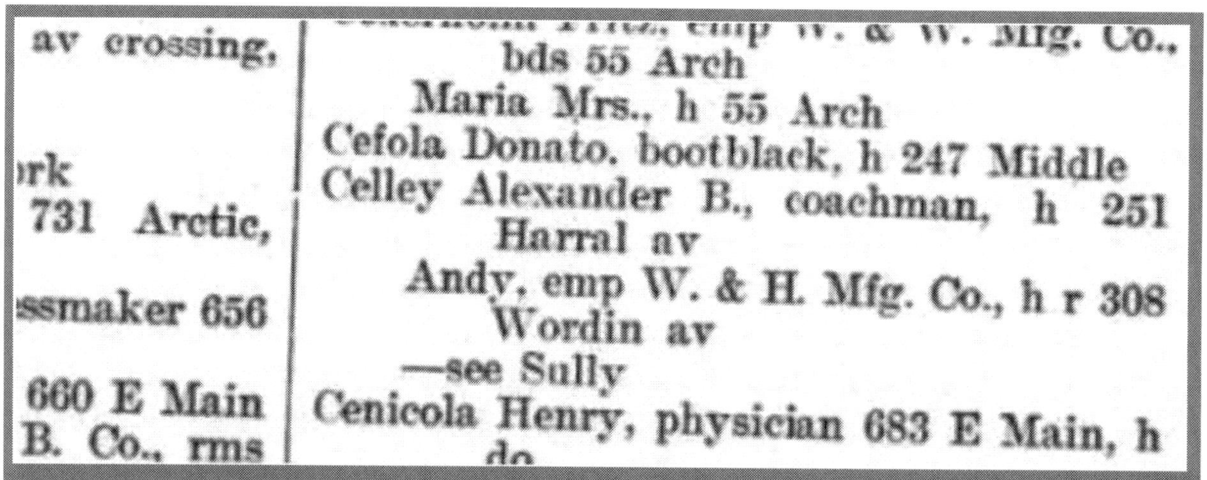

av crossing,
rk
731 Arctic,
ssmaker 656
660 E Main
B. Co., rms

bds 55 Arch
Maria Mrs., h 55 Arch
Cefola Donato, bootblack, h 247 Middle
Celley Alexander B., coachman, h 251 Harral av
Andy, emp W. & H. Mfg. Co., h r 308 Wordin av
—see Sully
Cenicola Henry, physician 683 E Main, h do

Bridgeport Directory, 1901

[]

Celley

Andy, Angestellter bei Wilmot & Hobs Manufacturing Corporation, Privatadresse Wordin Avenue 308

[]

**Andrew Celley**
18. Oktober 1868 –?

Seit Harvey Philipps Stella Randolph einen alten Zeitungsausschnitt überreichte, in dem ein Motorflug von Gustav Weißkopf aus dem Jahr 1901 beschrieben wurde, wurde nach einem Mann namens Andrew Cellie gesucht. Er ist einer der Zeugen jener historischen Ereignisse im Morgengrauen des 14. August 1901.

Die Schwierigkeit, Cellie zu finden, hat viel damit zu tun, wie sein Nachname vom Ungarischen ins Englische übersetzt wurde, bzw. welche unterschiedlichen Amtssprachen im Vielvölkerstaat des österreichischen Kaiserreichs verwendet wurden. Der Nachname wird u.a. als "Cellie", "Sely", "Celley", "Szalai", "Salay" und "Sully" geschrieben. Auch der Vorname kommt in verschiedenen Schreibweisen vor, darunter „Andrew", „Andy", „András" und „Andreas". Durch die Zuordnung von Geburtsdaten, Ethnien, Adressen und Variationen des Namens ist Folgendes bislang bekannt:

Gemäß Angaben in ungarischen Kirchenbüchern über Menschen, von denen bekannt ist, dass sie nach Amerika ausgewandert sind, wurde Andrew Salay am 18. Oktober 1868 in Vál, Fejér, einem Dorf westlich von Budapest in Ungarn, geboren[403]. Laut US-Volkszählungsunterlagen heiratete ein 1868 in Ungarn geborener Andrew Celey 1891 die sechs Jahre ältere Mary. Im folgenden Jahr wanderten sie in die USA aus und gründeten eine Familie. Im Juni 1898 wurde ein Sohn, John, und im Mai 1900 wurde ein weiterer Sohn, Louis, geboren. Einen Monat später besuchte ein Volkszähler sein Haus in der Spruce Street 270 in Bridgeport/Connecticut, um Informationen über die Familie zu sammeln[404]. [Da Herkunftsland, Auswanderungsland, Geburtsdatum und der vom Volkszähler phonetisch notierte Name übereinstimmen, und da Salay/Celey kein weit verbreiteter Name ist, grenzt der Wahrscheinlichkeitsgrad, dass es sich dabei um dieselbe Person handelt, an Gewissheit.]

403 Aufzeichnungen der katholischen Kirche Ungarns, Ancestry.com, Film Nr. 622584, Ref. ID 62
404 1900-06-06, US-Volkszählung, Bridgeport/CT, Ward 3, Supt.Distr.25, Enum.Distr.15, Blatt 15, Zeilen 84-87

Ein Jahr später listet das Bridgeport Directory von 1901 Andy Celley auf. Er arbeitete für die Wilmot & Hobbs Company und war erst kürzlich in die Wordin Street 308 gezogen. Dieser Eintrag enthält den Hinweis „siehe Sully", der darauf hinweist, dass die Familie möglicherweise gerade dabei war, ihren Nachnamen zu amerikanisieren[405].

Andrews Nachbar (bzw. Andys Arbeitskollege) war Gustav Weißkopf, der nur zwei Blocks entfernt in der Pine Street 241 wohnte. Im November 1900 erklärte sich Andrew Cellie zusammen mit einem Mann namens Daniel Varovi bereit, Gustavs Luftfahrtexperimente zu finanzieren und mit Tatkraft zu unterstützen[406].

Die Nachricht von Andrews Luftfahrtinvestition wurde mittels syndizierte Nachrichtenmeldungen telegrafisch über die US-amerikanischen Medienlandschaft verbreitet. Die lange Version des Artikels, die seinen Namen enthielt, wurde von Zeitungen im Norden der USA aufgegriffen[407]. Der Artikel beschrieb unbemannte Tests mit Gustav Weißkopfs Flugzeug am 3. Mai 1901 unter Verwendung von Sandsäcken als Ballast. Die Tests waren gut verlaufen und Pläne für einen bemannten Test in den nächsten Monaten wurden angekündigt. Dieser Tag kam am 14. August 1901.

In der Ausgabe des *„Bridgeport Sunday Herald"* vom 18. August 1901 wurde ein Mitternachtstreffen in der Pine Street beschrieben. Von dort sind Andrew, Gustav, ein Journalist namens Richard Howell und ein Pferdekutschenfahrer namens James Dickie zum nahe gelegenen Fairfield gereist und haben um 2 Uhr morgens das Testgelände erreicht. Nachdem sie das Flugzeug zum Flug bereitgemacht hatten, flog das Flugzeug zuerst im Morgengrauen mit Ballast, dann bei Sonnenaufgang mit Gustav Weißkopf an Bord geflogen[408]. (Anscheinend ging Dickie irgendwann nach der Ankunft um zwei Uhr nach Hause. Denn 32 Jahre später konnte er sich nicht daran erinnern, einen Flug gesehen zu haben.[409]) Und anscheinend tauchten andere Helfer auf, als sich die Morgendämmerung näherte, um die Ereignisse zu sehen. Während der Journalist Howell einen Augenzeugenbericht verfasste und in der nächsten Ausgabe seiner Zeitung veröffentlichte, und andere Zeugen gefunden wurden und Erklärungen abgaben[410], wurde Cellie nie mehr gefunden.

Im Bridgeport Directory von 1902 wurde den Lesern mitgeteilt, dass Andy Celley und seine Familie nach Leechburg gezogen seien, einer kleinen Stadt 33 Meilen nordöstlich von Pittsburgh in Pennsylvania[411]. Dort hört die Fährte abrupt auf.

---

405 1900, Bridgeport Directory, CT, S.85, Spalte 2

406 1901-06-09, New York Sun, NY, S.2

407 1901-06-15, Watertown Daily Times, NY, S.12; 1901-07-22, Duluth Evening Herald, MN, S.10; 1901-07-26, Minneapolis Journal, MN, S.7

408 1901-08-18, Bridgeport Sunday Herald, CT, S.5

409 1937-04-02, Eidesstattliche Erklärung von James Dickie

410 1934-08-21, Eidesstattliche Erklärung von Junius Harworth; 1964-10-30, Eidesstattliche Erklärung von Anton Pruckner, S.2

411 1902, Bridgeport Directory, CT, S.86, Spalte 2

**Richard Howell, Zeitungsredakteur**
10. Mai 1869 – 25. Nov. 1930

**Als Richard Howell starb, berichtete Amerikas älteste Zeitung „*Hartford Courant*", wie Polizeieskorten seinen Sarg über eine Entfernung von 100 Meilen von Connecticut nach New Jersey[412] durch drei Bundesstaaten begleiteten. Sein Epitaph erschien in führenden Zeitungen[413], einige sogar bis nach Kanada[414], einschließlich auf der Titelseite der „*Los Angeles Times*"[415]. Unter der Überschrift "*Calling 'Em Right*" [„die Dinge beim Namen nennen" bzw. „richtig deuten"] lobte der *Courant*, dass Howell ein "*brillanter*" Journalist und einer der "*alten Garde*" gewesen sei.**

Richard (Dick) Howell wurde am 10. Mai 1869 in Hackettstown/New Jersey geboren. Er lebte mit seiner Familie im nahe gelegenen Flanders und besuchte eine örtliche Schule. Mit siebzehn Jahren sicherte er sich seinen ersten Job als Flanders-Korrespondent von „*The Iron Era*", einer lokalen Zeitung im benachbarten Dover[416]. Bald trat er in die Belegschaft von „*The Press Register*" einer Zeitung in Newark ein[417]. Nachdem er im Frühjahr 1890 von einer Europareise zurückgekehrt war[418], arbeitete er für den „*New York Star*"[419] und dann für den „*Waterbury Republican*" in Connecticut[420]. Aber es war seine Bekanntschaft mit dem Verleger Frederick R. Swift, die den weiteren Verlauf seiner beruflichen Laufbahn dominieren würde.

Swift besaß zwei Zeitungen in Connecticut, den „*Waterbury Herald*", den er 1888 gründete, und den „*Bridgeport Herald*", den er 1891 erwarb[421]. Howell wurde Anfang 1892 zum Redakteur des

---

[412] 1930-11-29, Hartford Courant, CT, S.4
[413] 1930-11-26, Boston Globe, MA, S.9; 1930-11-26, Cincinnati Enquirer, OH, S.2; 1930-11-26, Spokane Spokesman Review, WA; 1930-11-28, Salem Capital Journal, OR, S.1; 1930-11-28, St. Louis Post Dispatch, MO, S.36; 1930-11-29, Chicago Tribune, IL, S.17
[414] 1930-11-26, Montreal Gazette, Montreal, Kanada, S.15
[415] 1930-11-29, Los Angeles Times, CA, S.1
[416] 1892-04-09, The Journalist, Journalist Publishing Co., NY, S.5
1900-06-11, US-Volkszählung, Connecticut, Fairfield County, Districts 26-8, Blatt 8, Zeile 16
[417] 1887-08-13, Dover Iron Era, NJ, S.5
[418] 1890-03-07, Hackettstown Warren Republican, NJ, S.3
[419] 1930-11-26, Dover Advance, NJ, S.8
[420] 1891-01-02, Dover Iron Era, NJ, S.2; 1892-04-09 & 1891-05-22, S.2, The Journalist, Journalist Publishing Co., NY, S.5
[421] 1911-04-03, Bridgeport Evening Farmer, CT, S.3

*„Bridgeport Herald"*[422]. Er trat 1895 für kurze Zeit zurück[423], um sich ganztägig für Gesetze zum Schutz junger Frauen[424] Lobbyarbeit zu leisten. Mitte 1896 nahm er seine Redaktion des *„Waterbury Herald"* wieder auf[425] und wurde ab 1900 erneut als Herausgeber der „Bridgeport Herald" und der „Waterbury Herald" genannt[426]. Der *„Bridgeport Sunday Herald"* hatte die höchste Auflage aller Zeitungen im Bundesstaat Connecticut[427]. Er wurde im gesamten Bundesstaat Connecticut verteilt und umfasste Rubriken für die lokalen Nachrichten verschiedener Städte einschließlich der Landeshauptptstadt Hartford. Im Jahre 1899 überstieg bereits die Gesamtauflage des Verlags 40.000[428]. In seinem Testament von 1911 vermachte Swift ein Drittel der Anteile an jener Zeitung an Howell, sowie ein erstes Verweigerungsrecht, 100% der Anteile zu kaufen, und legte fest, dass Howell weiterhin als geschäftsführender Chefredakteur fungieren sollte[429]. (Erst 1919 erweiterte sich der *„Herald"* von einer reinen Sonntagszeitung auf eine mit Wochentagsausgabe[430].)

1907 war Howell Mitbegründer des *„Laurel Club"*, einer Vereinigung von Journalisten, die sich mit der Politik des Bundesstaates Connecticut in Hartford befasste[431]. Dieser wurde dem *„Grid Iron Club"* von der Bundeshauptstadt Washington D.C. nachempfunden (ähnlich der modernen Korrespondentenvereinigung des Weißen Hauses). Der Laurel Club veranstaltete ein jährliches Festessen, bei dem die Unterhaltung eine kabarettistische Nachbildung einer Sitzung des Parlaments des Bundesstaates beinhaltete. Howell war gelegentlich Zeremonienmeister bei dieser Veranstaltung[432]. Über zwanzig Jahre lang war er ununterbrochen der einzige Schatzmeister des Clubs. Unter den vielen Präsidenten des Clubs befand sich der Herausgeber der ältesten amerikanischen Zeitung, der *„Hartford Courant"*.

Howell war Gründungsmitglied des *„Bridgeport Press Club"*[433]. Er nahm regelmäßig an lokalen Journalistenversammlungen teil und fungierte hierbei ebenfalls gelegentlich als Zeremonienmeister[434]. Wann immer Bundes-[435] oder Landespolitiker[436] an Veranstaltungen in Bridgeport teilnahmen, war Howell da, um über sie zu berichten. Neben seiner Arbeit für die Zeitungen in Waterbury und Bridgeport war Howell auch Korrespondent für andere Zeitungen. Als zum Beispiel US Präsident Taft Norwich/Connecticut besuchte, wurde Howell als Korrespondent der *„New York Tribune"* akkreditiert*[437]. Er berichtete auch über ein Abendessen in New York, an dem der ehemalige US- Präsident Teddy Roosevelt sowie der kanadische Premierminister Laurier

---

[422] 1892-04-09, The Journalist, Journalist Publishing Co., NY, S.5;
1893-01-01, American Newspaper Directory, Rowell & Co., S.103

[423] 1895-08-15, Fourth Estate, S.7

[424] 1895-10-01, Arena, S.210-213

[425] 1896-08-29, Waterbury Democrat, CT, S.8; 1897-01-01, American Newspaper Directory, NY, S.97

[426] 1900-01-01, American Newspaper Directory, Rowell & Co., S. 107 & 115
1900-01-01, N.W. Ayer American Newspaper Annual, S. 95 & 103-104; 1901-01-01, American Newspaper Directory, Rowell & Co., S. 109. & 11

[427] 1902-01-01, American Newspaper Directory, NY, S.1,9,1091,1263-4
1906-01-01, American Newspaper Directory, Rowell, NY, S. 109

[428] 1899-04-01, Pettingill's National Newspaper Directory, MA, S.68; and in 1903 S.63 & III.42

[429] 1911-05-04, Salisbury Connecticut Western News, CT, S.5

[430] 1919-03-08, Fourth Estate, S.2, Spalte 3

[431] 1907-05-11, Waterbury Evening Democrat, CT, S.1; 1919-03-15, Fourth Estate, S.24; 1920, State of Connecticut Register and Manual, S.563; 1921, S.559; 1922, S.578; 1923, S.580

[432] 1919-03-16, Hartford Courant, CT, S.33

[433] 1910-02-19, Editor & Publisher, S.5; 1919-06-07, Fourth Estate, S.29

[434] 1926-02-24, Bridgeport Telegram, CT, S.3

[435] 1918-05-21, Bridgeport Telegram, CT, S.6

[436] 1922-07-19, Bridgeport Times and Evening Farmer, CT, S.6

[437] 1909-07-06, Norwich Bulletin, CT, S.8, Spalte 4

teilnahmen[438]. Manchmal reiste er sogar zusammen mit gewählten Politikern in ihren Autos[439]. (*Howell trat Mitte 1912 als Korrespondent der *„New York Tribune“* zurück.[440])

Das Fachjournal *„Editor & Printer“/„Fourth Estate“* schrieb, dass Howells *„politische Schriften [] einen großen Einfluss auf den gesamten Bundesstaat ausüben“*[441]. Trotz seiner Nähe zu den Politikern hielt er eine professionelle Distanz. Er erklärte einmal, sein Geschäft sei *„über Politik zu schreiben, nicht zu bestimmen“*[442]. In dieser Hinsicht lautete der offizielle Slogan des Herald unter seiner Führung, *‚ohne Angst oder Vorteilnahme die Fakten präsentieren“*[443].

Howell war ein Aktivist für den ethischen Journalismus. 1913 veröffentlichte er eine Broschüre mit dem Titel *„Kampf um die Wahrheit mit Gewinn“*[444]. Sie wurde landesweit verbreitet. Er beschrieb sie als "*zusammengestellt zum Nutzen und zur Ermutigung von Verlagen, die befürchten, dass sie nicht ehrlich sein können, ohne pleite zu gehen.*" In einer Rezension durch eine Fachzeitschrift wurde Howells Buch wie folgt zusammengefasst: *„Es erzählt alles über die Geschichte des Kampfes seiner Zeitungen für wahrheitsgetreue Werbung, druckt Beispiele von veröffentlichten Artikeln usw. ab, und schließt mit dem Nachweis ab, dass der Kampf erfolgreich war, und zu mehr neuen, soliden Geschäftsbeziehungen führte, als verloren gingen, und zudem brachten seinen Zeitungen in zwei Städten Connecticuts einen beneidenswerten Ruf und hohes Ansehen ein.“*[445] 1918 veröffentlichte Howell einen Aufruf zur Unabhängigkeit und zum Wettbewerb unter den Zeitungen wie folgt: *„25 Jahre Erfahrung beim Herald haben mir Folgendes bewiesen: Eine Zeitung muss, wenn sie eine Stimme der Gesellschaft werden will, auf einige Zehen steigen, aber eine Zeitung, die lediglich Neutralität statt Unabhängigkeit anstrebt, wird als Zeitung nicht im vollen Maße erfolgreich.“*[446]

Howell war im bürgerlichen Leben aktiv. Er war Mitglied diverser Stadtkomitees, um etwa Paraden zu organisieren[447]. Als die USA in den Ersten Weltkrieg eintraten, half Howell bei der Organisation von Truppen[448], unterstützte eine Kampagne zur Bereitstellung von Büchern für Soldaten[449], wurde von der Regierung Connecticuts ernannt, um die Kriegsanstrengungen als Korrespondent zu unterstützen[450], und war Mitglied des Home Fund Committee, das Geld für Soldaten sammelte[451]. Darüber hinaus half er bei der Organisation von Fahrten für das Rote Kreuz[452] und wurde von der Landesregierung zum Kriegsnahrungsmittelverwalter der Stadt Stratford ernannt[453]. Nach dem Krieg organisierte er Boxkampf-Shows für behinderte Veteranen[454]. Er unterstützte auch die Bemühungen seiner Ehefrau in der Frauenwahlrechts-Bewegung, begleitete sie sogar in die Landeshauptstadt[455] und war Leiter der Organisation der Männer fürs Frauenwahlrecht im Landkreis von Fairfield[456].

---

[438] 1910-10-29, Bridgeport Evening Farmer, CT, S.3
[439] 1910-08-19, Bridgeport Evening Farmer, CT, S.2
[440] 1912-08-17, Fourth Estate, S.19
[441] 1919-03-29, Fourth Estate, S.11
[442] 1922-07-20, Bridgeport Times and Evening Farmer, CT, S.3
[443] 1928-03-10, Bridgeport Telegram, CT, S.2
[444] 1914, American Printer, S.766
[445] 1919-07-01, Judicious Advertising, S.106
[446] 1918-12-28, Fourth Estate, S.12
[447] 1916-07-01, Bridgeport Times and Evening Farmer, CT, S.1
[448] 1917-03-31, Bridgeport Times and Evening Farmer, CT, S.1
[449] 1917-09-26, Bridgeport Times and Evening Farmer, CT, S.2; and 1918-03-23, S.3
[450] 1917-11-02, Connecticut Bulletin, S.3
[451] 1918-06-12, Bridgeport Times and Evening Farmer, CT, S.12
[452] 1918-05-15, Bridgeport Times and Evening Farmer, CT, S.4
[453] 1918-05-24, Bridgeport Times and Evening Farmer, CT, S.24; 1918-11-28, Stafford Springs Press, CT, S.4
[454] 1926-08-27, Hartford Courant, CT, S.10
[455] 1918-04-23, Hartford Courant, CT, S.14
[456] 1919-02-06, Hartford Courant, CT, S.6, col.5

Richard Howell war auch insofern ein Pionier der Luftfahrt, als er Bridgeports ersten Fliegerclub mitbegründete[457]. Als der erste Flughafen von Bridgeport eröffnet wurde, inspizierte er als Mitglied der Polizeikommission das Gelände vor der Eröffnung, um einen sicheren Betrieb bei der ersten Flugschau zu gewährleisten[458]. Am engsten mit der Luftfahrt ist er jedoch durch Berichte, die in seiner Zeitung über den aus Bridgeport stammenden Flugpionier Gustav Weißkopf erschienen sind, verbunden. In seiner Ausgabe vom 24. Januar 1937 bestätigte der Herald, dass es tatsächlich Richard (Dick) Howell war, der einen ganzseitigen Artikel über Weißkopfs Motorflug vom 14. August 1901 als Augenzeuge miterlebte und schrieb.

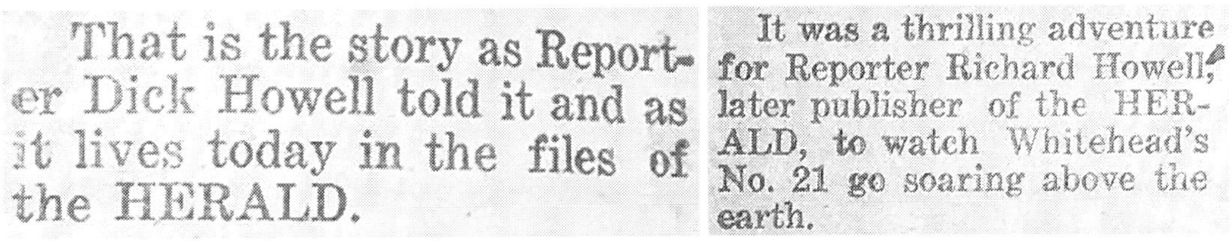

That is the story as Reporter Dick Howell told it and as it lives today in the files of the HERALD.

It was a thrilling adventure for Reporter Richard Howell, later publisher of the HERALD, to watch Whitehead's No. 21 go soaring above the earth.

**Bridgeport Sunday Herald, 23. Januar 1937, S.4 (Auszüge)**

**Das ist die Story, wie sie damals durch den Reporter Dick Howell erzählt wurde, die sich bis heute in den Archiven des HERALD befindet.**

**Es war ein spannendes Abenteuer für Reporter Richard Howell – der später Herausgeber des HERALD wurde – Weißkopfs Maschine Nr. 21 über der Erde fliegen zu sehen.**

Weitere Beweise dafür, dass Howell den Artikel verfasste, lieferte sein Nachbar, der Journalist und Luftfahrtredakteur von *Scientific American*, Stanley Y. Beach. Beachs Flugzeughangar befand sich ungefähr 300 Meter vom Haus Howells in Stratford entfernt. In einer Erklärung von 1939 erklärte Beach, dass Howell den Artikel von 1901 verfasst hatte[459].

Bisher sind neun Artikel über Weißkopf bekannt, die während Howells Zeit als Herausgeber und Redakteur im *„Bridgeport Sunday Herald"* veröffentlicht wurden[460]. Mehrere dieser Artikel berichteten über weitere Motorflüge und Segelflüge Weißkopfs in den Jahren 1901, 1902 und 1903. Zu der Zeit, als er den Artikel über Weißkopf schrieb, war Howell bereits 15 Jahre lang Journalist gewesen, und es war fast zehn Jahre her, seit er das erste Mal den Job als Chefredakteur des Heralds übernommen hatte.

Richard (oder besser gesagt „Dick", wie er allgemein genannt wurde) hatte drei Leidenschaften: Musik, Sport und Klapperschlangen. Mit 20 Jahren nahm er an einem vorweihnachtlichen Benefizkonzert in seinem Familienhaus in Flanders teil[461]. Bei einer Gemeinschaftsveranstaltung sang er ein Lied, das er selbst komponiert hatte[462]. Mit 27 Jahren komponierte er bereits sein drittes Lied und ließ es sogar urheberrechtlich schützen[463]. Im selben Jahr schrieb er ein ganzes Theaterstück[464]. 1898 gab er ein Konzert mit einem Kirchenorchester in seiner Heimatstadt in New Jersey[465],

[457] 1911-02-02, Bridgeport Evening Farmer, CT, S.2
[458] 1911-05-01, Bridgeport Evening Farmer, CT, S.2
[459] 1939-04-10, Erklärung von Stanley Yale Beach gegenüber Major Lester Gardner, S.1-2
[460] 1901-08-18, Bridgeport Herald, CT, S.5; 1901-11-17, Bridgeport Herald, CT, S.1; 1902-01-26, Bridgeport Sunday Herald, CT, S.4&9; 1903-05-31, Bridgeport Sunday Herald, CT, S.4; 1908-11-22, Bridgeport Sunday Herald, CT, S.10; 1909-05-16, Bridgeport Sunday Herald, CT, S.2; 1910-02-06, Bridgeport Sunday Herald, CT, S.13; 1911-07-23, Bridgeport Sunday Herald, CT, S.18; 1937-01-24, Bridgeport Herald Magazine, CT, S.4-5
[461] 1889-12-20, Hackettstown Gazette, NJ, S.3
[462] 1896-02-28, Dover Iron Era, NJ, S.7
[463] 1897-02-12, Dover Iron Era, NJ, S.7
[464] 1917-02-09, Bridgeport Times and Evening Farmer, CT, S.24
[465] 1898-03-11, Dover Iron Era, NJ, S.6

veröffentlichte dann später die Texte eines anderen Liedes im *„Bridgeport Sunday Herald“* [466], und komponierte sogar 1917 ein weiteres Lied[467].

Es ist unklar, wann Dicks Interesse am Boxen begann. Er war bereits 1898 Boxreporter[468] und 1899 Boxschiedsrichter[469]. Von 1919[470] bis 1923 war er als Staatlicher Boxkommissar in Connecticut tätig[471]. 1923 kündigte er seinen Rückzug von diesem Posten an[472]. In seinem Nachruf wurde er als "*Schiedsrichter des Boxens und einer der Führer der Bewegung für die Festschreibung von staatlichen Gesetzen für den Boxsport sowie dessen Kontrolle durch Kommissare*" beschrieben[473]. In der Tat verfasste er Gesetzestexte und setzte sich erfolgreich für Gesetze auf Bundesstaatsebene zum Schutz von Boxern ein[474]. Dick war auch Mitglied eines staatlichen Baseballkomitees[475] und plante einmal sogar, einen Baseballclub zu kaufen[476].

Der Klapperschlangen Club wurde 1895 gegründet. Dick hörte zum ersten Mal davon, als er 1903 über eine lokale Geschichte im Nordwesten von Connecticut berichtete[477]. Der Club hatte eine tiefere Bedeutung, die über die reine Schlangenjagd hinausging. Er war eine Tradition des Schaghticoke-Indianerstammes, welcher vor der europäischen Besiedlung im Nordwesten von Connecticut angesiedelt war[478]. Dick war ein enger Freund und Förderer des letzten Mitglieds dieses Stammes, Jim Pant[479].

Im Verlauf seines Lebens wohnte Dick in drei Bundesstaaten – New Jersey, New York und Connecticut – jeweils in den Städten Flanders, Newark, New York, Waterbury und Stratford. Während seines gesamten Lebens unterhielt er enge Beziehungen zu seiner Heimatstadt in New Jersey, reiste häufig dorthin[480], hauptsächlich im Sommer und zur Weihnachtszeit, spendete dort sogar Geld für die Verschönerung des öffentlichen Raums [481]und hielt seine Mitgliedschaft in der Mission Band seines örtlichen Presbyterianischen Kirche stets aufrecht[482]. Es war sein letzter Wunsch, auf dem Friedhof seiner Heimatstadt in New Jersey begraben zu werden[483].

---

466 1898-03-04, Dover Iron Era, NJ, S.6
467 1917-02-06, Bridgeport Times and Evening Farmer, CT, S.12
468 1898-03-28, New Haven Daily Morning Journal and Courier, CT,S.3
469 1899-11-10, Brooklyn Citizen, NY, S.4
470 1919-10-21, Long Branch Daily Record, NJ, S.5
471 1922-02-14, Bridgeport Telegram, CT, S.1; 1922-11-01, Bridgeport Times and Evening Farmer, CT, S.2
472 1923-01-18, Hartford Courant, CT, S.12
473 1930-11-26, Hartford Courant, CT, S.2
474 1911-03-10, Bridgeport Evening Farmer, CT, S.9
475 1925-11-11, Hartford Courant, CT, S.12
476 1925-12-16, Bridgeport Telegram, CT, S.1
477 1927-06-12, Hartford Courant, CT, S.63
478 1923-03-12, Hartford Courant, CT, S.16, Spalte 1
479 1915-07-29, New York Herald, NY, S.13
480 1887-08-13, Dover Iron Era, NJ, p.S; 1889-12-20, Hackettstown Gazette, NJ, S.3; 1890-05-09, Hackettstown Warren Republican, NJ, S.3; 1891-01-02, Dover Iron Era, NJ, S.2; 1891-05-22, Dover Iron Era, NJ, S.2; 1892-05-20, Dover Iron Era, NJ, S.2; 1892-07-08, Dover Iron Era, NJ, S.2; 1892-09-09, Dover Iron Era, NJ, S.2; 1893-11-17, Dover Iron Era, NJ, S.3; 1894-03-23, Dover Iron Era, NJ, S.7; 1897-07-02, Dover Iron Era, NJ, S.8; 1897-07-09, Dover Iron Era, NJ, S.3; 1897-10-22, Dover Iron Era, NJ, S.6; 1898-03-04, Dover Iron Era, NJ, S.6; 1898-03-11, Dover Iron Era, NJ, S.6; 1898-08-12, Dover Iron Era, NJ, S.2; 1899-06-23, Dover Iron Era, NJ, S.7: 1900-08-24, Dover Iron Era, NJ, S.9; 1900-12-28, Dover Iron Era, NJ, S.2; 1901-07-05, Dover Iron Era, NJ, S.2; 1901-12-27, Dover Iron Era, NJ, S.2; 1903-01-16, Iron Era; 1904-12-30, Dover Iron Era, NJ, S.6; 1905-09-15, Dover Iron Era, NJ, S.5; 1913-10-15, Bridgewater Courier News, NY, S.8;
481 1913-07-29, Bridgewater Courier News, NY, S.6
482 Church1898-03-11, Dover Iron Era, NJ, S.6
483 1930-11-28, Hartford Courant, CT, S.2

Dick war viermal verheiratet. Seine erste Ehe mit Esther Winship von Shell Rock/Iowa (Künstlername Clara E. Laurence) fand am 12. April 1897 statt. Esther teilte seine Leidenschaft für die Musik. Sie war eine Varieté-Hauptdarstellerin bei Rice & Barton's Co. [484] und starb ungefähr sechs Monate später[485]. Seine zweite Ehe mit einem Mädchen aus Waterbury folgte nach etwas mehr als einem Jahr. Mary L. Dwyer arbeitete dort im Kaufhaus von Reid & Hughes[486]. Das Paar hatte einen Foxterrier namens "Ink" [Tinte], aber keine Kinder[487]. Diese Ehe wurde im Juli 1909 wackelig, als Mary angeblich eine Beziehung mit einem Handelsvertreter der Pharmaindustrie aus New York namens Charles H. van Buren begann. Mitte 1913 tat Dick, was zu dieser Zeit das Ehrenhafte war, und verklagte den Liebhaber seiner Frau. Van Buren wurde verhaftet[488], mit einer Kaution von 10.500 US-Dollar belegt und freigelassen[489]. Die Situation wurde Anfang 1914 unübersichtlicher, als Dicks Ehefrau die Scheidung beantragte und auszog[490]. Diese wurde im Juni 1914 rechtskräftig[491]. Bald darauf bedauerte sie jedoch offenbar ihre außereheliche Beziehung, verklagte van Buren wegen angeblicher Versprechensverletzung und verlangte von ihm 15.000 Dollar. Van Buren wurde erneut verhaftet und musste eine weitere Kaution über besagten Betrag hinterlegen[492].

Später im Herbst 1914 lernte Dick seine dritte Ehefrau kennen[493]. Sie war die Tochter des Oberst William Egglestone, der im US-Bürgerkrieg gedient hatte und Eigentümer einer großen Plantage in der Nähe von Charleston/South Carolina, war. Wie Dicks erste Ehefrau war Catherine Blair Eggleston, deren Künstlername Billie Cree lautete, eine Vaudeville-Performerin. Infolge einer Krankheit verließ sie diesen Beruf im März 1915[494]. Catherine (deren Vorname mit dem von Dicks Mutter identisch war) war im Alter von 11 Jahren verwaist, als ihre Eltern bei einem Autounfall ums Leben kamen. Sie wurde in einem Kloster in Kentucky erzogen und studierte in Übersee Kunst[495], bevor sie nach New York zog[496], um Musical Star zu werden. Die Hochzeit fand am 28. Juli 1915 in Dicks Haus in Stratford statt[497].

Catherine wurde schnell ein beliebtes Mitglied der Gesellschaft von Stratford. Sie veranstaltete im Haus des Paares Wohltätigkeitsveranstaltungen fürs Rote Kreuz[498] sowie für die Pfadfinderinnen[499], und war auf staatlicher und lokaler Ebene in der Frauenwahlrechtsbewegung aktiv[500] – sie setzte sich sogar zusammen mit der Ehefrau von Hiram Percy Maxim gemeinsam[501] dafür ein. Besonders eroberte sie die Herzen der Menschen vor Ort, als sie während der Spanischen Grippe-Pandemie

---

484 1897-05-01, New York Dramatic Mirror, NY, S.13; 897-05-01, New York Clipper, NY, S.138(4)
485 1897-11-05, Dover Iron Era, NJ, S.4
486 1899-02-14, Waterbury Evening Democrat, CT, S.8
487 1911-08-29, Bridgeport Evening Farmer, CT, S.8
488 1913-08-05, Bridgeport Times and Evening Farmer, CT, S.1
489 1913-10-10, Bridgeport Times and Evening Farmer, CT, S.4
490 1914-02-25, Bridgeport Times and Evening Farmer, CT, S.1
491 1914-06-26, Bridgeport Times and Evening Farmer, CT, S.1
492 1915-10-13, Bridgeport Times and Evening Farmer, CT, S.1
493 1915-08-05, Connecticut Western News, CT, S.1
494 1915-03-31, Saratoga Springs Saratogian, NY, S.5
495 1915-07-28, Bridgeport Times and Evening Farmer, CT, S.2
496 1915-07-29, New York Sun, NY, S.7
497 1915-07-30, Hartford Courant, CT, S.9; 1915-07-31, Editor & Publisher and the Journalist, S.187; 1915-08-04, New York Dramatic Mirror, NY, S.18; 1915-08-14, Billboard, NY, S.17
498 1918-01-21, Bridgeport Telegram, CT, S.13
499 1922-08-14, Norwich Bulletin, CT, S.2; 1922-10-24, Bridgeport Times and Evening Farmer, CT, S.12
500 1918-02-01, Bridgeport Telegram, CT, S.11; 1918-02-06, Bridgeport Times and Evening Farmer, CT, S.4; 1918-02-22, New Britain Herald, CT, S.3; 1918-03-08, Bridgeport Times and Evening Farmer, CT, S.4; 1918-04-22, Bridgeport Times and Evening Farmer, CT, S.1; 1918-07-10, Bridgeport Times and Evening Farmer, CT, S.7; 1918-07-11, Bridgeport Times and Evening Farmer, CT, S.5
501 1918-04-26, Bridgeport Republican Farmer, CT, S.6; 1918-04-26, Danbury Republican Farmer, CT, S.6

(1918- 1920) freiwillig als Krankenschwester diente und 12 stündige Nachtschichten im örtlichen Krankenhaus leistete, obwohl sie dafür keine formelle Ausbildung hatte[502].

**Pfadfinderinnen-Truppe von Stratford unter der Leitung von Fr. Richard Howell[503]**

Am 27. Mai 1928 starb Catherine in Tucson, Arizona, wo sie im trockenen Klima versucht hatte, ihre sich verschlechternde Gesundheit zu verbessern[504]. Zwei Monate später, im Alter von 59 Jahren, heiratete Dick zum vierten Mal. Diesmal wählte er eine 25-jährige Mitarbeiterin seines Verlages mit dem schwedisch klingenden Namen Emily Arling Lingard.

Richard (Dick) Howell starb am 25. November 1930. In seinem Nachruf nannte ihn Amerikas älteste Tageszeitung "*eine der bekanntesten Persönlichkeiten im öffentlichen Leben von Connecticut, die in den letzten vierzig Jahren in Sport, Politik und Presse eine herausragende Rolle spielte*"[505]. Es wurde berichtet, dass "*viele Männer, die in den Angelegenheiten des Staates eine herausragende Rolle spielen*", an seiner Beerdigung teilnahmen[506] und dass die Aussegnungshalle "*überfüllt*" war[507]. Der Text seines Epitaphs erschien in vielen Zeitungen, darunter in den „*Dayton Daily News*" in Ohio. Dort konnte man nachlesen: „*Ich möchte, dass an jenem Tag, an dem ich mich verabschiede, die [] Vögel herumfliegen; Ich wünsche, dass ein Vogel sein Abendlied tief und leise singt.*"

---

502 1918-10-17, Bridgeport Telegram, CT, S.4
503 1922-05-31, Bridgeport Telegram, CT, S.9
504 1928-05-29, Hartford Courant, CT, S.10
505 1930-11-26, Hartford Courant, CT, S.2
506 1930-11-28, Hartford Courant, CT, S.2; 1930-11-29, Newark Advocate, NJ, S.4
507 1930-11-29, Hartford Courant, CT, S.4

# Leugner & mehr

Am 1. August 1945 griff Orville Wright den Artikel Howells an. Er warf Howell vor, die Geschichte frei erfunden zu haben.

*August, 1945* U. S. AIR SERVICES 9

# The Mythical Whitehead Flight

ORVILLE WRIGHT

In *Reader's Digest* for July, 1945, p. 57, under the heading "The Man Who Knows Everything," appears an article by Mort Weisinger, condensed from *Liberty*. We were astounded to read therein the following:

"It was during one of these programs [radio] that Kane presented Charles Whitehead of Bridgeport, Conn., as 'the son of Gustave Whitehead, the first man to fly a heavier-than-air machine, two years, four months and three days previous to the Wright flight at Kittyhawk.' "

This is the second time that *Reader's Digest*, we don't know why, has placed itself seemingly in the position of wishing to prove that the Wright brothers were not the first to fly. It was not so long ago, as the crow flies, that *Reader's Digest* published an article by a woman, under the head: "Santos Dumont: Father of Flight."

We asked the first man in the world to fly—with his brother Wilbur co-inventor of the airplane—to give us the facts.—EDITOR'S NOTE

THE MYTH of Gustave Whitehead having made a power flight in 1901 was founded upon the story which appeared in the Bridgeport *Herald* of August 18, 1901. Although this mythical flight was alleged to have taken place on August 14th, and to have been witnessed by a *Herald* reporter, the news was withheld four days and appeared as a feature story in a Sunday edition of that paper! Would the editor of the *Herald* have held back for four days a story of such great human and historical interest, if he believed it to be true? The strangest part of all is that anyone should think that Howell's story was intended to be taken as fact. It was printed with a large heading entitled "Flying," illustrated with four witches riding astraddle their brooms.

The *Herald* represented that just four persons were present on the occasion—"Gustave Whitehead, Andrew Cellie and James Dickie, his two partners in the flying machine, and a representative of the *Herald*."

In an affidavit dated April 2, 1937, the above-mentioned James Dickie, after saying that he had worked with Gustave Whitehead when Whitehead was constructing and experimenting with aeroplanes, said:

"I do not know Andrew Cellie, the other man who is supposed to have witnessed the flight of August 14th, 1901, described in the Bridgeport *Herald*. I believe the entire story in the *Herald* was imaginary, and grew out of the comments of Whitehead in discussing what he hoped to get from his plane. I was not present and did not witness any airplane flight on August 14, 1901. I do not remember or recall ever hearing of a flight with this particular plane or any other that Whitehead ever built."

JOHN J. DVORAK, a Chicago business man, who in 1904 was on the teaching staff of Washington University of St. Louis, spent some months that year with Whitehead at Bridgeport, while Whitehead was building a motor financed by Dvorak. Dvorak finally came to the conclusion that Whitehead was incapable of building a satisfactory motor and in disgust he left. In an affidavit dated July 18, 1936, Dvorak said:

"I personally do not believe that Whitehead ever succeeded in making any airplane flights. Here are my reasons: 1. Whitehead did not possess sufficient mechanical skill and equipment to build a successful motor. 2. Whitehead was given to gross exaggeration. He was eccentric—a visionary and a dreamer to such an extent that he actually believed what he merely imagined. He had delusions."

In May, 1901, Stanley Y. Beach visited Whitehead at Bridgeport and wrote an illustrated article about Whitehead's machine, which was published in the *Scientific American* of June 8, 1901. Later he induced his father to advance money to continue Whitehead's experiments. Although Beach saw Whitehead frequently in the years from 1901 to 1910, Whitehead never told him that he had flown. Beach has said that he does not believe that any of Whitehead's machines ever left the ground under their own power, in spite of assertions of persons thirty-five years later who thought they remembered seeing them. Beach's nine years' association with Whitehead placed him in a better position to know what Whitehead had done than that of other persons who were associated with Whitehead but a short time, or those who had so little technical training, or so little interest that they remained silent for thirty-five years about an event which, if true, would have been the greatest historic achievement in aviation up to that time. If Whitehead really had flown, certainly Beach, who had spent nearly ten thousand dollars on the experiments, would have been the last to deny it.

U.S. Air Services, 1. August 1945, S.9

## Der mythische Weißkopf-Flug

**ORVILLE WRIGHT**

In der Juli 1945 Ausgabe von *Reader's Digest* S. 57 unter der Aufschrift „Der Mann, der alles weiß", ist ein Artikel von Mort Wiesinger erschienen, der eine Kurzversion eines Artikels aus der Zeitschrift *Liberty* war. Wir waren erstaunt darüber, darin Folgendes zu lesen:
„Es war während einer dieser [Radio-]Sendungen dass Kane Charles Whitehead präsentierte, den Sohn Gustav Weißkopfs, den ersten Mann der einen Flug mit einer Maschine schwerer-als-Luft zwei Jahre vier Monate und drei Tage vor dem Wright-Flug in Kitty Hawk gemacht hat."
Dies ist nun das zweite Mal, dass *Reader's Digest* – wir wissen nicht warum – den Standpunkt eingenommen hat, dass die Gebrüder Wright nicht die ersten waren, die geflogen sind. Es ist nicht so lange her – sozusagen per Luftlinie – dass *Reader's Digest* einen von einer Frau verfassten Artikel mit der Aufschrift *„Santos Dumont: Vater des Fluges"* veröffentlicht hat.

Wir baten den ersten Mann der Welt, der –zusammen mit seinem Bruder Wilbur als Mit-Erfinder des Flugzeugs – geflogen ist, uns die Fakten zu geben – ANMERKUNG DER REDAKTION

Der Mythos, dass Gustav Weißkopf im Jahre 1901 einen Motorflug gemacht haben soll, geht auf einen Bericht, der am 18. August 1901 im *Bridgeport Herald* erschienen ist. Obwohl sich dieser mythische Flug angeblich am 14. August ereignet haben soll, mit einem Journalisten des Herald als Zeuge, wurde die Nachricht vier Tage lang zurückbehalten, und ist erst als Sonderbericht in der Sonntagsausgabe jenes Blatts erschienen! Wenn er wirklich wahr gewesen wäre, hätte ihn der Redakteur des *Herald* bei einem Bericht von so brisanter menschlicher und geschichtlicher Bedeutung wirklich vier Tage lang zurückbehalten? Das seltsamste daran ist, dass irgendjemand glauben könnte, dass der Bericht Howells ernstgenommen werden sollte. Er erschien unter der Aufschrift „Fliegen" und wurde durch vier Hexen, die auf ihren fliegenden Besen hocken, illustriert.
Der *Herald* legte dar, dass bloß vier Personen zu diesem Anlass anwesend waren – „Gustav Weißkopf, Andrew Cellie und James Dickie, seine zwei an der Flugmaschine beteiligten Partner, sowie der Mitarbeiter des *Herald"*.
In einer eidesstattlichen Erklärung vom 2. April 1937, nachdem er geschildert hat, wie er mit Gustav Weißkopf während der Erbauung und Erprobung von Flugzeugen zusammen gearbeitet hat, sagte der vorhin erwähnte James Dickie:
„Ich kenne keinen Andrew Cellie, den anderen Mann der den Flug vom 14. August 1901, der im *Bridgeport Herald* beschrieben wurde, angeblich gesehen haben soll. Ich glaube, dass die ganze Geschichte des Herald erfunden wurde, und aus den Hoffnungen, die Weißkopf für seine Maschine in Form von Beschreibungen zum Ausdruck gebracht hat, entstanden ist. Ich war nicht anwesend und war nicht Zeuge von irgendeinem Motorflug am 14. August 1901. Ich kann mich nicht daran erinnern, jemals von einem Flug mit dieser bestimmten Maschine, oder mit irgendeiner anderen Maschine, die Weißkopf je gebaut hat, gehört zu haben."
JOHN J. DVORAK, ein Geschäftsmann aus Chicago, der im Jahre 1904 einer der Lehrkräfte an der Washington University von St. Louis war, verbrachte einige Monate in jenem Jahr mit Weißkopf in Bridgeport, während Weißkopf einen durch Dvorak finanzierten Motor baute. Letztlich kam Dvorak zu der Schlussfolgerung, dass Weißkopf unfähig war, einen zufriedenstellenden Motor zu bauen, und ist entsetzt abgereist. In einer vom 18. Juli 1936 datierten eidesstattlichen Erklärung sagte Dvorak:
„Ich persönlich glaube nicht daran, dass es Weißkopf jemals gelungen ist, irgendwelche Motorflüge zu machen. Hier sind meine Gründe: 1. Weißkopf besaß weder ausreichend mechanischen Geschick noch die Ausstattung, um einen erfolgreichen Motor zu bauen. 2. Weißkopf neigte zur großen Übertreibung. Das war ein Exzentriker – und soweit Visionär und Träumer, dass er tatsächlich glaubte, was er sich bloß vorgestellt hatte. Er hatte Illusionen.
Im Mai 1901 besuchte Stanley Y. Beach Weißkopf in Bridgeport und schrieb danach einen illustrierten Bericht über Weißkopfs Maschine, die am 8. Juni 1901 in *Scientific American* veröffentlicht wurde. Später überredete er seinen Vater dazu, Weißkopf Geld zu geben, um seine Experimente fortzusetzen. Obwohl Beach Weißkopf in den Jahren 1901 bis 1910 regelmäßig gesehen hat, hat ihm Weißkopf nie erzählt, dass er geflogen ist. Beach hat gesagt, dass er nicht daran glaubt, dass irgendeine Maschine Weißkopfs den Boden jemals unter eigener Kraft verlassen hat. Dies trotz der Aussagen von Personen, die fünfunddreißig Jahre später dachten, sich daran erinnern zu können, solche gesehen zu haben. In den neun Jahren, in denen Beach mit Weißkopf assoziiert war, war er viel besser in der Lage, zu wissen, was Weißkopf geschafft hat, als andere Personen, die für nur kurze Zeit mit Weißkopf assoziiert waren, oder diejenigen, die eine so geringe technische Ausbildung oder so wenig Interesse hatten, dass sie fünfunddreißig Jahre lang über ein Ereignis schwiegen, welches, falls wahr, bis dahin die größte historische Errungenschaft der Luftfahrt gewesen wäre. Wenn Weißkopf wirklich geflogen wäre, so wäre Beach, der fast zehntausend Dollar für die Versuche ausgegeben hat, der letzte gewesen, der das abstreitet.

Neben seinem Angriff gegen die Berufsethik des Chefredakteurs Howell und der falschen Unterstellung, dass Howell seinen Augenzeugenbericht tagelang zurückgehalten hätte, stützte sich Wright auf Erklärungen durch den Fuhrunternehmer James Dickie und den Physik-Professor John J. Dvorak.

Dickie wird im Bericht von Howell namentlich erwähnt, konnte sich jedoch Jahre später weder an einen Flug, noch an irgendwelche Berichte über andere Flüge Weißkopfs erinnern, obwohl in der Lokalpresse in den zehn Jahren nach dem ersten Flugereignis Weißkopfs regelmäßig über weitere Flüge berichtet wurde. Dickie beschrieb zudem ein Flugzeug, das mittels eines Schlauchs mit einem 1.000 Pfund schweren, extern montierten Dampfkessel verbunden war, so dass es offensichtlich ist, dass er ein anderes Fluggerät schilderte, als in Howells Bericht, nämlich die kreisrunde Testvorrichtung. Seltsamerweise gibt Dickie den Abstand zwischen den Propellern als Grund dafür an, warum ein Gasdruckmotor in der Maschine Weißkopfs nicht funktioniert hätte. Schließlich räumte Dickie ein, Weißkopf Geld gegeben zu haben, das er nie mehr zurückbekam.

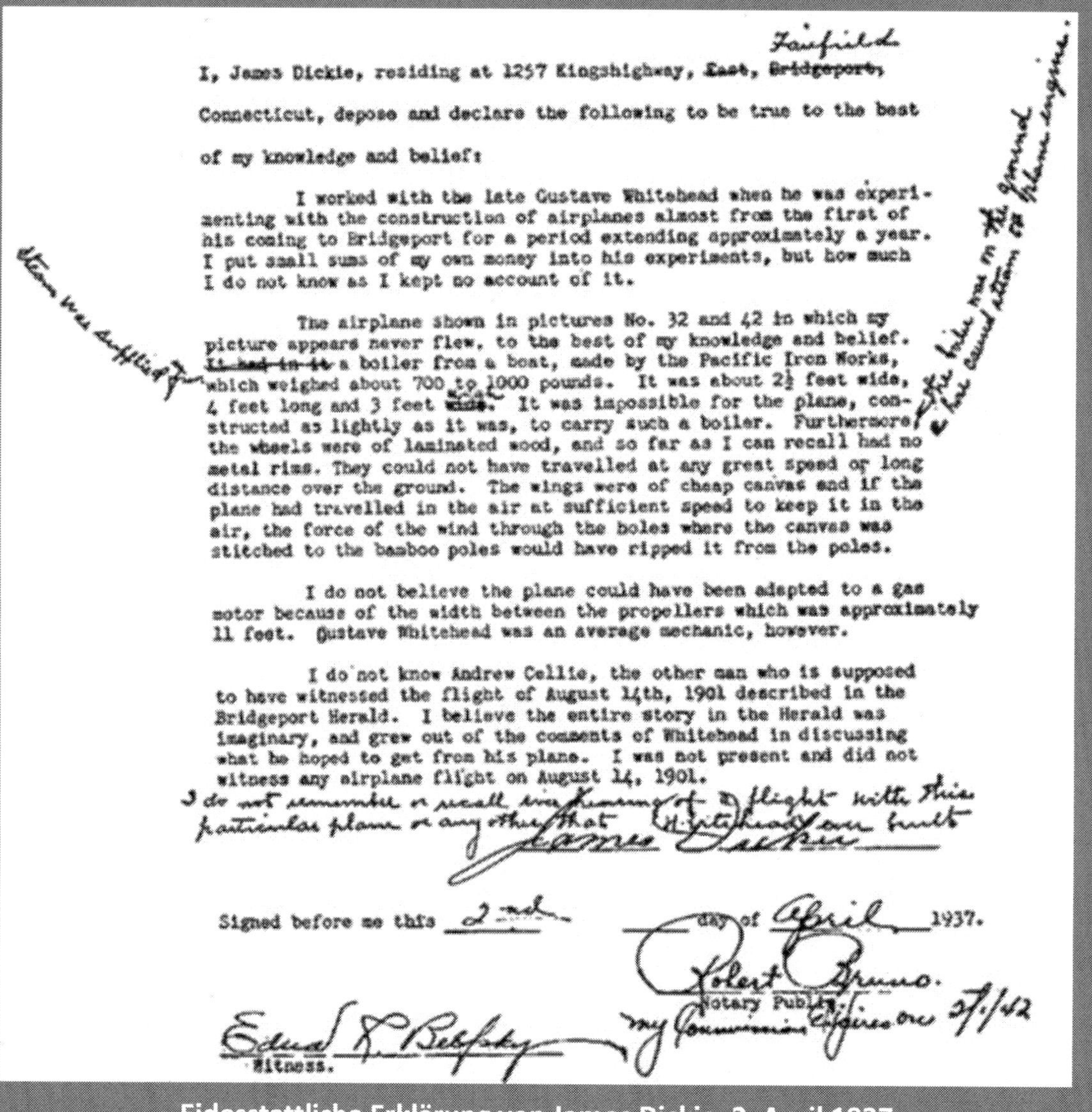

I, James Dickie, residing at 1257 Kingshighway, ~~East, Bridgeport,~~ Fairfield Connecticut, depose and declare the following to be true to the best of my knowledge and belief:

I worked with the late Gustave Whitehead when he was experimenting with the construction of airplanes almost from the first of his coming to Bridgeport for a period extending approximately a year. I put small sums of my own money into his experiments, but how much I do not know as I kept no account of it.

The airplane shown in pictures No. 32 and 42 in which my picture appears never flew, to the best of my knowledge and belief. ~~It had in it~~ a boiler from a boat, made by the Pacific Iron Works, which weighed about 700 to 1000 pounds. It was about 2½ feet wide, 4 feet long and 3 feet ~~wide~~. It was impossible for the plane, constructed as lightly as it was, to carry such a boiler. Furthermore, the wheels were of laminated wood, and so far as I can recall had no metal rims. They could not have travelled at any great speed or long distance over the ground. The wings were of cheap canvas and if the plane had travelled in the air at sufficient speed to keep it in the air, the force of the wind through the holes where the canvas was stitched to the bamboo poles would have ripped it from the poles.

I do not believe the plane could have been adapted to a gas motor because of the width between the propellers which was approximately 11 feet. Gustave Whitehead was an average mechanic, however.

I do not know Andrew Cellie, the other man who is supposed to have witnessed the flight of August 14th, 1901 described in the Bridgeport Herald. I believe the entire story in the Herald was imaginary, and grew out of the comments of Whitehead in discussing what he hoped to get from his plane. I was not present and did not witness any airplane flight on August 14, 1901.

I do not remember or recall ever hearing of a flight with this particular plane or any other that Whitehead ever built

James Dickie

Signed before me this 2nd day of April 1937.

Robert Bruno.
Notary Public.
My Commission Expires on 2/1/42

Witness.

Eidesstattliche Erklärung von James Dickie, 2. April 1937

Fairfield

Ich, James Dickie, wohnhaft 1257 King's Highway, ~~East Bridgeport~~ Connecticut erkläre hiermit unter Eid, dass nach bestem Wissen und Gewissen Nachstehendes wahr ist:

Seit unmittelbar nachdem der zwischenzeitlich verstorbene Gustav Weißkopf erstmals in Bridgeport ankam, habe ich auf die Dauer von circa einem Jahr bei der Erbauung von und dem Experimentieren mit Motorflugzeugen mit ihm zusammen gearbeitet. Ich habe kleinere Summen meines eigenen Geldes in seine Experimente gesteckt, aber wie viel das war weiß ich nicht mehr, da ich darüber keine Aufzeichnungen führte.

Das Flugzeug, das in den Bildern Nrn. 32 und 42 gezeigt wird, auf denen auch ich abgelichtet bin, ist nach meinem besten Wissen und Gewissen niemals geflogen.

Es hatte ausreichend Dampf für

~~Es hatte darin~~ einen durch die Pacific Iron Works hergestellten Kessel aus einem Boot, der ca.700 bis

hoch

1.000 Pfund wog. Es war zirka 2½ Fuß breit, 4 Fuß lang und 3 Fuß ~~breit~~. Das Flugzeug war so leicht gebaut, dass es unmöglich gewesen wäre, dass es einen solchen Kessel hebt.

Der Kessel stand auf dem Boden. Über einen Schlauch wurde daraus Dampf zum Motor des Flugzeugs geleitet.

Darüber hinaus waren die Räder aus laminiertem Holz, und, soweit ich mich erinnern kann, hatten keine Metallränder. Sie hätten also mit keiner großen Geschwindigkeit bzw. über keine weite Distanz über den Boden rollen können. Die Flügel waren aus billigem Segeltuch, so dass wenn das Flugzeug mit ausreichend Geschwindigkeit durch die Luft geflogen wäre, um es in der Luft zu halten, die Kraft des Windes durch die Löcher an jenen Stellen, wo das Segeltuch an den Bambusrohren angenäht war, es von den Rohren weg gerissen hätte.

Ich glaube nicht, dass das Flugzeug auf einen Gasmotor hätte umfunktioniert werden können. Dies wegen des Abstandes zwischen den Propellern, der ungefähr 11 Fuß betrug. Gustav Weißkopf war dennoch ein durchschnittlich befähigter Mechaniker.

Ich kenne keinen Andrew Cellie, den anderen Mann der den Flug vom 14. August 1901, der im *Bridgeport Herald* beschrieben wurde, angeblich gesehen haben soll. Ich glaube, dass die ganze Geschichte des Herald erfunden wurde, und aus den Hoffnungen, die Weißkopf für seine Maschine in seinen Erzählungen zum Ausdruck gebracht hat, entstanden ist. Ich war nicht anwesend und war nicht Zeuge von irgendeinem Motorflug am 14. August 1901.

Ich kann mich nicht daran erinnern oder entsinnen, jemals von einem Flug mit diesem bestimmten Flugzeug gehört zu haben, oder mit irgendeinem anderen, das Weißkopf je baute.

James Dickie

Vor mir unterschrieben diesen 2. Tag von April 1937.

Robert Bruno

Öffentlicher Notar

Meine Zulassung läuft am 1./3./42 ab

Edna R. Beefsky

Zeugin.

**Eidesstattliche Erklärung von James Dickie, 2. April 1937**

Obige Unterlage enthält wertvolle Angaben über die Dimensionen der kreisrunden Testanlage.

**James (Jim) Dickie**
20. Dezember 1884 – 12. Januar 1964

James Dickie wurde am 20. Dezember 1884[508] in Fairfield als vierter Sohn von Robert und Mary Jane Dickie geboren. Vater Robert wurde in Schottland geboren und wanderte in die USA aus. Er kam am 10. September 1869 in New York an[509]. Mutter Mary wurde in Irland geboren und wanderte 1866 aus[510]. Robert gründete 1873 ein Transportunternehmen in Fairfield und erweiterte es 1896 nach Bridgeport[511].

Wie sein Vater wurde auch James ein „Teamster" (d.h. er fuhr ein Pferdegespann = „Team") und später ein „Trucker" (= LKW-Fahrer). (Im Widerspruch hierzu gab er bei einer Befragung zum Militärdienst im Jahre 1917 an, dass er nicht in der Lage sei, ein Pferdegespann zu führen[512].) 1900 war die Familie auf acht Kinder angewachsen und lebte in der Dewey Street 1 im West End von Bridgeport. Das war drei Häuserblocks von Gustav Weißkopf entfernt. Die Familie Dickie betrieb eine Spedition samt Lagerhaus, bekannt als "Dickie Bros." [513] und "Dickie's Stovehouse"[514].'

Nach Aussagen, die James im April 1937[515] und erneut in den 1960er Jahren[516] machte, unterstützte er Gustav Weißkopf über einen Zeitraum von etwa einem Jahr von Mitte 1900 bis Mitte 1901 bei seinen Experimenten in Bridgeport. Dies begann kurz nach Weißkopfs Ankunft in Bridgeport. Die Experimente umfassten ein Flugzeug, das an einem Pfahl angebunden war, um welchen es im Kreis herumflog. Der Pfahl wurde auf einem freien Grundstück errichtet. Direkt daneben war ein Dampfkessel, welcher mittels Schlauch mit den Propellern des Flugzeugs verbunden war. James schleppte Kies, um eine kreisförmige Landebahn für die Experimente dort zu bauen[517]. Er erinnerte sich nicht daran, am 14. August 1901 während eines freien Fluges anwesend gewesen zu sein, obwohl er in einem zeitgenössischen Nachrichtenartikel als Transportbegleiter zum Testgelände und als Partner des Vorhabens erwähnt wurde[518].

In einem Brief an Junius Harworth beschrieb die Weißkopf-Biografin Stella Randolph Dickie als mürrisch und betrunken[519]:

---

[508] 1918-09-12, US Militär-Musterung James Dickie
[509] 1869-09-10, Ship Manifest Europa, p.3, line 173
[510] 1900-06-07, US-Volkszählung Bridgeport CT Ward 3, Supt.Distr.26, Enum.Distr.16, Blatt 7, Zeile 12
[511] 1916-01-31, Bridgeport Times and Evening Farmer, CT, S.4
[512] 1917-02-26, Military Questionnaire, James Dickie
[513] 1912-04-24, Bridgeport Times and Evening Farmer, CT, S.5
[514] 1914-04-17, Bridgeport Times and Evening Farmer, CT, S.9
[515] 1937-04-02, Eidesstattliche Erklärung von James Dickie
[516] 1978, History by Contract, Randolph/O'Dwyer, Majer, Leutershausen, S.28
[517] 1966, Randolph, Before the Wrights Flew, S.105
[518] 1901-08-18, Bridgeport Sunday Herald, CT, S.5
[519] 1937-03-04, Stella Randolph Brief an Junius Harworth

Jim Dickey I saw last summer. He was not very willing to talk with me, seemed rather surly, and perhaps, though I should not say it, had been drinking. Anyway, all I could get from him was an oral statement that Whitehead had never flown at all. But I learned also that Dickey had put some of his money into Whitehead's planes, and I rather thought he was disappointed that he had received nothing in return.

„Jim Dickie habe ich im letzten Sommer gesehen. Er sprach nur widerwillig mit mir, kam mir etwas mürrisch vor, und vielleicht - ich sage es ungern - war er betrunken. Wie auch immer, alles was ich von ihm bekommen konnte war eine mündliche Aussage, dass Weißkopf nie geflogen ist. Ich konnte aber in Erfahrung bringen, dass Dickie einen Teil seines eigenen Vermögens in die Flugzeuge Weißkopfs investiert hatte, und gewann dabei den Eindruck, dass er darüber enttäuscht war, nie eine Rendite erhalten zu haben."

Stella Randolph Brief an Junius Harworth über James Dickie (Auszug), 4. März 1937

Vor dem Erscheinen des zweiten Buches Randolphs beauftragte ihr Verleger einen Ermittler, der Rechtsanwalt K.I. Ghormley, um vor Ort zu ermitteln:

JAMES DICKIE - 108 Barnum Avenue - Bridgeport

I talked with this man who is now 64 and vigorous. He was 16 or 17 years old (pictured opposite pages 16 & 44 "Lost Flights") when he worked with Whitehead for 2½ years making some of the pistons and helping otherwise. He also claims to have put up money for material etc., but would not state how much. He stated that Whitehead never got his plane off the ground except when it was attached to the end of a 30 foot pole and travelled around in a circle, the radius of which was the pole. Power was provided by a steam boiler set up near the pole and conveyed to the plane by a flexible hose. This was on the circus lot near Pine Street.

He further stated that, in his opinion, the plane was too flimsey to fly at all, that it was covered with muslin, not silk or canvas, and that it was not braced sufficiently to stand the strains and stresses of flight. He further stated that the two propellers were attached to the same power shafts and that they could not be run at different speeds.

„JAMES DICKIE - Barnum Avenue 108 - Bridgeport
Ich habe mit diesem Mann, der 64 Jahre alt und in guter Gesundheit ist, gesprochen. Er war damals 16 oder 17 Jahre alt, als er über eine Zeitraum von 2 ½ Jahren für Weißkopf arbeitete und dabei einige Zylinder baute und ansonsten mithalf (er ist gegenüber Seiten 16 & 44 im Buch ‚Lost Flights' abgebildet). Er behauptet auch, Geld für Materialien usw. bezahlt zu haben, hat aber nicht gesagt, wieviel. Er sagte dass Weißkopf sein Flugzeug nie in die Luft bekam, außer als es am Ende eines 30 Fuß langen Stabs befestigt war, und im Kreis flog, von dem der Stab der Radius war. Die Kraft entstammte einem Dampfkessel, der in der Nähe des Stabs situiert war, und über einen flexiblen Schlauch zugeführt wurde. Diese Vorrichtung befand sich auf dem Zirkusareal in der Nähe der Pine Street.
Er behauptete weiter, dass nach seiner Meinung, das Flugzeug zu schwach konstruiert war, um überhaupt fliegen zu können, dass es mit Musselintuch statt mit Leinentuch oder Seide bezogen war, und dass es nicht ausreichende Festigkeit hatte, um die Lasten und Kräfte, die beim Flug entstehen, standzuhalten. Er sagte ferner, dass die zwei Propeller mit dem gleichen Übertragungsgestänge verbunden waren, so dass sie nicht zu unterschiedlichen Geschwindigkeiten betrieben werden konnten."

Bericht des Ermittlers K.I. Ghormley, 1948, S. 3

**James Dickie, 16 Jahre (links), mit Gustav Weißkopf (Mitte), ca. Anfang 1901**

1907 heiratete James die in New York geborene Katherine, die nordirische Eltern hatte. 1910 lebte das Paar in der Chester Street Nr. 3 im West End von Bridgeport (die Straße wurde später aufgelöst). James arbeitete als privater Chauffeur für eine wohlhabende Familie[520]. Im August 1911 war Katherine von einem Zugunglück in New York betroffen. Infolge einer Entgleisung kippte der Speisewagen, in dem sie saß, nicht um, weil er gegen einen Telegraphenmast neben der Strecke prallte. Dadurch blieben ihr schwere Verletzungen erspart[521].

Am 30. Januar 1916 starb James Vater. Er war zuvor seit 15 Monaten krank gewesen[522]. Im folgenden Monat wurde James zum Chef der freiwilligen Feuerwehr der Fairfield Fire Co. Nr. 2 gewählt[523]. Er spendete Geld für ein neues Feuerwehrauto[524]. Im November 1916 wurde das LKW- und Lagergeschäft der Dickie Bros. aufgelöst[525].

Bis September 1918 zog James in die King's Highway East 513 in Fairfield und arbeitete für die General Chemical Co. in der Wordin Ave. 540 in Bridgeport[526]. In der Volkszählung von 1920 wird James als Trucker aufgeführt, der „allgemeine Arbeit" leistet[527].

Im April 1922 wurde James verklagt, weil er im Oktober 1921 bei einem Verkehrsunfall den Tod eines jungen Mannes verursacht hatte[528]. Bis 1923 war James Bauunternehmer geworden und baute eine Kegelbahn in der Fairfield Avenue. Während der Ausgrabungen des Fundaments verursachte eine vorzeitige Dynamitexplosion weit verbreitete Schäden und Verletzungen[529]. Wieder wurde James verklagt[530]. Er verlor[531].

---

520 1910-04-18, US-Volkszählung Bridgeport CT War 3, Supt.Distr.29, Enum.Distr.14, Blatt 7B, Zeile 56
521 1911-08-29, Bridgeport Times and Evening Farmer, CT, S.4
522 1916-01-31, Bridgeport Times and Evening Farmer, CT, S.4
523 1916-02-05, Bridgeport Times and Evening Farmer, CT, S.5
524 1970-04-12, Bridgeport Post, CT, S.61
525 1916-11-07, Bridgeport Times and Evening Farmer, CT, S.7
526 1918-09-12, US Militär Musterungskarte James Dickie
527 1920-0126, US-Volkszählung Bridgeport CT, Supt.Distr.2, Enum.Distr.494, Blatt 19B, Zeile 54
528 1922-04-26, Bridgeport Telegram, CT, S.12
529 1923-03-27, Bridgeport Telegram, CT, S.1
530 1923-10-19, Bridgeport Telegram, CT, S.9
531 1923-12-14, Bridgeport Telegram, CT, S.12

Im Oktober 1925 erhielt James einen Großauftrag für die Lieferung von Kies für den Straßenbau im Landkreis Fairfield[532]. Im Dezember 1926 plante er den Bau einer Fabrik zur Herstellung von Isolierdrähten in einem Wohngebiet von Bridgeport, für die er eine besondere Baugenehmigung benötigte[533]. Im Februar 1927 kaufte er 32 Acres [13 ha.] Grund in Fairfield[534]. Im Juni 1927 verhandelte er hart mit der lokalen Schule, um ein benachbartes Stück Land, das ihm gehörte, und welches die Schule als Spielplatz für die Kinder brauchte, gegen ein besser situiertes Stück Land an der Hauptstraße Fairfield Avenue zu tauschen[535].

Seine Mutter starb am 13. Juli 1927[536]. Im März 1928 verkaufte er ein Grundstück in der Orland Street[537]. In der Volkszählung von 1930 wurde er als „Straßenreparaturunternehmer" aufgeführt[538].

Im April 1937 wurde James von Gustav Weißkopfs Biografin Stella Randolph interviewt. Obwohl er sein ganzes Leben in Bridgeport und Fairfield gelebt hatte, auf drei Fotos zu sehen war, die das Flugzeug von Gustav Weißkopf zeigen, und Grundstücke an Orten, an denen Gustav Weißkopf laut anderen Zeugen geflogen war (Fairfield Avenue & Orland Street) besaß, bestritt er, jemals davon gehört zu haben, dass Gustav Weißkopf geflogen sei. Er sagte ferner, dass er Gustav Weißkopf Geld geliehen hatte, das ihm nicht zurückgezahlt wurde[539].

**James Dickies Haus in Fairfield**

In der Volkszählung von 1940 wurde James als Bau- und Abbruchunternehmer geführt, der in der King's Highway 1257 in Fairfield lebte[540]. Das Haus war 1773 erbaut worden und galt als historisches Wahrzeichen. Im September 1948 verkaufte er das Haus an einen Architektur-Liebhaber, der das gesamte Haus nach Holland Hill[541] transportierte, ein Ort, wo Gustav Weißkopf seinen Dreidecker geflogen haben soll. Auch in diesem Jahr bemühte er sich, 30 Acres [13 ha.] Grund zu kaufen, um

---

532 1925-10-30, Bridgeport Telegram, CT, S.13
533 1926-12-18, Bridgeport Telegram, CT, S.10
534 1927-02-26, Bridgeport Telegram, CT, S.13
535 1927-06-11, Bridgeport Telegram, CT, S.4
536 1927-07-14, Bridgeport Telegram, CT, S.8
537 1928-03-23, Bridgeport Telegram, CT, S.6
538 1930-04-17, US Volkszählung, Fairfield CT, Supt.Distr.4, Enum.Distr.1-124, Blatt 23B, Zeile 96
539 1937-04-02, Eidesstattliche Erklärung von James Dickie
540 1940-05-08, US Volkszählung Fairfield CT, Supt.Distr.4, Enum.Distr.1-45, Blatt 6A, Zeile 34
541 1948-09-29, Bridgeport Post, CT, S.19

eine lange stillgelegte Mine wieder in Betrieb zu nehmen[542]. Ihm scheint auch der Bootshafen von Southport ganz oder teilweise gehört zu haben[543].

Im Jahr 1948, im Alter von 64 Jahren, wurde James, der zwischenzeitlich in der Barnum Avenue Nr. 108 lebte, durch den Investigativmitarbeiter K.I. Ghormley interviewt. James gab die zusätzliche Information preis, dass er bei der Herstellung von Zylindern für Weißkopfs Motoren mitgearbeitet hatte. Er beschrieb ein Flugzeug, das um einen 30-Fuß hohen Pfahl im Kreis herum flog und seine Antriebskraft von einem Kessel bezog, der neben dem Pfahl stand, und über einen flexiblen Schlauch zum Flugzeug hin geleitet wurde[544].

James starb am 12. Januar 1964 in Stratford. Sein Nachruf enthüllte, dass er neben einem Bauunternehmer und Spediteur auch Mühlenarbeiter gewesen war. Scheinbar hatte er auch eine gewisse Ida Evans Dickie neu geheiratet, die er als Witwe hinterließ. Er hatte mit ihr keine Kinder[545]. Seine Witwe Ida starb am 28. Dezember 1969[546].

---

542 1960-12-06, Bridgeport Post, CT, S.22

543 1960-08-07, Bridgeport Post, CT, S.51

544 1948-06-21, K.I. Ghormley Bericht, S.3

545 1964-01-13, Bridgeport Post, CT, S.21

546 1969-12-30, Bridgeport Post, CT, S.18

Ein weiterer „Zeuge“, den Orville Wright in seiner Attacke gegen das Vermächtnis Gustav Weißkopfs zitiert, ist Physik-Professor John J. Dvorak von der University of St. Louis. („Angeblich“, weil der Autor eine entsprechende – scheinbar durch den Harvard-Prof. John Crane eingesammelte Erklärung – bislang nicht finden konnte.) Was es jedoch gibt, ist eine Art Lobeshymne auf Weißkopf, die zeitgenössisch durch Dvorak veröffentlicht wurde.

In der *Bridgeport Daily Standard*[547], dem *St. Louis Globe Democrat*[548], und der *New York Sun* (siehe unten) sagte Prof. Dvorak nicht nur aus, dass Gustav Weißkopf sinngemäß die beste Flugtechnologie habe, sondern er tat dies zu einem Zeitpunkt knapp ein Jahr nachdem die Wrights behauptet hatten, in Kitty Hawk geflogen zu sein, und meinte dazu, dass das Flugproblem *noch nicht gelöst* sei. Vielmehr war er der Meinung, dass Weißkopf am nahsten daran wäre, die Lösung zu finden. Er stellte also die von den Wrights behauptete Errungenschaft implizit in Abrede. Es ist daher unbegreiflich, warum Orville Wright ausgerechnet Prof. Dvorak als Referenz gegen Weißkopf zitierte.

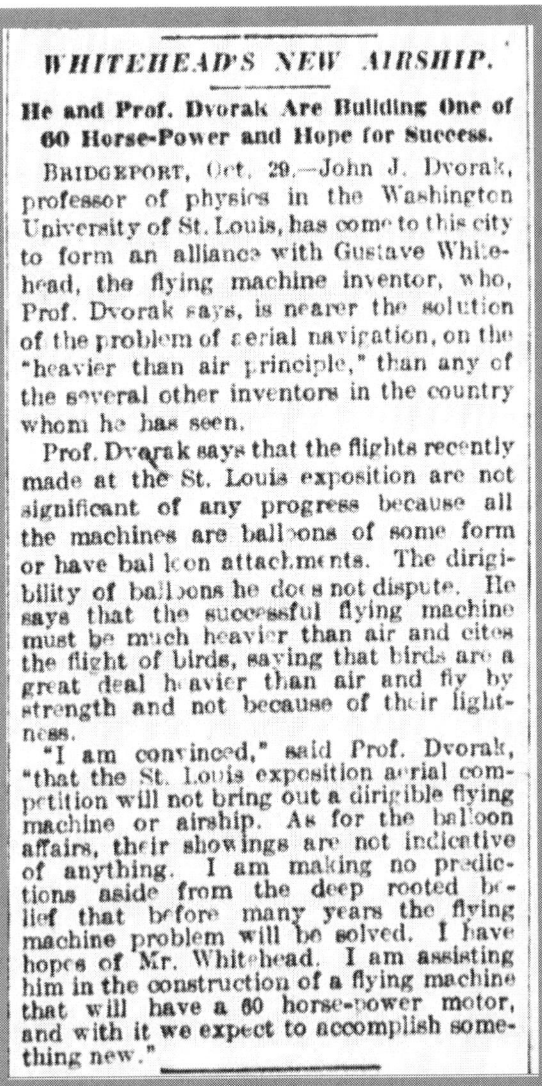

WHITEHEAD'S NEW AIRSHIP.

He and Prof. Dvorak Are Building One of 60 Horse-Power and Hope for Success.

BRIDGEPORT, Oct. 29.—John J. Dvorak, professor of physics in the Washington University of St. Louis, has come to this city to form an alliance with Gustave Whitehead, the flying machine inventor, who, Prof. Dvorak says, is nearer the solution of the problem of aerial navigation, on the "heavier than air principle," than any of the several other inventors in the country whom he has seen.

Prof. Dvorak says that the flights recently made at the St. Louis exposition are not significant of any progress because all the machines are balloons of some form or have balloon attachments. The dirigibility of balloons he does not dispute. He says that the successful flying machine must be much heavier than air and cites the flight of birds, saying that birds are a great deal heavier than air and fly by strength and not because of their lightness.

"I am convinced," said Prof. Dvorak, "that the St. Louis exposition aerial competition will not bring out a dirigible flying machine or airship. As for the balloon affairs, their showings are not indicative of anything. I am making no predictions aside from the deep rooted belief that before many years the flying machine problem will be solved. I have hopes of Mr. Whitehead. I am assisting him in the construction of a flying machine that will have a 60 horse-power motor, and with it we expect to accomplish something new."

New York Sun, 30. Oktober 1904, S.3

**WEISSKOPFS NEUES LUFTSCHIFF**

**Er und Prof. Dvorak bauen eines mit 60 Pferdestärken und hoffen auf den Erfolg.**

BRIDGEPORT, 29. Okt. – John J. Dvorak, Professor der Physik an der Washington University von St. Louis, ist in diese Stadt gekommen, um eine Allianz mit Gustav Weißkopf dem Flugmaschinen-Erfinder zu bilden, der, so Prof. Dvorak, näher an der Lösung des Problems der Flugnavigation nach dem „Prinzip schwerer-als Luft“ ist, als die anderen Erfinder in diesem Lande, die er so kennt.

Prof. Dvorak sagt, dass die erst kürzlich bei der Exposition in St. Louis durchgeführten Flüge keinen signifikanten Fortschritt bedeuten, weil all die Maschinen irgendeine Art von Ballon sind, oder über einen Ballonzusatz verfügen. Die Lenkbarkeit von Ballons streitet er zwar nicht ab. Mit Hinweis auf den Vogelflug sagt er aber, dass eine erfolgreiche Flugmaschine schwerer-als-Luft sein muss und weist darauf hin, das Vögel viel schwerer als Luft sind und wegen ihrer Kraft, nicht wegen ihrer Leichtigkeit fliegen.

„Ich bin davon überzeugt“, sagte Prof. Dvorak, „dass die Flugwettbewerbe bei der Exposition von St. Louis kein lenkbares Flugzeug bzw. Luftschiff hervorbringen werden. Was diese Ballon-Dinge betrifft, so verheißen deren Vorführungen gar nichts. Ich mache keine Vorhersagen, außer dass ich der fest verwurzelten Überzeugung bin, dass in nicht allzu vielen Jahren, das Problem der Flugmaschine gelöst sein wird. Hier setze ich auf Herrn Weißkopf. Ich helfe ihm bei der Erbauung einer Flugmaschine, die einen 60 Pferdestärken Motor haben wird, und damit erwarten wir, etwas Neuartiges zu schaffen.“

[547] 1904-10-29, Bridgeport Daily Standard, CT, S.1

[548] 1904-10-30, St. Louis Globe Democrat, MO, S.11

Junius Harworth äußerte sich gegenüber Stella Randolph zum Thema Dvorak…

Dvorak is absolutely correct in making an affidavit to the effect that Whithead could not build a motor to satisfy Dvorak,This was because Dvorak had his own drawings,his own ideas which did not agree with Whitheads,Gus was interested in his own ideas and was not interested in spending time on someone elses ideas,Dvorak left because Whitehead was not interested in manufacturing motors,Whithead had his own motors to consider,If Whitehead was not skilled in mechanics,and Dvorak left due to this,why then,is it that Dvorak could not get any other person to manufacture his motor at that time,it was because his drawings and ideas were not correct,Whithead knew this and that is why the breach occured,Dvorak has been sore ever since

Dvorak states that he spoke to Beach,and mentions that Beach was the editor of the Scientific American,This statement is not true,Mr Beach was responsible for copy pertaining to automobile and flying events only,His father F C Beach was the editor,Stanley Beach was the type to always want credit and glory in his name and for the paltry sum of 10, 12, or 15 dollars a week expected every thing,Whithead continually quarreled with him on contracts to be,also on theories of aviation,Stanley commuted to N.Y. daily and only came around to Whiteheads'shop in the evening,saturdays in the afternoon or on sundays, Whitehead told him very little for Stanley verged on the schemer type and Gus was a bit wary,Gus many times told me of this and I too became to study the schemer which today is serving me well in the S.A.I. steals of patents.

I recall that you had talked to Stanley on the phone and formed your own conclusion as to his mental state.

**Junius Harworth an Stella Randolph, 6. März 1937, S.3**

6. März 1937
Seite drei
[]
Dvorak liegt absolut richtig, wenn er eine eidesstattliche Erklärung abgibt, die so lautet, dass Weißkopf keinen Motor bauen konnte, der Dvorak zufriedenstellt. Dies lag daran, dass Dvorak seine eigenen Zeichnungen und seine eigenen Ideen hatte, die nicht mit denen von Whitehead übereinstimmten. Gus interessierte sich nur für seine eigenen Ideen. Dvorak reiste wieder ab, weil Weißkopf an einer Herstellung von Motoren nicht interessiert war. Weißkopf hatte seine eigenen Motoren im Blick. Wenn behauptet wird, dass Weißkopf kein guter Mechaniker war und Dvorak deshalb wieder abreiste, so stellt sich die Frage, warum Dvorak zum damaligen Zeitpunkt keine andere Person dazu bringen konnte, seinen Motor herzustellen. Es lag daran, dass seine Zeichnungen und Ideen nicht stimmig waren. Weißkopf wusste das und deshalb kam es zum Konflikt. Dvorak ist seither sauer.

Dvorak gibt an, mit Beach gesprochen zu haben, und erwähnt, dass Beach der Redakteur des Scientific American war. Diese Aussage ist nicht wahr. Herr Beach war nur für Artikel über die Automobil- und Flugszenen verantwortlich. Sein Vater F.C. Beach war der Redakteur. Stanley Beach war der Typ, der immer Anerkennung und Ruhm für sich haben wollte und für die erbärmliche Summe von 10, 12 oder 15 Dollar pro Woche alles erwartete. Weißkopf stritt sich ständig mit ihm über Verträge, auch über Theorien der Luftfahrt. Stanley pendelte täglich nach New York und kam nur abends, samstags nachmittags oder sonntags in die Werkstatt Weißkopfs. Weißkopf erzählte ihm sehr wenig, denn Stanley neigte dazu, Intrigant zu sein, und Gus war deshalb etwas vorsichtig. Gus warnte mich oft davor, und ich nehme mich seither in Acht vor Intriganten, was mir heute bei der S.A.I. und dem Thema Patentdiebstahl hilft.
Ich erinnere mich daran, dass Sie mit Stanley telefoniert und sich Ihre eigenen Schlüsse über ihn und seinen Geisteszustand gebildet hatten.

**Junius Harworth an Stella Randolph, 6. März 1937, S.3 (Auszug)**

Orville Wright hält Stanley Yale Beach offenbar für eine Art von Kronzeuge, bzw. er wollte ihn als solchen darstellen.

Wright setzte seine Freunde – die Luftfahrtexperten Major Lester Gardner und Earl Findlay – darauf an, vom betagten Beach eine Erklärung zu bekommen, die so lauten sollte, dass Gustav Weißkopf nie geflogen sei. Der Wortlaut der Erklärung wurde für Beach ***vorformuliert***[549]. In der aus dem Umfeld Wrights stammende Textvorlage…

- waren die Flüge Weißkopfs zwar als motorisiert, jedoch nur als Gleitflüge mit Höhenverlust dargestellt worden. [Der Leser möge sich fragen, ob dies Rückschlüsse über Annahmen bzw. vielleicht sogar Erkenntnisse hinsichtlich Weißkopf, die im Umfeld von Orville Wright kursierten, zulässt. Im Beweisverfahren würden diese Formulierungen als „*Außerstreitstellung*" gewertet];
- Der Name „*Gustav*" (statt „*Otto*") Lilienthal wurde in die vorformulierte Erklärung eingesetzt. [Kann das unter Luftfahrtexperten als Versehen gewertet werden?];
- Die Dauer der Zusammenarbeit zwischen Beach und Weißkopf wurde auf neun Jahre (1901-1909) ausgedehnt und deren angeblichen Beginn in die Zeit der Pioniertaten Weißkopfs zurückdatiert. [In Wirklichkeit dauerte sie von 1905 bis 1909.]

So oder so wollte Beach die Erklärung nicht unterschreiben[550].

Beach strich vieles durch, fasste weite Teile der Erklärung in seiner eigenen Handschrift neu, und meinte, dies sei bloß „*ein Anfang*". Als er diesen ersten Teil beim Wright-Vertrauten Lester Gardner abgab, wartete er offenbar auf eine neue Korrekturvorlage, die aber nie kam. Gardner erlaubte sich stattdessen, die Erklärung Beachs *mit eigenen handschriftlichen Einträgen so zu ergänzen, wie er sie im Interesse von Orville Wright gerne haben wollte* (auch „Urkundenfälschung" genannt).

Vielmehr haben Wrights Vertraute untereinander schriftlich verabredet, die Erklärung Beachs zu *fälschen* bzw. – wie sie es nannten – „*daraus lückenhaft zu zitieren*". Dies tat auch Orville Wright in seinem Artikel in der Militärzeitschrift *US Air Service* am 1. August 1945 (also wenige Monate nach dem Ende des Kriegs gegen Deutschland), in dem er den Anspruch des Deutschen Gustav Weißkopf auf den ersten Motorflug in Abrede stellte. [Der Chefredakteur jener Militärzeitschrift war einer der Freunde Wrights, der an der Abrede zur Fälschung der Erklärung von Beach beteiligt war (Earl Findley).]

Es ist schwierig, ein klares Bild über die angebliche „*Erklärung von Stanley Yale Beach*" zu bekommen. Die Handschrift Beachs, die sonst immer leicht zu lesen ist, wirkt auf diesem Dokument besonders unleserlich (das könnte mit seinem fortgeschrittenen Alter zu tun haben). Hinzu kommt, dass die Handschrift Beachs von der zweiten sich darauf befindenden Handschrift Lester Gardners auseinander gehalten

[549] 1939-04-10, für Stanley Y. Beach vorformulierte Erklärung – siehe später in diesem Buch

[550] 1939-04-10, nicht unterschriebene, für Stanley Y. Beach vorformulierte Erklärung

werden muss. Schließlich muss für deutsche Forscher das z.T. verhackstückte Englisch passend übersetzt werden.

Angesichts der Bedeutung, welche die Wright-Forschung der Erklärung zumisst, wird vorliegend versucht, den Text lesbar und die Autoren erkennbar zu machen. Festzuhalten ist indes, dass angesichts der vielen Korrekturen, Ergänzungen, Durchstriche und unterschiedlichen Handschriften es unter normalen Umständen ***undenkbar*** wäre, dieses Dokument als Willenserklärung oder Beweisstück irgendwo vorzulegen.

Es ist darüber hinaus rätselhaft, warum Wright überhaupt um eine Erklärung von Beach bemüht war:

- Erstens, hat Beach nie behauptet, bei Flugversuchen Weißkopfs in den Jahren 1901 und 1902 anwesend gewesen zu sein, so dass er als Zeuge (etwa für einen Misserfolg) keine Erkenntnisse liefern konnte (er hatte lediglich am 30. Mai 1901 Fotos von der Weißkopf-Maschine aufgenommen);
- Zweitens, gab es zwar eine Partnerschaft zwischen Beach und Weißkopf, welche aber erst lange nachdem die Wrights behaupten, geflogen zu sein, begann (1905);
- Drittens, hat Beach in den Jahren 1903 bis 1908 in seiner Eigenschaft als Aeronautik-Redakteur der Zeitschrift *Scientific American* wiederholt zeitnahe Veröffentlichungen darüber gemacht, dass Weißkopf tatsächlich geflogen war. Unter anderem beschrieb er im September 1903 einen 305 Meter weiten Motorflug Weißkopfs, vermutlich als Augenzeuge;
- Und viertens, im Januar 1906 hat Beach ein Foto, das Weißkopf 1901 im Motorflug zeigt, welches auf einer Ausstellung in New York zur Schau gestellt wurde, beschrieben.

Der auffälligste Widerspruch im Dokument betrifft das Thema, ob Weißkopf gegenüber Beach je behauptet habe, einen Motorflug gemacht zu haben. Im (von der Wright-Seite) vorformulierten, nicht durchgestrichenen Text steht, dass Weißkopf gegenüber Beach nie behauptet habe, jemals geflogen zu sein. In den Ergänzungen in der Handschrift Beachs steht jedoch zweimal, dass ihm Weißkopf über einen Flug in Pittsburgh, sowie einmal über einen langen Flug am 17. Januar 1902 über dem Long Island Sound erzählt habe. [Der Leser möge sich fragen, warum die Wright-Forschung stets behauptet, dass Beach in der vorliegenden Erklärung jeglichen Motorflug Weißkopfs geleugnet habe?]

Das Dokument kann so gedeutet werden, dass Beach alles durchstrich, was er für falsch hielt. In diesem Zusammenhang ist auffällig, dass Beach handschriftlich ergänzte, dass Weißkopf Entwickler von frühen Flugzeugen war, und dabei explizit den Textvorschlag durchstrich, wonach diese Fluggeräte angeblich nicht flugfähig waren. An anderen Stellen im gesamten Text strich er mehrmals den Begriff „Segelflieger“ durch und korrigierte diesen mit dem Begriff „Motorflugzeug“. Besonders auffällig ist die Tatsache, dass Beach das vorformulierte Dementi, wonach Weißkopf niemals einen Besuch von den Gebrüdern Wright in Bridgeport bekommen hätte, durchstrich.

Die von Beach selbst verfassten handschriftlichen Ergänzungen enthalten einige offensichtliche Irrtümer. Er schrieb zum Beispiel, dass er den 10 PS Motor von der Maschine Nr. 21 *nie gesehen* hat. Dieser ist aber in jedem von ihm aufgenommenen Foto im Vordergrund sichtbar[551]. Ferner behauptet Beach, von den Experimenten Weißkopfs aus den New Yorker Zeitungen erfahren zu haben, wo es doch nach aktuellem Stand der Recherche so ist, dass die New Yorker Zeitungen 1901 erst durch Beachs Bericht in *Scientific American* über Weißkopf erfuhren.

Es war Wrights Vertrauter Gardner, der die Erklärung handschriftlich so ergänzte, dass die einzigen gelungenen Flüge Weißkopfs mit einem Segelflieger gewesen seien, der hinter Beachs Auto geschleppt wurde. Unstimmig ist indes, wie in der Erklärung Flüge im geschleppten Segelflieger, die im Sommer des Jahres 1906 stattfanden, mit Motorflügen der Maschine Nr. 21 im Jahre 1901 verwechselt werden konnten.

In seinen handschriftlichen Ergänzungen greift Beach zweimal seinen Nachbarn und Erzfeind, den Redakteur Richard (Dick) Howell, namentlich an und folgert, dass fehlende Motorenteile sowie das Fehlen eines internen Verbrennungsmotors begründen würden, warum der Flugbericht Howells vom 14. August 1901 erfunden sei. Zu diesen Spekulationen gehört, dass Weißkopfs Maschine geflogen wäre, wenn sie einen Dampfantrieb gehabt hätte. Beach begründet nicht, warum er diese Ansicht vertritt.

Wichtig für die Beurteilung der Leistungsfähigkeit von Weißkopfs Flugmaschine Nr. 21 ist die von Beach vorgetragene Tatsache, dass er Weißkopf am „*Decoration Day*" im Mai 1901 kennenlernte, und dass er an diesem Tag der Urheber der bekannten Fotografien des Flugzeugs war. Heute heißt dieser Feiertag „*Memorial Day*". Im Jahre 1901 fand er am 30. Mai statt. Demnach gab es noch 76 Tage Entwicklungszeit bis Weißkopf einen ersten bemannten Flugversuch am 14. August 1901 unternahm.

Beach hält fest, dass ihm Weißkopf von einer Lehre bei Otto Lilienthal in Deutschland erzählt habe, und dass er auf eigene Initiative in Erfahrung gebracht habe, dass Weißkopf in Boston früher als Erbauer von Segelfliegern angestellt war. Bemerkenswert ist auch Beachs Bestätigung, dass Henry A. House, dem Motorexperten von Hiram S. Maxim, mit dem Beach/Weißkopf-Projekt vor Ort in Bridgeport in Kontakt stand, bzw. irgendwie damit verbunden war.

Beach schildert schließlich, dass ein Weißkopf-Motor seinen Bleriot-Eindecker im Mai 1910 im Flug antrieb. Er strich vorformulierte Passagen durch, die Weißkopf eine Anerkennung als Flugpionier vorenthalten sollen. Besonders interessant ist Beachs Lob für den 5-Zylinder Diesel-Sternmotor Weißkopfs von Januar 1902.

Viele dieser Widersprüche werden erst nach einem Blick in die komplexe Persönlichkeitsstruktur von Stanley Beach verständlich. Sein Drang nach Ruhm und

---

[551] In seinem Buch „Dream of Wings" übernahm der ehemalige Kurator für Frühluftfahrt am Smithsonian Tom Crouch diesen Fehler, ohne eine Quellenangabe zu machen. Zufall?

seine egoistische Neigung zur Selbstdarstellung haben sämtliche seiner Handlungen beeinflusst. Dies bezieht sich sowohl auf dessen Beziehung zu Gustav Weißkopf, als auch auf jene zu Orville Wright. Eine Erklärung von Beach über die Taten Weißkopfs wäre zwar wichtig gewesen, wenn er eine solche objektiv verfasst hätte. Doch in den Jahren, als die Geschichtsschreibung über die Frühluftfahrt begann, war Beach erkennbar darum bemüht, sich selbst als den wahren Flugpionier in Szene zu setzen.

Die Weißkopf-Biografin Stella Randolph war die erste, die zwecks tatsächlicher Erforschung der Luftfahrtgeschichte, Kontakt mit Beach aufnahm. Wie vor ihr die Beauftragten Orville Wrights kam auch sie bei ihm nicht wirklich sinnvoll ins Gespräch.

STANLEY Y. BEACH --(Telephone conversation in New York City, July 17, 1934) -- The conversation opened by my asking Mr.Beach if he hadnot worked with Mr.Whitehead in Bridgeport. I explained that I had learned of his (Beach's) early work and had gone to Bridgeport, expecting to find him there, but learned he had gone to New York. However, I had found many people there who knew something of him and his work, and I would like to secure more information for writing that I was doing as a free lance.

When I said I understood Mr. Beach had been working with Mr.Whitehead, he promptly said, "No, it was the other way round. He (Beach) was the inventor and Whitehead was merely a mechanic and machinist who worked with him.

Mr. Beach said he had gone to Bridgeport about 1908 or 09, and that he had built a monoplane with a motor in it that did fly. He then got off the subject, telling me about work he had done also with Henry A. House, who worked with Maxim in building the Maxim machine in England, and that he died a few years ago. He said Marcus Hollander had done a lot of work of this type too. -- Maxim was 93 when he died, etc. etc.

I brought him back to the subject in which I was interested by asking where he had done most of his work with Mr.Whitehead. He said, "We did our early experiments at Lordship, now Mollison Airport. We built one ship that had wings like a bird and that served as a glider. And we built another with a motor, but that did not do anything. Then we experimented with Mr. A.L.Richer of the Locomobile. Company and Whitehead's brother went up in this machine. And we attached his (Riker's) auto to his machine to pull it and got it off the ground. Then we started to build an 8-cylindermotor with steel projectile shells. I financed that. We put it in a boat and tried it out. It worked successfully."

I asked how much money he supposed he had put into the experiments.

He replied, "I suppose around $10,000."

"And you never realized anything on it?"

"Oh, but listen. One thing I did. You know Sperry, who invented the gyroscope? I made a sort of regulator with a pendulum hanging from it. After a few swings it would come to rest, but when Sperry worked on it he revolved it in the opposite direction, finding greater power in this. I applied the idea in this device to stabilizing the airplane and keeping it from tipping. Sperry built a speed gyroscope, revolving at 10,000 r.p.m., driven by a band from the engine in a vacuum. They had to pump out the air with a bicycle pump. And that produced a source of 1,000h.p. to keep an airplane from tipping, but we never flew with the engine.

"I am interested now in the semi-rigid airship. I am financing that and have a German, formerly an engineer with the zeppelin company, here working on it. You know the RS-1 was a semi rigid airship and was very good. The rigid ships are the ones that break up."

I asked, "What do you think of the new Air Commission appointed by the President."

"I think it is fine. Now we will get somewhere."

I asked, "Do you know Hunsicker? What do you think of him?"

"Of course I know Hunsicker. He is a fine fellow. You know he was formerly Assistant Secretary of the Navy in charge of Aeronautics, and was with the Goodyear Company, the Guggenheim medal was given him last year, he is an instructor in aeronautics at Harvard. I have known him for years. He is just the man to be on that commission."

"Do you know Warner?"

"Yes, I know him, but not very well. Not as well as I know Hunsicker."

(He then returned to the semi-rigid ship.) "You know they are trying to get PWA funds to build more of the airships like we have today. They are no good. I'm trying to divert them from that and interest them in my semi-rigid ship. This German I have working on it, Basenuth (I'm not sure I got this name correctly) he is a wizard at it. We can build this type to go 100 to 120 miles per hour. The framework of the average airship is rigid, but ours is only 4% rigid."

Mr. Beach then returned to the gyroscope --"When you stall, it is due to side tipping. If my invention had been put through it would have workedout all right. Afterward it could have been used in a revolving motor. In the gyroscope Sperry got

Protokoll eines Telefonats zwischen Stella Randolph und Stanley Y. Beach, 17. Juli 1934, S.1

STANLEY Y. BEACH –(Telefongespräch in New York City, 17. Juli 1934) –
Die Unterhaltung öffnete damit, dass ich Herrn Beach fragte, ob er denn nicht mit Hrn. Weißkopf in Bridgeport zusammengearbeitet hat. Ich erklärte, dass ich über seine (Beachs) frühen Arbeiten erfahren hätte, und deswegen nach Bridgeport gereist sei, in der Erwartung, ihn dort zu finden, aber erfahren habe, dass er nach New York gezogen sei. Dort habe ich aber viele Menschen vorgefunden, die etwas über ihn und seine Arbeiten gewusst haben, und dass ich mehr Information darüber in Erfahrung bringen möchte, für einen Aufsatz, den ich als freie Journalistin verfasse.
Als ich sagte, dass ich es so verstehe, dass Hr. Beach mit Hrn. Weißkopf zusammen gearbeitet hat, entgegnete er prompt, „Nein, es war andersrum." Er (Beach) sei der Erfinder gewesen, und Weißkopf war bloß ein Mechaniker und Maschinist, der mit ihm zusammengearbeitet hat.
Hr. Beach sagte, dass er im Jahre 1908 oder 1909 nach Bridgeport gezogen ist, und dass er einen Eindecker mit installiertem Motor gebaut hat, der geflogen ist. Er wich dann vom Thema ab und erzählte mir von Arbeiten, die er mit Henry A. House durchgeführt hat, der seinerzeit mit Maxim bei der Erbauung der Maxim-Maschine in England gearbeitet hatte, und dass dieser vor einigen Jahren verstorben sei. Er erzählte, dass auch Marcus Hollander ebenfalls viele derartige Arbeiten gemacht hat. – Maxim war 93, als er verstarb, usw., usw.
Ich brachte ihn auf das Thema, das mich interessierte, zurück, indem ich ihn fragte, wo er die meisten Arbeiten mit Hrn. Weißkopf gemacht hatte. Er sagte, „Wir machten unsere frühen Experimente in Lordship, heute Mollison Flugplatz. Wir bauten ein Fahrzeug, welches Flügel wie ein Vogel hatte und als Segelflieger funktionierte. Wir bauten ein weiteres mit Motor, das aber gar nichts tat. Danach experimentierten wir mit A.L.Richer von der Firma Locomobile, und der Brüder Weißkopfs ist in der Maschine aufgestiegen. Wir befestigten das Auto (Rikers) an der Maschine, um sie zu schleppen, und hoben sie so vom Boden weg. Dann fingen wir an, einen 8-Zylinder Motor aus stählernen Munitionshülsen zu bauen. Das habe ich finanziert. Wir haben ihn in ein Boot eingebaut, und ihn erprobt. Er hat erfolgreich funktioniert."
Ich fragte ihn, wie viel Geld er denn schätzungsweise in die Experimente rein gesteckt hat.
Er antwortete, „Ich schätze, so circa $10.000."
„Und Sie haben nie etwas daraus realisiert?"
„Aber, hören Sie. Eine Sache habe ich gemacht. Kennen Sie Sperry, der das Gyroskop erfunden hat? Ich habe eine Art Regler mit abgehängtem Pendel gemacht. Nach einigen Schwüngen würde es zum Stillstand kommen, aber als Sperry daran arbeitete, ließ er es in die Gegenrichtung drehen, und entdeckte dabei eine stärkere Kraft. Daraufhin habe ich die Idee aus dieser Vorrichtung auf die Stabilisierung eines Flugzeugs, um es am Abkippen zu verhindern, angewendet. Sperry baute ein Hochgeschwindigkeits-Gyroskop, welches sich mit 10.000 Umdrehungen pro Minute drehte, und durch ein Riemen vom Motor in einem Vakuum angetrieben wurde. Sie mussten die Luft mithilfe einer Fahrradpumpe hinauspumpen. Und dadurch wurde eine Kraft von 1.000 P.S. erzeugt, um das Flugzeug am Abkippen zu verhindern, aber wir sind nie mit dem Motor geflogen.
„Neuerdings interessiere ich mich fürs teilstarre Luftschiff. Das finanziere ich gerade. Ich habe einen Deutschen – früher mal Ingenieur bei der Firma Zeppelin – der hier daran arbeitet. Sie wissen vielleicht, dass das RS-1 ein teilstarres Luftschiff war und auch noch ein sehr gutes. Die Starren sind diejenigen, die auseinander brachen."
Ich fragte, „Was halten Sie von der neuen Luftfahrt-Kommission, die durch den Präsidenten ernannt wurde?"
„Ich denke, sie ist in Ordnung. Ab nun werden wir etwas erreichen."
Ich fragte, „Kennen Sie Hunsicker? Was halten Sie von ihm?"
„Natürlich kenne ich Hunsicker. Er ist ein feiner Kerl. Sie wissen doch, dass er früher Mal Vize-Aufseher der Marine war, zuständig für die Aeronautik, und auch bei der Firma Goodyear war. Letztes Jahr wurde ihm die Guggenheim-Medaille verliehen. Er ist Dozent für Aeronautik bei Harvard. Ich kenne ihn seit vielen Jahren. Er ist genau der richtige für jene Kommission."
„Kennen Sie Warner?"
„Ja, ich kenne ihn, aber nicht sehr gut. Nicht so gut wie ich Hunsicker kenne." (Er kehrte dann zum teilstarren Luftschiff zurück.) „Sie wissen doch, dass sie versuchen, PWA-Mittel zu sichern, um mehr von den Luftschiffen, die wir heute haben, zu bauen. Die taugen nichts. Ich versuche, sie davon abzubringen, und sie für mein teilstarres Luftschiff zu interessieren. Dieser Deutsche, den ich gerade daran Arbeiten lasse, Basemuth [ich bin mir nicht sicher, ob ich diesen Namen richtig buchstabiert habe], kann Wunder vollbringen. Diesen Typus können wir so bauen, dass er 100 bis 120 Meilen pro Stunde fährt. Das Rahmengestell eines gewöhnlichen Luftschiffs ist rigide, unseres ist aber nur zu 4% rigide."
Hr. Beach kehrte dann zum Gyroskop zurück –„Wenn Sie in einen Strömungsabriss geraten, so ist das auf seitliches Abkippen zurückzuführen. Wäre meine Erfindung aufgegriffen worden, so hätte sie eine befriedigende Lösung gebracht. Danach hätte sie in einem sich drehenden Motor verwendet werden können. Beim Gyroskop hatte Sperry

**Protokoll eines Telefonats zwischen Stella Randolph und Stanley Y. Beach, 17. Juli 1934, S.1**

one revolving motor running in opposite direction from another, and he got it. He made aboat-shaped body that would glide and we got a patent here in America and in Austria, I think. (Evidently here he is referring to Mr. Whitehead). He got excited and went then to South America and studied all the birds and butterflies."

After rambling in this fashion for a time he asked me who I was writing for, and I told him I was doing free lance work, that I had not published a great volume of aviation material because I had been taking the wrong side of many questions, such as the air mail situation, the dirigibles, etc. He remarked that the Wright Brothers had once said they had never been able to determine what was the cause of planes often taking a sudden dive, nose down, toward the earth, and added that he believed no one had discovered this today, and that was the reason that he (Beach) wasn't willing to ride in one.

He then waxed enthusiastic about me and said maybe I was the person who could help with a magazine hewas interested in in New York. He asked where I sold my material.

I told him I had had to give some of it away.

He asked if I had given it to "Plain Talk." I said that I had, and that after having given it the editor had put a few opening paragraphs of his own in the article, affixed his name, and then printed page after page of my manuscript without giving me the slightest credit. He remarked that it "was a shame," and he wanted me to get in touch with Dr. Hood, editor of the "Worl Trade Review." He said that Bealle, publisher of "Plain Talk," had asked him (Beach) often to write for him, but that he had not done so. He asked how much circulation the magazine had, etc, etc.

He then gave me directions for reaching Dr. Hood -- "World Trade Review," 142-52 East 32nd Street, New York City, or in the Liggett Building, Corner Madison and 42nd Street, Room 1000, the Association of Better Citizenship. He said there was another place where he had an office, 160 East 31st Street. The telephone number was Murray Hill 4-8777.

He asked me to keep in touch with him, and to write for their magazine when I could, and above all to keep him informed of anything I learned in Washington. He took my name and address and promised to send me some material he had written; he also gave me his address, Stanley Y. Beach, 125 East 23rd Street, New York City.

I went to the address on 32nd Street, where I was given several copies of "dummy" issues with articles in written by Beach. Then I went to the addresson 42nd Street, where I talked for some time with a lady assistant in the office before Dr. Hood's arrival. When he came in I had a faint recollection of having seen him somewhere. He informed me that both he and the lady came from Washington and that he had been an optician in Castleberg's jewelry store. The lady had told me Dr. Hood had organized national singing groups during the War and had held exhibitions in Carnegie Hall with them. She showed me an editorial concerning Dr. Hood's appointment as Musical Director (I think) of some motion picture organization (Not Will Hayes' organization, but I gathered something similar but far less weighty).

Dr. Hood asked what my special subjects were, and I told him Public Health and Aviation. He said there should be a place for either in their magazine and suggested that I send in an article before the end of a week. He also said there would be good money if I could sell advertising space in their magazine for them. I said that I was not particularly good at selling, but that I know some men interested in magazine work in Washington and perhaps I could interest them for him.

Protokoll eines Telefonats zwischen Stella Randolph und Stanley Y. Beach, 17. Juli 1934, S.2

BEACH -2- 17. Juli 1934

den einen Motor in die Gegenrichtung zum anderen laufen lassen, und er setzte sich damit durch. Er schuf einen bootsförmigen Rumpf und wir sicherten hier in Amerika sowie in Österreich glaube ich, ein Patent. [Offenbar bezieht er sich hier auf Hrn. Weißkopf.] Er begeisterte sich dafür, reiste nach Südamerika und beobachtete die ganzen Vögel und Schmetterlinge."

Nachdem er einige Zeit auf diese Weise vor sich hin schnatterte, fragte er mich, für wen ich denn schreibe. Ich erzählte ihm, dass ich als freie Journalistin arbeite, aber dass ich noch nicht viel über die Luftfahrt publiziert habe, weil ich bislang den unbequemen Blick auf viele Themen wie etwa die Lage der Luftpost, die Luftschiffe, usw. geworfen hatte, Er merkte an, dass die Gebrüder Wright einmal gesagt hatten, dass sie nie feststellen konnten, was die Ursache fürs plötzliche Vornüberkippen und Stürzen mit der Nase nach unten in Richtung Erde war. Er fügte hinzu, dass er glaube, dass dies bis heute noch niemand diese Ursache entdeckt hätte, und dass dies der Grund dafür sei, warum er (Beach) nicht Willens sei, in einem Flugzeug zu reisen.

Er begeisterte sich dann zunehmend für mich und meinte, dass vielleicht ich jene Person sei, die ihm bei einer Zeitschrift, die ihn in New York interessiere, helfen könne. Er fragte mich, wo ich denn mein Material verkaufe.

Ich erzählte ihm, dass ich einiges davon verschenken musste.

Er fragte, ob ich es an „Plain Talk" verschenkt hätte. Ich sagte, dass ich das wohl getan hatte, und dass, nachdem ich es dem Redakteur gegeben hatte, und dieser es im Vorspann mit einigen Absätzen ergänzt hatte, es mit dessen eigenen Namen versehen hatte, und mein Manuskript Seite für Seite druckte, ohne mich im Geringsten auch nur beiläufig als Autorin erwähnt zu haben. Er meinte, dass dies „bedauerlich sei", und dass er wünsche, dass ich mich an Dr. Hood, Redakteur des „World Trade Review" wende. Er erzählte dass ihn Beale, der Verleger von „Plain Talk", öfter gebeten habe, für ihn zu schreiben, dass aber er (Beach) dies nicht getan habe. Er fragte, welche Auflage die Zeitschrift habe, usw., usw..

Er gab mir dann Hinweise, um Dr. Hood zu erreichen -- „World Trade Review", East 32nd Street 142-152, New York City, bzw. im Ligett Gebäude an der Ecke von Madison und 42nd Street , Zimmer 1000, Verein für bessere Staatsbürgerschaft. Er sagte, dass es einen weiteren Ort gebe, an dem dieser ein Büro hat: East 31st Street 160. Die Telefonnummer sei Murray Hill 4-8777.

Er bat mich, mit ihm in Verbindung zu bleiben, und, sofern ich es könnte, für deren Zeitschrift zu schreiben, aber über alles sollte ich ihn informiert halten, was ich, wenn überhaupt, in Washington in Erfahrung bringe. Er notierte meinen Namen und meine Adresse und versprach mir, einiges von ihm verfasste Material zuzusenden. Er gab mir auch seine Adresse, Stanley Y. Beach, East 23rd Street 125, New York City.

Ich bin zur Adresse an der 32nd Street gegangen, wo mir einige Probeabdrucke („Dummys") übergeben wurden, in denen einige durch Beach verfasste Artikel enthalten waren. Dann bin ich zur Adresse an der 42nd Street gegangen, wo ich mich vor der Ankunft von Dr. Hood einige Zeit im Büro mit einer weiblichen Assistentin unterhielt. Als er hereinkam, hatte ich eine vage Erinnerung daran, ihn schon einmal irgendwo gesehen zu haben. Er informierte mich, dass sowohl er als auch die Dame aus Washington stammten, und dass er zuvor Optiker im Castlebergs Schmuckgeschäft gewesen ist. Die Dame erzählte mir, dass Dr. Hood während des Krieges Gesangsgruppen organisiert hatte, und dass damit Auftritte im Carnegie Hall stattgefunden hatten. Sie zeigte mir einen Leitartikel über die Ernennung Dr. Hoods zum Musical Director (glaube ich) von irgendeiner Kinofilmgesellschaft (nicht die Firma von Will Hayes, aber ich begriff es als etwas ähnliches, jedoch weniger gewichtiges).

Dr. Hood fragte, was meine Themenschwerpunkte sind, und ich sagte ihm öffentliche Gesundheit und Luftfahrt. Er sagte, dass es für beide in seinem Heft Platz geben sollte und schlug vor, dass ich vor Ende der Woche einen Artikel einsende. Er sagte auch, dass es gutes Geld dafür gebe, wenn ich für ihn Anzeigen in seinem Heft verkaufen könnte. Ich entgegnete, dass ich im Verkauf nicht besonders gut bin, aber dass ich in Washington einige am Zeitschriftenverlagsgeschäft interessierte Männer kenne, und diese eventuell für ihn dafür interessieren könnte.

**Protokoll eines Telefonats zwischen Stella Randolph und Stanley Y. Beach, 17. Juli 1934, S.2**

144 E. 36th St. NY.
4/10/39

Dear Major,
Enclosed find 1st draft
Cut out anything you don't
like

Please write Wm J. Mealia
Weather Observer, 198 Roctov St.
Bridgeport, Ct. Request that he
look up Jennings records for 1/17/02!
(12 M to sundown) + 18/17/01
(Midnite to 12 M)

Sincerely,
Sy. Beach

Please have "Aviation" sent
me.

Stanley Y. Beach Kurznotiz an Lester Gardner, 10. April 1939

144 E. 36th St. NY
4/10/39

Dear Major,
Enclosed find 1st draft.
Cut out anything you don't like.
Please write Wm. J. Mealia, Weather Observer, 198 Roctor St. Bridgeport, Ct.. Request that he look up January's weather for 1/17/02! (12m to sundown) + 18/17/01 (midnite to 12m).

Sincerely,
Sy Beach

Please have "Aviation" sent to me.

Stanley Y. Beach Kurznotiz an Lester Gardner, 10. April 1939

144 E. 36th St. NY
10.4.39

Lieber Major,
anbei, der 1. Entwurf.
Streichen Sie, was Ihnen nicht gefällt.
Schreiben Sie bitte William J. Mealia, Wetterbeobachter, Roctor St. 198 Bridgeport/Ct.. Bitten Sie ihn darum, dass er das Januar-Wetter für den 17.01.02 nachschaut!
(12 mittags bis Sonnenuntergang)
+ 17-18/01 (Mitternacht bis 12 mittags).

Mit freundlichen Grüßen,
Sy Beach

Lassen Sie mir bitte "Aviation" zusenden.

Stanley Y. Beach Kurznotiz an Lester Gardner, 10. April 1939

Dear Stanley, Please correct, comment and add to this as I think it is important to have a full statement from you for future reference.

4/10/39. This will do as a starter S.Y.B.

Statement by Stanley Y. Beach
about his relationship with Gustave Whitehead

In 1901 I was writing for the Scientific American magazine which was published by my father F. C. Beach. I had become greatly interested in gliders and attempts to build powered gliders or flying machines. I was living in Stratford, Conn., at the time and read in the New York and Bridgeport papers about a man named Whitehead who was building powered gliders. I went to see him and found that he was a German mechanic who had worked for Gustav Lillienthal in Germany at the time of his glider experiments. He had emigrated to South America and later came to this country. He told me of his building a glider and putting an engine in it in Pittsburgh. Mexxxxxx I have since learned that he had worked in Boston for a man who built gliders.

When I met him he demonstrated his glider and I took a picture of it in flight which appears opposite page 36 of Miss Randolph's book. Practically all the other pictures of the gliders in this book were taken by me also.

I found that he had built a glider that was inherently stable and also was building engines. He built two of 20 horsepower to drive the two propellers of his powered glider and one of ten horsepower to propel it on the ground.

I induced my father to advance money to Whitehead to help him continue his experimentation. I estimate that my father gave him from five to ten thousand dollars. At first he had a small shop where he lived with his family. He had married a Polish girl and as she spoke little German, it was amusing to hear them try to understand one another.

I met him in May in 1901 months after he is supposed to have made his successful flight. He never made such claims to me. I published my first description of his power glider in the issue of the Scientific American of June 8, 1901. If I had heard or been told of any such flights, I would certainly have included them in my article.

Angebliche Erklärung von Stanley Y. Beach, 10. April 1939, S.1

~~Dear Stanley,~~
~~Please correct, leave out and add to this as I think it is important to have a clear full statement from you for future reference.~~
~~Lester~~

~~4/10/39. This will do as a starter S.Y.B.~~

Statement by Stanley Y. Beach
about his relationship with Gustave Whitehead.

*my grandfather, Alfred Ely Beach's weeklies,*
*(S.A.) + the S.A. Supplement*

In 1901 I was writing for ^ the Scientific American ^ which *my father* published *& edited* by my father, F*rederick* C*onverse* Beach. I had become greatly interested in ~~gliders and~~ attempts *~~and~~* to build ~~powered gliders or~~ flying machines. I was living in ^ *my native town,* Stratford, Conn., at the time and read in the ~~New York and~~ Bridgeport papers about a man named Whitehead who was building ^ *a flying machine* ~~powered gliders~~. ^ *In my position of employment as Aeronautical Editor of „Scientific American",* I went to see him and found that he was a German mechanic who had worked for ~~Gustave~~ *Otto* Lillienthal in Germany at the time of his glider experiments. He had emigrated to South America and later came to this country. He told me of his building a ^ *steam-driven aeroplane* ~~glider~~ and ^ *flying in it at* ~~and putting an engine in it in~~ Pittsburgh. ~~He said it~~ I have since learned that he worked in Boston for a man who ~~gu~~ built gliders *(and man-lifting kites).*

~~When~~ ^ *Long after* I met him he demonstrated his glider and I took a picture of it in flight which appears opposite page 36 of Miss Randolph's book. Practically all the other pictures of the gliders ^ *and airplanes* in this book were taken by me also.

I found that he had built ~~a~~ ^ *an aeroplane* ~~glider~~ that was inherently stable and also was building engines. He built ~~two~~ *one* of 20 horsepower to drive the two propellers of his *monoplane* ~~powered glider~~ and one of ten horsepower to propel~~l~~ it on the ground. I induced my father to advance money to Whitehead to help him continue his experimentation. I estimate that my father gave him from five to ten thousand dollars. At first he had a small shop where he lived with his family. He had married a ^ *Hungarian* ~~Polish~~ girl and as she spoke *no* ~~little~~ German, it was amusing to hear them try to understand one another.

I met him in *May 1st* ~~in~~ 1901, ~~several~~ *3* months ~~after~~ *before* he is supposed to have made his ^ *on August 14* successful flights^. *I photographed his machine and described it in the June 8th issue* ~~He never made such claims to me~~. I published my first description of his ^ *monoplane* ~~power glider~~ in ***Vol. 84, No. 23*** of the „Scientific American" of *June 8th 1901*. ~~If I had heard or been told of any such *power* flights, I would certainly have included them. *in my article*~~. *My article will convince anyone that the „compound engine" shown was inoperative upon „Calcium Carbide" (acetylene) which was supposed to run it, I saw no 10 H.P. engine for ground (over).*

**Angebliche Erklärung von Stanley Y. Beach, 10. April 1939, S.1**

~~Lieber Stanley,~~
~~Bitte Nachstehendes berichtigen, weglassen, und ergänzen, denn ich meine dass es wichtig sei, von Ihnen zu zukünftigen Nachschlag-Zwecken eine vollständige und klare Erklärung zu haben.~~
~~Lester~~
~~10/4/39. Dies wird für den Anfang reichen S.Y.B.~~

Erklärung durch Stanley Y. Beach
über seine Beziehung zu Gustav Weißkopf.

die Wochenzeitungen meines Großvaters Alfred Ely Beach's,
(S.A.) + the S.A. Supplement

Im Jahre 1901 schrieb ich für ^ The Scientific American ^ , welcher durch meinen Vater Frederick Converse Beach verlegt bzw. redigiert wurden. Ich hatte großes Interesse an ~~Segelfliegern sowie~~ an Versuche, ~~und~~ ~~Motorsegler oder~~ Flugmaschinen zu bauen. Damals wohnte ich in meiner Heimatstadt Stratford/Conn., und las in den ~~New Yorker und~~ Bridgeporter Zeitungen über einen Mann namens Weißkopf, der gerade eine Flugmaschine ~~Motorsegler~~ baute.
In meiner Position als angestellter Aeronautik-Redakteur von „Scientific American" Otto
^ besuchte ich ihn und fand heraus, dass er ein deutscher Mechaniker war, der für ~~Gustav~~ ^ Lilienthal zum Zeitpunkt von dessen Segelflugexperimenten in Deutschland gearbeitet hatte. Er wanderte nach Südamerika aus und ist später in dieses Land gekommen. Er erzählte mir davon, ein[~~en~~]
mit Dampf angetriebenes Flugzeug damit geflogen zu sein
^ ~~Segelflieger~~ gebaut, und einen Motor darin installiert zu haben und in Pittsburgh ^ .
~~Er erzählte, dass es~~ Seither habe ich erfahren, dass er in Boston für einen Mann, der Segelflieger (sowie manntragende Drachen) baute, gearbeitet hat. Lange nachdem
ich ihn kennenlernte, führte er einen Segelflieger vor, und davon machte ich ein Foto im Flug, welches gegenüber Seite 36 im Buch von Frl. Randolph erscheint. Beinahe alle anderen Fotos von Segelfliegern und Flugzeugen in jenem Buch wurden durch mich aufgenommen ebenfalls
Ich konnte feststellen, dass er ein Flugzeug ~~einen Segelflieger~~ gebaut hatte, das eigenstabil war, und dass er auch Motoren baute. Er baute einen ~~zwei~~ mit 20 Pferdestärken, um die zwei Propeller seines Eindeckers ~~Motorseglers~~ anzutreiben, sowie einen mit zehn Pferdestärken, um es über den Boden anzutreiben. Ich brachte meinen Vater dazu, Weißkopf Geld zu geben, um ihm dabei zu helfen, seine Versuche fortzusetzen. Ich schätze, dass ihm mein Vater zwischen fünf bis zehn tausend Dollar gegeben hat. Anfangs hatte er eine kleine Werkstatt, wo er zusammen mit seiner Familie lebte. Er hatte eine Ungarin ~~Polin~~ geheiratet, und da sie ~~wenig~~ kein Deutsch sprach, war es amüsant, zu hören, wie sie versuchten, sich miteinander zu verständigen. Ich habe seine Maschine in der Ausgabe vom 8. Juni fotografiert und beschrieben. Ich habe ihn im Mai ~~im Jahre~~ 1901, ~~zwei~~ 3 Monate, ~~nachdem~~ bevor er angeblich seine 1. erfolgreichen Flüge am 14. August gemacht hat, kennen gelernt. ~~Mir gegenüber hat er nie Derartiges behauptet.~~ Ich veröffentlichte meine erste Beschreibung seines Eindeckers ~~Motorseglers~~ im *Band. 84, Nr. 23* des „Scientific American" vom 8. Juni 1901. ~~Wäre mir von derartigen~~ ~~*Motor*~~ ~~- Flügen erzählt worden, so hätte ich diese in meinen Artikel gewiß aufgenommen~~. Mein Artikel ist geeignet, jeden davon zu überzeugen, dass der darin gezeigte „Verbundmotor" nicht durch Calcium-carbid (Acetylen), welches das angebliche Betriebsmittel war, betrieben werden konnte. Ich habe weder einen 10 P.S. Motor für den Bodenbetrieb (bitte, wenden)

**Angebliche Erklärung von Stanley Y. Beach, 10. April 1939, S.1**

**Anm.:** die Handschrift von Beach ist in der „Bradley Hand ITC" dargestellt, während die Handschrift Gardners in der Schriftart „***Brush Script MT***" dargestellt ist.

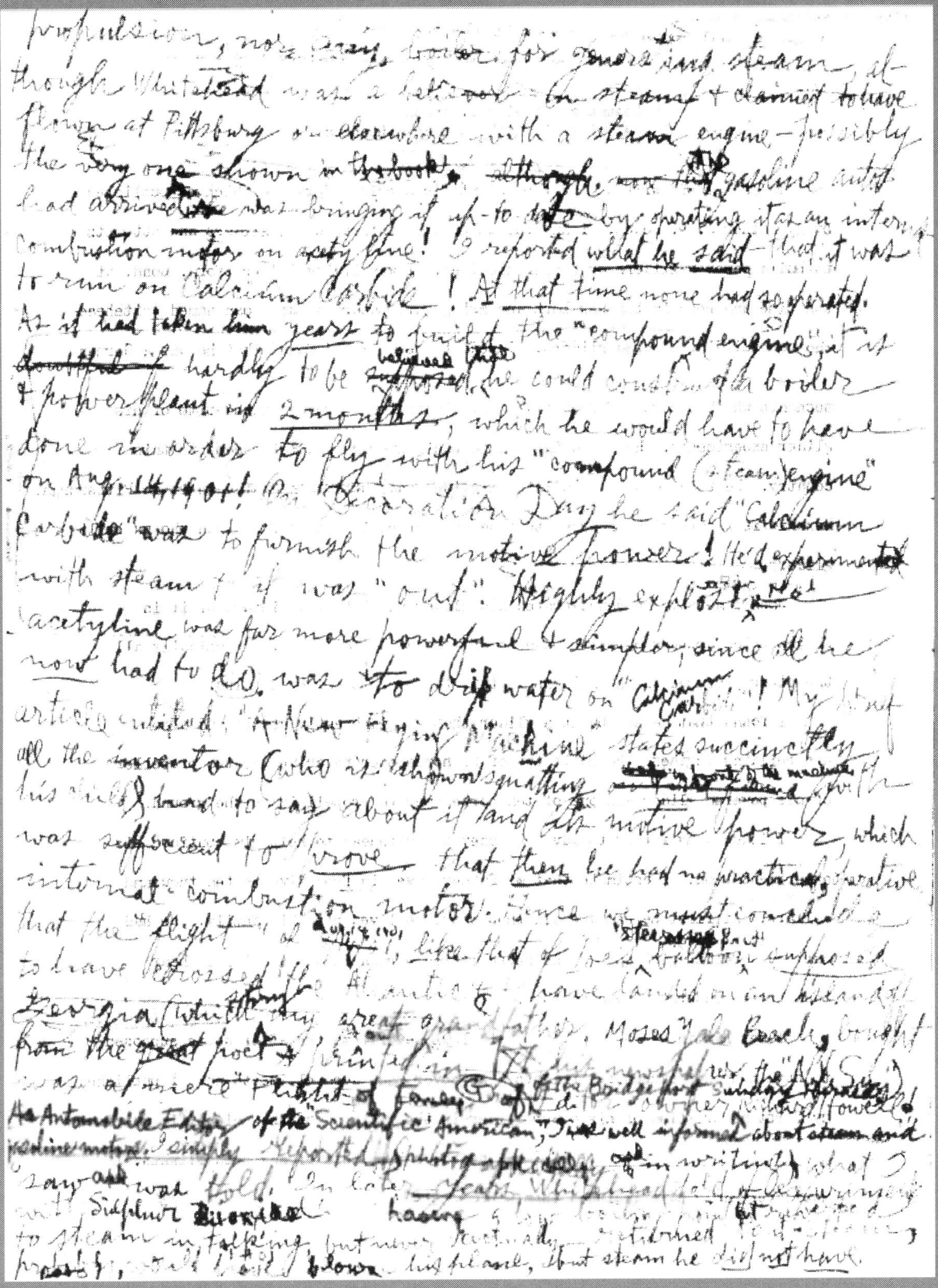

propulsion, nor [illegible] boiler, for gasoline and steam, although Whitehead was a believer in steam & claimed to have flown at Pittsburg or elsewhere with a steam engine — possibly the very one shown in the book. [illegible] gasoline autos had arrived & he was bringing it up-to-date by operating it as an internal combustion motor on acetylene! I reported what he said — that it was to run on Calcium Carbide! At that time none had so operated.
As it had taken him years to build the "compound engine", it is doubtful & hardly to be believed that he could construct the boiler & power plant in 2 months, which he would have to have done in order to fly with his "compound (steam) engine" on Aug. 14, 1901! On Decoration Day he said "Calcium Carbide" was to furnish the motive power! He'd experimented with steam & it was "out". Highly explosive acetylene was far more powerful & simpler, since all he now had to do was to drip water on "Calcium Carbide"! My first article entitled: "A New Flying Machine" states succinctly all the inventor (who is shown squatting [illegible]) his chief had to say about it and its motive power, which was sufficient to prove that then he had no practical operative internal combustion motor. Hence we must conclude that the "flight" of Aug. 14, 1901, like that of Poe's balloon supposed to have crossed the Atlantic & have landed on an island off Georgia (which story my great grandfather, Moses Yale Beach, bought from the poet & printed in [illegible] newspaper, the "N.Y. Sun") was a mere "[illegible]" of [illegible] the Bridgeport Sunday [illegible] owner Richard Howell.
As Automobile Editor of the "Scientific American", I was well informed about steam and gasoline motors. I simply reported [illegible] in writing what I saw and was told. In later years Whitehead told of experiments with Sulphur Dioxide having [illegible] to steam in talking but never actually mentioned [illegible] probably [illegible] blown his plane, that steam he did not have.

Angebliche Erklärung von Stanley Y. Beach, 10. April 1939, S.1a

propulsion, nor any boiler for generating steam although Whitehead was a believer in steam and claimed to have
flown at Pittsburg or elsewhere with a steam engine – possibly
the very one shown in the book, although ~~now that~~ the gasoline auto
had arrived he was bringing it up-to-date by operating it as an internal
combustion motor on acetylene! I reported what he said – that it was
to run on Calcium Carbide! At that time none had so operated.
As it had taken him years to build the „compound engine" it is
~~doubtful~~ if hardly to be ~~supposed,~~ *believed that* he could construct a boiler
§ powerplant in 2 months, with his „compound (steam) engine"
on August, 1901! On Decoration Day[552] he said „Calcium
Carbide" was to furnish the motive power! He'd experimented
with steam + it was "out". Highly explosive
acetylene was far more powerful § simpler, since all he
now had to do was to drip water on „Calcium Carbide"! My brief
article entitled: „A New Flying Machine" states succinctly

~~xxxx~~ *in front of the machine*

all the inventor (who is shown squatting ~~on the ground~~ ^ with
his child) had to say about it and its motive power which
was sufficient to prove that then he had no practical operative
internal combustion motor. Hence we must conclude

*Aug. 14, 1901* *steerable*

that the „flight" of ~~Aug 01~~, like that of Poe's ^ balloon supposed
to have crossed the Atlantic § have landed on an island off
Georgia (which my great grandfather, Moses Yale Beach, bought
from the ~~great~~ poet *Strong* § printed in his newspaper the N.Y.Sun)

*of the Bridgeport Sunday Herald*

was a mere flight of fancy of ^ Editor-owner Richard Howell!
*As Automobile Editor of the "Scientific American", I was well informed about steam and gasoline motors.* I simply reported photographically § in writing, what I
saw and was told. In later years Whitehead told of experiments
with Sulphur *Dioxide having* a low boiling point, and reverted
to steam in talking, but never actually returned to it – steam
probably would have flown his plane, but steam he did not have.

**Angebliche Erklärung von Stanley Y. Beach, 10. April 1939, S.1a**

**Fehler! Textmarke nicht definiert.**

552 Im Jahr 1901, war der Feiertag "Decoration Day" (heute "Memorial Day") am 30. Mai

noch einen Kessel, um Dampf zu erzeugen, gesehen. Obwohl Weißkopf an Dampf glaubte, und von sich behauptete, mit einem Dampfmotor in Pittsburgh bzw. wo anders geflogen zu sein – womöglich mit eben jenem, der im Buch gezeigt wird – brachte er diesen ~~da nun~~ trotz der Ankunft des benzinbetriebenen Autos auf den aktuellen Stand, indem er ihn als internen Verbrennungsmotor mit Acetylen auslegte. Ich berichtete, was er gesagt hat – dass dieser mit Calciumcarbid betrieben werden sollte! Zur damaligen Zeit wurde keiner so betrieben.
Da er Jahre dafür gebraucht hatte, den „Verbundmotor" zu bauen, ist es ~~zweifelhaft, bzw.~~ kaum ~~anzunehmen,~~ **zu glauben,** dass er für seinen „Verbund- (Dampf-) Motor" einen Kessel & Druckerzeuger innerhalb von nur 2 Monaten bis zum 14. August 1901 bauen konnte! Am Decoration Day[553] behauptete er, dass die Antriebskraft durch „Calcium-carbid" erzeugt werden sollte! Er habe zwar zuvor mit Dampf experimentiert, dieser sei aber nun „out"! Hochexplosives Acetylen sei viel kräftiger & einfacher, da er nunmehr bloß Wasser auf Calciumcarbid abtropfen lassen müsse. Mein kurzer Artikel mit der Aufschrift „Eine neue Flugmaschine" fasst präzise zusammen, was der Erfinder (der mit seinem Kind auf den Boden hockend ~~xxxx~~ **vor der Maschine** gezeigt wird) alles darüber sowie über deren Antriebskraft zu sagen hatte, was ausreicht, um beweisen zu können, dass er zu diesem Zeitpunkt keinen praktischen betriebsfähigen internen Verbrennungsmotor hatte. Von daher müssen wir schlussfolgern, dass der „Flug" vom ~~Aug. 01~~ **14. Aug. 1901** – wie jener des **lenkbaren** Ballons von Poe, der den Atlantik angeblich überquerte und auf einer Insel vor Georgia landete (was mein Urgroßvater Moses Yale Beach vom großen Dichter Strong kaufte und in seiner Zeitung der N.Y. Sun veröffentlichte – ein reiner Fantasieflug durch den Redakteur-Inhaber **des Bridgeport Sunday Herald** Richard Howell, war.
**Als Automobil-Redakteur des „Scientific American" war ich über Dampf- und Benzinmotoren gut informiert.** Ich habe einfach berichtet, fotografisch wie schriftlich, was ich sah und was mir erzählt wurde. In späteren Jahren erzählte Weißkopf von Experimenten mit Schwefel**dioxid, welches** einen tiefen Siedepunkt hat, er begann wieder, über Dampf zu reden, obwohl er in Wirklichkeit nie dazu zurück gekehrt ist – Dampf hätte sein Flugzeug wahrscheinlich angetrieben, aber Dampf hatte er nicht.

**Angebliche Erklärung von Stanley Y. Beach, 10. April 1939, S.1a**

[553] In 1901 fand der Feiertag "Decoration Day" (heute: "Memorial Day") am 30. Mai statt

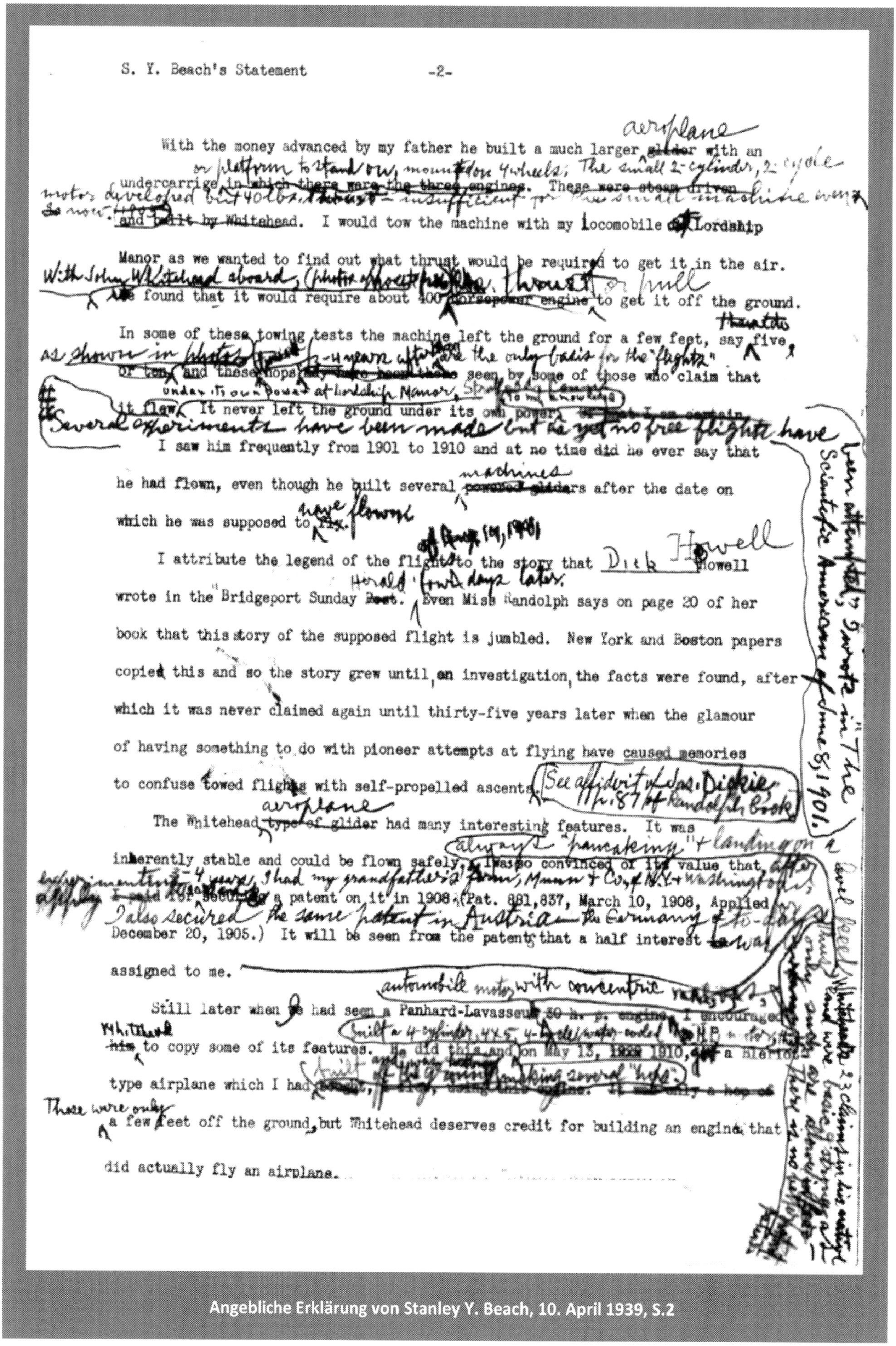

S. Y. Beach's Statement -2-

With the money advanced by my father he built a much larger glider with an undercarrige in which there were the three engines. These were steam driven and built by Whitehead. I would tow the machine with my locomobile at Lordship Manor as we wanted to find out what thrust would be required to get it in the air. We found that it would require about 400 horsepower engine to get it off the ground.

In some of these towing tests the machine left the ground for a few feet, say five or ten, and these hops may have been those seen by some of those who claim that it flew. It never left the ground under its own power, of that I am certain.

I saw him frequently from 1901 to 1910 and at no time did he ever say that he had flown, even though he built several powered gliders after the date on which he was supposed to fly.

I attribute the legend of the flight to the story that Howell wrote in the Bridgeport Sunday Post. Even Miss Randolph says on page 20 of her book that this story of the supposed flight is jumbled. New York and Boston papers copied this and so the story grew until an investigation the facts were found, after which it was never claimed again until thirty-five years later when the glamour of having something to do with pioneer attempts at flying have caused memories to confuse towed flights with self-propelled ascents.

The Whitehead type of glider had many interesting features. It was inherently stable and could be flown safely. I was so convinced of its value that I paid for securing a patent on it in 1908 (Pat. 881,837, March 10, 1908, Applied December 20, 1905.) It will be seen from the patent that a half interest was assigned to me.

Still later when he had seen a Panhard-Lavasseur 50 h. p. engine, I encouraged him to copy some of its features. He did this and on May 13, 1910, a Bleriot type airplane which I had ... a few feet off the ground, but Whitehead deserves credit for building an engine that did actually fly an airplane.

Angebliche Erklärung von Stanley Y. Beach, 10. April 1939, S.2

aeroplane
With the money advanced by my father he built a much larger ^ ~~glider~~ with an
or platform to stand on, mounted on wheels. The small 2 cylinder, 2 cycle
undercarriage ^ in which there were three engines. ~~These were steam-driven~~
motor developed 40 lbs. thrust - insufficient for the small machine even §
~~so~~ now. ~~(1905)~~
~~and built by Whitehead~~. I would tow the machine with my ~~l~~Locomobile ~~on~~at Lordship
Manor as we wanted to find out what thrust would be required to get it in the air.
With John Whitehead aboard, (photo opposite p.31) lbs. ~~**thrust**~~ or pull
We found that it would require about 400 ^ ~~horsepower engine~~ ^ to get it off the ground.

**three to**
In some of these towing tests the machine left the ground for a few feet, say ^ five
as shown in photos **towed 3-4 years after 1901 are the only basis for the „flights".**
~~or ten~~ ^ and these ^ hops ^ may have been those seen by some of those who claim that
**under its own power at Lordship Manor, Stratford, Conn.**
**to my knowledge**
it flew. It never left the ground under its own power ^. Of that I am certain.
"Several experiments have been made but as yet no free flights have been attempted", I wrote in „The Scientific American" of June 8, 1901.

I saw him frequently from 1901 to 1910 and at no time did he ever say that
machines
he had flown, even though he built several ~~powered gliders~~ after the date on
have flown
which he was supposed to ^ ~~fly~~.

**of Aug. 14, 1901** Howell
I attribute the legend of the flight ^ to the story that Dick ______ Howell
Herald four days later.
wrote in the „Bridgeport Sunday ~~Post~~. ^ Even Miss Randolph says on page 20 of her
Book that this story of the supposed flight is jumbled. New York and Boston papers
copied this and so the story grew until, on investigation, the facts were found, after
which it was never claimed again until thirty-five years later when the glamour
of having something to do with pioneer attempts at flying have caused memories
(see affidavit of Jas. Dickie,
to confuse towed flights with self-propelled ascents ^. p. 87 of Randolph's book.)

aeroplane
The Whitehead ^ ~~type of glider~~ had many interesting features. It was
always pancaking § landing on a level keel.
inherently stable and could be flown safely. Thus so convinced of its value that after
experimenting 3-4 years I had my grandfather's firm, Munn § Co. of N.Y. § Washington,
drafting[?] and
apply ~~I paid~~ for ^ securing a patent on it in 1908 (Pat. 881,837, March 10, 1908, Applied
I also secured the same patent in Austria § Germany of to-day.
December 20, 1905.) It will be seen from the patent that a half interest ~~is~~ was
assigned to me. Whitehead's 23 claims in his native Land were basic § strong
as only such are allowed in ~~xxxxxx~~. Germany. There is no better ~~patent~~ patent.

automobile motor with concentric valves of a
Still later when ~~he~~ I had seen a Panhard-Lavasseur ^ 30 h. p. engine, I encouraged
**Whitehead** built a 4-cylinder, 4x5, 4-cycle/water-cooled 30 H.P. motor, so that
~~him~~ to copy some of its features. He did this and ^ on May 13, ~~1909~~ 1910 got a Bleriot-XI-
built and was testing off the ground, making several "hops"
type airplane which I had ~~bought~~, ~~I flew using this engine. It made only a hop of~~
Those were only
a few feet off the ground, but Whitehead deserves credit for building an engine that
did actually fly an airplane.

**Angebliche Erklärung von Stanley Y. Beach, 10. April 1939, S.2**

Mithilfe der durch meinen Vater zur Verfügung gestellten Mittel baute er ein viel größeres Flugzeug ~~Segelflieger~~ mit einem Fahrwerk bzw. Plattform, auf der man stehen konnte, welches auf Rädern montiert. **und welches mit drei Motoren ausgestattet war.** ~~Diese wurden durch Dampf angetrieben und wurden durch Weißkopf gebaut.~~ Der kleine 2-Zylinder, 2-Takt Motor entwickelte 40 Pfund Schub - was sogar heute für die kleine Maschine nicht ausreichend wäre ~~(1905)~~. Bei Lordship Manor habe ich die Maschine hinter meinem Locomobile geschleppt, da wir herausfinden wollten, wie viel Schub notwendig wäre, um sie in die Luft zu bekommen. Mit Johann Weißkopf an Bord (Foto gegenüber S. 31) **fanden wir heraus, dass es ungefähr 400** lbs. ~~Pferdestärken Motor~~ ***Schub*** bzw. Zug erfordern würde, um sie vom Boden abzuheben. Bei einigen dieser Schlepp-Versuchen ist die Maschine ein paar Fuß in die Höhe gelangt, sagen wir mal ***drei bis*** fünf ~~oder zehn~~ wie auf den Fotos sichtbar, und diese ***~~geschleppten~~*** Hüpfer ***3-4 Jahre nach 1901 sind die einzige Basis für diese „Flüge"***, und könnten jene sein, die von einigen jener Personen gesehen wurden, die behaupten, dass sie ***~~unter eigenem Antrieb bei Lordship Manor in Stratford/Connecticut~~*** geflogen ist. ***Soviel ich weiß*** ist sie niemals unter eigenem Antrieb vom Boden abgehoben. Dessen bin ich mir sicher. „Einige Experimente wurden bereits gemacht, aber bislang wurden noch keine freien Flüge vorgenommen", habe ich in „The Scientific American" vom 8. Juni 1901 geschrieben.

Von 1901 bis 1910 habe ich ihn häufig gesehen, und zu keiner Zeit hat er je behauptet, dass er geflogen ist, obwohl er nach dem Datum, an dem er angeblich geflogen sein soll ~~ist~~ einige Maschinen ~~Motorsegler~~ gebaut hat.

Die Legende des Fluges ***~~vom 14. Aug. 1901~~*** schreibe ich der Geschichte, die Dick Howell vier Tage später im „Bridgeport Sunday ~~Post~~" Herald geschrieben hat, zu. Selbst Frau Randolph schreibt auf Seite 20 ihres Buches, dass die Geschichte des angeblichen Fluges verworren ist. Zeitungen in New York und Boston haben sie verbreitet, und so ist die Geschichte gewachsen bis, nach näherer Untersuchung, die Fakten gefunden wurden, und danach wurde sie nie mehr behauptet, bis fünf-und-dreißig Jahre später als der Glanz, der mit einer Nähe zu Flugversuchen der Pioniere verbunden ist, verursachte, dass Erinnerungen an Schleppflügen mit Flügen-mit-Eigenantrieb verwechselt wurden (siehe eidesstattliche Erklärung von James Dickie, auf S. 87 des Buches Randolphs).

Das[Der] Weißkopf'sche-Flugzeug ~~Segelflieger~~ hatte viele interessante Eigenschaften. Es war eigenstabil und konnte sicheren Flug gewährleisten, insofern als es stets pfannkuchenartig mit waagerecht ausgerichtetem Rumpf aufsetzte. Dadurch von dessen Wertigkeit überzeugt, ließ ich nach 3-4 Jahren Experimentieren ~~bezahlte ich~~ im Jahre 1908 über die Firma meines Großvaters, Munn & Co. in N.Y. & Washington, für das Schreiben, Beantragen und Sichern eines Patents (Pat. Nr. 881,837, 10. März 1908, beantragt am 20. Dezember 1905) bezahlen. Ich sicherte dasselbe Patent auch im heutigen Österreich und Deutschland. Aus der Patenturkunde geht hervor, dass mir ein hälftiges Interesse zugewiesen ~~ist~~ wurde. Die 23 Ansprüche Weißkopfs in dessen Geburtsland waren grundsätzlicher und starker Natur, denn nur solche sind in ~~xxxxxx~~. Deutschland erlaubt. Es gibt kein fundierteres ~~patent~~ Patent.

Etwas später, als ~~er~~ ich ein Panhard-Levasseur Automobil-Motor mit konzentrischen Ventilen und einer 30 P.S. Maschine gesehen hatte, habe ich ~~ihn~~ ***Weißkopf*** dazu angehalten, einige von dessen Eigenschaften zu kopieren. Das tat er und baute daraufhin einen 4-zylindrigen 4-Takt wassergekühlten 30 P.S. Motor, so dass am 13. Mai ~~1909~~ 1910 ein Flugzeug vom Typ Bleriot, welches ich ~~gekauft~~ gebaut hatte und gerade erprobte, einige „Hüpfer" machte. ~~hatte~~, ~~habe ich mit Einsatz dieses Motors geflogen.~~ Diese waren lediglich ein paar Fuß über dem Boden, aber Weißkopf gebührt Anerkennung dafür, einen Motor gebaut zu haben, der ein Flugzeug im Flug tatsächlich angetrieben hat.

**Angebliche Erklärung von Stanley Y. Beach, 10. April 1939, S.2**

As soon as we found that ten times as much thrust was required as Whitehead had obtained, in order to get the aeroplane off the ground, he said that this time he'd build a big enough motor.

Accordingly he set to work to make an 8-cylinder, V-type 6 x 8 motor, using steel projectile shells for the cylinders surrounded by copper water jackets.

Although of light weight for the 200 H.P. it was supposed to develop, it was much too heavy for his monoplane; so he built a big biplane and installed this engine, driving twin propellers by means of a rope drive.

Poised atop Tunxis Hill on a Sunday afternoon in 1908 or 1909, it refused to budge. Subsequently he installed it in a novel "gliding boat." The A connecting rod broke through the crank-case off Norwalk.

Angebliche Erklärung von Stanley Y. Beach, 10. April 1939, S.2a

As soon as we found that
ten times as much thrust
was required as Whitehead
had attained, ~~in order~~ to
get the aeroplane off the
ground he said that
this time he'd build a big
enough motor.
Accordingly, he set to work to
make an 8- cylinder V-type
6x8 motor, using steel projectile
shells ~~shells~~ for the cylinders
surrounded by copper water jackets.
Although of light weight for the
200 H.P. it was supposed to develop,
it was much too heavy for his monoplane, so he built a big biplane
driving twin propellers by means of a rope
drive:
Poised atop Tunxis Hill "on a
Sunday afternoon" in 1908 or 1909,
it refused to budge. Subsequently I
installed it in a novel "gliding boat". ~~The~~
A connecting rod broke torpedoing the crankcase off Norwalk.

**Angebliche Erklärung von Stanley Y. Beach, 10. April 1939, S.2a**

Sobald wir festgestellt hatten, dass
zehnmal so viel Schub
benötigt wurde, als Weißkopf
erzeugt hatte, um das
Flugzeug vom Boden
abzuheben, sagte er, dass
er dieses Mal einen Motor
bauen würde, der ausreichend groß ist.
Demzufolge machte er sich daran,
einen 8-zylindrigen V-Typ
6x8 Motor, der Munitionshülsen ~~Hülsen~~
als Zylinder einsetzte, welche von kupfernen
Wassergehäusen umhüllt waren, zu bauen.
Obwohl er im Verhältnis zu jenen
200 P.S., die er entwickeln sollte,
leichten Gewichts war, war er für seinen Eindecker viel zu schwer, daher baute er einen großen
Doppeldecker, der Doppelschrauben mittels eines Seils
antrieb:
Auf der Kuppe von Tunxis Hill an einem
Sonntagnachmittag in 1908 oder 1909
weigerte er sich, sich zu bewegen. Daraufhin habe ich
ihn in ein neuartiges „gleitendes Boot“ eingebaut. ~~Die~~
Eine Pleuelstange ist dabei gebrochen, was das Motorgehäuse vor der Küste Norwalks zum Torpedo machte.

**Angebliche Erklärung von Stanley Y. Beach, 10. April 1939, S.2a**

Whitehead's temper got the best of him once with me when I called to see him and he tried to strike me with an iron bar. After so many failures and when he had failed to make a successful flying machine, we had difficulties over the ownership of the gliders, engines, etc. which he had paid for. The glider was kept on the lawn of my house with its wings folded and was known as "Stanley Beach's

At this period we had the advice of H. A. House who was with Maxim and who flew the Maxim machine at Baldwin Park, England. If he had heard or believed that Whitehead was able to build a machine that could fly he would have supported it generously.

As to the yarn about the Wright Brothers visiting Whitehead - this is shear imagination. I certainly would have heard of it from Whitehead especially in later years when they had become world famous. He never mentioned it and it is more of the imaginary stories that are "remembered".

My impression of Whitehead was of a good mechanic with a desire to build a machine that would fly. He knew how to build gliders but did not know anything about the requirements for an airplane that would be maneuverable. His idea was to have it stable. To turn it he used a rudder and unbalanced power of the two propellers.

Again I say that I do not believe that any of his machines ever left the ground under their own power in spite of the many persons who think they saw it do so. I think I was in a better position during the 9 years that I was giving Whitehead money to develop his ideas to know xxxxx what his machines could do than persons who were employed by him for a short time or those who have remained silent for thirty-five years about what would have been a historic achievement in aviation.

In conclusion I will give Whitehead the credit to which I think he is entitled.

Angebliche Erklärung von Stanley Y. Beach, 10. April 1939, S.3

S. Y. Beach's Statement -3-

Whitehead's temper got the best of him once with me when I called to see
"brain"
him and he tried to ^ ~~strike~~ me with an iron bar. After so many failures and
~~his an~~ aeroplane take off + fly under its own power
when he failed to make ^ ~~a successful flying machine~~, we had difficulties
my father
over the ownership of the gliders, engines, etc. which ^ ~~we~~ had paid for. The
large aeroplane country residence, Elm St. 1812 Stratford, Conn.
~~powered~~ (glider) was kept on the lawn of my ^ ~~house~~ with its wings folded and ~~was~~
as a village humorist told the children
it ~~known~~ was Stanley Beach's Flying Machine in which he'd fly up to Heaven!
enry lonzo
At this period we had advice of H. A. House who was with Maxim and who actually
developed, built and tested in 1895 or thereabouts – the first lifting of a power-driven aeroplane!
^ (~~flew~~) the Maxim machine at Baldwin Park, England ^. If he had heard or believed
that Whitehead was able to build a machine that could fly he would have supported
it generously.

~~As to the yarn about the Wright Brothers visiting Whitehead – this is shear imagination. I certainly would have heard of it from Whitehead especially in later years when they had become world famous. He never mentioned it and it is more of the imaginary stories that are "remembered"~~.

that he was
My impression of Whitehead was ~~of~~ ^ a good mechanic with a desire to build a
a machine that would fly. He knew how to build gliders but did not know anything
of
about the requirements ~~for~~ ^ an airplane that would be maneuverable. His idea
inherently
was to have it ^ stable. To turn it he used a rudder and unbalanced power oft he
two propellers.

Again I say that I do not believe that any of his machines ever left the ground
assertions of fly.
under their own power in spite of the ^ many persons who think they saw it ~~do so~~. I
think I was in a better position during the 9 years that I was giving Whitehead money
what
to develop his ideas to know ~~about~~ his machines could do than persons who were
employed by him for a short time or those who have remained silent for thirty-five
years about what would have been an historic achievement in aviation.

want to the pioneer Gustave know im to be
In conclusion I ^ will give ^ Whitehead the credit to which I ^ think ~~he is~~ entitled.

**Angebliche Erklärung von Stanley Y. Beach, 10. April 1939, S.3**

Erklärung von S. Y. Beach -3-

Einmal, als ich bei ihm vorbei schaute, überschlug sich sein cholerisches Temperament, und er versuchte, mit einer Eisenstange ~~auf mich einzuschlagen~~ *mir „den Schädel einzuschlagen"*. Nach so vielen Fehlschlägen, und als es ihm nicht gelang, *sein* ~~ein~~ *Flugzeug unter eigenem Antrieb zum Starten und Fliegen zu bringen* ~~eine erfolgreiche Flugmaschine zu bauen~~, hatten wir hinsichtlich der Eigentumsrechte an den Segelfliegern, Motoren usw., für die ~~wir~~ *mein Vater* bezahlt hatte[~~n~~], einige Verstimmungen. Das [der] *große Flugzeug* ~~Motor-~~ (Segeler) wurde auf dem Rasen meines *Landsitzes [an der Adresse] Elm St. 1812 Stratford* ***Conn.*** mit angelegten Flügeln aufbewahrt, *und ein Witzbold aus dem Ort erzählte den Kindern,* ~~es war bekannt~~ dass es *die Flugmaschine* von Stanley Beach sei, *mit dem dieser* ***in den Himmel*** *aufsteigen werde.*

Während dieser Phase wurden wir durch H***enry*** A***lonzo*** House beraten, der für Maxim gearbeitet hatte und die Maxim-Maschine *ungefähr im Jahre 1895* in Baldwin Park England tatsächlich *entwickelt, gebaut, erprobt und* zum Fliegen gebracht hatte – *das erste Abheben eines durch Motorkraft angetriebenen Flugzeugs*! Hätte er gehört oder daran geglaubt, dass Weißkopf in der Lage war, eine Maschine, die fliegen konnte zu bauen, so hätte er sie großzügig unterstützt.

~~Was das Gerede betrifft, dass die Gebrüder Wright Weißkopf besucht hätten – so ist das pure Fantasie. Das hätte ich von Weißkopf sicherlich zu hören bekommen, insbesondere in den späteren Jahren, als diese weltberühmt geworden waren. Er hat es nie erwähnt, und es handelt sich dabei um weitere fantasievolle Geschichten, an die man sich „erinnert".~~

Mein Eindruck von Weißkopf ist ~~die eines,~~ ***dass er ein*** guter[~~n~~] Mechaniker[~~s~~] war mit dem Wunsch, eine Maschine zu bauen, die fliegen würde. Er wusste zwar, wie man Segelflieger baut, wusste jedoch nichts über die Erfordernisse ~~für ein~~ ***eines*** Flugzeugs, das steuerbar wäre. Seine Vorstellung war, es *eigen*stabil auszurichten. Um es zu steuern setzte er ein Seitenruder sowie das Schubdifferenzial zweier Propeller ein. Noch einmal sage ich, dass ich nicht daran glaube, dass irgendwelche seiner Maschinen jemals den Boden unter eigener Antriebskraft verließen, dies trotz der ***Behauptungen*** vieler[~~n~~] Personen, die meinen, sie so ***fliegen*** gesehen zu haben.

Ich glaube, dass ich während der 9 Jahre, in denen ich Weißkopf zur Umsetzung seiner Ideen Geld gegeben habe, viel eher in der Lage war, zu wissen, ~~über~~ wozu seine Maschinen imstande waren, als Personen, die bei ihm kurzfristig angestellt waren, oder jene, die seit Fünfunddreißig Jahren über etwas schweigen, was in der Geschichte der Luftfahrt eine historische Errungenschaft gewesen wäre.

Abschließend möchte ich dem Pionier Gustav Weißkopf jene Anerkennung zollen, ~~die ihm~~ von der ich ***weiß, dass sie ihm*** zusteht.

**Angebliche Erklärung von Stanley Y. Beach, 10. April 1939, S.3**

S. Y. Beach's Statement -4-

1. He built many gliders and patented an aeroplane that was inherently stable.

2. He built many lightweight engines of which actually lifted a Bleriot-type airplane off the ground.

He certainly deserves a place in early aviation due to his having gone ahead and built engines and aeroplanes.

The former were marvels of power for their light weight. The 5-cylinder kerosene one, with which he claims to have flown over L. I. Sound on Jan. 17th, 1902, was the first Aviation Diesel! It, at least, brought such a flight within the range of possibility.

As for the patented aeroplane, in the movie thriller "Men with Wings" an inventor like Whitehead takes off and flies successfully in a batlike monoplane that is practically a duplicate of the latter's 1901-2 machine. It crashes, killing its builder!

Of my own knowledge, from many experiments + tests, I know that the aeroplane patented by him was inherently stable, laterally and longitudinally, and that it would always make a "pancake" landing instead of a nose dive.

This fact alone would have saved many lives if this slow but safe type had been employed in the early days.

Angebliche Erklärung von Stanley Y. Beach, 10. April 1939, S.4

S. Y. Beach's Statement -4-

and patented an aeroplane that was
1. He built many gliders ~~which were~~ inherently stable.

many lightweight one of
2. He built ^ ~~an~~ engines ^ which actually lifted a Bleriot-

monoplane
type ^ ~~airplane~~ off the ground.

due to his having gone
He certainly deserves a place in early aviation ^ ~~but not as an inventor~~
ahead and built extremely light engines and aeroplanes.
~~of an early airplane that would fly.~~

their
The former were marvels of power ~~&for~~ ^ light weight. The 5-cylinder kerosene one with which he claims to have flown over L.I. Sound on Jan.

I believe
17th, 1902, was ^ the first aviation Diesel! It, at least, brought such a flight within the range of possibility.

As for the patented aeroplane, in the Movie thriller "Men with Wings" ~~such~~ an inventor

like
~~as was~~ Whitehead takes off and flies successfully in a batlike monoplane that is practically a duplicate of the latter's 1901-2 machine. It crashed, killing its builder!

Of my own knowledge, from many experiments & tests, I know that the aeroplane patented by him was inherently stable, laterally and longitudinally, and that it would always make a "pancake" landing instead of a nose dive.

This fact alone would have saved many lives if this slow but safe type had been employed in the early days.

{ XE "Men with Wings (Film)" }

**Angebliche Erklärung von Stanley Y. Beach, 10. April 1939, S.4**

Erklärung von S. Y. Beach -4-

1. Er baute viele Segelflieger und patentierte ein Flugzeug, welches ~~welche~~ eigenstabil war.

2. Er baute ~~einen~~ viele leichte Motoren, ~~der~~ von denen einer einen ~~Flugzeug~~ Eindecker vom Typ Bleriot tatsächlich vom Boden abhob.

Er verdient auf jeden Fall einen Platz in der frühen Luftfahrtgeschichte, weil er Vorreiter war und extrem leichte Motoren und Flugzeuge gebaut hat. ~~aber nicht als Erfinder eines frühen flugfähigen Flugzeugs~~.

Erstere waren Wunder der Kraft ~~& **wegen ihres**~~ leichten Gewichts. Der eine 5-zylindrige mit Kerosinantrieb, mit welchem er behauptet, am 17. Jan. 1902 über L.I. Sund geflogen zu sein, War, ***glaube ich***, der erste Dieselmotor der Luftfahrt! Es brachte zumindest eine Flugleistung bis in die Nähe des Möglichen.
Was das patentierte Flugzeug betrifft; im Spielfilm „Men with Wings" ist ein ~~solcher~~ Erfinder ~~vom Typ~~ ***wie*** Weißkopf gestartet und fliegt erfolgreich in einem fledermausartigen Eindecker, der praktisch ein Duplikat der Maschinen des Letztgenannten von 1901-2 sei. Sie stürzte ab und tötete dabei den Erbauer!
Aus eigener Kenntnis infolge vieler Experimente und Erprobungen weiß ich, dass das durch ihn patentierte Flugzeug sowohl quer- als auch längsweise eigenstabil war, und dass es immer wie ein Pfannkuchen flach aufsetzte, statt kopfüber abzustürzen.
Allein diese Tatsache hätte viele Leben gerettet, wenn dieses zwar langsame, aber sichere Muster in der Anfangszeit eingesetzt worden wäre.

**Angebliche Erklärung von Stanley Y. Beach, 10. April 1939, S.4**

April 11, 1939

Mr. Earl N. Findley
U.S. Air Services
17th & H Street, N.W.
Washington, D. C.

Dear Earl:

I have just received the statement from Stanley Beach. His home address is 144 E. 36th Street, New York City, and I suggest you write him direct as I am going to California for two weeks.

If you knew him you would know what a job it was to pry this out of him. I could not edit it as I would have wished, but you could do so by omissions in any article you write.

In Mrs. Randolph's book on page 60 she states: "Other visitors to the Whithead shop during John's absence had been Orville and Wilbur Wright, according to both sworn and oral statements made to the writer." I think it would be well if you would investigate this.

Also, in an important article in Popular Aviation, January, 1938, page 223, she says "Said Wilbur, 'Man will never fly in a thousand years.'" She does not say when or where this astonishing remark was made. I suggest you read this article.

If I can be of any further help, let me know.

Sincerely yours,

LDG:GF

Lester Gardner Brief an Earl Findley, 11. April 1934

11. April 1939

Hrn. Earl N. Findley
U.S. Air Services
$17^{th}$ & North Street N.W.
Washington D.C.

Lieber Earl,

Soeben erhielt ich die Erklärung von Stanley Beach. Seine Privatadresse lautet E. $36^{th}$ Street 144, New York City. Ich schlage vor, dass du ihn direkt anschreibst, da ich nun für zwei Wochen nach Kalifornien verreise.

Würdest du ihn kennen, so würdest du wissen, was das für eine Aufgabe war, ihm diese abzuringen. Ich konnte sie zwar nicht so redigieren, wie ich es wollte, aber das könntest du in etwaigen Artikeln, die du schreibst, durch Weglassen bewerkstelligen.

Im Buch von Frau Randolph schreibt sie auf Seite 60: „Andere Besucher der Werkstatt Weißkopfs während der Abwesenheit von Johann waren gemäß beeideter schriftlicher und mündlicher Aussagen gegenüber der Autorin Orville und Wilbur Wright." Ich glaube, es wäre gut, wenn du dies untersuchen würdest.

Ferner, in einem Artikel in Popular Aviation vom Januar 1938 auf S. 223 schreibt sie, „Wilbur sagte, Menschen werden in den nächsten tausend Jahren nicht fliegen". Sie schreibt aber nicht, wann oder wo diese verblüffende Behauptung gemacht worden sein soll. Ich schlage vor, dass Sie diesen Artikel lesen.

Wenn ich weiter behilflich sein kann, lass es mich bitte wissen.

Liebe Grüße,

**Lester Gardner Brief an Earl Findley, 11. April 1934**

**Stanley Yale Beach**
9. Juli 1877 – 13. Juli 1955

Stanley Yale Beach wurde am 9. Juli 1877 in Stratford/Connecticut geboren[554]. Er war ein direkter Nachkomme von Wilhelm der Eroberer und dem Gründer der Yale University, Elihu Yale. Seine Familie war eine Mediendynastie. Sein Urgroßvater Moses Yale Beach kaufte Ende der 1830er Jahre die Zeitung *New York Sun,* erfand 1841 das Konzept der Zeitungskonsortialisierung und gründete 1846 *The Associated Press*. Moses wurde zuvor im Jahre 1857 Berater und Friedensbotschafter von US-Präsident James K. Polk. Als er in den Ruhestand trat, übertrug er sein Medienimperium an seine fünf Söhne.

**Stanley Y. Beach im experimentellen U-Bahn Waggon, 1899[557]**

Einer dieser Söhne war Stanleys Großvater Alfred Ely Beach, ein Patentanwalt, der zusammen mit seinem Partner Orson D. Munn *The Scientific American* kaufte – Amerikas zweitälteste Zeitschrift. Alfred Ely gründete auch die U-Bahn von New York. Sein Sohn (Stanleys Vater) Frederick C. Beach folgte Alfred E. als Herausgeber von *The Scientific American*. Neben seiner Redaktionstätigkeit erfand Frederick C. auch das fotolithografische Verfahren, mit dem häufig Fotos für Zeitungspapier hergestellt wurden. Ähnliche Erwartungen wurden an den jungen Stanley Yale Beach gestellt. Diese erfüllte er nicht.

Stanley wuchs mit seinem Vater, seiner Mutter Margaret A. und seinen Geschwistern in Stratford/Connecticut, auf[555]. Am 1. Januar 1896 starb Stanleys Großvater Alfred E.[556]. Stanleys Vater Frederick C. glaubte, er würde die Anteile seines Vaters an *Scientific American* erben. Aber da trat ein Problem auf.

Im Sommer jenes Jahres nahm Elys Witwe Harriet (Stanleys Großmutter) ihn auf eine Reise nach Europa und Ägypten mit. Zu ihr gesellte sich später ihr neuer Partner, Dr. Rogers – ein Hellseher, den

---

[554] 1896-06-16, Passantrag, Stanley Yale Beach
[555] 1880-06-08, US-Volkszählung, Stratford Conn., Supt.Distr.1, Enum.Distr.125, S. 18, Z. 27
[556] 1896-01-07, New York Times, NY, S.6
[557] 1899-04-15, Scientific American

sie in Alexandria/Ägypten heiratete. Rogers zwang Harriet sofort, ihr gesamtes Vermögen für die Summe von einem Dollar an ihn zu übergeben[558]. Das Beach-Erbe war damit weg.

Etwas mehr als ein Jahr später wurde eine Sonderkammer des Obersten Gerichts von New York einberufen, um Harriets Ehe zu untersuchen. Stanleys Vater Frederick und Tante väterlicherseits Jennie behaupteten, Harriet (ihre eigene Mutter) sei verrückt. Es ging um deren Ehe mit Dr. Rogers. Stanley sagte aus, dass er während der Europareise alle Briefe, die seine Großmutter von seinem zukünftigen Stiefgroßvater Dr. Rogers bekam, heimlich öffnete. Ferner, dass er die an Rogers ausgehende Post bei den Concierges der jeweiligen Hotels abgefangen und Kopien davon angefertigt hatte, bevor sie weitergeleitet wurde. Im Kreuzverhör bestritt er, gewusst zu haben, dass seine Handlungen eine Straftat waren. Er begründete sie mit der Bedrohung, die Rogers darstellte, und erklärte, er habe "*in den Zeitungen*" gelesen, dass Rogers ein Betrüger sei. Stanley sagte auch aus, dass Rogers bei seiner Ankunft in Europa mit seiner Großmutter eine spirituelle Sitzung in Genf abgehalten hatte, die Stanley heimlich durch ein Schlüsselloch beobachtete habe[559].

Währenddessen brannte Stanley am 15. September 1897 mit seiner Highschool-Geliebten Helen Birdseye Curtis nach Mount Vernon in New York durch, um dort heimlich zu heiraten[560]. Ihre ahnungslosen Familien gaben am 20. September die Verlobung des Paares bekannt[561]. Erst am 12. Januar des folgenden Jahres[562] gestanden Stanley und Helen, dass sie bereits verheiratet waren.

Sich zwischen widersprüchlichen Interessen und persönlichen Loyalitäten zu positionieren, die oft zu Gerichtsstreitigkeiten führten, sollte zu einer Konstante werden, die den Rest von Stanleys Leben prägen würde.

**Who Is Stanley Y. Beach? Here's Brief Biography.**

Here is what "Who's Who" says of Stanley Yale eBach:
Beach, Stanley Yale, aeronautic expert; born Stratford, Conn., July 9, 1877; son of Frederick Converse Beach and Margaret Allen (Gilbert B.), Ph.B.; Sheffield Scientific school (Yale), 1896.
Married Helen Birdseye Curtis of Straford, Conn., Sept. 15, 1897. Automobile editor Scientific American since 1898; aeronautic editor since 1900; owner Scientific American Translation bureau; president Scientific Aeroplane and Airship company, 1909; solicitor of patents and trademarks, especially relating to aeronautics.
Secretary Aero Science club of America; charter member Aero Society of America; Aero club. [563]

***Wer ist Stanley Y. Beach? Hier ist eine kurze Biografie.***

Nachfolgend steht, was „Who's who" über Stanley Yale Beach sagt:
Beach, Stanley Yale, Aeronautik-Experte; geboren in Stratford/Connecticut am 9. Juli 1877; Sohn von Frederick Converse Beach und Margaret Allen (Gilbert B.); PhB.; Sheffield Scientific School (Yale) 1896.
Heiratete Hellen Birdeye Curtis von Stratford/Connecticut am 15. Sept. 1897. Seit 1898 Automobil-Redakteur von Scientific American; seit 1900 Aeronautik-Redakteur; Inhaber Scientific American Translation Bureau; Präsident Scientific Aeroplane and Airship Company; 1909: Agent für Patente und Schutzmarken, insbesondere i.V.m. der Aeronautik.
Schriftführer des Aero Science Club of America; Aero Club.

Stanleys Vater verlor den Prozess gegen die Großmutter und Dr. Rogers[564] und legte Berufung ein. Im Berufungsverfahren gewann er[565], bekam das gesamte Vermögen zurück und verklagte Rogers erfolgreich wegen Nichtigkeit der Ehe[566].

---

[558] 1899-04-11, New York Times, NY, S.14
[559] 1898-03-29, New York Times, NY, S.7
[560] 1927-06-02, Bridgeport Telegram, CT, S.6
[561] 1897-09-20, New Haven Morning Journal, CT, S.3
[562] 1898-01-13, Elisabeth Daily Journal, NJ, S.7; 1898-01-18, Waterbury Evening Democrat, CT, S.1
[563] 1926-01-25, New York Daily News, NY, S.3
[564] 1897-07-10, New York Tribune, NY, S.12
[565] 1897-12-11, New York Times, NY, S.14
[566] 1899-05-19, Chicago Tribune, IL, S.2

Später noch im selben Jahr verursachte Stanley einen Verkehrsunfall mit dem Auto seines Vaters[567]. Verkehrsunfälle sollten auch eine Konstante in Stanleys Leben werden.

Stanley studierte Philosophie an derselben Institution, die sein Vater besucht hatte, und zwar an der Yale University in der Sheffield Scientific School. Er schloss als Bachelor in der Klasse von 1898 ab[568]. Er wurde danach sofort als Kfz-Redakteur bei *Scientific American* angestellt und übernahm im Jahre 1900 auch den Posten des Luftfahrtredakteurs[569]. In dieser Eigenschaft berichtete er ein Jahrzehnt lang über die Frühluftfahrt. Wie in der Automobilwirtschaft, so auch in der Luftfahrt waren seine Berichte journalistisch anspruchsvoll, sowie sachlich und technisch detailliert. Sie gelten heute unter Historikern als erhabene Quelle für die technische Geschichtsschreibung.

Die Erwartungen, die Stanleys Familie an ihn stellten, waren hoch. Seine unmittelbaren Vorfahren waren erfolgreiche Erfinder und Kaufleute. Und obwohl er von Autos begeistert war, hatte er eine besondere Vorliebe für Flugzeuge. Er wollte sich offenbar einen Namen als Erfinder und Pionier in der Luftfahrt machen. Dabei hat ihn seine Familie unterstützt.

Bereits 1899 war Stanleys Interesse an der Luftfahrt so stark, dass er ein Segelflugzeug nach eigenem Entwurf baute. Mehrere Fotos zeigen ihn und sein Segelflugzeug auf einem Hügel in Stratford mit Blick auf den Housatonic Fluss. Sein Vater Frederick ist (ganz rechts) als einer der Zuschauer im nachstehenden Bild zu sehen.

**Der Segelflieger von Stanley Yale Beach 1899 in Stratford (Stanley, links; Vater Frederick, rechts)**

* * *

Am Memorial Day, dem 30. Mai 1901, traf Stanley zum ersten Mal Gustav Weißkopf und fotografierte ihn und sein Flugzeug in Bridgeport – der Nachbarstadt zu seinem Wohnort in Stratford.

567 1904-05-21, Hartford Courant, CT, S.17
568 1906, Yale University Directory of Graduates, CT, S.188
569 1926-01-25, New York Daily News, NY, S.3

In der Ausgabe von *Scientific American* vom 8. Juni 1901 veröffentlichte er einen Artikel und Fotos, die Weißkopfs Flugzeug Nr. 21 dokumentierten. Sowohl der Artikel als auch die Fotos wurden weltweit verbreitet. Der lokale *Bridgeport Evening Farmer* war die erste Zeitung, die den Bericht für ihre Titelseite kaufte[570].

Die frühere Zeitung der Familie Beach *New York Sun* veröffentlichte am nächsten Tag einen langen Artikel über Weißkopf[571]. Dieser weckte offenbar das Interesse des *New York Herald*, der einen Reporter nach Bridgeport schickte und anschließend eine ganze Seite mit vielen Fotos veröffentlichte[572].

Am 18. August 1901[573] brachte die auflagenstärkste Zeitung Connecticuts, der *Bridgeport Sunday Herald*, einen Bericht über Weißkopfs ersten langen Motorflug. In den danach folgenden Tagen veröffentlichten alle großen Zeitungen New Yorks den Bericht[574]. Reporter wurden zudem nach Bridgeport geschickt, um Folgeberichte zu schreiben[575]. Zu diesem Zeitpunkt hatte also Beach die Initiative sowie die Exklusivrechte an jener Geschichte, die er ursprünglich selbst aufgespürt hatte, verloren. So entstand eine Rivalität zwischen Beach und Richard Howell, Redakteur des *Bridgeport Sunday Herald*. Diese gipfelte später darin, dass Beach durch Howell mit Hohn und Spott überzogen wurde. (Ein kurioser Nebenaspekt dieser Rivalität war, dass die beiden in Stratford/Connecticut in derselben Straße direkt gegenüber wohnten.

Über das nächste große Ereignis – Weißkopfs Fabrikeröffnung – berichtete abermals zuerst der *Bridgeport Sunday Herald* gefolgt von allen New Yorker Tageszeitungen, einschließlich der *Sun*[576]. Beach übernahm die Initiative erst wieder, als er über Weißkopfs Teilnahme am Luftfahrtwettbewerb in St. Louis berichtete[577]. Auch diese Geschichte verbreitete sich über die ganze Welt.

* * *

Zu dieser Zeit dokumentierte der *Scientific American* in seinen Rubriken die Entwicklung sowohl des Automobils als auch des Flugzeugs. Als zuständiger Redakteur für diese Themenschwerpunkte testete Stanley regelmäßig die Fahrzeuge von Herstellern[578] und nahm an Auto-Rallyes teil[579]. Seine Berichte waren eine Messlatte für anspruchsvollen technischen Journalismus. Sein Hauptinteresse galt jedoch der Luftfahrt. Und ausgerechnet Beachs Berichte über Gustav Weißkopf stellte Orville Wright vier Jahrzehnte später in Frage. Die Bemühungen Wrights gingen so weit, dass er Beach veranlassen wollte, seine eigenen, zeitgenössisch verfassten Berichte, zu widerrufen.

In der Ausgabe des *Scientific American* vom 19. September 1903 beschrieb ein illustrierter Artikel einen 305 Meter weiten Motorflug von Gustav Weißkopf in Fairfield.

---

570 1901-06-08, Bridgeport Evening Farmer, CT, S.1
571 1901-06-09, New York Sun, NY, S.2
572 1901-06-16, New York Herald, NY, Sec. 5, S.3
573 1901-08-19, New York Sun, NY, S.2
574 1901-08-19, New York Herald, NY; New York Evening Telegram, NY, S.7; New York World, NY, S.3
575 1901-08-23, New York Sun, NY, S.8; New York Herald, NY, S.6; New York World, NY, S.6; 1901-08-26, New York Morning Telegraph, NY, S.1; New York World, NY, S.2
576 1901-11-18, New York Sun, NY, S.1; New York Herald, NY, S.3; New York Tribune, NY, S.1; New York World, NY, S.6; 1901-11-19, New York Evening Telegram, NY, S.10; New York Evening World, Night Edition, NY, S.5; New York Herald, NY, S.6
577 1902-01-16, New York Sun, NY, S.5
578 1905-07-08, Automobile Topics, S.543
579 1902-10-10, New Haven Morning and Courier, CT, S.2; 1905-08-26, Automobile Topics, S.1445

front of it on its crank shaft. By running with the machine against the wind, after the motor had been started, the aeroplane was made to skim along above the ground at heights of from 3 to 16 feet for a distance, without the operator touching, of about 350 yards. It was possible to have traveled a much longer

Scientific American, 19. September 1903, S.204

**Beim Start mit laufendem Motor im Sprint gegen den Wind wurde das Flugzeug dazu gebracht, knapp über dem Boden in Höhen zwischen 1m und 5m über eine Strecke von ca. 325m zu fliegen, ohne dass der Pilot dabei den Boden berührte.**

Da Stanley auf dem Weg zu seinem Job in New York zweimal täglich durch Fairfield County pendelte[580], seit 1900 Aeronautik-Redakteur von Scientific American war (Anm.: es gab keine anderen Stabsreporter für diese Rubrik), und er Weißkopf seit Ende Mai 1901 kannte, scheint es angemessen zu sein, anzunehmen, dass Stanley Beach der Autor dieses Artikels war. Das Besondere daran ist, dass er **fast drei Monate *früher*** veröffentlicht wurde, als die Gebrüder Wright behaupteten, über eine viel kürzere Strecke bei Kitty Hawk in North Carolina am 17. Dezember 1903 motorisiert geflogen zu sein.

In dem Artikel gibt es keinen Hinweis darauf, dass Beach und Weißkopf zu diesem Zeitpunkt Partner waren. Die erste öffentliche Erwähnung einer Zusammenarbeit zwischen den Beiden erfolgte über ein Jahr später am 20. Dezember 1905, als er und Weißkopf gemeinsam ein Patent anmeldeten. [Zuvor war Weißkopf von einem Mr. Miller (Okt.-Nov. 1901), dann von einem Herrn Hermann Linde (Nov. 1901 bis 17. Jan. 1902) und dann ab April 1902 bis Ende 1904 von seinem Bruder Johann Weißkopf finanziert worden). In einem Brief an die Weißkopf-Biografin Stella Randolph schilderte Johann Weißkopf, dass er Bridgeport im Jahre 1904 vorübergehend verließ, und bei seiner Rückkehr Ende 1905 feststellte, dass sein Bruder Gustav eine Partnerschaft mit Beach eingegangen war[581].]

UNITED STATES PATENT OFFICE.

GUSTAVE WHITEHEAD, OF BRIDGEPORT, CONNECTICUT, ASSIGNOR OF ONE-HALF TO STANLEY YALE BEACH, OF STRATFORD, CONNECTICUT.

AEROPLANE.

No. 881,837. Specification of Letters Patent. Patented March 10, 1908.

Application filed December 20, 1905. Serial No. 292,614.

**Patent des Urhebers Gustav Weißkopfs, von dem die Hälfte Herrn Stanley Yale Beach zugewiesen wurde, 20 Dez. 1905**

Die Tatsache, dass Beach und Weißkopf zusammenarbeiteten, wurde am 22. August 1906 in einer Zeitung aus New Haven auf lokale Ebene erstmals veröffentlicht. Dort hieß es, die zwei hätten *„einige Monate"* zusammen experimentiert[582]. (Die Partnerschaft Beach-Weißkopf begann im Zeitraum von Ende 1904 bis Ende 1905, doch die Umstände deuten eher auf Ende 1905 hin.)

Unmittelbar vor der ersten Luftfahrtausstellung des *American Aero Club* im Januar 1906 schrieb Stanley einen Artikel im *Scientific American*, in dem er seine Skepsis gegenüber den Fluganspr\u00fcchen der Gebrüder Wright zum Ausdruck brachte:

---

580 1936-03-29, Junius Harworth Brief an Stella Randolph

581 1934-09-03, Johann Weißkopf Brief an Stella Randolph, S.4 (nummeriert, aber eigentlich 5)

582 1906-08-22, New Haven Morning Journal and Courier, CT, S.5

reports. Unfortunately, the Wright brothers are hardly disposed to publish any substantiation or to make public experiments, for reasons best known to themselves. If such sensational and tremendously important experiments are being conducted in a not very remote part of the country, on a subject in which almost everybody feels the most profound interest, is it possible to believe that the enterprising American reporter, who, it is well known, comes down the chimney when the door is locked in his face—even if he has to scale a fifteen-story sky-scraper to do so—would not have ascertained all about them and published them broadcast long ago? Why particularly, as is further alleged,

Scientific American, 13. Januar 1906, S.40

**Leider fühlen sich die Gebrüder Wright – aus Gründen, die sie selbst am besten kennen – nicht veranlasst, irgendwelche Beweise zu veröffentlichen oder öffentliche Vorführungen zu machen. Ist es möglich, zu glauben, wenn derart sensationelle und ungemein wichtige Experimente in einem nicht allzu abgeschnittenen Teil dieses Landes zu einem Thema durchgeführt werden, wofür sich fast jeder stark interessiert, dass der aufstrebende amerikanische Zeitungs-Reporter, der – und das ist gut bekannt, den Kamin herunter gerutscht kommt, wenn ihm die Tür ins Gesicht zugeschlagen wird – nicht schon vor langer Zeit alles über sie herausgefunden hätte, und darüber auf breite Front veröffentlicht hätte?**

Bei dieser Ausstellung im Januar 1906 beschrieb Stanley ein Foto eines Motorfluges von Gustav Weißkopf, das dort ausgestellt war. In demselben Artikel äußerte er sich weiterhin skeptisch gegenüber den Flug-Behauptungen der Wrights und stellte die Frage, warum sie denn keine Fotos von ihrem Motorflugzeug zeigen wollten.

8 seconds against a 25-mile-an-hour wind. Another exhibit of great interest at the present time, in view of the claims of remarkable flights made by the Wright brothers last summer, was the four-throw crankshaft and flywheel of the motor said to have been used on their machine when, on December 17, 1903, they made their first flight with a motor-driven aeroplane at Kitty Hawk, N. C. These experimenters claim to be using the same cylinders with their latest machine, the motor of which they have fitted with a lighter crankshaft.

inventor prefers to keep secret. No photographs of this or of larger man-carrying machines in flight were shown, nor has any trustworthy account of their reported achievements ever been published. A single blurred photograph of a large birdlike machine propelled by compressed air, and which was constructed by Whitehead in 1901, was the only other photograph besides that of Langley's machines of a motor-driven aeroplane in successful flight. In order at least partial-

Scientific American, 27. Januar 1906, S.94

**Ein weiteres Exponat, das – angesichts der Behauptung bemerkenswerter Flüge durch die Gebrüder Wright im letzten Sommer – derzeit großes Interesse erzeugt, war der Viertakt-Kurbelwelle und Schwungrad des Motors, den sie angeblich in ihrer Maschine verwendete, als sie am 17. Dezember 1903 den Jungfernflug mit einem Motorflugzeug in Kitty Hawk/N.C. gemacht haben sollen. Diese Erfinder behaupten, im Motor ihrer aktuellen Maschine zwar dieselben Zylinder zu verwenden, diesen aber mit einer leichteren Kurbelwelle ausgestattet zu haben.**

**Weder von dieser noch von größeren bemannten Maschinen wurden irgendwelche Flugfotos gezeigt. Zudem wurde noch kein vertrauenswürdiger Bericht über dessen Errungenschaft jemals veröffentlicht. Neben Fotos vom Motorflugzeug Langleys zeigte lediglich ein einziges verschwommenes Foto einer großen durch Gasdruck angetriebenen, vogelähnlichen Maschine, die im Jahre 1901 durch Weißkopf gebaut wurde, ein Flugzeug beim erfolgreichen Flug.**

**Scientific American, 27. Januar 1906, S.94**

Weniger als zwei Monate später, am 8. März 1906, brachte die frühere Familienzeitung *New York Sun* eine Geschichte, welche die von den Wrights behaupteten Motorflüge als wahr bestätigt wurden. Sie enthielt eine Liste von Zeugen, welche die Wrights in einem Brief an den *American Aero Club* zur Verfügung gestellt hatten[583]. Es war Stanley Beach, der, nachdem er zuerst die Richtigkeit der Behauptungen der Gebrüder Wright, 1903 und 1904 geflogen zu sein[584], in Frage gestellt hatte, durch einen Artikel in *Scientific American* ihre Behauptung, 1905 in Dayton geflogen zu sein, als wahr einstufte[585]. Zu diesem Zweck besuchte er Dayton und kontaktierte Zeugen auf der Liste, welche die Wrights zur Verfügung gestellt hatten. Er schrieb dann, dass ihre Behauptung somit verifiziert worden sei[586]. [Orville Wright verlangte nicht, dass Stanley Beach diese Berichte dementiert. Sie wurden aber zu einer Zeit verfasst, als Beach gerade seine Partnerschaft mit Weißkopf begonnen hatte.]

---

[583] 1906-03-08, New York Sun, NY, S.10
[584] 1906-01-13, Scientific American, NY, S.40
[585] 1907-02-09, S.Y.Beach Brief an die Gebrüder Wright
[586] 1906-04-07, Scientific American, NY, S.291

Die parallelen Beziehungen von Stanley Beach zu Gustav Weißkopf und den Gebrüdern Wright bestimmen maßgeblich seine Rolle in der Luftfahrtgeschichte. Als Luftfahrt-Redakteur des *Scientific American* pflegte Stanley über Jahre hinweg eine regelmäßige Korrespondenz mit den Gebrüdern Wright. Dies brachte ihn manchmal in eine zwielichtige Lage. Hier sind einige Beispiele:

In demselben Artikel, in dem er die Flugbehauptungen der Wrights von 1905 verifizierte, erwähnte er – ohne dabei Weißkopf namentlich zu erwähnen – das bessere Leistungsgewicht von dessen Motor (2,2 Pfund pro PS statt 10 Pfund pro PS wie bei den Wrights). Und als er über Santos-Dumonts ersten Motorflug vom 14. Oktober 1906 berichtete, warf er Santos-Dumont vor, bei seiner Euphorie vergessen zu haben, dass die Wrights (1903), Whitehead (1901) und Herring (1898) zuvor geflogen waren. Offensichtlich platzierte er Weißkopfs Motorflüge vor denen der Wrights.

mediately settle down upon *terra firma*. In his enthusiasm the Brazilian aeronaut forgets also that at least three experimenters in America (Herring in 1898, Whitehead in 1901, and Wright brothers in 1903), Maxim in England (1896), and Ader in France (1897), have already flown for short distances with motor-driven aeroplanes, and yet no really practical machine of the kind has as yet been produced and demonstrat-

Scientific American, 24. November 1906, S.379

**In seiner Jubellaune vergisst der brasilianische Aeronaut, dass mindestens drei amerikanische Pioniere (Herring 1898, Weißkopf 1901, und die Gebrüder Wright 1903) sowie Maxim in England 1896, und Ader in Frankreich 1897, bereits mit Motorflugzeugen über kurze Strecken geflogen sind, und doch wurde bislang keine praktische Maschine dieser Art produziert**

gine is a 4¼ x 4 of an improved type. Whitehead also exhibited the 2-cylinder steam engine which revolved the road wheels of his former bat machine, with which he made a number of short flights in 1901. He

Scientific American, 15. Dezember 1906, S. 448

**Weißkopf stellte auch den Zweizylinder Dampfmotor, der die Straßenräder seiner früheren fledermausähnlichen Maschine antrieben, mit dem er einige kurze Flüge im Jahre 1901 gemacht hat, aus.**

Am 28. November 1906 sandte Stanley den Gebrüdern Wright Zeitungs-Ausschnitte über die Motoren französischer Konkurrenten und versorgte sie mit Informationen über einen amerikanischen Motor, den er gerade in einer von ihm besuchten Fabrik gesehen hatte. Drei Tage später, am 1. Dezember 1906, schrieb er an die Gebrüder Wright und – vor Beginn einer Ausstellung in New York – beschrieb er den Motor Weißkopfs, allerdings einmal mehr ohne dessen Namen zu erwähnen. Er fragte ferner, ob die jüngsten Nachrichten, in denen behauptet wurde, dass die US-Regierung das Wright-Flugzeug kauft, wahr seien. Da Beach zu diesem Zeitpunkt gerade Partner von Weißkopf – der neben den Wrights auf derselben Veranstaltung ausstellte – geworden war, hatte er in beiden Richtungen Interessenskonflikte.

Am 9. Februar 1907 verriet Stanley den Inhalt der laufenden Experimente Herrings an die Gebrüder Wright: *„Ihr alter Freund, Herr H., experimentiert derzeit in dieser Stadt mit verschiedenen Arten von Schraubenpropellern. [] Ich hoffe, dass Sie mich, wenn zu irgendeinem Zeitpunkt [] eine Vorführung stattfindet, als einen der wenigen Bevorzugten einladen, die dies bezeugen können, und ich gebe Ihnen mein Wort, dass Sie sich darauf verlassen können, dass ich Ihre Erfindung auf keinste Weise verraten werde."*[587] (Der Hintergrund zu dieser Aussage ist, dass die Wrights und Herring bittere Feinde waren.) Es ist unklar, ob die Wrights zu diesem Zeitpunkt über die Partnerschaft zwischen Beach und Weißkopf wussten. Jedenfalls wurde das Angebot Stanleys, die Technologie der Wrights geheim zu halten, wenn er sie live sehen dürfte, nicht angenommen.

1907 führte Stanley die *Scientific American Luftfahrt Trophäe* ein. Eine objektive Analyse könnte zu dem Schluss kommen, dass die Teilnahmebedingungen so gestaltet wurden, dass die Wrights benachteiligt wurden (keine Katapultstarts erlaubt). Es könnte jedoch auch der Schluss gezogen werden, dass die Bedingungen der Trophäe darauf ausgelegt waren, die Luftfahrt insgesamt zu fördern, indem wirklich praktische Flugzeuge gefördert wurden.

[587] 1907, Wilbur and Orville Wright Papers, Box 12, Folder 14, Beach, Stanley Yale, 1906-1907

Beim ersten Mal, als ein Wettbewerb um diese Trophäe auf der Weltausstellung in Jamestown stattfand, gelang es keinem der Teilnehmer in der Kategorie "Schwerer als Luft" zu fliegen. Als die Exponate von dieser Veranstaltung Ende November 1907 auf einer Messe in New York ausgestellt wurden, wurde Exponat Weißkopfs ins *„Flugzeug von Stanley Yale Beach"* umbenannt[588]. Kurz davor hatte Beach seine eigenen Luftfahrt-Ambitionen öffentlich gemacht und angekündigt, dass er ein Flugzeug eigenen Entwurfs für einen Flugtag in St. Louis vorbereitet[589]. (Entweder vertuschte Beach dabei die Rolle Weißkopfs oder es war so wie Beach zu Stella Randolph im Interview gesagt hatte, dass zu diesem Zeitpunkt Weißkopf nur noch der Mechaniker von Beach war. Die Beweise und Indizien deuten darauf hin, dass Letzteres zutrifft, und es ab 1906 tatsächlich so war.) Dennoch wollte Beach die früheren Errungenschaft Weißkopfs nicht leugnen. Im Januar 1908 schrieb er, dass u.a. Weißkopf einer der Pioniere des Motorflugs war:

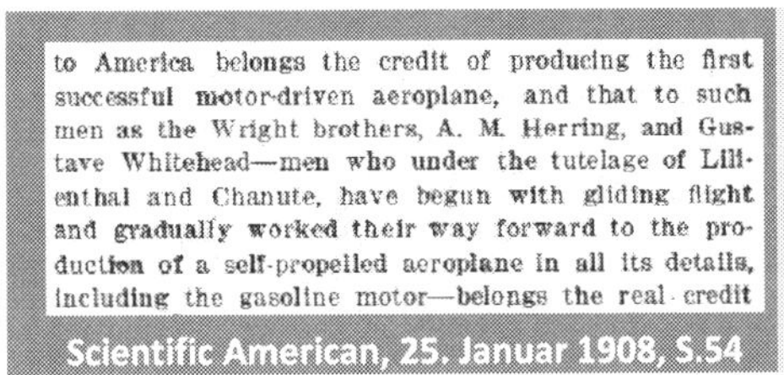
to America belongs the credit of producing the first successful motor-driven aeroplane, and that to such men as the Wright brothers, A. M. Herring, and Gustave Whitehead—men who under the tutelage of Lilienthal and Chanute, have begun with gliding flight and gradually worked their way forward to the production of a self-propelled aeroplane in all its details, including the gasoline motor—belongs the real credit

Scientific American, 25. Januar 1908, S.54

**Amerika sowie solchen Männern wie den Gebrüdern Wright, A.M. Herring, und Gustav Weißkopf gebührt die Anerkennung dafür, das erste erfolgreiche Motorflugzeug produziert zu haben. Das sind Männer, die unter der Anleitung von Lilienthal und Chanute mit Segelflugversuchen anfingen, und sich langsam bis zur Erbauung von Flugzeugen mit Eigenantrieb samt aller Detaileigenschaften wie Benzinmotoren voran gearbeitet haben**

Beach hatte also in *Scientific American* – über einen Zeitraum von fünf Jahren mehrmals explizit – geschrieben, dass Gustav Weißkopf vor den Gebrüdern Wright geflogen war. Der erste dieser Berichte stammt aus einer Zeit, als noch keine Partnerschaft zwischen ihm und Weißkopf bestand. Vierzig Jahre später würde Orville Wright schreiben, dass Beach „nie behauptet" habe, dass Weißkopf geflogen war. [Seltsamerweise steht dieses einmalige, unbelegte Bestreiten durch die Partei Orville Wright statt die mehrmaligen tatsächlichen Behauptungen laut Primärquelle von Beach heute in den Geschichtsbüchern.]

Am 23. April 1908 schrieb Beach an die Gebrüder Wright und fragte, ob sie am 4. Juli an der zweiten Austragung der *Scientific American Luftfahrt Trophäe* teilnehmen möchten. Sie lehnten ab. Beach beendete seinen Brief an die Wrights mit den Worten: *„Ich habe Lieutenant Selfridge von der Aero Experiment Association gestern gesehen und von ihm erfahren, dass das Bell-Flugzeug mit einem Kastenheck rekonstruiert wurde."* Abermals versuchte er also, sich bei den Wrights beliebt zu machen, indem er ihnen Informationen über ihre Konkurrenten zuspielte.

Am 26. Mai 1908 schrieb Beach an die Wrights, er habe gesehen, dass sie ein französisches Patent erhalten hätten, und fragte, ob seine eigene Firma Patentdienstleistungen für sie erbringen könne. Dies geschah zu einem Zeitpunkt, nachdem er und Weißkopf bereits gemeinsam Patente für ihr Flugzeug in Frankreich, Österreich, Großbritannien und den USA angemeldet und erhalten hatten. Es ist schwer vorstellbar, wie Beach glauben konnte, er könne die Patentinteressen der Wrights angemessen vertreten oder objektiv darüber berichten, wenn er selbst konkurrierende Interessen hatte. Es ist auch nicht bekannt, wie Weißkopf reagiert hätte, wenn er gewusst hätte, dass Beach anstrebt, das Patentgeschäft der Wrights für sich zu sichern.

In einem Brief an Stella Randolph wies Weißkopfs Bruder Johann auf die Möglichkeit hin, dass Beach Informationen über Gustav Weißkopfs Erfindungen an die Gebrüder Wright verraten haben könnte:

> *„In der Zwischenzeit hat mein Bruder Mr. Beach kennengelernt und sich ohne [meine] Zustimmung oder [mein] Wissen an ihn dahingehend gewandt, um Patente für diese Steuerungsvorrichtung zu sichern. Was zwischen ihnen vereinbart wurde wusste ich nie. Ob Mr. Beach einen Anteil an den Patenten bekommen sollte, ob er für sie bezahlen sollte, oder ob ich darin erwähnt werden sollte, habe ich nie erfahren. Wir hatten*

[588] 1907-10-01, Aeronautics, S.9
[589] 1907-10-01, Aeronautics, S.8

*vereinbart, diese Patente als Gebrüder Weißkopf gemeinsam anzumelden. Ich erinnere mich lediglich daran, dass mir mein Bruder eines Abends im selben Herbst davon erzählte, wie ihm Mr. Beach gesagt haben soll, dass das Patentamt in Washington niemandem mehr Patente in Bezug auf Maschinen, die schwerer als Luft sind, erteile, es sei denn, dieser könne den Beweis durch eine Flugvorführung erbringen. Die merkwürdige Tatsache ist, dass die Gebrüder Wright ein Patent für eine Steuerungsvorrichtung ähnlichen Entwurfs erhielten. Ob dies vor oder nach einer Flugvorführung geschah, weiß ich nicht. Mr. Beach als Luftfahrtredakteur des damaligen Scientific American stand zur gleichen Zeit in Kontakt mit den Gebrüdern Wright wie mit uns, und meiner Ansicht nach war es sehr einfach und sehr wahrscheinlich, dass er absichtlich oder unbeabsichtigt Ideen an die Gebrüder Wright weitergab."*

**Johann Weißkopf an Stella Randolph, 3. September 1934, S. 5-6**

Johann Weißkopf bezog sich auf die Flügelverwindungsvorrichtung von Gustav Weißkopf, welche auf jenen Fotos zu sehen ist, die Beach in Bridgeport im Mai 1901 aufgenommen hatte.

Am 4. Juli 1908 spielte Beach als Luftfahrtredakteur von Scientific American eine wichtige Rolle in der Geschichte der Aviatik. Denn an diesem Tag gewann Glenn Curtiss die Scientific American Luftfahrt-Trophäe, indem er erfolgreich über eine Meile flog[590]. Dieser war der erste Motorflug, der vor Zeugen, die Funktionäre der Luftfahrtverbände waren, in Nordamerika offiziell stattfand.

Im Oktober 1908 war das Flugzeug von Beach & Weißkopf zur öffentlichen Ausstellung und Vorführung bereit. Es war ursprünglich als Motorflugzeug mit einem 50-PS-Motor konzipiert worden[591], aber die erste Ausstellung sollte als Segelflugzeug stattfinden. Das Flugzeug war von Louis R. Adams, einem New Yorker Unternehmer und Eigentümer der Adams Chewing Gum Co., finanziert worden. Anfang November 1908 lud Stanley Beach das Flugzeug auf sein Auto und fuhr es zum Morris Park[592], einer ehemaligen Pferderennbahn im Norden von New York City.

**Stanley Beach in seinem roten Locomobile[593] Modelljahr 1904, durch Howard Booth (auf dem Hintersitz) und Gustav Weißkopf (stehend) begleitet, wie er den Segelflieger im November 1908 nach New York transportierte**

[590] 1912, Curtiss Aviation Book, Stokes Co., NY, S.52
[591] 1908-10-31, New York Evening Post, NY, S.9
[592] 1935-01-27, Junius Harworth Brief an Stella Randolph
[593] 1936-03-29, Junius Harworth Brief an Stella Randolph

Das Flugzeug wurde als „Beach-Whitehead-Segelflieger" im Wettbewerb angemeldet[594]. Als Beach versuchte, es im Schlepptau hinter seinem Auto zu starten, stieg es nur kurz an, bevor die Flügelstruktur versagte[595].

596

Mitte März 1909 auf der Titelseite ihrer Sportrubrik enthüllte die *New York Times* das neue Motorflugzeug von Stanley Y. Beach. Der Artikel enthielt ein Foto davon und beschrieb einen Vierzylinder-Viertaktmotor mit fünfzig PS, der von Gustav Weißkopf dafür gebaut worden war[598].

**Weißkopf-Segelflieger[597]**

Drei Tage später wurde Weißkopf in einer lokalen Zeitung von Bridgeport interviewt und erklärte, dass seine Partnerschaft mit Beach nun drei Jahre alt sei, was darauf hinweist, dass sie Ende 1905 oder Anfang 1906 begonnen hatte[599]. Ein Foto eines neuen Doppeldeckers, welcher der Zusammenarbeit von Beach und Weißkopf zugeschrieben werden kann, wurde in einer Luftfahrt-Zeitschrift veröffentlicht[600]:

**Motorflugzeug von Stanley Beach, gebaut von Gustav Weißkopf**

594 1908-11-01, Aeronautics, S. 14
595 1908-11-04, Lancaster Daily New Era, PA, S.3
596 1908-11-15, New York Times, NY, S.4
597 1908-11-14, Scientific American, NY, S.338
598 1909-03-14, New York Times, Sporting Sec., NY, S.1
599 1909-03-17, Bridgeport Standard, CT, S.1
600 1909-04-01, Aeronautics, S.145-146

Anfang April 1909 gerieten Beach und Weißkopf in eine Auseinandersetzung. Einem Bericht zufolge weigerte sich Weißkopf, das laute Flugzeug an einem Sonntag zu betreiben, weil es seine Nachbarn stören würde. Er entfernte daher die Zündung, um Beach daran zu hindern, den Motor laufen zu lassen. Beach eskalierte den Streit, indem er die Propeller mit einem Durchmesser von acht Fuß entfernte und eine Klage bei Gericht einreichte[601]. Am nächsten Tag wurde das Flugzeug in Weißkopfs Werkstatt durch den Sheriff beschlagnahmt. Die Beschlagnahme beruhte auf Beachs Behauptung, es sei sein (Beachs) Flugzeug und nicht Weißkopfs[602]. Die beiden einigten sich auf eine zweimonatige Friedensfrist[603], in der sie auf ihren gemeinsamen Erfolg bei einem Luftfahrtkarneval in New Jersey[604] und beim Luftfahrtwettbewerb der Aeronautical Society am 5. Juni 1909 im Morris Park New York hinarbeiten würden, bei dem ein Preis in Höhe von $1.000[605] vergeben werden sollte. Der Waffenstillstand hielt aber nicht lange an.

Am 23. Mai 1909 erwirkte Beach einen Haftbefehl gegen Weißkopf, was ihn ins Gefängnis brachte[606]. Begründet wurde er damit, dass Weißkopf den Motor aus dem Flugzeug entfernt hatte, um Beach daran zu hindern, an Wettkämpfen teilzunehmen. Am nächsten Tag wurde Weißkopf aus dem Gefängnis entlassen, nachdem er das Versteck des Motors genannt hatte[607].

Einen Tag nach seiner Entlassung aus dem Gefängnis gab Weißkopf ein Interview, in dem er Beach beschuldigte, ihm nicht wie vereinbart 15 Dollar pro Woche, sondern sporadisch fünf oder sechs Dollar, wann immer er wollte, bezahlt zu haben. Er beschuldigte Beach, ihm zwei Motoren weggenommen zu haben. Einer war in einem Boot montiert und ging im Hafen von Bridgeport verloren, als ihn Beach über die maximale Leistung hinaus beschleunigt hatte[608].

Beim Aeronautical Carneval in Arlington/New Jersey, erschien Beach zu spät, um beim 500-Dollar-Preis anzutreten. Er lehnte seinen Ausschluss ab, da der Preis erst bei Sonnenuntergang vergeben werden sollte und – so er – „zu früh entschieden worden war, was ihm die Chance auf eine Teilnahme gekostet habe"[609]. Da es sich um eine Aero Club-Veranstaltung handelte und Beach Offizier der konkurrierenden Aeronautical Society war[610], waren seine Chancen auf eine positive Anhörung ohnehin gering.

Sein Antrag wurde abgelehnt. (In der *New York Sun* beschuldigte Beach Weißkopf für die Verzögerung, da dieser einen Dreidecker, während Beach einen Eindecker wollte. Beach erklärte, er habe es auf sich genommen, ihren Doppeldecker in einen Eindecker umzuwandeln, woraufhin Weißkopf den Motor vor ihm versteckt habe, um ihn an einer Teilnahme am Wettbewerb zu hindern.) [611]

Vier Tage später stellte Beach Weißkopfs Motor am Times Square in New York in einem neuen Flugzeug, dem "Beach-Willard Monoplane", aus. Hierüber wurde auf der Titelseite der *New York Times* berichtet[612]. Der neue Partner hieß Charles F. Willard – ein Ingenieur. In seiner ersten Ausgabe

---

[601] 1909-04-10, Bridgeport Evening Farmer, CT, S.1; 1909-04-10, Bridgeport Standard, CT, S.1
[602] 1909-04-08, Bridgeport Evening Farmer, CT, S.1; 1909-04-09, New York Herald, NY, S.4
[603] 1909-05-15, Bridgeport Evening Farmer, CT, S.1 & 7
[604] 1909-05-23, Philadelphia Inquirer, PA, S.8
[605] 1909-05-23, New York Times, NY, S.34
[606] 1909-05-27, Bridgeport Evening Farmer, CT, S.2
[607] 1909-05-28, Bridgeport Evening Farmer, CT, S.2
[608] 1909-05-29, Bridgeport Evening Farmer, CT, S.4; 1934-08-06, Johann Weißkopf an Stella Randolph, S.7; 1934-07-16, Eidesstattliche Erklärung von Anton Pruckner
[609] 1909-07-01, Aeronautics, S.20
[610] 1909-03-01, Aeronautics, S.124-125
[611] 1909-06-06, New York Sun, NY, S.10
[612] 1909-06-02, New York Times, NY, S.1

beschrieb das Luftfahrtverzeichnis "*Jane's All the Worlds Aircraft*" den Eindecker als "*eine Kreuzung zwischen einem Bleriot und einer Antoinette, aber mit einigen originellen Eigenschaften*"[613].

**Beach-Willard Eindecker**

Zu diesem Zeitpunkt endete die formelle Zusammenarbeit zwischen Beach und Weißkopf.

* * *

In den nächsten zwei Jahren sollten Beachs Versuche, sowohl diesen Eindecker als auch eine von ihm nachgebautes Bleriot-Flugzeug zu fliegen, ihn zum Gespött der Luftfahrtgemeinschaft machen. Währenddessen sah er sich als großer Flieger und fand immer etwas oder jemanden anderen, der für seine Fehler verantwortlich war.

Bei einer Veranstaltung am 5. Juli 1909 machte Beach die starken Winde für sein Flugversagen verantwortlich[614]. Nach fast täglichen Versuchen wurde zum Ende des Monats immer noch ein kurz bevorstehender Flug angekündigt[615]. Ein Luftfahrtmagazin listete die Ausreden auf, die von "*zu groß, um aus dem Schuppen entnommen zu werden*" bis zu "*falsch herum montiertem Propeller*" reichten[616].

Am Dienstag, dem 3. August 1909, wurde Stanley, nachdem er sich ein paar Meter in die Luft erhoben hatte, aus seinem Flugzeug geschleudert, als es plötzlich auf den Boden einschlug. Am 19. August 1909 versuchte er es erneut. Diesmal beschuldigte er "*das Kühlsystem des Motors*" fürs Scheitern[617]. Am 22. August unternahm er drei weitere vergebliche Versuche und beschuldigte einen „*gebrochenen Abspann*" und ein „*loses Zahnrad am Propeller*"[618]. Sein Partner Willard hingegen beschuldigte eine „*neue Nockenwelle*"[619].

Die Flügel wurden entfernt und als sich das Heck während des Rollens anhob, wurde das Flugzeug unkontrollierbar und fuhr gegen einen Zaun[620]. In der Oktoberausgabe von „*Aeronautics*" wurde in einem Bericht die Reihe von Fehlern beschrieben, bei denen Propellerflansche, Bolzen und Kettenglieder für die Fehlschläge verantwortlich gemacht wurden[621]. Trotzdem stellte Beach sein

---

613 1909, Jane's All the World's Aircraft, S.254
614 1909-07-06, Bridgeport Evening Farmer, CT, S.2
615 1909-07-30, Brooklyn Daily Eagle, NY, S.16
616 1909-08-01, Aeronautics, S.55
617 1909-08-20, New York Times, NY, S.2
618 1909-08-23, Brooklyn Daily Eagle, NY, S.19
619 1909-08-23, New York Times, NY, S.2
620 1909-09-01, Aeronautics, S.98
621 1909-10-01, Aeronautics, S.142-3

Flugzeug vom 25. September bis zum 2. Oktober 1909 bei der National Aeronautic Exhibition im Madison Square Garden aus[622]. Die Presse beschrieb Beach zu diesem Anlass so, dass er "*seit einiger Zeit zu fliegen droht*"[623].

Beach meldete seinen Eindecker sodann bei der Hudson Celebration an, wo er gegen die Flugzeuge von Curtiss und den Wrights antreten sollte. Er erklärte dabei, dass sein Flugzeug schneller als deren sein werde[624]. Am nächsten Tag beschrieb die Presse "ein halbes Hundert Personen, die wie Windhunde sprangen, um aus der Spur eines außer Kontrolle geratenen Eindecker-Propellers zu treten", der sich von Beachs Maschine gelöst hatte[625]. In einer syndizierten Artikelserie mit dem Titel "Friedhof der Luftschiffe" oder "Luftschiffe, die nicht geflogen sind" wurde die Pannenserie von Beach beschrieben[626].

Nachdem Beach im November 1909 größere Flügel und ein größeres Heckleitwerk eingebaut hatte, absolvierte er mit seinem Flugzeug mehr als 20 Bodenfahrten im Morris Park. Bei einem davon geriet er ins Schleudern, woraufhin neue Flügel benötigt wurden[627]. In derselben Ausgabe von "*Aeronautics*" wurde bekannt gegeben, dass Beachs neues Unternehmen "*The Scientific Aeroplane & Airship Company*" einen Katalog mit drei zum Verkauf stehenden Flugzeugtypen herausgegeben hatte[628] (von denen aber keiner jemals geflogen war).

Am 31. Januar 1910 gab Beach bekannt, dass er demnächst in seinem neuen Eindecker vom Typ Bleriot (ein Nachbau) in Stratford fliegen werde. Mehr als 200 Menschen versammelten sich. Bevor er jedoch sein Flugzeug fertig machen konnte, wurde es dunkel. Die 100 verbleibenden Zuschauer stürmten seine Werkstatt und schrien "*Fake!*" Gustav Weißkopf war auch da. Als er interviewt wurde, meinte er, dass Beachs Flugzeug nicht fliegen würde. Beach wurde ebenfalls interviewt und bestand darauf, dass sein Flugzeug am nächsten Tag fliegen würde[629]. Drei Tage später rutschte es auf den Rand des Eisteichs in der Nähe seiner Werkstatt und kippte um, was den Einbau eines neuen Propellers erforderlich machte[630]. Am nächsten Tag fing der Motor Feuer. Nachdem die Flammen gelöscht waren, wurde ein neuer Propeller installiert. Das Ergebnis war jedoch, dass der Motor hochdrehte, während der Propeller still stand[631]. Am Samstag, als der neue Propeller nun richtig befestigt war, machte das Flugzeug eine Pirouette auf dem Eis. Die lokale Presse berichtete: "*Unter der geschickten Hand von Mr. Beach wurde das Flugzeug dazu gebracht, alles zu tun, außer zu fliegen.*" [632]

---

622 1909-10-01, American Aeronaut, S.139
623 1909-11-27, Club Journal, NY, S.671
624 1909-10-02, Washington Evening Star, DC, S.11
625 1909-11-29, Baltimore Sun, MD, S.2
626 1909-12-12, Chattanooga Daily Times, TN, S.23
627 1910-01-01, Aeronautics, S.16
628 1910-01-01, Aeronautics, S.29
629 1910-02-01, Bridgeport Evening Farmer, CT, S.5
630 1910-03-01, Aeronautics, S.91-92
631 1910-02-04, Bridgeport Times and Evening Farmer, CT, S.5
632 1910-02-06, Bridgeport Sunday Herald, CT, S.13

S. Y. Beach's Monoplane [633]

Im Februar 1910 wurden die beiden Beach-Eindecker auf einer Luftfahrtshow in Boston ausgestellt[634]. Bei dieser Veranstaltung gab Beach bekannt, dass er ein Sperry-Gyroskop in einem seiner Flugzeuge installieren werde. (Trotz Beachs auffälligen Fehlern war seine Förderung von Sperrys Gyroskop in der Luftfahrt ein wirklich innovativer Schritt, der den Verlauf der Luftfahrt wohl tatsächlich beeinflusst hat.) [635]

**Das Gyroskop von Sperry wurde erstmalig im Flugzeug von Stanley Y. Beach installiert**

In der ersten Märzwoche 1909 versuchte Beach erneut, seinen Eindecker in Stratford in die Luft zu kriegen, und scheiterte[636]. Obwohl es in der Nähe weitläufige Graslandschaften gab, wurde das Experiment an der Hauptstraße von Stratford durchgeführt. Und obwohl die Straße 75 Fuß breit war, geriet das Flugzeug mehrmals in den Straßengraben[637].

Am 13. Mai 1910 gab Beach bekannt, dass er an diesem Nachmittag mit einem neu installierten 50-PS-Motor fliegen werde[638]. Ebenfalls am 13. Mai berichtete die *Washington Post*, dass zusammen mit

---

633 1910-05-01, Aeronautics, S.172

634 1910-02-11, Fitchburg Sentinel, MA, S.7; 1910-02-16, Boston Evening Transcript, MA, S.2; 1910-03-05, Scientific American, S.210; 1910-02-24, The Automobile, S.400-401

635 1910-02-26, Automobile Topics, S.1327

636 1910-03-08, Bridgeport Times and Evening Farmer, CT, S.10

637 1910-04-01, Aeronautics, S.129

638 1910-05-13, Bridgeport Times and Evening Farmer, CT, S.10

anderen Mitgliedern der Aeronautical Society Beach einen Brief unterzeichnet habe, in dem sie gegen die Bemühungen der Gebrüder Wright zur Monopolisierung von Luftfahrt-Events protestiert. Darin behauptete er, die Wrights hätten ein Aeronautik-Monopol gegründet und würden im Wege einer Verschwörung versuchen, Gelder für unpatriotische Zwecke abzuzweigen, indem sie u.a. bestimmte Flugzeuge und Luftfahrttechnologien von Luftfahrtveranstaltungen ausschlossen[639].

Später am selben Tag tat Stanley etwas ganz Außergewöhnliches. Eine lokale Zeitung berichtete darüber wie folgt: *„Stanley Beach, der Vogelmensch aus Stratford, schwebte am Freitagnachmittag wie eine Möwe im Äther in der schwindelerregenden Höhe von zweieinhalb Fuß und begeisterte eine drängelnde, ehrfürchtige Menge von fünfzig Männern, Frauen und Jungen, zwei Hunde und ein paar begeisterte Hühner. Das ungewöhnliche Ergebnis des letzten Fluges des Luftfahrers Beach war völlig unerwartet. Seine früheren Flüge waren als Bodenflüge vollkommen erfolgreich, aber der vom Freitag war einzigartig.“* Skeptische Zuschauer beschrieben einen Flug über 100 Meter weit. Beach machte einen *„zu schweren Motor“* sowie einen *„unebenen Boden“* dafür verantwortlich, dass es ihm nicht gelang, höher aufzusteigen. Der Artikel wurde durch eine Karikatur-Zeichnung begleitet.

**Karikatur der Szene anlässlich des ersten Fluges von Beach am 13. Mai 1910[640]**

Am 31. Mai war Beach im Astor Hotel in New York und feierte Glenn Curtiss, der den Preis in Höhe von $10.000 für einen Flug von New Yorks Hauptstadt Albany nach New York City gewann. Bei diesem Abendessen kündigte die *New York World* zusammen mit dem *St. Louis Post-Dispatch* einen Preis von $30.000 für einen Flug von New York nach St. Louis an, und die *New York Times* kündigte zusammen mit der *Chicago Evening Post* einen Preis von $25.000 für einen Flug von New York nach Chicago[641] an. Zwei Tage später gab Stanley seine Absicht bekannt, um diese beiden Preise zu kämpfen.[642]

---

[639] 1910-05-13, Washington Post, DC, S.3
[640] 1910-05-15, Bridgeport Sunday Herald, CT, S.3
[641] 1910-06-01, Washington Evening Star, DC, S.2; 1910-06-01, New York Times, NY, S.2
[642] 1910-06-02, Bridgeport Evening Farmer, CT, S.10

Nach einem erfolgreichen Hüpfer am 10. Juli versuchte Beach am 11. Juli 1910 um 14 Uhr erneut, in die Luft zu starten. Er wurde immer schneller, erkannte aber zu spät, dass sich sein Flugzeug in der Luft nicht tragen würde. Da er nicht mehr rechtzeitig anhalten konnte, sprang er von Bord und das Flugzeug stürzte über die Klippe am Ende des Lordship Park und zerschellte auf den darunter liegenden Felsen. Mindestens 40 Zeugen, hauptsächlich Automobilbegeisterte, waren anwesend. Nachdem er unverletzt vom Boden aufgestanden war, wischte er sich ab und kündigte an, er sei "*sicherer als je zuvor*", dass es ihm gelingen werde, als Erster über den Long Island Sound zu fliegen.

Der Schaden an der Maschine wurde auf $2.000 geschätzt[643]. Über das Ereignis wurde amerikaweit berichtet[644]. In seiner eigenen Zeitschrift *Scientific American* machte Beach "*das Versagen eines Schalters, die Magnetzünder auszuschalten*" für das Missgeschick verantwortlich[645]. Einem Journalisten des *New York Herald* gegenüber machte Beach "*ein Stück Torf*" dafür verantwortlich, dass sich sein Flugzeug zu stark verlangsamt hatte. Ein Foto des Absturzes erschien in der Zeitschrift *„Aircraft"*[646].

**Der Eindecker Beachs nach dem Absturz vom 11. Juli 1910**

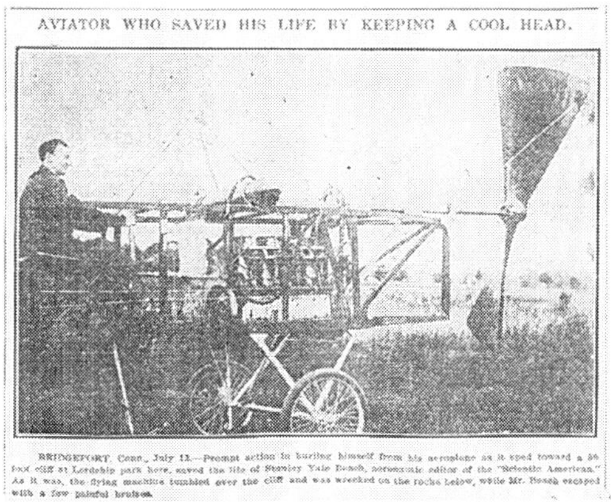

AVIATOR WHO SAVED HIS LIFE BY KEEPING A COOL HEAD.

BRIDGEPORT, Conn., July 13.—Prompt action in hurling himself from his aeroplane as it sped toward a [illegible] foot cliff at Lordship park here, saved the life of Stanley Yale Beach, aeronautic editor of the "Scientific American." As it was, the flying machine tumbled over the cliff and was wrecked on the rocks below, while Mr. Beach escaped with a few painful bruises.

**Pittsburgh Daily Post, 14. Juli 1910, S.1**

---

643 1910-07-11, Bridgeport Evening Farmer, CT, S.2

644 1910-07-12, Baltimore Sun, MD, S.1; 1910-07-12, New York Times, NY, S.2; 1910-07-12, St. Louis Globe Democrat, MO, S.2; 1910-07-12, Washington Evening Star, DC, S.9; 1910-07-12, Washington Post, DC, S.3; Beach, 1910-08-01, Aeronautics, S.51; 1910-07-13, Carbondale Daily Free Press, IL, S.1; 1910-07-22, Muldrow Press, OK, S.4; 1910-07-22, Spokane Chronicle, WA, S.26

645 1910-08-06, Scientific American, S.99

646 1910-09-01, Aircraft, S.255

In einem höchst merkwürdigen „Zufall" erschienen zur gleichen Zeit landesweite Berichte über den Unfall von Beach und Berichte über Gustav Weißkopf, der angeblich am selben Tag einen Unfall am selben Ort hatte. Man fragt sich, ob ein syndizierter Bericht (über das Syndikations-Netzwerk der Familie Beach) die Aufmerksamkeit vom Absturz von Beach ablenken und auf Weißkopf richten sollte, von dem zu diesem Zeitpunkt nicht bekannt war, dass er mit einem eigenen Flugzeug experimentierte. Es scheint, dass Beach versucht hat, andere (einschließlich Weißkopf) für sein eigenes Versagen verantwortlich zu machen.

Mitte August experimentierte Beach wieder mit seinem Flugzeug in Lordship. Nach Flügen über 200 und 600 Yards traf er beim dritten Versuch nach 400 Yards auf einen Zaunpfosten, den er in der Dämmerung nicht gesehen hatte, und riss ein Hauptrad ab[647]. Im anschließenden Interview erklärte er, er würde nur solange warten, bis die Reparaturen abgeschlossen seien, bevor er nach Long Island fliegt.

Beach kündigte seinen nächsten Flug für den 26. August[648] am Strand im benachbarten New Haven an. Tausende von Menschen würden dort sein, um den jährlichen Cosey Beach Day zu feiern[649]. Zu diesem Zweck hatte er einen neuen Motor, eine Vorrichtung zum plötzlichen Bremsen am Boden und das Gyroskop eingebaut[650]. Nachdem das Flugzeug über öffentliche Straßen dorthin geschleppt worden war, hatten sich die Flügel gelockert und der Motor funktionierte nicht richtig[651]. Zwei Tage später schrieb Richard Howells *Bridgeport Sunday Herald*, dass Beach das "*übliche Ergebnis*" erzielt hatte und dass er "*einen erfolgreichen Landflug geschafft*" habe. "*Diesmal Ruder*" rundete die Schlagzeile ab[652] (d.h., das Ruder musste diesmal als Ausrede für den Misserfolg herhalten)..

Neben Wright, Curtiss und 19 anderen meldete Beach seinen Eindecker für das Boston Air Meet am Harvard Field vom 3. bis 13. September 1910 an[653]. Einen Tag vor Beginn der Veranstaltung gab die lokale Zeitung bekannt, dass Beach sich gerade rechtzeitig mit Gustav Weißkopf versöhnt hatte, damit seine Maschine mit einem neuen 30 PS starken 180-Pfund-Weißkopf-Motor für die Veranstaltung ausgestattet werden konnte[654]. Nachdem der Wagen mit Beachs Flugzeug nur wenige hundert Meter in Richtung Boston geschleppt worden war, kippte es in einer Kurve um und verteilte sich über die Main Street von Stratford[655]. Sechs Tage später berichteten zwei lokale Zeitungen, dass Beach immer noch beabsichtige, seine andere Maschine nach Boston zu schicken[656].

Stattdessen wurde die andere Maschine von Beach vom 6. bis 9. September zur Rutland Fair nach Vermont geschickt[657]. Nachdem keiner der versprochenen Flüge durchgeführt werden konnte, war Beach anscheinend überrascht, als die Veranstalter sich weigerten, ihn zu bezahlen[658]. Als das Flugzeug am 22. September in Stratford ankam, teilte Beach der Presse mit, dass es in Vermont „*zu windig*" gewesen sei[659].

---

647 1910-08-17, Norwich Bulletin, CT, S.1
648 1910-08-25, Bridgeport  Evening Farmer, CT, S.5
649 1910-08-27, Bridgeport Times and Evening Farmer, CT, S.4
650 1910-08-24, Bridgeport Times and Evening Farmer, CT, S.7
651 1910-08-27, Bridgeport Times and Evening Farmer, CT, S.4
652 1910-08-28, Bridgeport Sunday Herald, S.6
653 1910-09-02, Lincoln Daily News, NE, S.9; 1910-09-02, Salem Daily Capital Journal, OR, S.1 & 6; 1910-09-01, Boston Globe, MA, S.2; 1910-09-02, Boston Globe, MA, S.5
654 1910-09-02, Bridgeport Evening Farmer, CT, S.5
655 1910-09-03, Bridgeport Evening Farmer, CT, S.7; 1910-09-02, Bridgeport Evening Farmer, CT, S.1
656 1910-09-09, Bridgeport Evening Farmer, CT, S.7; 1910-09-06, Bridgeport Evening Farmer, CT, S.6
657 1910-08-30, Burlington Free Press, VT, S.8
658 1910-09-14, Burlington Free Press, VT, S.2
659 1910-09-23, Bridgeport Evening Farmer, CT, S.11

Der Oktober kam und Beachs neuer originaler Bleriot-Eindecker aus Frankreich - Seriennummer 169 - ersetzte jenen Nachbau, mit dem er über die Klippe von Lordship gestürzt war. Am 6. Oktober wurde er zusammengebaut und sein Dreizylinder-30-PS-Anzani-Motor flugbereit gemacht. Stanleys Vater und prominente Mitglieder der Gemeinde versammelten sich, um zuzuschauen. Aber der Pilot, Bleriots ehemaliger Assistent in Frankreich, der Kanadier John G. Stratton, bestand darauf, dass der Wind mit 32 km / h zu stark war und außerdem die Flügel immer noch verzogen waren, weil sie während des Transports aus Frankreich in eine Verpackungskiste eng zusammen gedrückt worden waren.

Am Vortag hatte es ein weiteres Missgeschick mit einem der Beach-Eindecker gegeben. Es sollte auf der Danbury Fair ausgestellt werden und wurde auf der Straße dorthin transportiert. Wieder gab es in Stratfords Main Street einen Unfall, der dazu führte, dass die Einzelteile des Flugzeugs über die Main Street verstreut waren. Diesmal wurde es von einem Lieferwagen der Hammond Beef Co. getroffen[660].

Nach starken Winden am Vatertag[661], dem 12. Oktober, startete Beachs neues Bleriot-Eindecker in Lordship. Stratton machte am frühen Morgen drei Flüge, von denen einer bis zu dreißig Meter hoch war[662]. Von diesem Erfolg getragen, begann Beach, intensive Werbung für den Verkauf seiner Eindecker zu machen, indem er in verschiedenen Zeitschriften[663] ganz- und halbseitige Anzeigen schaltete. Um noch höher zu fliegen, installierte er einen 100-PS-Motor[664].

**Beachs Bleriot-Nachbau mit Weißkopf-Motor[665] an der Scheune von Beach in Stratford (Gustav Weißkopf ganz rechts)**

Am 21. April 1911 gründeten Stanley Beach, Ernest Jones und zwei weitere die "*Aeronautical Manufacturer's Association*"[666]. In der Juli-Ausgabe von *Aeronautics* wurde von Beach und Jones eine Tabelle mit allen in den USA hergestellten Flugzeugmotoren veröffentlicht[667]. Dieselbe Tabelle wurde in der Ausgabe des *Flight Magazine* in Großbritannien vom 21. Oktober 1911 erneut veröffentlicht[668]. Darin war Weißkopf als Motorenhersteller aufgeführt.

---

660 1910-10-06, Bridgeport Evening Farmer, CT, S.2
661 1910-10-12, Bridgeport Evening Farmer, CT, S.3
662 1910-10-18, Norwich Bulletin, S.2
663 1910-11-01, Aeronautics, S.162b; 1910-12-01, Aeronautics, S.216a; 1911-02-01, Aircraft, S.455
664 1910-11-27, Bridgeport Sunday Herald, CT, S.7; 1910-10-22, Bridgeport Evening Farmer, CT, S.8
665 1910-03-01, Aeronautics, S.91-92
666 1911-06-01, Aeronautics, S.219; 1911-04-14, Bridgeport Evening Farmer, CT, S.16
667 1911-07-01, Aeronautics, S.7-8
668 1911-10-21, Flight, UK, S.922

Am 13. Juli 1911 hielt Beach vor der *Aeronautical Society* einen Vortrag über die Schwierigkeiten, die er hatte, als er versuchte, seinen Eindecker in Denver (1.609 m über NN) zu fliegen[669]. Diese Schwierigkeiten trugen später zum Ende von Stanleys Luftfahrtbestrebungen bei.

Anfang August 1911 ergriff Beach rechtliche Schritte gegen einen Kunden, der angeblich ein Bleriot-Eindecker gekauft, aber noch nicht vollständig bezahlt hatte. Das Flugzeug wurde vom Sheriff in Cincinnati/Ohio, anstelle einer Forderung nach $1.800 beschlagnahmt[670]. Während des Verfahrens wurde das Flugzeug für Flugshows freigegeben, schaffte jedoch keine Flüge. Als der Sheriff es schließlich versteigerte, betrug das Höchstgebot $25, woraufhin die Versteigerung abgebrochen wurde. Es wurde festgestellt, dass die Flügel, das Leitwerk und der Motor fehlten. Diese befanden sich im Besitz eines örtlichen Ballonherstellers, der sie zurückbehielt, bis er für Reparaturen bezahlt worden war[671].

Einen Monat später sah es so aus, als würde sich ein ähnlicher Vorfall ereignen. Nach einer Flugshow in Maine hatte Beachs Partner J.P. Conklin $1.500 eingenommen und $300 an den Piloten gezahlt, und den Motor per Spedition versandt, aber der Rest des Flugzeugs war verschwunden. Beach wurde hektisch und machte sich auf den Weg nach Maine und kam bis nach Massachusetts, bevor der Rest des Flugzeugs auftauchte. Der Pilot, Mr. Nelson, beschrieb Beach als einen, der "*ein verdächtigendes Naturell*" habe[672].

Am 12. Februar 1912 meldete Stanley Yale Beach Insolvenz an[673]. Er hatte Verbindlichkeiten in Höhe von $6.818,68 und keine Vermögenswerte außer seiner Beteiligung an der Hälfte des Patents für das Weißkopf-Flugzeug[674]. Die Verbindlichkeiten umfassten Einkäufe bei lokalen Händlern und für Flugzeugteile. Der Hauptanspruch resultierte jedoch daraus, dass in Denver kein versprochener Flug durchgeführt wurde[675].

Schon vorher hatte Stanleys Vater die Finanzierung seiner Luftfahrtunternehmungen gestoppt, weil Stanley seine Ehefrau und Kinder in Stratford nicht angemessen unterstützt hatte.

Stanleys Erfahrungen mit Automobilen waren noch gefährlicher als seine Flugleistungen. Am 11. September 1906 prallte Stanley auf einen Pferdewagen und tötete seinen Fahrer[676]. Das Opfer, Mr. Botsford, hinterließ eine Frau und zwei Töchter. Der Gerichtsmediziner fand beide Parteien schuldig; Beach wegen Rasens und Botsford, weil sein Fahrzeug nicht beleuchtet war[677]. Beach wurde wegen $5.000 Dollar verklagt[678]. Und am 10. April 1910 fuhr Beach ein sechsjähriges Mädchen mit seinem Auto an[679]. Er wurde verhaftet, am nächsten Tag am Gericht vorgeführt, aber nicht angeklagt. Als sein Chauffeur ihn abholte, wurde auch der Chauffeur festgenommen, weil die Beleuchtung von Stanleys Fahrzeug defekt war[680]. Und am 2. März 1914 passierte es einmal mehr, dass Stanley einen

---

[669] 1911-08-01, Aeronautics, S.71
[670] 1911-08-08, Cincinnati Enquirer, OH, S.11
[671] 1912-01-09, Cincinnati Enquirer, OH, S.5; 1912-01-09, Tagliches Cincinnatier Volksblatt, OH, S.5
[672] 1911-09-15, Hartford Courant, CT, S.13
[673] 1912-02-13, Hartford Courant, CT, S.4
[674] 1912-02-14, Bridgeport Evening Farmer, CT, S.8
[675] 1912-02-17, Bridgeport Evening Farmer, CT, S.2
[676] 1906-09-12, Waterbury Evening Democrat, CT, S.5
[677] 1906-09-15, Newport Mercury, S.5
[678] 1906-10-01, New Haven Morning Journal, CT, S.3
[679] 1910-04-11, Hartford Courant, CT, S.1
[680] 1910-04-11, Bridgeport Times and Evening Farmer, CT, S.3

Fußgänger mit seinem Auto überfuhr. Erneut verhinderten seine familiären Beziehungen, dass Anklage gegen ihn erhoben wurde[681].

Am Samstagabend, dem 31. März 1912, wurde Beach von einem örtlichen Polizeibeamten festgenommen, als er versuchte, wegen Nichtzahlung einer in Connecticut neu erlassenen Einkommenssteuer nach New York abzureisen[682]. Er wurde freigelassen und einige Tage später vorgeladen. Anstatt selbst zu erscheinen, schickte er seinen New Yorker Anwalt, der den Betrag von $2 und die Kosten von $7,85 bezahlte.

Am 10. Juli 1912 wurde er aus der Insolvenz entlassen[683].

Ein Beispiel für seinen Geisteszustand ist eine Kleinanzeige, die er in der *Aeronautics*-Ausgabe vom Juni 1913 platzierte. Unter Berufung auf seine *„zehnjährige Erfahrung"* in der Luftfahrt gab er bekannt, dass er über einen 400-PS-Motor verfügte, den er gerne in ein Projekt einbringen möchte, um den 50.000-Dollar-Preis der *Daily Mail* für das Überfliegen des Atlantiks zu gewinnen, und bat um eine Investition von $5.000. Er versprach, das $ 50.000 Preisgeld mit dem Investor zu teilen. Er unterschrieb als *Aeronautik-Redakteur von Scientific American*[684]. Jeder, der mit Stanleys Vorgeschichte vertraut war, hätte gewusst, dass seine zehnjährige Erfahrung keine Erfolge aufwies, von Personen, die er betrogen hatte oder denen er Geld schuldete, gesäumt war, und dass der 400-PS-Motor nicht einmal existierte. Stanley war nie wirklich selbst geflogen und konnte daher nicht einmal abschätzen, wie schwierig es sein würde, über den Atlantik zu fliegen.

Eine der Personen, denen Stanley Geld schuldete, war von der Wahrhaftigkeit der Erklärung Stanleys über seine Vermögenswerte und Verbindlichkeiten in dessen Insolvenzantrag nicht überzeugt. Er witterte einen Betrug und machte weiter, um sein Geld zurück zu bekommen ($153,75). Charles M. Thomas verklagte ihn vor dem Bundesgericht und verwies auf die Tatsache, dass Stanley immer noch 40 Anteile an Scientific American besaß, die er seitdem an anderer Stelle als Sicherheit pfänden ließ. Die Anhörung fand am 30. Juli 1913 im State Capitol in Hartford statt. Der Fall wurde an einen Insolvenzmediator verwiesen[685].

Nachdem Beach mehrere Briefe mit Orville Wright über Einzelheiten seines Patents ausgetauscht hatte[686], richtete er am 23. Juni 1914 einen Brief an S. C. Morehouse von der *Connecticut Aircraft Co.*, in dem dargelegt wurde, wie das Patent der Wrights umgangen werden könnte. Zu diesem Zeitpunkt wurde jedoch Beach durch Wright richtig eingeschätzt. Als Orville Wright am 7. Juli 1914 auf eine Anfrage von Pliny W. Williamson antwortete, beschrieb er Beach als *„unzuverlässig"*. Er forderte Williamson auf, alles zu ignorieren, was Beach sagt[687]. [Es ist merkwürdig, dass Wright zwar einerseits Beach für unzuverlässig hielt (1914), anderseits später versuchte (1939), eine Aussage von Beach über Weißkopf einzuholen, die er dann öffentlich als zuverlässig darstellte (1945).]

Ende August 1915 erschienen in Zeitungen auf der ganzen Welt Artikel, die besagten, dass Beach für die britische Regierung Langstrecken-Dreidecker herstellte, die den Atlantik überqueren konnten[688].

---

[681] 1915-01-01, Bridgeport Evening Farmer, CT, S.4

[682] 1912-04-01, Bridgeport  Evening Farmer, CT, S.3

[683] 1912-07-11, Bridgeport Times and Evening Farmer, CT, S.7

[684] 1913-06-01, Aeronautics, S.221

[685] 1913-07-29, Hartford Courant, CT, S.4; 1913-08-01, Bridgeport Times and Evening Farmer, CT, S.2; 1913-08-01, Hartford Courant, CT, S.3

[686] 1913-03-20, Brief, S.Y. Beach an O. Wright; 1913-05-10, Brief, O. Wright an S.Y. Beach; 1914-01-17, Brief, S.Y. Beach an O. Wright; 1914-01-19, Brief, O. Wright an S.Y. Beach

[687] 1914-07-07, Brief, Orville Wright an Pliny Williamson

[688] 1915-08-29, Pittsburgh Post-Gazette, PA, S.1&2; 1915-08-30, New York Times, NY, S.2; 1915-09-04, St. Louis Westliche Post, MO, S.2; 1915-09-22, Sydney Morning Herald, NSW, Australien, S.11

Beach hatte den britischen Bedingungen zugestimmt, wonach solche Flugzeuge mit jeweils zwei 200-PS-Triebwerken innerhalb von acht Wochen geliefert würden[689]. Wie viele andere glaubten ihm die Briten und vertrauten auf seine Titel, seine Position und die *Scientific American* Referenzen ... bis sie es nicht mehr taten.

Im September 1915 versuchte Beach dieselbe Masche mit Vertretern der italienischen Regierung. Es ist nicht bekannt, wie diese Verhandlungen verlaufen sind[690]. Als der Erste Weltkrieg voll im Gange war, besuchte Stanley in Begleitung eines russischen Fliegers einen Flugzeugbauer in Hartford. Das Ziel war, einen Vertrag der US-Armee über den Bau von 300 Flugzeugen zu erhalten, über die sie seit einiger Zeit in New York verhandelt hatten[691]. Auch diese Pläne scheiterten.

In einem Brief an Orville Wright vom 25. August 1915 organisierte Beach ein Konsortium von Investoren aus New York, um das Unternehmen von Orville Wright zu kaufen. Darin schrieb er: "*Ihre Maschine [] ist und war immer das effizienteste Flugzeug der Welt*". Nach dieser anfänglichen Schmeichelei kam er zum eigentlichen Thema: *„Ich wäre bereit, mit dir eine 50:50-Partnerschaft einzugehen"*. Wright antwortete am 30. August 1915 mit den Worten: "*Ich suche derzeit niemanden, der mein Geschäft übernimmt.*" Drei Jahre später forderte Beach in einem Brief vom 18. April 1917 Orville Wright auf, gemeinsam mit ihm ein Buch über die Luftfahrt zu schreiben. Wright lehnte dies ebenfalls ab.

Beachs letzter Versuch, in der Luftfahrt Berühmtheit zu erlangen, erfolgte durch Segelfliegen. Er versuchte offenbar, Orville Wright zuerst zu schmeicheln, bevor er ihn bat, bei einem Segelflug-Wettbewerb mitzuwirken. In einem Brief vom 14. April 1921 schrieb er: "*Sie haben den Deutschen gezeigt, wie man fliegt*". Am 30. August 1922 sandte er Wright den Entwurf eines Artikels, den er über die Ursprünge des Segelfliegens geschrieben hatte, mit dem Hinweis, "ich sende Ihnen den Artikel zur Korrektur und Ergänzung". Darin schrieb Beach, dass die Gebrüder 1898 in Kitty Hawk mit Gleitflugexperimenten begonnen hatten (etwas, das sie weder taten noch je behaupteten).

Stanleys Segelflug-Wettbewerb sollte im Januar 1923 in Daytona/Florida, als Veranstaltung von seinem *Aero Science Club* stattfinden. In der Werbung vorab behauptete Stanley, dass Orville Wright und Glenn Curtiss teilnehmen würden[692]. Diese Behauptung wurde aufgestellt, obwohl Wright keine derartige Absicht geäußert hatte. Später schrieb Wright an Beach, dass er Daytona für eine solche Veranstaltung ungeeignet hielt[693]. Das Event schlug fehl. Damit waren Stanleys Luftfahrt-Eskapaden beendet.

---

[689] 1915-08-30, New York Tribune, NY, S.4

[690] 1915-09-17, Hartford Courant, CT, p.17; 1915-09-19, S.19

[691] 1916-09-22, Hartford Courant, CT, S.13

[692] 1922-11-01, Miami Herald, FL, S.8; 1922-11-17, S.1; 1922-12-14, S.11; 1922-11-28, Tampa Tribune, FL, S.5; 1922-12-08, Kane Republican, PA, S.5

[693] 1922-11-28, Telegram, Orville Wright an Stanley Y. Beach

Frederick C. Beach

Ab 1918 dominierten Familienangelegenheiten das Leben von Stanley Yale Beach.

Das neue Jahr 1918 begann mit der Fertigstellung von Alfred Ely Beachs größtem Projekt, der New Yorker U-Bahn. Sie wurde am 5. Januar eröffnet. Stanley und sein Vater Frederick wurden im ersten festlichen Zug unterirdisch befördert[694].

Stanleys Sohn Frederick war einer der ersten Jungen in Stratford, der sich für den Militärdienst im Krieg gegen Deutschland anmeldeten. Er diente bereits im Frankreich, als er seinen Schulabschluss machen sollte. Die Schule entschied aber, ihm trotzdem das Abitur zu verleihen[695]. Einen Monat später, am 8. Juni 1918, starb Stanleys Vater, Frederick C. Beach, in seinem Haus in der Elm Street 1728 in Stratford. Ein Nachruf erschien in den führenden Zeitungen des Landes[696]. Seine Beerdigung fand am 11. Juni statt. Stanley erbte monatliche Einnahmen aus einem Treuhandfonds.

Am 20. August erhielten Stanley und seine Ehefrau ein Telegramm aus Frankreich, in dem ihnen mitgeteilt wurde, dass deren Sohn Frederick, ein Infanterie-Sanitäter[697], durch eine in der Nähe explodierende Granate verletzt worden war, als er aus seinem Graben in Richtung der deutschen Linien stürmte. Mitte Oktober kam Frederick wieder in den USA auf Ellis Island an, aber seine Eltern konnten ihn aufgrund der Quarantänebeschränkungen der Spanischen Grippe noch nicht sehen. Er wurde bald zur Plattsburg Base verlegt und durfte schließlich von dort aus nach Hause reisen[698].

Am 14. Juni 1921 schloss Stanleys Tochter Margaret ihr Internat in Natick, Massachusetts ab. Kurze Zeit später ging sie in den Staat New York, um dort zu studieren[699].

Bis 1924 hatte Frederick die Universität Harvard abgeschlossen und eine juristische Fortbildung zwar besucht, aber noch nicht abgeschlossen. Das Familiennetzwerk setzte sich jedoch bereits dafür ein, dass er als möglicher Nachfolger für einen pensionierten Richters ins Gespräch gebracht wurde[700]. Ein Jahr später hatte er das Jurastudium abgeschlossen und wurde über Kontakte in der Republikanischen Partei zum Richter berufen. Zu diesem Zeitpunkt war er verheiratet und hatte für Stanley bereits ein Enkelkind hervorgebracht[701].

Zu dieser Zeit fing Sohn Frederick an, im Privatleben seines Vaters in New York herumzuschnüffeln. Einen Monat später, im Juni 1925, kündigte Stanley seine Trennung von seiner Ehefrau Helen an. Als erste Maßnahme würde er am Wochenende nicht mehr von New York nach Stratford zurückkehren[702].

---

[694] 1918-01-06, Brooklyn Daily Eagle, NY, S.12; 1918-01-06, New York Sun, NY, S.6
[695] 1918-06-08, Bridgeport Telegram, CT, S.12
[696] 1918-06-09, New York Times, NY, S.21; 1918-06-09, Washington Post, DC, S.15
[697] 1918-08-21, Bridgeport Telegram, CTR, S.1 & 9
[698] 1918-10-29, Bridgeport Telegram, CT, S.1
[699] 1921-09-29, Bridgeport Times and Evening Farmer, CT, S.2
[700] 1924-04-12, Bridgeport Telegram, CT, S.30
[701] 1925-05-15, Bridgeport Telegram, CT, S.1
[702] 1926-01-26, New York Daily News, NY, S.3

Mitte 1925 war das letzte Mal, dass in der Familie Beach alles ruhig und friedlich war. Ehefrau Helen war an ihrer Wohltätigkeitsarbeit für das Rote Kreuz beteiligt[703]. Sohn Frederick (27) verhandelte Fälle vor Gericht. Der andere Sohn Alfred (26) war ein Musiker, der vor Ort auftrat. Tochter Margaret (24) studierte. Schwester Ethel und ihr Ehemann James Wales gingen ihrem täglichen Leben nach. Das würde sich Anfang 1926 alles ändern.

Unter Berufung auf einen Korrespondenten in New York brachte der altehrwürdige *Hartford Courant* die Schlagzeile "DAS SONDERBARE DOPPELLEBEN VON STANLEY BEACH IST ENTHÜLLT!" auf die Titelseite und setzte die grelle Geschichte auf Seite 2 fort[704]. Sein „Korrespondent" war die Boulevardzeitung *New York Daily News*, die die Geschichte mit rassiger Sprache verschönerte und in der ersten Woche mehrere ganzseitige Bildreportagen veröffentlichte. Über die nächsten zwei Jahrzehnte verfolgte sie die Geschichte beharrlich[705].

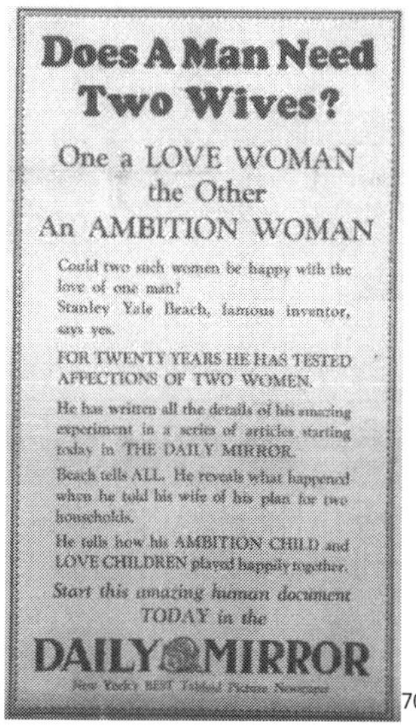

[706]

**Stanleys Liebhaberin, Marie Danner (Alias Caroline Watson)**

Hier die Fakten: Stanley besuchte Ende 1904 das Haus eines Freundes in der Nähe vom Strand in Bridgeport, als er eine Frau kennenlernte, die die Presse „Caroline Watson" nannte. (Der Autor hat ermittelt, dass sie mit bürgerlichem Namen Marie Danner hieß. Sie wurde in Deutschland als Tochter deutscher Eltern geboren.) Stanley und Marie fingen eine Beziehung an und mieteten im Dezember 1905 zusammen eine Wohnung in New York. Sie bestand darauf, dass er seiner Ehefrau von ihrer Beziehung erzählte. Also tat er es. Zusammen hatten er und Marie (Caroline) eine Tochter, Winifred Marguerite, geboren im Januar 1908. Ehefrau Helen kam aus Stratford, um sich in New York um die Geliebte Marie (Caroline) zu kümmern, als sie krank war und sich um Baby Winifred kümmerte[707]. Aber Helen wollte nicht den öffentlichen Skandal einer Scheidung, also schwieg sie über die Affäre ihres Ehemannes. Auch Stanleys Vater wurde bald auf die Situation aufmerksam. Zusammen mit den hohen Kosten für Luftfahrtexperimente führte dies Ende 1911 zur Einstellung seiner Finanzierung von Stanleys Luftfahrtaktivitäten. Um 1921-22 schöpfte Stanleys ältester Sohn Frederick Verdacht als sein

---

[703] 1925-11-30, Bridgeport Telegram, CT, S.15
[704] 1926-01-25, Hartford Courant, CT, S.1-2
[705] 1926-01-25, New York Daily News, NY, S.1-3, 4; 1926-01-26, S.1,3-4; 1926-01-27, S.7, 27; 1926-01-28, S. 7, 27; 1926-01-28, S.7; 1926-01-29, S.30, 1926-01-30, S.10; 1926-01-31, S.6; 1926-02-27, S.4; 1926-03-03, S.6; 1926-03-04, S. 1,7, 1926-03-05, S.1-2; 1926-03-10, S.1,6,10; 1926-03-18, S.10; 1926-09-04, S.8; 1926-09-09, S.6, 1926-09-16, S.14; 1926-11-07, S.13; 1927-01-08, S.10; 1927-03-31, S.9; 1927-04-01, S.1,3; 1927-05-13, S.21; 1927-06-02, S.3,12; 1928-03-03, S.3; 1928-03-04, S.8, 1928-03-11, S.2, 1928-05-31, S.11; 1928-06-02, S.7; 1928-06-15, p.28; 1928-06-18, S.20; 1930-04-30, S.17; 1933-07-13, S.20; 1945-06-11, S.21
[706] 1926-01-28, Brooklyn Times Union, NY, S.35
[707] 1928-07-29, St. Louis Post-Dispatch, MO, S.97

Vater ihn um eine Rechtsberatung bat und sagte, er erkundige sich für einen Freund, der in einer schwierigen persönlichen Situation stecke. (Bevor sein Sohn herausgefunden hatte, dass der Rat eigentlich für seinen eigenen Vater bestimmt war, hatte er eine Scheidung als beste Lösung empfohlen.) Als Frederick herausfand, dass die Geliebte seines Vaters eine Deutsche war, machte es die Sache noch schlimmer. Seine Soldateninstinkte wurden offenbar angeregt.

Die Dinge wurden öffentlich – und sehr hässlich. Ehefrau Helen tat sich mit Sohn Frederick (einem ehemaligen Richter und nunmehr Rechtspfleger) und dem Schwager James A. Wales zusammen. (Wales war Werbefachmann an der Park Avenue und einer der beiden Treuhänder, die die Verteilung von Stanleys Erbschaftseinkommen überwachen sollte.) Zusammen brachten sie Fredericks Freunde am Gericht von Connecticut dazu, einen Konservator zu ernennen und Stanleys Haupteinnahme-quelle aus dem Treuhandfonds seines Vaters abzuschneiden. Statt sich aus New York vertreiben zu lassen und sein minderjähriges Kind zu verlassen, zog Stanley zu dem anderen Treuhänder, der Schwester seines Vaters, der phänomenal reichen Tante Jennie Beach Gasper. Von Jennie ermutigt, setzte Stanley darauf, eine Gerichtsbarkeit in New York zu begründen. Alle nahmen sich hochkarätige Anwälte.

**Unglückliches Paar, Helen B. C. and Stanley Y. Beach (links) und Liebhaberin Marie Danner Alias Caroline Watson (rechts)**

Das Verfahren dauerte mehrere Jahre an. Stanley wurde verschiedentlich für geistig gestört und inkompetent erklärt[708]. Diese Feststellungen wurden dann später aufgehoben. Stanley verlor die Kontrolle über sein Erbe und erlangte es dann später wieder. Letztendlich heiratete er seine Geliebte. Sicher hatte Stanley einige milde geistige Probleme. Und es würde in diese Biografie gut passen, es bei der einfachen Ansicht zu belassen, dass er *„verrückt"* war. Aber Stanleys Trennung von Helen war etwas komplizierter, als das. Die Geschichte wird letztendlich zeigen, dass Stanley zwar kein großer Luftfahrtpionier war, aber möglicherweise einige Präzedenzfälle in sozialen Fragen geschaffen hat.

Im Wesentlichen handelte es sich dabei um einen Kampf entlang der *„kulturellen Kluft"* zwischen den Sitten einer von Religion dominierten Kleinstadt im konservativen Amerika, und denen einer liberalen Metropole. Was Stanley damals tat, wäre heute *„das Richtige"*, d.h. seine Ehefrau zu informieren, eine Scheidung zu beantragen, die dysfunktionale Ehe hinter sich zu bringen und im Interesse und Wohlergehen seines minderjährigen Kindes zu handeln, um klare Beziehungen innerhalb einer neuen Patchwork-Familie zu schaffen. Aber anstatt die neue Situation zu akzeptieren, bestand Helen fast zwei Jahrzehnte lang darauf, eine glückliche Ehe vorzutäuschen und, als diese Illusion gebrochen wurde, Stanleys Sohn, Geschwister und Mutter zu instrumentalisieren, um gegen ihn zu kämpfen, was allen Beteiligten psychischen Schaden zufügte. Hätte sie sich durchgesetzt, so hätten sie und Stanley bis an ihr Lebensende so getan, als wären sie glücklich verheiratet, anstatt die

---

708 1926-02-03, Hartford Courant, CT, S.20

Dinge zu regeln und neu anzufangen. Stanley ging unbeirrt seinen Weg und zahlte dafür einen hohen Preis. Auf seltsame Weise bekam er schließlich seinen Wunsch nach Ruhm, weil die Familienfehde ihm nationale Bekanntheit einbrachte.

**Tochter Winifred und Vater Stanley**

Am 25. Februar 1932 starb Tante Jennie im Alter von 81 Jahren. Sie überließ ein Achtel ihres Nachlasses Winifred und ein Viertel Stanley[709]. Am 19. Dezember 1932 starb auch Stanleys Mutter, Margaret A. Gilbert Beach[710]. Sie hinterließ jedem ihrer Kinder in Connecticut $1.000 und einen Treuhandfonds für Stanley[711].

Am 13. Juli 1933 zog ihn Stanleys neue Ehefrau Marie vor Gericht und beschuldigte drei Personen ihrem Ehemann, Anteile an wertlosen Erfindungen zu verkaufen, wodurch er sein Einkommen aus dem Treuhandfonds in Höhe von $20.000 pro Jahr verschwenden würde. Der Richter bezeichnete diesen als den lächerlichsten Fall, den er je angehört habe, und wies ihn ab. Journalisten folgten dem glücklichen Paar nach Hause, um mit ihm in ihrer Wohnung Tee zu trinken. Obwohl er den Fall gewonnen hatte, versprach "Business Angel" Stanley, in Zukunft immer dem Urteil seiner Frau zu befolgen[712].

Am 17. Juli 1934 erhielt Stanley einen Anruf von Stella Randolph, in dem er zum Thema Gustav Weißkopf befragt wurde. Er erklärte, Weißkopf habe für ihn als Mechaniker und Maschinist gearbeitet und er (Beach) sei der Erfinder gewesen, nicht Weißkopf.

Im April 1939 wurde Beach auf Geheiß von Orville Wright von Major Lester Gardner kontaktiert und gebeten, eine vorgefertigte Erklärung zu unterzeichnen, in der behauptet wurde, dass Gustav Weißkopf nie geflogen sei. Beach strich fast alles durch und lieferte eine erste handschriftliche Tranche ab[713]. Frustriert fügte Gardner dem Dokument seine eigenen Kommentare hinzu und wies den Herausgeber des *US Air Service*-Magazins Earl Findlay an, Beachs Erklärung *„durch Weglassen"* zu redigieren. Dazu meinte er, Beach sei *„sehr schwer zu handhaben"*[714].

* * *

---

[709] 1932-03-08, Flushing North Shore Daily Journal, LI, S.7
[710] 1932-12-20, Scranton Times-Tribune. PA, S.2
[711] 1934-08-22, Hartford Courant, CT, S.4
[712] 1933-07-13, Brooklyn Daily Eagle, NY, S.17; 1933-07-13, New York Daily News, NY, S. 20
[713] 1939-04-10, Entwurf einer Erklärung von Stanley Y. Beach
[714] 1939-04-11, Brief, Lester Gardner an Earl Findley

Anfang Juni 1945 erwirkte Orson D. Munn, Herausgeber von *Scientific American*, eine Einstweilige Verfügung, die Stanley Beach daran hinderte, in sein Privatbüro einzudringen, "*wo er mich seit 33 Jahren nervt*"[715]. Damit endete jede Verbindung zwischen Stanley und dem Verlag.

1949 erwarb die Library of Congress in Washington DC die Original-Korrespondenz von Stanley Yale Beach aus der Zeit der frühen Luftfahrt[716].

Stanley Beach starb am 13. Juli 1955 in Manhattan, New York City[717].

[715] 1945-06-11, New York Daily News, NY, S.21
[716] Beach, 1949-11-01, Library of Congress, Quarterly Journal of Current Acquisitions, S.28
[717] 1955-07-13, New York Death Index - Stanley Yale Beach, Nr. 15426

Es gab unterschiedliche Schwerpunkte im Leben von Stanley Yale Beach. Manches war positiv, und manches negativ.

Die Beziehungen zu seiner Großmutter, die er ausspähte (1897), zu seinen Eltern, die er wegen seiner heimlichen Eheschließung anlog (1898), und zu seiner Ehefrau und Kinder aus erster Ehe, die er verließ (1905), waren belastet.

Was immer er in der Luftfahrt anfasste, scheiterte. Unter seiner Anleitung hatte es sogar ein originaler Bleriot-Eindecker schwer, abzuheben. Vielleicht lag es an mangelnder Sorgfalt, was am besten an seinem Autofahren zu erkennen ist, bei dem häufige Unfälle Schäden an Leben und Eigentum anderer Personen verursachten.

Während beim Fahren und Fliegen seine Impulsivität für die Probleme ursächlich war, waren seine Beziehungsprobleme charakterlich bestimmt. Als er mit den Wrights korrespondierte, lobte er sie als Pioniere und erzählte ihnen die Geheimnisse anderer Flieger. Als er mit anderen Aeronauten korrespondierte, stellte er die Wrights als Gauner dar und sprach ihnen ihre Errungenschaften ab. Er tat dasselbe mit Weißkopf.

Lobenswerte war, wie er sich für seine jüngste Tochter Winifred und ihre Mutter Marie einsetzte. Positiv waren auch seine detaillierten Berichte im *Scientific American* über die technische Entwicklung des Automobils und des Flugzeugs.

Alles in allem geben die verfügbaren Fakten das Bild eines privilegierten Kindes einer reichen Familie ab, das sich auf den Ruf und das Geld seiner Familie verließ, um sich seinen Weg durch ein komfortables Leben zu bahnen.

Vorliegend geht es um Beachs Verhältnis zu Gustav Weißkopf und darum, was er diesbezüglich als Zeuge bestätigen oder dementieren kann:

Zu einem Zeitpunkt, als Beach noch kein Partner oder Auftraggeber von Weißkopf war, und die Gebrüder Wright noch nicht behauptet hatten, einen Motorflug gemacht zu haben, berichtete Beach erstmals über einen Motorflug Gustav Weißkopfs. Und zu einem Zeitpunkt kurz nachdem er eine Partnerschaft mit Weißkopf eingegangen war, berichtete Beach darüber, dass er nach Gesprächen mit Zeugen in Dayton bestätigen konnte, dass die Gebrüder Wright dort geflogen seien. So wird es schwer, ihm bei seiner Berichterstattung Parteilichkeit zu unterstellen.

Und als er 1939 durch Vertreter von Orville Wright kontaktiert wurde, war er nicht bereit, zu bestätigen, dass ihm Weißkopf nie von irgendwelchen gelungenen Motorflügen erzählt hätte. Da er bei den behaupteten Motorflügen Weißkopfs von 1901 und 1902 weder anwesend war, noch eine Partnerschaft mit Weißkopf hatte, sind die Motive Wrights, ihn zu einer derartigen, vorgefassten Erklärung veranlassen zu wollen, bestenfalls bedenklich. Zumal sämtliche zeitgenössische Äußerungen Beachs einen entgegengesetzten Inhalt hatten. Weißkopfs Helfer Junius Harworth war sogar

der Meinung, dass Beach ein sehr hilfreicher Zeuge sein würde, wenn es darum ginge, die Errungenschaften Weißkopfs zu belegen.[718]

In späteren Jahren versuchte Junius Harworth zu Stanley Beach Kontakt aufzunehmen. Er gewann dabei den Eindruck, dass dieser psychisch erkrankt sei.

P,S. While waiting over at N.Y. Central I phoned to the Beach apartment. Cold reception. A nurse answered, was very reluctant to talk. Neither Stanley nor his wife were available. Was promised to convey my message and that Stanley would write to me. Never heard from him. Their phone is in Mrs. Beach's name for some seven years, I noted. I believe that he is a mental patient. JWH.

**Junius Harworth Brief an Stella Randolph, 13. August 1953, S.2**

13. August 1953
[...]
P.S.: Während ich im Hauptbahnhof von N.Y. wartete, rief ich in der Wohnung von Beach an. Frostiger Empfang. Eine Krankenschwester meldete sich, wollte aber ungern sprechen. Weder Stanley noch seine Ehefrau waren verfügbar. Mir wurde versprochen, meine Botschaft zu übermitteln und dass Stanley mir schreiben würde. Ich habe von ihm nichts gehört. Ich stellte fest, dass deren Telefon seit etwa sieben Jahren auf den Namen von Frau Beach angemeldet ist. Ich glaube, dass er Patient mit einer psychiatrischen Erkrankung ist. JWH.

**Junius Harworth Brief an Stella Randolph, 13. August 1953, S.2**

[718] 1935-01-27, Junius Harworth an Stella Randolph

# Jungfernflug Begleitthemen

Junius Harworth ist ein zentraler Zeuge für die Taten von Gustav Weißkopf. Über die Jahre haben neu entdeckte Primärquellen die ursprünglichen Aussagen Harworths aus den 1930er Jahren immer wieder bestätigt. Es gibt jedoch Unstimmigkeiten hinsichtlich seiner eidesstattlichen Erklärung über die Ereignisse vom 14. August 1901.

Harworth gab an, dass das Ereignis in Lordship stattfand. Lordship befindet sich jedoch auf der entgegengesetzten Seite von Bridgeport als Fairfield, wo Richard Howell berichtete, dass der Flug stattgefunden habe. Eine mögliche Erklärung für diesen Widerspruch wäre, dass der Journalist Howell einer Bitte Weißkopfs um Geheimhaltung des Versuchsorts so entsprach, dass er in seinem Bericht einen anderen Ort angab. Denn es ist belegt, dass Weißkopf einige Monate später in Lordship und Umgebung experimentierte. Oder hat Harworth einfach den Ort verwechselt? Oder sprach er etwa von einem späteren Ereignis? Immerhin stimmt die in Howells Bericht angegebene Entfernung von 15 km eher mit Lordship, als mit der Ortschaft Fairfield überein.

Für ein späteres Ereignis spricht, dass Harworth angab, "Benzin" sei als Betriebsmittel verwendet worden. Der Motor, der am 14. August 1901 zum Einsatz kam, verwendete hingegen Druckgas. Auch hier gilt, dass Weißkopf erst einige Monate später Benzinmotoren verwendet hat. Ein wichtiger Hinweis ist, dass das Betriebsmittel über die Schwerkraft in den Motor gespeist wurde („gravity-fed“). Harworth beschreibt also eine Maschine, in welcher der Benzintank höher lag als der Motor, was auf den vorhandenen Fotos sichtbar sein müsste. Attestierte Harworth also ein späteres Ereignis mit einer anderen Motorisierung?

Neben dem Durchführungsort spricht für ein späteres Ereignis, dass Harworth in einer späteren Korrespondenz den Transport des Flugzeugs per Pferdefuhrwerk, statt über die Straße unter eigenem Antrieb, beschrieb. Dafür, dass der Durchführungsort am 14. August 1901 tatsächlich Fairfield war, sprechen Interviews und Reportagen über Weißkopf in den Jahren 1909 und 1910, in denen er selbst „Fairfield Beach“ als Ort des Geschehens benennt[719].

Ansonsten stimmen die Angaben Harworths mit der Maschine überein, die aus im Jahre 1901 aufgenommenen Fotos bekannt ist. Das Gewicht (800 Pfund) deutet darauf hin, dass es sich dabei möglicherweise um eine schwerere Version der ursprünglichen Maschine gehandelt haben könnte. Eventuell geht es also hierbei um die Maschine Nr. 22. Diese Annahme erhärtet sich durch die Korrespondenz von Johann Weißkopf, der eine Maschine beschrieb und zeichnete, die er ab April 1902 kannte, und äußerlich wie die Nr. 21 aussah, aber mit einem Benzinmotor ausgestattet war.

Der Autor wertet die Erklärung Harworths als Beschreibung eines späteren Fluges, im Zeitraum Ende 1901.

---

[719] 1909-12-20, Bridgeport Evening Farmer, CT, p.1; 1910-06-20, Bridgeport Evening Farmer, CT, p.1-2

Detroit, Michigan,

August, 21st, 1934..

I, Junius W Harworth, residing at Detroit, Michigan, do depose and say that I was associated with Gustave Whitehead during his experiments with heavier than air flying machines. On Ausust, fourteenth, Nineteen Hundred and One (8,14,1901) I was present and assisted on the occasion when Mr Whithead succeeded in flying his machine, propelled by a motor, to a height of two-hundred feet off the ground or sea beach at Lordship Manor, Connecticut. The distance flown was approximately one mile and a half and lasted to the best of my knowledge for four minutes.

The machine used was constructed entirely by Whitehead with my assistance, was known as a monoplane having a four cylinder two cycle motor located forward and using two propellers. Ignition was of the make and break type and used Columbia dry batteries. The gas tank was gravity feed and held two gallons of Petrol as then called. The body of the machine was constructed of pine, spruce and bamboo reinforced with Shelby steel tubing and piano wires. The wing coverings were of japanese silk, varnished and fastened to the bamboo struts with white tape. These wings spread out behind the propellers and were supported with wires running to a central mast.

The entire machine weighed approximately 800 lbs. Mr Whitehead weighed around 165 lbs.

signed Junius W Harworth

Subscribed and sworn to before me this 27 th day of August

F. B. Harrison

NOTARY PUBLIC

Eidesstattliche Erklärung von Junius Harworth, 27. August 1934

Detroit, Michigan
21. August 1934

Ich, Junius W. Harworth, wohnhaft in Detroit/Michigan, erkläre hiermit unter Eid, dass ich mit Gustav Weißkopf während seiner Experimente mit Flugmaschinen schwerer-als-Luft verbunden war. Am vierzehnten August neunzehnhundert und eins (14.8.1901) war ich anwesend und assistierte ihm anlässlich eines Ereignisses, als es Hrn. Weißkopf mit seiner durch Motor angetriebenen Maschine gelang, über dem Boden bzw. über dem Ozeanstrand von Lordship Manor Connecticut in einer Höhe von bis zu zweihundert Fuß zu fliegen. Die dabei geflogene Distanz betrug ungefähr eineinhalb Meilen und dauerte nach meinem besten Wissen vier Minuten.

Die dabei eingesetzte Maschine wurde als Ganzes durch Weißkopf mit meiner Hilfe gebaut, und kann als Eindecker mit vorne montierten 4-Zylinder-2-Takt-Motor, der zwei Propeller antreibt, beschrieben werden. Sie hatte eine Intervall-Zündung [„make and break"], die durch eine Trockenbatterie der Marke Columbia gespeist wurde. Der Kraftstofftank speiste über die Schwerkraft und enthielt zwei Gallonen Petroleum, wie es damals genannt wurde [Benzin]. Der Rumpf der Maschine wurde aus Kiefer, Fichte und Bambus gebaut und durch Stahlrohr der Marke Shelby sowie Drahtseilen verstärkt. Die Bespannung der Flügel war aus japanischer Seide, welche lackiert und mittels weißen Klebebandes an den Bambusstreben befestigt wurde. Besagte Flügel breiteten sich hinter den Propellern aus und wurden durch Drähte, die an einem zentralen Mast zusammenliefen, gestützt.

Die gesamte Maschine wog ungefähr 800 Pf.. Hr. Weißkopf wog rund 165 Pf..

Unterzeichnet Junius W. Harworth

Vor mir am 27. Tag von
August 1934 unter Eid erklärt

G.E.Harrison

ÖFFENTLICHER NOTAR

**Eidesstattliche Erklärung von Junius Harworth, 27. August 1934**

I recall distinctly seeing a large stack-truck, drawn by horses and may perhaps have belonged to Steves, the trucker. This truck had plane # 21 aboard and was about 6 P.M. going to Lordship Manor. This trip was for the August 14 flights. At that time as well as now I was in the habit of arising very early in the morning and pedalling many miles, this WAS on a wednesday, morning, I was not in school because it was during the vacation. The reporter then, as now, would not notice a youngster, perhaps that is why I was left out.
The other flights, three, were all made before 11: A.M. as I was home for dinner.

**Junius Harworth an Stella Randolph, 17. März 1937, S.1**

17. März 1937
[]
Ich erinnere mich genau an einen großen Stapelwagen, der von Pferden gezogen wurde und möglicherweise Steeves, dem Brummi-Fahrer, gehört hat. Dieses Fuhrwerk hatte das Flugzeug Nr. 21 an Bord und war gegen 6 Uhr zum Lordship Manor gefahren. Bei diesem Transport ging es um die Flüge des 14. August. Zur damaligen Zeit und jetzt wieder hatte ich die Angewohnheit, sehr früh am Morgen aufzustehen und viele Meilen zu radeln. Dies ereignete sich an einem Mittwoch, sehr früh am Morgen. Ich war nicht in der Schule, weil es während der Ferien war. Der Reporter würde damals wie heute keinen Jugendlichen bemerken. Vielleicht wurde ich deshalb nicht erwähnt. Die anderen drei Flüge wurden alle vor 11 Uhr durchgeführt, da ich es schaffte, zum Essen zu Hause zu sein.

**Junius Harworth an Stella Randolph, 17. März 1937, S.1 (Auszug)**

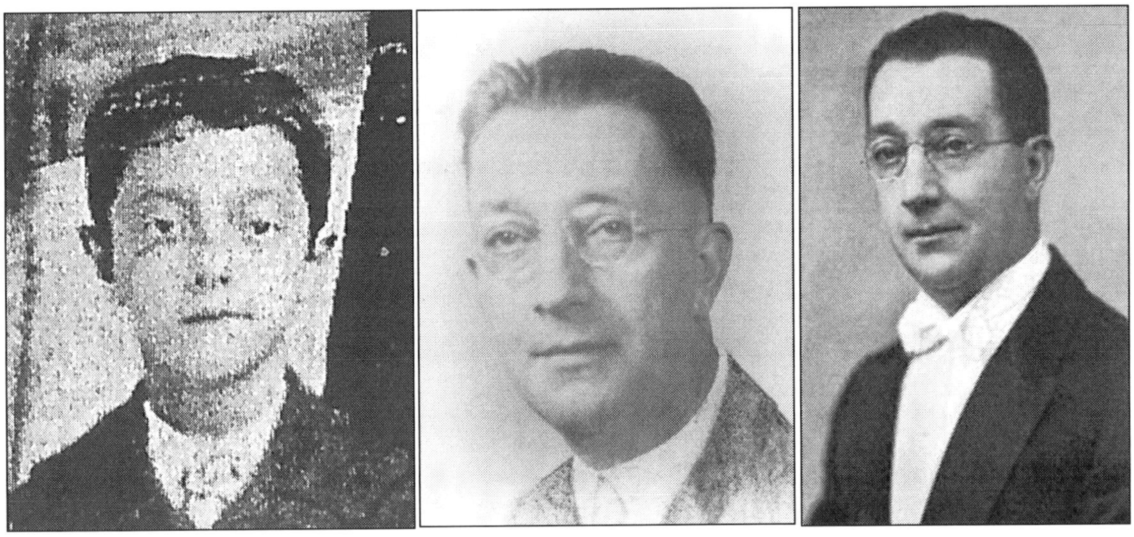

**Ingenieur Junius W. Harworth**
21. Mai 1889 – 20. Okt. 1962

Junius Harworth wurde als Gyula Horvath in der Stadt Kosice (Kassa) im Österreichisch-Ungarischen Reich geboren. Die Stadt liegt jetzt an der Ostspitze der Slowakei an der Grenze zu Ungarn und etwa 30 Meilen von Polen und der Ukraine entfernt. Junius Eltern Stephen und Mary brachten den jungen Junius und seinen älteren Bruder Nicholas Anfang der 1890er Jahre in die USA. Sie alle wurden US-Staatsbürger, als Vater Stephen am 8. Oktober 1894 eingebürgert wurde[720].

Im Sommer 1900 lebte die Familie im ersten Stock in der Hancock Avenue 352[721], als Gustav Weißkopf den Tabak- & Süßwarenladen von Marcus Sarrosy auf derselben Etage betrat und nach einer Unterkunft suchte. Junius, der damals 12 Jahre alt war, brachte Weißkopf ein Stockwerk höher zu der Familie Egry, die ihm ein Zimmer solange vermietete bis er für seine junge Familie ein paar Häuser weiter im Hof der Pine Street 241 eine Unterkunft sichern konnte. Ende November 1900 kam sie dann in Bridgeport an[722].

Als Junius 13 wurde, hatte Gustav Weißkopf den Bau eines Flugzeugs im Keller seines Hauses abgeschlossen. Junius hatte ihm beim Bau geholfen. Im Sommer 1901 sah Junius mehrere Motorflüge Weißkopfs. Erst 1934, nachdem Weißkopf gestorben war und Junius von der Biografin Stella Randolph kontaktiert wurde, begann Junius, seine mit Weißkopf gemeinsam gemachten Flugerfahrungen zu dokumentieren.

1910 lebte die Familie Horvath in der Ridge Avenue 419. Bruder Nicholas war Apotheker geworden, Junius Maschinist[723]. In seiner Freizeit arbeitete er mit Gustav Weißkopf zusammen. Eine lokale Zeitung berichtete über einen Vorfall im Juli dieses Jahres, als Junius und Weißkopf in einem der Flugzeuge gegen einen Brückenpfeiler stießen[724]. Im darauffolgenden Jahr meldete Junius ein Patent an, welches ihm im Jahr darauf erteilt wurde[725]. Ebenfalls 1912 war Junius an der Gründung einer eigenen Apotheke für seinen Bruder beteiligt[726]. (Junius Bruder war nebenher einer der Direktoren der West Side Bank[727].)

---

720 1894-10-27, Board of Registration, Bridgeport; 1911-10-25, Court of Common Pleas, Bridgeport
721 1900-06-04, US-Volkszählung Bridgeport CT Ward 3, Supt.Distr.26, Enum.Distr.15, Blätter 6/6A, Zeilen 98/1
722 1934-10-07, Anlage zur Erklärung in einer Sendung an Stella Randolph
723 1910-04-27, US-Volkszählung Bridgeport CT, Ward 2, Supt.Distr.29, Enum.Distr.11, Blatt 21, Zeile 80
724 1910-07-13, Bridgeport Times and Evening Farmer, CT, S.5
725 1911-10-24, Patent US1022738
726 1912-03-20, Hartford Courant, CT, S.7
727 1920, Bridgeport and Southport directory #54, S.32

Am 25. Oktober 1913 heiratete Junius Louise Isabell Swan in Bridgeport. Bruder Nicholas war sein Trauzeuge[728]. Louise wurde in Richmond/Indiana, geboren und war eine Amerikanerin der 9. Generation, die direkt von den Pilgervätern abstammte.

William R. Swan

Ihr Vater, William R. Swan, war Millionär und Geschäftsmann mit Unternehmensinteressen in New Jersey, New York und Connecticut. Im August 1911 gründete er in Bridgeport eine Firma mit einer Million Dollar Stammkapital. Nur wenige Wochen zuvor war Louise von zu Hause weggelaufen und hatte eine landesweite Flut von Presseberichten ausgelöst, die durch ein Fahndungsfoto von ihr (im Nerzmantel) begleitet waren und eine Belohnung von tausend Dollar ankündigten. Die Geschichte schaffte es zwei Tage hintereinander auf die Titelseite der New York Times.

**Louise I. Swan, 19 (Vermißten-Foto[729])**

Nachdem Louise eine Woche von zu Hause weg war, schrieb sie ihrem Vater über die Adresse einer Dienerin in seinem Haushalt einen Brief, in welchem sie ihm mitteilte, er solle sich keine Sorgen um sie machen, gab aber keine Absenderadresse an, wo er sie hätte kontaktieren können. Erst fünf Monate später wurde sie gefunden. Dies ist die eigenwillige Frau, die Junius heiratete.

Junius wurde Ingenieur. 1918 bekamen er und Louise einen Sohn, Donald S.. Nach Abschluss seines Studiums zogen Junius und seine junge Familie in die South High Street 2021 in South Bend/Indiana. Dort wurde er bei der Studebaker Automobile Corporation angestellt[730].

Louise zog gerne in Gesellschaftskreisen herum. Unter anderem war sie in der örtlichen episkopalen (anglikanischen) Kirche aktiv[731]. Im Juli 1923 adoptierte das Paar ein neugeborenes Baby Isabel aus dem örtlichen Waisenhaus. Nach einer kurzen Krankheit starb Baby Isabel kurz vor ihrem ersten Geburtstag[732].

Ende 1925 zog die Familie in die Ohio Street 13580 in Detroit/Michigan[733]. Im darauffolgenden Jahr besuchte Junius Gustav Weißkopf in Fairfield im letzten Jahr vor dessen Tod. Junius kommentierte den Besuch in Briefen an Stanley Yale Beach und beklagte darin, wie schlecht es „Gus" ginge[734].

Bis 1930 lebten Junius, Louise und Sohn Donald in der Washburn Ave. 15510 in Detroit. Junius war als Ingenieur angestellt und arbeitete im Hochbau. Bald darauf zog das Paar in eine Villa mit einem großen Garten in der Mark Twain Avenue 14959 und blieb dort bis zum Ende seiner Tage. Louise war auch in Detroit in vielen Gesellschafts-Organisationen aktiv, darunter eine für Hörgeschädigte[735] und eine für Mütter[736]. Bei Letzterer übernahm sie später den Vorsitz[737].

---

[728] 1913-11-02, Brooklyn Daily Eagle, NY, S.45
[729] 1911-07-19, New York Evening World, NY, S.11
[730] 1922-08-02, Bridgeport Telegram, CT, S.4
[731] 1923-06-04, South Bend Tribune, IN, S.2
[732] 1924-07-21, South Bend Tribune, IN, S.5
[733] 1925-10-20, South Bend Tribune, IN, S.5
[734] 1926-07-12, Brief, Junius Harworth an Stanley Beach
[735] 1930-04-28, Detroit Free Press, MI, S.18
[736] 1943-11-14, Detroit Free Press, MI, S.32
[737] 1948-12-17, Detroit Free Press, MI, S.26

Bis 1934 hatte Junius seinen Arbeitgeber gewechselt und war nun Ingenieur für Mechanik bei der Packard Motor Company geworden. Zu diesem Zeitpunkt wurde er von der Biografin Gustav Weißkopfs, Fräulein Stella Randolph, kontaktiert. Es folgte eine Serie von Briefen von Harworth an Randolph[738] inklusive Zeichnungen von einem der Flugzeuge Weißkopfs[739], Karten mit Ortsangaben zu den Flügen Weißkopfs[740], eine Liste von Zeugen dieser Flüge[741], und Detailbeschreibungen der Inhalte von Fotos, die Randolph in ihren Besitz gebracht hatte[742]. Ferner übersandte er ihr eine eidesstattliche Versicherung über Flüge, die er selbst beobachtet hatte[743]. Diese Briefe bildeten im Wesentlichen die Grundlage für die drei Bücher Randolphs über den Flugpionier Gustav Weißkopf.

Louise setzte ihre gesellschaftlichen Aktivitäten in Detroit fort. Sie engagierte sich besonders für die *„Töchter der Amerikanischen Revolution"* (DAR) – ein exklusiver Verein, der nur derjenigen offensteht, die von den ersten weißen Siedlern Nordamerikas abstammen. Sie stieg dort zur Brigadier-Goverheurin & Regentin des John Sackett Ordens der Detroit-Niederlassung des DAR auf. In dieser Funktion hielt sie Reden[744] und nahm an nationalen Konferenzen teil[745]. Während es bei einigen Mitgliedern im DAR um Genealogie ging, ging es anderen um den sozialen Status. Und es war der Druck, der von diesen Aktivitäten herrührte, der Louise veranlasste, darauf zu bestehen, dass ihr Ehemann seinen Namen von Gyula Horvath (ungarisch) in Junius Wentworth Harworth III amerikanisierte. Tatsächlich fühlte sie sich oft unwohl, wenn sie ihre osteuropäischen Verwandten besuchte[746].

Louise war auch im Garden Club aktiv[747] und organisierte viele Veranstaltungen im Haus und Garten der Familie Harworth[748]. Die lokale Presse berichtete gelegentlich über den spektakulären Garten des Paares[749].

J.W. Harworth
DEVICES THAT PAY
ENGINEER
INVENTIONS OF MERIT
DETROIT, MICHIGAN
JUNIUS W. HARWORTH
14959 Mark Twain Avenue

Als Randolphs erstes Buch über Gustav Weißkopf im Jahre 1937 veröffentlicht wurde, war Junius bereits „Assistant Foreman" bei der Packard Motor Car Co. geworden[750]. In der Volkszählung von 1940 wurde er als Maschinenbauingenieur aufgeführt[751]. Junius Sohn Donald war ausgezogen und Junius' Schwiegermutter Gertrude im Alter von 75 Jahren eingezogen. In der Musterungsakte der US-

---

738 1934-07-23, 1934-10-07, 1935-01-27, Briefe, Junius Harworth an Stella Randolph; 1934-08-21, Eidesstattliche Erklärung von Junius Harworth

739 1935-01-18, Sendung, Junius Harworth an Stella Randolph

740 1935-09-22, Brief, Junius Harworth an Stella Randolph

741 1936-01-24, 1937-03-06, 1937-03-17, Briefe, Junius Harworth an Stella Randolph

742 1935-03-29, Brief, Junius Harworth an Stella Randolph

743 1937, Lost Flights of Gustave Whitehead, S.13 & 48-51; 1966, Before the Wrights Flew, S.114-115;

744 1958-02-10, Detroit Free Press, MI, S.23

745 1958-04-24, Detroit Free Press, MI, S.26

746 2014-08-25, Erklärung durch die Nichte von Junius Harworth, Martha Schipul

747 1933-01-11, Detroit Free Press, MI, S.10

748 1955-04-15, Detroit Free Press, MI, S.20

749 1956-02-24, Detroit Free Press, MI, S.44

750 1937-04-28, Brief C.E. Weiss Packard Motor Car Co. an Stella Randolph

751 1940-04-10, US Volkszählung, Detroit Ward 22, Blocks 21-22, Supt.Distr.15, Enum.Distr.18-1471, Blatt 7B, Zeile 68

Armee im Jahre 1942 heißt es, Junius habe für die Chrysler Corporation gearbeitet[752]. Im Jahre 1946 erhielt er ein weiteres Patent[753].

Junius Harworth ging 1955 als Anlageningenieur bei Packard Motor Car Co. in den Ruhestand. Er starb am 20. Oktober 1962[754]. Seine Leiche wurde nach Bridgeport transportiert und auf dem Mountain Grove Friedhof beigesetzt[755]. Seine Frau Louise starb am Ersten Weihnachtstag 1973[756].

**Gyula Horvath (Julius Harworth)**

[752] 1942, US Militär Musterungsakte, Junius W. Harworth
[753] 1946-03-11, Detroit Free Press, MI, S.18
[754] 1962-10-20, Bridgeport Post, CT, S.33
1962-10-20, Social Security Akte, Junius W. Harworth
[755] 1962-10-23, Bridgeport Telegram, CT, S.16
[756] 1973-12-27, Bridgeport Post, CT, S.32

**William D. Custead**
14. April 1867 – 15. März 1933

William (Willy) Downing Custead wurde am 14. April 1867 in Milford, Delaware, geboren[757]. Dort betrieb sein Vater Nelsen, der ursprünglich aus Ohio stammte, einen Obstgarten[758]. Über seine Großmutter väterlicherseits war William ein Cousin 2. Grades von Buffalo Bill[759]. Seine Mutter Minerva (Minne) geb. Ward stammte ursprünglich aus Ontario, Kanada[760]. Um 1870 lebte die Familie in Knoxville/Tennessee. Dorthin war Minnies kanadische Familie inzwischen gezogen. Nelson arbeitete dort als Immobilienagent und Sammelladenbetreiber[761]. Williams Familie zog danach erneut um und lebte 1880 in dem winzigen Dorf Alto Pass nahe der Südspitze von Illinois. Dort arbeitete sein Vater als Eisenbahn-Frachtagent und sein älterer Bruder Charlie als Telegrafist[762].

William verließ Illinois in den späten 1880er Jahren, um für die Pacific Union Railroad in Creston/Wyoming zu arbeiten. Bald traf er Eva E. White, eine Pastorentochter aus Independence/Missouri, und heiratete sie bei einer von ihrem Vater durchgeführten Zeremonie[763]. Im Jahre 1891 war er bereits als Telegrafist bei der *Missouri, Kansas and Texas Railroad* in Denison im Osten von Texas tätig. Anschließend wurde er Bahnhofdirektor in Geneva im McLennan County, Texas[764], bevor er dann nach Elm Mott zog, einer kleinen Stadt etwa 19 km nördlich von Waco an der Kreuzung der Bahnlinien *Texas Central* und *Katy*.

Im Januar 1899 nahm William eine 30-tägige Beurlaubung von der Eisenbahn[765] in Anspruch, um seine Luftschiffidee zu verwirklichen. Schon als Schuljunge hatte er die Idee[766]. Den Bau eines ersten Exemplars hatte bereits Anfang 1898 begonnen[767]. Am 6. Januar 1899 reiste er nach Washington D.C., um Patentrecherche zu betreiben und danach Patentrechte zu beantragen. Unterwegs besuchte er Verwandte in Knoxville, Tennessee, die er später um Investitionen in das Projekt bat[768].

Seine Erfindung war eine Kombination Luftschiff/Flugzeug, d. h. eine „hybride Lösung“ des Flugproblems. Er setzte also sowohl die Leichter-als-Luft- (Luftschiff) als auch die schwerer-als-Luft-(Flugzeug)-Technologie ein. Salopp gesagt war es ein stromlinienförmiger Ballon mit Flügelschlag-

---

757 1919-12-03, Passport Application, CA, S.1
758 1867-04-11, Delaware Tribune, DE, S.4
759 1954, The Cody Family in America, Cody Publications, Kissimee FL, S.30-31
760 1919-12-03, Passantrag, William D. Custead
761 1870-07-19, US-Volkszählung Cropville/TN, Zeile 4
762 1880-06-28, US-Volkszählung Alto Pass IL, Enum.Distr.115, Supv.Distr.8, Seite 17, Zeile 31
763 1899-02-09, Clinton Eye, MO, S.1
764 1899-08-24, Kansas City Times, MO, S.8
765 1889-01-01, Railroad Telegrapher, IL, S.80; 1889-02-14, Clinton Advocate, MO, S.8
766 1899-01-07, Houston Daily Post, S.4
767 1920-08-13, Long Beach Press, CA, S.13
768 1900-09-06, Knoxville Sentinel, TN, S.3

Antrieb. Die erste Version soll Ende 1898 einen halb schwebenden, halb fliegenden Jungfernflug gemacht haben.

Aus heutiger Sicht wirkt die Maschine seltsam. Zur damaligen Zeit war das Konzept jedoch Mainstream. In der Überzeugung, dass der Mensch zu schwer ist, um jemals wie ein Vogel fliegen zu können, wandten viele Erfinder die praktikable Luftschiff-Technologie (Aerostatik) an und kombinierten sie mit der Aerodynamik, um die Lücke zu einer fliegenden Lösung hin zu schließen. Noch 1901 sagten informierte Beobachter einen Durchbruch für diese Technologie voraus[769]. Tatsächlich beruhten laut dem ehemaligen Smithsonian-Kurator Crouch – ohne Quellenangabe – die ersten Flugzeugentwürfe von Octave Chanute im Jahr 1888 auf diesem Konzept.

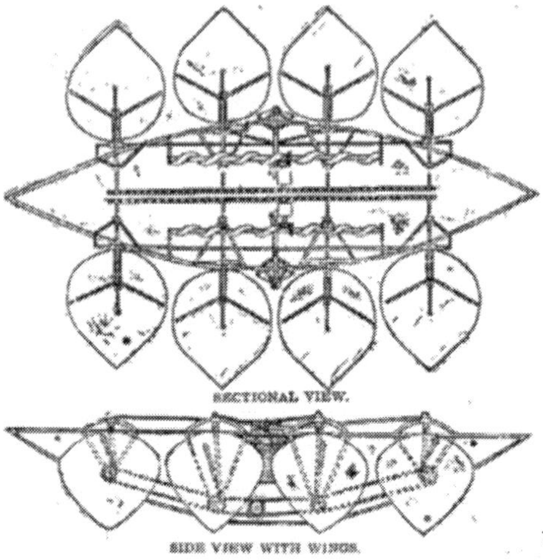

770

771

**Luftschiff von William D. Custead**

Chanute und Custead – beide Eisenbahner – korrespondierten zu diesem Thema. Chanute war so begeistert von Custeads Ideen, dass er sie „genial" nannte. Er verteidigte das Konzept gegenüber Albert A. Merrill dem Schriftführer von der Boston Aeronautical Society, der Kritik geäußert hatte. Chanute war besonders beeindruckt von der Schlagflügelbewegung und dem Motor, den Custead selbst gebaut hatte[772].

Custead ging im Januar 1899 mit seinen Plänen an die Öffentlichkeit und sagte, dass er einen *„Zwanzig Pfund, fünf PS starken Kohlensäure-Gasmotor"* [773] (d. h. komprimiertes Kohlendioxidgas, das in einer Flasche transportiert wird) installieren würde. Nachdem er Patente recherchiert hatte, stellte er Anfang April 1899 seine Idee dem Kriegsministerium in Washington DC vor. Den Prüfern gefiel seine Vorstellung eines Einsatzes des Heliumgas in einem zigarrenförmigen Ballon. Und sie hatten auch keine Einwände gegen seine Verwendung von Kohlensäure-Antrieb, schlugen jedoch vor, dass er sich mit Benzin-Antrieb befassen sollte[774]. Sie versprachen, einen Beobachter zu schicken, wenn die größere Version seine Maschine später in St. Louis getestet werdenn sollte[775].

Bis April 1900 hatte Custead zusammen mit einigen Investoren eine Aktiengesellschaft mit 100.000 Dollar Stammkapital gegründet (heute wären das mehrere Millionen Dollar). Bis dahin war die

[769] 1901-01-26, Gen. A.W. Greely in Fitchburg Sentinel, S.6: *"Die Entwicklung der Flugnavigation wird drei Pfade nehmen – Ballons, Flugmaschinen, und einer Kombination von beidem."*
[770] 1899-05-08, Galveston Daily News, S.2
[771] 1900-09-06, Knoxville Sentinel, TN, S.3
[772] 1900-08-31 & 1900-09-06, Briefe, Chanute an Merrill
[773] 1899-01-07, Houston Daily Post, TX, S.4
[774] 1899-04-30, Houston Daily Post, TX, S.15
[775] 1900-09-06, Knoxville Sentinel, TN, S.3

Leistung des *„verdichteten Kohlensäure-Gasmotors“ auf „10 PS“* gestiegen, aber auch das Gewicht stieg auf *„75 Pfund“*[776]. Er machte öffentlich bekannt, dass Octave Chanute das Schiff untersucht und für praktikabel befunden hatte[777]. Auf einer Pressekonferenz am 12. April in Austin/Texas, zwei Wochen nachdem er das Luftschiff seinen Investoren vorgeführt hatte, kündigte Custead Pläne an, es nach New York zu fliegen[778].

Während dieser Zeit machte William viel Werbung, um Investoren zu akquireren. Dazu nutzte er Adressen in Waco/Texas[779], St. Louis/Missouri[780] und Philadelphia/Pennsylvania[781]. In Chicago suchte er einen Promoter, um seine Luftschiff-Aktienzertifikate zu vertreiben[782]. In diesen Jahren wurden William und Eva auch Eltern von drei Söhnen.

Die Suche nach einem stärkeren Motor führte William zum Flugzeug- und Motorenbauer Gustav Weißkopf nach Bridgeport/Connecticut. Es ist unklar, wann oder wo sie sich zum ersten Mal trafen. Ein Artikel vom 18. August 1901 im *Bridgeport Sunday Herald*, der weltweit syndiziert wurde, beschrieb, wie Weißkopfs Motor mit seiner geheimen Treibstoffzutat Custeads Luftschiff in Zukunft antreiben würde. Jener Artikel enthielt auch eine Zeichnung des Custead Airship. Von ihrer Zusammenarbeit war danach nichts mehr zu hören.

Eine anekdotische Bestätigung dafür, was Weißkopfs geheime Zutat gewesen sein könnte, liefert die Tatsache, dass Custead im April 1902 einen mit flüssiger Luft angetriebenen Gasmotor an einen Luftschifferfinder nach Los Angeles lieferte[783]. Vermutlich handelte es sich dabei um den gleichen oder einen ähnlichen Motor wie der, den Weißkopf in Bridgeport verwendet hatte.

Custead blieb in den Jahren 1901[784] und 1902[785] treuer Motorenkunde und Vertriebsagent für Weißkopfs Motoren. Zu dieser Zeit lebte William in der Nr. 351 17th Street in New York.

Im Jahre 1904 stellte William sein Konzept auf der Weltausstellung in St. Louis[786] vor, wo Weißkopf bekanntermaßen seine Motoren ebenfalls ausstellte. Im Januar 1906 stellten sie ihre jeweiligen Flugzeugkonzepte erneut nebeneinander auf Amerikas erster Luftfahrtausstellung in New York aus. Dort zeigte Whitehead Fotos seines Motorflugzeugs von 1901 im Flug[787]. Und Custead stellte sowohl Fotos als auch ein Modell seines Luftschiffs aus[788].

---

[776] 1900-11-13, El Paso Daily Herald, TX, S.3
[777] 1900-04-13, New York Sun, S.4
[778] 1900-04-13, Washington Times, D.C., S.2
[779] 1899-11-12, Kansas City Star, MO, S.16; 1899-11-12, Chicago Daily Tribune, IL, S.31
[780] 1900-05-12, St. Louis Post Dispatch, MO, S.6; 1900-05-30, S.20
[781] 1899-09-16, New York World, NY, S.12
[782] 1900-06-05, Chicago Tribune, IL, S.5
[783] 1902-04-09, Los Angeles Times, LA, S.13
[784] 1901-12-08, New York Times, NY, S.23
[785] 1902-02-23, New York Herald, NY, S.5
[786] 1920-08-13, Long Beach Press, CA, S.13
[787] 1906-01-27, Scientific American, NY, S.94
[788] 1906-01-14, NY Sun, p.10; 1906-01-15, NY Times, p.6; 1906-01-14, Washington Post, DC, p.32

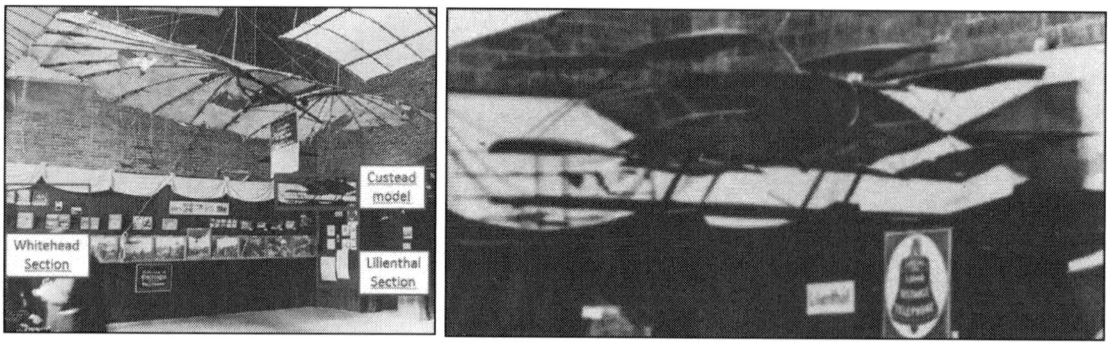


**Das Luftschiffmodell von William Custead auf der Luftfahrtausstellung im Januar 1906 in New York**

Im November 1908 präsentierten sie sich wieder Seite an Seite bei Amerikas erster Flugschau in der Bronx[789]/New York. Custead nahm in einem mit Propeller angetriebenen „Windwagen" an einem Rennen über eine halbe Meile teil[790].

Währenddessen erfand William im Januar 1904 ein neuartiges Autogetriebe[791]. Er meldete es in den USA, Großbritannien und Frankreich[792] zum Patent an, veröffentlichte eine Pressebroschüre[793] und stellte es Mitte Januar 1905 auf der *Fifth Automobile Show* im Madison Square Garden[794] in New York aus. Die Automobilpresse bezeichnete es als *„radikale Abkehr von allem, was bisher da war"* [795]. Zu diesem Zeitpunkt lautete seine Adresse 44 Park Place in New York[796].

Kurz bevor die Show begann, wurde William Mitbegründer einer Firma für Automobil-Fahrgestell-Aufhängungen[797]. Nach der Show baute er in Tampa/Florida, ein Lkw-ähnliches Fahrzeug als Versuchsträger für sein Getriebe[798]. Am 19. Dezember 1905 führte er den Lastwagen öffentlich vor und erregte dabei große Aufmerksamkeit. Er fuhr mitten durch die Stadt Tampa damit[799]. Seine Getriebe ermöglichte es ihm, Steigungen von mehr als 20 % zu überwinden[800].

Im Jahre 1909 gründete William die *Custead Motor Vehicle Co.*[801]. (Obwohl besagter Vorführwagen erfolgreich in Tampa gefahren ist, steht das Unternehmen auf einer Liste von Automobilherstellern, deren Fahrzeuge angeblich *„nie ein Rad gedreht haben"*[802].)

Während dieser Zeit hatten sich William und seine Ehefrau Eva auseinander gelebt. Sie ließen sich scheiden. Eva und die Söhne zogen zurück in die Gegend von St. Louis. Williams neue Ehefrau Eleanor geb. Parker stammte aus Buffalo/New York. Dort investierte William im Jahre 1905 in eine Seifenfabrik[803] und wurde zu deren Direktor.

---

[789] 1908-10-31, New York Evening Post, NY, S.9
[790] 1908-10-29, New York Evening World, NY, S.10
[791] 1904-09-10, Scientific American, NY, S.186
[792] 1904-01-15, Patente Nrn. US771046, GB190415703A, FR344556A
[793] 1905-01-11, Horseless Age, S.65
[794] 1904-12-29, Brooklyn Daily Eagle, NY, S.11; 1905-01-14, Automobile, S.64; 1905-01-26, Iron Age, S.314; 1905-01-28, Automobile, S.187
[795] 1905-01-19, Motor Age, IL, S.10-11, 36
[796] 1905-01-26, Iron Age, S.314
[797] 1904-12-31, Buffalo Evening News, NY, S.8
[798] 1905-07-27, Tampa Weekly Tribune, FL, S.2
[799] 1905-12-19, Tampa Tribune, FL, S.1; 1906-01-04, Whittier Daily News, CA, S.1
[800] 1907-03-03, Power Wagon, OH, S.21
[801] 1909-06-17, Motor Age, S.42
[802] 1971, The American Car Since 1775, L.S. Bailey, NY, S.372, Liste von Stanley K. Yost
[803] 1905-09-01, American Soap Journal, WI, S.23; 1905-08-28, Buffalo Commercial, NY, S.1

Im Oktober 1910 starb Williams Vater in Texas[804]. William und Eleanor zogen daraufhin nach Kalifornien in die Nähe von Williams Bruder Harry, der Juwelier in der Stadt Whittier war, und seiner Mutter Minnie. Das Paar zog bald weiter nach Long Beach. Zu dieser Zeit war William ein Immobilienspekulant und Bauträger. Das Paar fing an, regelmäßig Urlaub auf Hawaii zu machen. Am 15. Januar 1921 starb Williams Mutter[805].

William und Eleanor ließen sich danach auf Hawaii nieder[806]. Sie nahmen dort am Immobilienhandel[807] und an Bauträgergeschäften teil[808]. Sie führten auch ein Gästehaus. Eleanor wurde krank und verbrachte längere Zeit im Krankenhaus. Als sie schließlich zu Kräften kam und nach Hause zurückkehrte, war sie sehr depressiv. Am 24. Januar 1923 tötete sie sich selbst mit einer Feuerwaffe. William war damals in der Nähe, hörte den Schuss und kam ihr als Erster zu Hilfe[809]. Er konnte sie aber nicht mehr retten.

Danach zog sich William zurück. Er verließ das Haus nur noch, um Lebensmittel zu kaufen. Sein lokaler Spitzname war "*Der Einsiedler von Nanakuli*". Gelegentlich wurde er nackt auf seinem Grundstück herumlaufen gesehen. Als er 1933 starb, dauerte es mehrere Tage, bis ein Zeitungszusteller[810] seine Leiche zufällig fand. Er besaß eine große Anzahl von Aktien und Besitztümern, die auf seine drei Söhne aus erster Ehe verteilt wurden.

---

[804] 1910-10-27, Masonic Friedhof, Austin, Texas

[805] 1921-01-17, Whittier News, CA, S.5; 1921-01-19, Whittier News, CA, S.2

[806] 1923-08-18, Honolulu Star Bulletin, HI, S.13

[807] 1930-04-01, US-Volkszählung Ewa Oahu HI, Enum.Distr.2-94, Rep.Distr.5, Precinct 8, Blatt 1A, Zeile 1; 1923-09-28, Honolulu Advertiser, HI, S.11

[808] 1929-10-27, Honolulu Advertiser, HI, S.13

[809] 1925-06-24, Honolulu Star Bulletin, HI, S.7

[810] 1933-03-20, Honolulu Advertiser, HI, S,1

# Verbreitung U.S.A.

# HALF A MILE FLIGHT IN AIR

**Connecticut and Texas Inventors Give a Successful Exhibition of Their Flying Machine.**

[BY TELEGRAPH TO THE EVENING TELEGRAM.]

BRIDGEPORT, Conn., Monday.—With the purpose in view of perfecting a flying machine that will solve the problem of aerial navigation to the point of commercial success, Gustave Whitehead, of this city, and W. D. Custead, of Waco, Texas, have formed a partnership. Both men are inventors.

Mr. Whitehead recently, with two assistants, took his machine to a long field back of Fairfield, and the inventor for the first time flew in his machine for half a mile. It worked perfectly, and the operator found no difficulty in handling it. Mr. Whitehead's machine is equipped with two engines, one to propel it on the ground, on wheels, and the other to make the wings or propellers work.

In order to fly the machine is speeded to a sufficient momentum on the ground by the lower engine, and then the engine running the propellers is started, which raises the machine in the air at an angle of about six degrees. Mr. Custead's airship rises vertically from the ground, and requires no running start, as Mr. Whitehead's does, before the ascent is made.

But the hopes of the inventors for success are pinned to a new pressure generator which Mr. Whitehead has invented. He has demonstrated that the generator will work, for he used it to furnish power for both of his engines at the trial of his machine last Tuesday.

Calcium carbide is used as fuel. By a series of rapid explosions the acetylene gas is forced into chambers, where it comes in contact with a chemical preparation. This produces a powerful and even piston pressure. The chemical preparation is the secret of the new generator, and Mr. Whitehead will not reveal the ingredients. He has applied for patents. This new generator will, it is maintained by both inventors, lessen the weight of motor power seventy-five per cent.

Mr. Custead is backed by several Texas and Southern capitalists for the manufacture of the new airship. The company is capitalized at $100,000. Mr. Custead is now in New York. The good points of both inventors' flying machines will be included in the new machine, and this combination, with the new acetylene-chemical pressure generator, it is believed, will produce the desired results in the way of a flying machine.

**19. August 1901, New York Evening Telegram, NY, S.7**

# EINE HALBE MEILE DURCH DIE LUFT

**Erfinder aus Connecticut und Texas Geben eine erfolgreiche Vorführung Ihrer Flugmaschine.**

[PER TELEGRAMM AN DIE *EVENING TELEGRAM*.]

BRIDGEPORT, Connecticut, Montag,– Mit der Absicht im Blick, eine Flugmaschine zu entwickeln, die das Problem der Flugnavigation soweit löst, dass sie ein kommerzieller Erfolg wird, haben Gustav Weißkopf aus dieser Stadt und W. D. Custead aus Waco Texas eine Partnerschaft gebildet. Beide Männer sind Erfinder.

Zusammen mit zwei Assistenten nahm Hr. Weißkopf erst kürzlich seine Maschine zu einer langen Wiese hinter der Ortschaft Fairfield, wo der Erfinder zum ersten Mal in seiner Maschine über eine halbe Meile flog. Sie hat einwandfrei funktioniert, und der Pilot hatte keine Schwierigkeiten dabei, sie zu steuern. Die Maschine des Herrn Weißkopf ist mit zwei Motoren ausgestattet, der eine, um sie über den Boden anzutreiben, und der andere, um die Propeller anzutreiben.

Um einen Flug zu starten, wird die Maschine zunächst mithilfe des unteren Motors über den Boden auf eine Geschwindigkeit mit ausreichend Schwung beschleunigt, und dann wird der Motor, der die Propeller antreibt, gestartet, was die Maschine in einem Winkel von ca. sechs Grad in die Luft aufsteigen lässt. Das Luftschiff des Herrn Custead hingegen steigt senkrecht in die Luft auf und benötigt daher, anders als die Maschine Weißkopfs, keinen Anlauf um den Aufstieg zu machen.

Die Hoffnungen auf einen Erfolg hängen für beide Erfinder vom neuen Druckgenerator ab, den Hr. Weißkopf erfunden hat. Er hat bereits vorgeführt, dass der Generator funktioniert, denn er hat ihn zur Krafterzeugung beider Motoren bei der Erprobung seiner Maschine letzten Dienstag eingesetzt.

Calzium-carbid wird als Betriebsmittel eingesetzt. Mittels einer Serie von kurz aufeinander folgenden Zündungen wird das Acetylengas in Kammern eingeleitet, wo es mit einer bestimmten chemischen Substanz in Kontakt kommt. Dadurch wird ein hoher, gleichmäßiger Kolbendruck erzeugt. Das chemische Präparat ist das Geheimnis des neuen Generators und Hr. Weißkopf wird dessen Zutaten nicht verraten. Er hat Patente beantragt. Nach übereinstimmender Aussage beider Erfinder wird dieser neue Generator das Gewicht der Antriebseinheit um fünfundsiebzig Prozent senken.

Bei der Herstellung des neuen Luftschiffs wird Hr. Custead durch einige Kapitalgeber aus Texas und den Südstaaten unterstützt. Die Firma hat ein eingezahltes Kapital von $100.000,-. Herr Custead weilt zurzeit in New York. Die guten Eigenschaften der Maschinen beider Erfinder werden in die neue Maschine integriert, und durch diese Kombination, zusammen mit dem neuen mit Acetylen gespeisten chemischen druckerzeugenden Generator glauben diese, werden im Hinblick auf eine Flugmaschine die gewünschten Ergebnisse erzielt.

**DAYTON:**

THE DAYTON EVENING HERALD.

19. Aug. 1901, Dayton Evening Herald, OH, S.1

# ANOTHER FLYING MACHINE INVENTION

**Preliminary Test of Connecticut Man's Airship Proved Highly Satisfactory.**

Bridgeport, Conn., Aug. 19.—Gustave Whitehead, a mechanical engineer, who has been experimenting with flying machines for ten years, thinks he has taken a long step toward solving the problem of aerial navigation. It is said his machine, in a test last Tuesday morning, flew half a mile with Mr. Whitehead at a height of fifty feet. Andrew Cellie and John Dickie, who have been furnishing the inventor with capital, were the only spectators.

The machine is like a ship with huge bat wings. It runs along the ground, and gradually ascends in the air like a winged animal.

After it started on its test it headed straight for a clump of trees. Whitehead having noticed that birds changed course by lowering a wing, moved his weight to one side, and the machine turned away from the trees.

After sailing half a mile Whitehead shut off the power, and the machine gradually settled, and fell evenly without a jar.

**WEITERE ERFINDUNG EINER FLUGMASCHINE**

Erster Test des Luftschiffes eines Mannes aus Connecticut erweist sich als höchst erfolgreich

Bridgeport, Connecticut, 19. Aug.– Gustav Weißkopf, ein Ingenieur, der seit zehn Jahren mit Flugmaschinen experimentiert, meint, dass er einen großen Schritt zur Lösung des Problems der Flugnavigation geschafft hat. Es wird berichtet, dass in einem Test am letzten Dienstag früh seine Maschine samt Herrn Weißkopf über eine halbe Meile in einer Höhe von fünfzig Fuß geflogen ist. Andrew Cellie und John Dickie, die den Erfinder mit Kapital versorgen, waren die einzigen Zuschauer.

Die Maschine ist wie ein Schiff mit großen Fledermausflügeln. Es läuft dem Boden entlang, dann steigt allmählich in die Luft, wie ein beflügeltes Tier.

Nach dem Start des Tests steuerte es direkt auf einen kleinen Baumbestand zu. Da Weißkopf früher aufgefallen war, dass Vögel einen Flügel senken, um ihren Kurs zu ändern, verlagerte er sein Gewicht nach einer Seite, woraufhin sich die Maschine von den Bäumen abwendete.

Nachdem er eine halbe Meile durch die Luft gesegelt war, schaltete Weißkopf den Antrieb aus, und danach senkte sich die Maschine allmählich und setzte ohne Erschütterung auf.

# WHITEHEAD FLIES IN HIS AIRSHIP.

**[illegible]chine Runs Along the Ground at a High Rate of Speed, Then Flaps Its Wings, Darts Upward, and Soars Like a Bird.**

**AT INVENTOR'S WILL ALIGHTS WITHOUT JAR.**

**Experimental Trip Made at Bridgeport Without Accident, Although Machine and Man Had a Narrow Escape from Collision with a Clump of Trees.**

## LATEST FLYING MACHINE TRAVELS ON EARTH AND IN AIR; INVENTOR, WHO HAS NEW MOTOR, MAKES SUCCESSFUL TEST.

GUSTAVE WHITEHEAD.

REAR VIEW OF FLYING MACHINE.

FRONT OF THE MACHINE.

CUSTEAD'S AIRSHIP.

Gustave Whitehead can fly.

For a long time Mr. Whitehead and W. D. Custead, of Waco, have been at work on a flying machine which they confidently expect will revolutionize aeronautics. It is a queer bird. It can [illegible] along the ground at thirty miles an hour and when the operator wants to travel through the air all he has to do is to make sure he is carrying enough accident insurance, pull a throttle and [illegible] fast while the machine opens its [illegible] then and darts upward.

[illegible] not merely the claim that is [illegible] the machine, for at Bridgeport [illegible] last week a World reporter [illegible] Mr. Whitehead fly about with great [illegible]

The experimental trip was made at [illegible] as Mr. Whitehead did not [illegible] to attract more attention than necessary. He, his two partners, Andrew Cellie and James Dickie, and The [illegible] man, went to a little shed in [illegible] street where the machine is [illegible]. Whitehead and Cellie occupied the seats in the machine and the other two followed on bicycles to a spot [illegible] Fairfield, where the inventor [illegible] decided to take his first fly.

The machine's wings or propellers [illegible] folded tightly to the sides of the [illegible]. The two engines were carefully tried before starting out, and the new [illegible] generator was gone over a last time to see that it was in perfect order.

**Rolls Along the Ground.**

The machine rolls along the ground on [illegible] wheels a foot in diameter, and, owing to their being so small, the obstructions in the road made it rock from one side to the other in alarming fashion [illegible] the speed was fast.

[illegible] a clear stretch of good macadam [illegible] the flying automobile was sent [illegible] along at twenty miles an [illegible]. For short distances the speed [illegible] close to thirty miles.

It was about 3 o'clock when the great [illegible] wings of the airship were spread [illegible] to leap through the air. Whitehead and his partners were enthusiastic.

[illegible] were attached to the ship so [illegible] she would not get away from her [illegible]ers. In the body of the machine [illegible] two bags of sand, each weighing [illegible] pounds, for ballast. Whitehead [illegible] the engine that propels the machine along the ground while his assistants clung to the safety [illegible]. The machine started slowly at [illegible] to run over the ground, but within [illegible] hundred yards the men who had held the ropes and inventor Whitehead were running as fast as they could.

Then Whitehead pulled open the throttle that starts the air propellers or wings and shut off the ground-propelling engine.

**Machine Rose from the Ground.**

Almost instantly the bow of the machine lifted, and it rose at an angle of [illegible] degrees from the ground. The machine looked like a great white [illegible] rising from the feeding-ground [illegible] the dawn. The two men with the [illegible] were tumbling over hummocks in [illegible] field and Whitehead waved his hands excitedly. Then the power was automatically shut off and the airship settled as lightly on the ground as a [illegible]

The airship was now taken back to the starting-point for the real test. Whitehead had determined to fly in the machine himself on the next trip.

The engines were carefully tested again and every joint and rod in the structure was carefully gone over and critically inspected. The bags of sand were taken [illegible]

By this time the light was good. Faint [illegible] of the rising sun began to suggest themselves in the east. An early morning milkman stopped in the road to see what was going on. His horse nearly ran away when the big white wings flapped. Whitehead took his seat, opened the throttle of the ground propeller and shot along the turf at a rapid rate.

**Could Not Hold the Ship.**

"I'm going to start the wings!" he yelled. "Hold her now!" The two assistants held on the best they could, but the ship shot up in the air.

"We can't hold her!" shouted one of the rope men.

"Let go, then!" shouted Whitehead. They did so and the machine darted up through the air like a bird released from a cage. It was flying about fifty [illegible] above the ground.

But there was danger ahead. Whitehead was headed for a clump of chestnut trees and tried in vain to manipulate the machinery so as to steer around them. To strike the trees meant wrecking the airship and very likely death or broken bones for the air-man.

Then Whitehead brought into play a principle which he had noticed in the flight of birds. He shifted his weight to one side, the ship careened and sailed safely around the trees. The ability to control his machine gave Whitehead confidence and he shouted, "I've got it at last!"

**Travelled Half a Mile.**

He had now soared through the air for fully half a mile, and as the field ended a short distance ahead the aeronaut stopped the power and prepared to light. The ship settled from a height of about fifty feet in two minutes and lighted on the ground on her four wooden wheels so lightly that Whitehead was not jarred in the least.

The inventor's face beamed. His partners threw their arms around his neck and patted him on the back.

"I told you it would be a success," was all he could say for some time.

"I never felt such a strange sensation as when the machine first left the ground and started on its flight," he went on. "I heard nothing but the rumbling of the engine and the flapping of the big wings. I don't think I saw anything during the first two minutes of the flight, I was so excited. When the ship had reached a height of about forty or fifty feet I began to wonder how much higher it would go.

**Felt Superior to Men.**

"I never felt such a spirit of freedom as I did during the ten minutes that I was soaring above my fellow-beings in a machine my own brain had evolved. It made me feel that I was far ahead of my brothers, for I could fly like a bird and they must still walk.

"I had soared through the air for half a mile, when the descent was safely made.

"That was the happiest moment of my life, for I had demonstrated that the machine I have worked on for so many years would do what I claimed for it."

But while Whitehead has demonstrated that his machine will fly, he does not claim that it can be made a commercial success. On the other hand, Inventor Custead claims that his airship can be made valuable for business purposes. Custead claims to have the most feasible form of airship, but he lacks a generator that is sufficiently light. By a combination of Custead's airship and Whitehead's generator the inventors believe that the best airship yet devised will result.

This new generator promises great things if the claims of the inventor are fulfilled. He says it is capable of producing enormous power.

**Five Pounds to a Horse-Power.**

Whitehead claims that his motor will decrease by 75 per cent. the weight of any motor at present in use. The complete motive power, including generator and engine, will weigh about five pounds to the horse-power. This includes fuel for twenty hours.

Whitehead's flying machine is about sixteen feet long and its general appearance is that of a huge bat. From each side of the body there are wings made of bamboo poles and covered with muslin. These wings are thirty-six feet from tip to tip. There is also a steering apparatus.

There are two engines, one of ten horse-power, to run the machine along the ground and the other of twenty horse-power, used to work the propellers in flying.

Mr. Custead's airship is in Waco, Tex., where its inventor originally lived. He is now in New York.

**19. Aug. 1901, New York World, NY, S.3**

# WHITEHEAD FLIES IN HIS AIRSHIP.

**Machine Runs Along the Ground at a High Rate of Speed, Then Flaps Its Wings, Darts Upward, and Soars Like a Bird.**

**AT INVENTOR'S WILL ALIGHTS WITHOUT JAR.**

**Experimental Trip Made at Bridgeport Without Accident, Although Machine and Man Had a Narrow Escape from Collision with a Clump of Trees.**

Gustave Whitehead can fly.

For a long time Mr. Whitehead and W. D. Custead, of Waco, have been at work on a flying machine which they confidently expect will revolutionize aeronautics. It is a queer bird. It can run along the ground at thirty miles an hour and when the operator wants to travel through the air all he has to do is to make sure he is carrying enough accident insurance, pull a throttle and hold fast while the machine opens its [illegible] them and darts upward.

[illegible] not merely the claim that is [illegible] the machine, for at Bridgeport last week a World reporter [illegible] Mr. Whitehead fly about with great [illegible]

19. Aug. 1901, New York World, NY, S.3

# WEISSKOPF FLIEGT IN SEINEM LUFTSCHIFF.

**Die Maschine fährt mit hoher Geschwindigkeit über den Boden, setzt dann ihre Flügel ein, schießt aufwärts und fliegt wie ein Vogel.**

**NACH DEM WILLEN DES ERFINDERS SETZT SIE OHNE ERSCHÜTTERUNG AUF.**

**Experimentelle Erprobung, ohne Zwischenfall in Bridgeport durchgeführt, obwohl die Maschine samt Insasse nur knapp einem Zusammenstoß mit einer Baumgruppe entkam.**

Gustav Weißkopf kann fliegen.

Bereits seit langer Zeit arbeiten Hr. Weißkopf und W. D. Custead aus Waco an einer Flugmaschine, von der sie zuversichtlich erwarten, die Aeronautik zu revolutionieren. Sie ist ein komischer Vogel. Sie kann mit dreißig Meilen pro Stunde über den Boden fahren, und sobald der Operateur durch die Luft reisen will, muss er sich lediglich vergewissern, dass er über ausreichend Sicherheit verfügt, einen Gashebel ziehen und sich festhalten, während die Maschine auf ihren ausgebreiteten Flügeln nach oben schießt.

Das ist nicht bloß die künftige Erwartung von dieser Maschine, denn letzte Woche in Bridgeport sah ein Reporter des *World* Herrn Weißkopf mit großer Leichtigkeit herumfliegen.

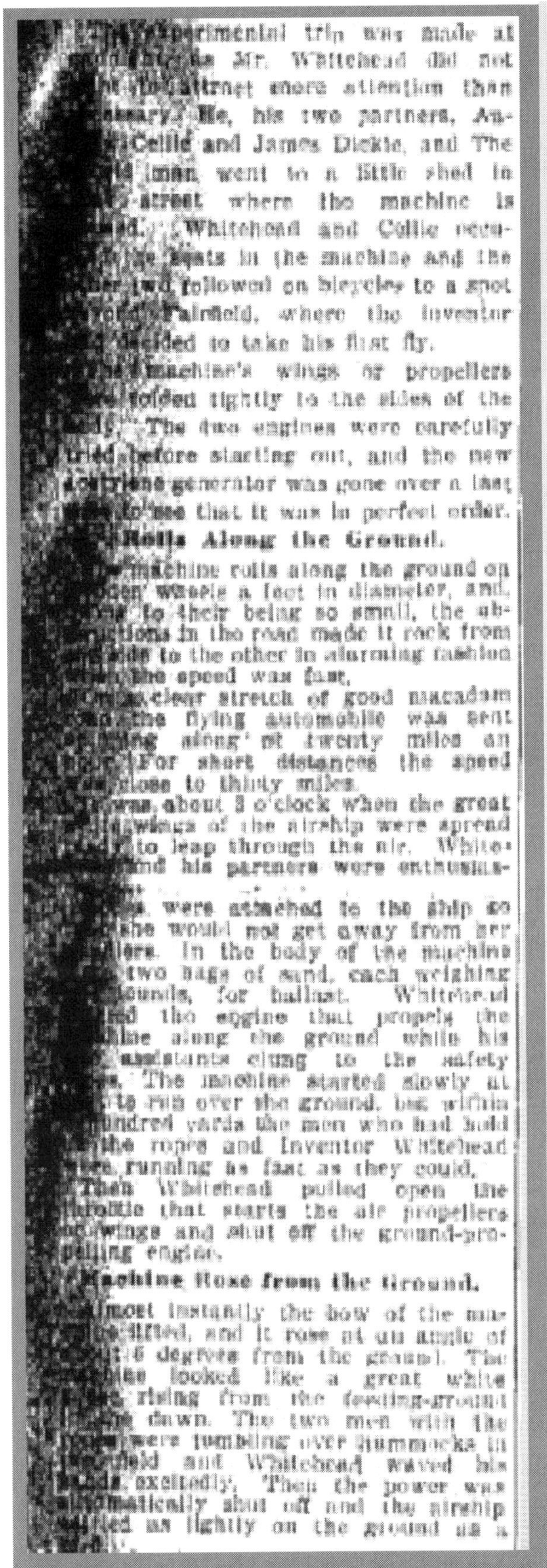
[illegible] experimental trip was made at [illegible] Mr. Whitehead did not [illegible] attract more attention than [illegible]. He, his two partners, An[illegible] Cellie and James Dickie, and The [illegible] man went to a little shed in [illegible] street where the machine is [illegible]. Whitehead and Cellie occu[illegible] seats in the machine and the [illegible] two followed on bicycles to a spot [illegible] Fairfield, where the inventor [illegible] decided to take his first fly.

[illegible] machine's wings or propellers [illegible] folded tightly to the sides of the [illegible]. The two engines were carefully [illegible] before starting out, and the new [illegible] generator was gone over a last [illegible] to see that it was in perfect order.

[illegible] Rolls Along the Ground.

[illegible] machine rolls along the ground on [illegible] wheels a foot in diameter, and [illegible] to their being so small, the ob[illegible] in the road made it rock from [illegible] side to the other in alarming fashion [illegible] the speed was fast.

[illegible] clear stretch of good macadam [illegible] the flying automobile was sent [illegible] along at twenty miles an [illegible]. For short distances the speed [illegible] close to thirty miles.

[illegible] was about 3 o'clock when the great [illegible] wings of the airship were spread [illegible] to leap through the air. White[illegible] and his partners were enthusias[illegible].

[illegible] were attached to the ship so [illegible] she would not get away from her [illegible]. In the body of the machine [illegible] two bags of sand, each weighing [illegible] pounds, for ballast. Whitehead [illegible] the engine that propels the [illegible] along the ground while his [illegible] assistants clung to the safety [illegible]. The machine started slowly at [illegible] to run over the ground, but within [illegible] hundred yards the men who had hold [illegible] the ropes and Inventor Whitehead [illegible] running as fast as they could.

Then Whitehead pulled open the [illegible] throttle that starts the air propellers [illegible] wings and shut off the ground-pro[illegible] pelling engine.

Machine Rose from the Ground.

[illegible] most instantly the bow of the ma[illegible] lifted, and it rose at an angle of [illegible] 6 degrees from the ground. The [illegible] looked like a great white [illegible] rising from the feeding-ground [illegible] dawn. The two men with the [illegible] were tumbling over hummocks in [illegible] field and Whitehead waved his [illegible] excitedly. Then the power was [illegible] automatically shut off and the airship [illegible] settled as lightly on the ground as a [illegible].

19. Aug. 1901, New York World, NY, S.3

Der experimentelle Ausflug wurde zur nächtlichen Stunde durchgeführt, da Hr. Weißkopf keine zu große Aufmerksamkeit erzeugen wollte. Er und seine zwei Partner, Andrew Cellie und James Dickie, sowie der *World*-Reporter begaben sich zunächst in den kleinen Schuppen in der Pine Street, wo die Maschine untergebracht ist. Weißkopf und Cellie nahmen in der Maschine Platz, während ihnen die anderen zwei auf Fahrrädern bis zu jenem Ort nahe Fairfield folgten, wo der Erfinder entschieden hatte, seinen ersten Flug zu unternehmen.

Die Flügel bzw. Tragflächen der Maschine waren eng an den Seiten angelegt. Die zwei Motoren wurden vor dem Reiseantritt sorgfältig überprüft, und der neue Acetylengas-Generator wurde ein letztes Mal getestet, um sicher zu sein, dass er in bester Ordnung war.

**Rollt über den Boden.**

Über den Boden rollt die Maschine auf vier hölzernen Rädern von jeweils einem Fuß Durchmesser, und da diese so klein sind, verursachten Unebenheiten in der Straße bei hoher Geschwindigkeit ein alarmierendes Schaukeln von einer Seite zur anderen.

Auf einem freien Abschnitt wurde das fliegende Automobil mit zwanzig Meilen pro Stunde auf der geraden Asphaltstraße entlang gescheucht. Über kurze Abschnitte betrug die Geschwindigkeit beinahe dreißig Meilen pro Stunde.

Es war so ca. 3 Uhr, als die großen weißen Flügel des Luftschiffs ausgebreitet und auf den Sprung durch die Luft vorbereitet wurden. Weißkopf und seine Partner waren dabei sehr aufgeregt.

Am Schiff wurden Seile befestigt, damit es seinen Begleitern nicht entkommt. Als Ballast wurden zwei jeweils 110 Pfund schwere Sandsäcke in den Rumpf gelegt. Weißkopf startete sodann den Motor, der die Maschine über den Boden beschleunigt, während sich seine Assistenten an den Seilen festhielten. Die Maschine beschleunigte zunächst nur langsam über den Boden, doch nach 100 Yards liefen die Männer, welche die Seile hielten, sowie Weißkopf nebenher, so schnell wie sie konnten.

Dann drehte Weißkopf das Gas, um die Propeller bzw. Luftschrauben anzutreiben auf, und schaltete den Motor für den Bodenantrieb aus.

**Maschine hob sofort vom Boden ab.**

Fast sofort hob sich der Bug der Maschine, und sie stieg in einem Winkel von ungefähr 6 Grad vom Boden ab. Die Maschine sah wie eine große weiße Gans, die sich in der Morgendämmerung vom Futtergrund abhob. Die zwei Männer an den Seilen stolperten über die Unebenheiten der Wiese, während Weißkopf mit seinen Armen aufgeregt herum wedelte. Das Gas schaltete dann automatisch ab, woraufhin das Luftschiff so leicht auf den Boden wieder aufsetzte, wie es zuvor aufgestiegen war.

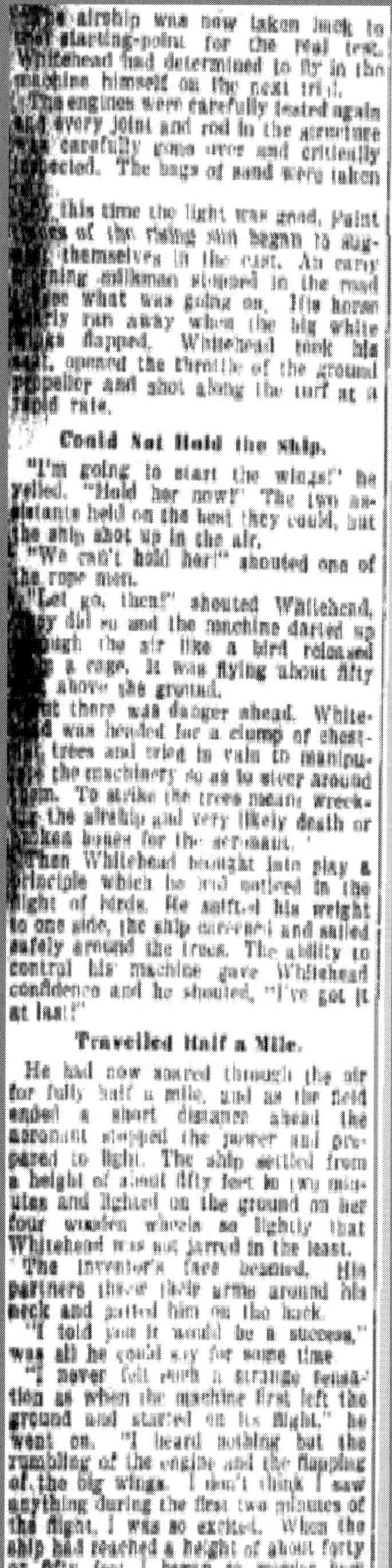

The airship was now taken back to the starting-point for the real test. Whitehead had determined to fly in the machine himself on the next trial.

The engines were carefully tested again and every joint and rod in the structure was carefully gone over and critically inspected. The bags of sand were taken out.

By this time the light was good. Faint traces of the rising sun began to suggest themselves in the east. An early morning milkman stopped in the road to see what was going on. His horse nearly ran away when the big white wings flapped. Whitehead took his seat, opened the throttle of the ground propeller and shot along the turf at a rapid rate.

**Could Not Hold the Ship.**

"I'm going to start the wings!" he yelled. "Hold her now!" The two assistants held on the best they could, but the ship shot up in the air.

"We can't hold her!" shouted one of the rope men.

"Let go, then!" shouted Whitehead. They did so and the machine darted up through the air like a bird released from a cage. It was flying about fifty feet above the ground.

But there was danger ahead. Whitehead was headed for a clump of chestnut trees and tried in vain to manipulate the machinery so as to steer around them. To strike the trees meant wrecking the airship and very likely death or broken bones for the aeronaut.

Then Whitehead brought into play a principle which he had noticed in the flight of birds. He shifted his weight to one side, the ship careened and sailed safely around the trees. The ability to control his machine gave Whitehead confidence and he shouted, "I've got it at last!"

**Travelled Half a Mile.**

He had now soared through the air for fully half a mile, and as the field ended a short distance ahead the aeronaut stopped the power and prepared to light. The ship settled from a height of about fifty feet in two minutes and lighted on the ground on her four wooden wheels so lightly that Whitehead was not jarred in the least.

The inventor's face beamed. His partners threw their arms around his neck and patted him on the back.

"I told you it would be a success," was all he could say for some time.

"I never felt such a strange sensation as when the machine first left the ground and started on its flight," he went on. "I heard nothing but the rumbling of the engine and the flapping of the big wings. I don't think I saw anything during the first two minutes of the flight, I was so excited. When the ship had reached a height of about forty or fifty feet I began to wonder how much higher it would go.

19. Aug. 1901, New York World, NY, S.3

Das Luftschiff wurde danach an seinen Startpunkt gebracht, und auf den echten Test vorbereitet. Denn Weißkopf hatte beschlossen, beim nächsten Flugversuch selbst in der Maschine zu sein.

Die Motoren wurden erneut eingehend getestet und jede Stange und Verbindung des Apparates wurde sorgfältig kritisch untersucht. Die Sandsäcke wurden aus dem Rumpf genommen.

Inzwischen war es schon gut hell geworden. Strahlen der aufgehenden Sonne deuteten sich im Osten an. Ein frühmorgendlicher Milchlieferant hielt auf der Straße an, um zu sehen, was vor sich ging. Sein Pferd wurde durch den Anblick der großen sich bewegenden Flügel fast verscheucht. Weißkopf nahm seinen Platz ein, drehte das Gas des Bodenantriebs auf, und schoss mit hoher Geschwindigkeit über den Rasen.

**Konnten das Schiff nicht halten.**

„Ich schalte nun die Propeller ein!," schrie er. „Haltet sie weiter!". Die zwei Assistenten hielten sie so fest, wie sie nur konnten, dennoch hob die Maschine in die Luft ab.

„Wir können sie nicht halten!" schrie einer der Männer am Seil.

„Dann lasst doch los!", schrie Weißkopf, und als sie dies taten, schoss die Maschine, wie ein Vogel, der aus einem Käfig befreit wird, in die Luft hinauf. Sie flog nun ca. fünfzig Fuß über dem Boden.

Doch voraus lauerte eine Gefahr. Weißkopf steuerte auf eine Gruppe von Kastanienbäumen zu, und versuchte derweil die Maschinerie so zu manipulieren, dass sie diese umfliegt. Gegen die Bäume zu stoßen würde die Zerstörung der Maschine sowie sehr wahrscheinlich Knochenbrüche oder sogar den Tod des Aeronauten bedeuten.

Plötzlich setzte Weißkopf ein Prinzip, das ihm beim Vogelflug aufgefallen war, ein. Er verlagerte sein Gewicht zu einer Seite, und prompt segelte das Schiff sicher um die Bäume herum. Die Fähigkeit, seine Maschine zu steuern, machte Weißkopf Mut, und er schrie, „Ich hab's endlich raus!"

**Flog eine halbe Meile.**

Mittlerweile war er bereits eine ganze halbe Meile durch die Luft gesegelt, und da das Ende der Wiese nur eine kurze Distanz voraus auf ihn zukam, drosselte der Aeronaut das Gas und bereitete sich auf die Landung vor. Nach zwei Minuten setzte das Schiff aus einer Höhe von ca. fünfzig Fuß auf den Boden mit seinen vier Rädern auf, und zwar so leicht, dass Weißkopf dabei keinerlei Erschütterung spürte.

Das Gesicht des Erfinders strahlte. Seine Partner umarmten ihn und klopften ihn auf die Schulter.

„Ich habe euch doch gesagt, dass es ein Erfolg wird," war alles, was er eine Zeit lang herausbrachte.

„Nie habe ich ein solch eigenartiges Gefühl erlebt, als die Maschine zum ersten Mal den Boden verließ, und zum Flug ansetzte," erzählte er weiter, „ich hörte nichts als das Brummen des Motors und Flattern der großen Flügeln. Während der ersten zwei Minuten des Fluges war ich so aufgeregt, dass ich, so glaube ich, gar nichts gesehen habe. Als die Maschine eine Flughöhe von vierzig oder fünfzig Fuß erreichte, begann ich, darüber nachzudenken, wie hoch sie noch steigen würde.

**Felt Superior to Men.**

"I never felt such a spirit of freedom as I did during the ten minutes that I was soaring above my fellow-beings in a machine my own brain had evolved. It made me feel that I was far ahead of my brothers, for I could fly like a bird and they must still walk.

"I had soared through the air for half a mile, when the descent was safely made.

"That was the happiest moment of my life, for I had demonstrated that the machine I have worked on for so many years would do what I claimed for it."

But while Whitehead has demonstrated that his machine will fly, he does not claim that it can be made a commercial success. On the other hand, Inventor Custead claims that his airship can be made valuable for business purposes. Custead claims to have the most feasible form of airship, but he lacks a generator that is sufficiently light. By a combination of Custead's airship and Whitehead's generator the inventors believe that the best airship yet devised will result.

This new generator promises great things if the claims of the inventor are fulfilled. He says it is capable of producing enormous power.

**Five Pounds to a Horse-Power.**

Whitehead claims that his motor will decrease by 75 per cent. the weight of any motor at present in use. The complete motive power, including generator and engine, will weigh about five pounds to the horse-power. This includes fuel for twenty hours.

Whitehead's flying machine is about sixteen feet long and its general appearance is that of a huge bat. From each side of the body there are wings made of bamboo poles and covered with muslin. These wings are thirty-six feet from tip to tip. There is also a steering apparatus.

There are two engines, one of ten horse-power, to run the machine along the ground and the other of twenty horse-power, used to work the propellers in flying.

Mr. Custead's airship is in Waco, Tex., where its inventor originally lived. He is now in New York.

19. Aug. 1901, New York World, NY, p.3

**Fühlte sich gegenüber anderen erhoben.**

„Ich fühlte noch nie ein solches Gefühl der Freiheit, wie in jenen zehn Minuten, in denen ich damit beschäftigt war, über meine Mitmenschen in einer Maschine, die in meiner eigenen geistigen Vorstellung entstanden war, hinweg zu fliegen. Mich veranlasste dies, mich meinen Kollegen weit voraus zu fühlen, da ich bereits wie ein Vogel fliegen, sie sich aber nach wie vor auf dem Boden fortbewegen mussten.

„Ich war bereits eine halbe Meile durch die Luft geflogen, als der Abstieg sicher erfolgte.

Das war der glücklichste Moment meines Lebens, da ich damit gezeigt hatte, dass jene Maschine, an deren Entwicklung ich so viele Jahre gearbeitet hatte, imstande war zu leisten, was ich behauptet hatte."

Und doch, während Weißkopf nun gezeigt hat, dass seine Maschine fliegen kann, behauptet er nicht, dass daraus ein kommerzieller Erfolg gemacht werden kann. Anders ist es bei Custead, der behauptet, dass sein Luftschiff zu Geschäftszwecken wertvoll gemacht werden kann. Custead behauptet, die praktikabelste Form des Luftschiffs zu haben. Ihm fehlt lediglich ein ausreichend leichtes Triebwerk. Durch eine Kombination des Luftschiffs Custeads mit dem Motor Weißkopfs glauben die Erfinder, dass daraus das bisher am besten entwickelte Luftschiff als Ergebnis hervorgehen könnte.

Bestätigen sich die Angaben des Erfinders, so verspricht dessen Motor große Erfolge. Er behauptet, dass er eine enorme Kraft leisten kann.

**Fünf Pfund pro Pferdestärke.**

Weißkopf behauptet, dass sein Motor das Gewicht eines jeden derzeit im Einsatz befindlichen Motors um 75% unterbietet. Die gesamte Antriebseinheit einschließlich Generator und Motor wird ungefähr fünf Pfund pro Pferdestärke wiegen. Darin sind Betriebsmittel für zwanzig Stunden eingerechnet.

Die Flugmaschine Weißkopfs ist ca. sechzehn Fuß lang und ihre allgemeine Erscheinung ist die einer großen Fledermaus. Zu jeder Seite des Rumpfes befinden sich, aus Bambusstangen gefertigte, mit Segeltuch bespannte Flügel. Diese Flügel haben eine Spannweite von sechsunddreißig Fuß. Es gibt auch eine Steuervorrichtung.

Es gibt zwei Motoren, einer mit zehn Pferdestärken, um die Maschine über den Boden anzutreiben, sowie einer mit zwanzig Pferdestärken, um die Propeller im Flug anzutreiben.

Das Luftschiff von Herrn Custead befindet sich in Waco Texas, wo dessen Erfinder früher wohnte. Er lebt nun in New York.

# AIRSHIP SOARS LIKE AN EAGLE

## Texas Inventors Solve Problem of Aerial Navigation.

Special Dispatch to The Call.

NEW YORK, Aug. 18.—A machine that will fly has at last been actually invented and successfully tested. Gustave Whitehead and W. D. Custed of Waco, Texas, are the inventors, and on Wednesday last a World reporter saw it soar like a bird. The experimental trip was made at midnight. The machine rolls along the ground on wooden wheels, and on a clear stretch of good macadam road the flying automobile was sent spinning along at twenty miles an hour. For short distances the speed was close to thirty miles.

Whitehead started the engine that propels the machine along the ground, while his two assistants clung to the safety ropes. The machine started slowly at first to run over the ground, but within 100 yards the men who had hold of the ropes and Inventor Whitehead were running as fast as they could.

Then Whitehead pulled open the throttle that starts the air propellers, or wings, and shut off the ground propelling engine. Almost instantly the bow of the machine lifted and it rose at an angle of about 6 degrees from the ground. The machine looked like a great white goose.

"I'm going to start the wings!" he yelled. "Hold her now!" The two assistants held on the best they could, but the ship shot up into the air.

"We can't hold her!" shouted one of the rope men.

"Let go, then!" shouted Whitehead.

They did so and the machine darted up through the air like a bird.

In order to avoid a clump of trees Whitehead brought into play a principle which he had noticed in the flight of birds. He shifted his weight to one side; the ship careened and sailed safely around the trees. He had now soared through the air for fully a half-mile, and as the field ended a short distance ahead the aeronaut stopped the power and prepared to alight. The ship settled from a height of about fifty feet in two minutes and alighted on the ground on her four wooden wheels so lightly that Whitehead was not jarred in the least.

**19. Aug. 1901, San Francisco Call, CA, S.2**

# LUFTSCHIFF SEGELT WIE EIN ADLER

## Erfinder aus Texas lösen das Problem der Flug-navigation

Sonderberichterstattung an *The Call.*

NEW YORK, 18. Aug.– Eine Maschine, die fliegt, wurde endlich tatsächlich erfunden und erfolgreich getestet. Gustav Weißkopf  und W. D. Custead aus Waco Texas, sind die Erfinder, und am vergangenen Mittwoch sah ein Journalist des *World* zu, als sie wie ein Vogel flog. Zum experimentellen Ausflug wurde zur nächtlichen Stunde aufgebrochen. Die Maschine rollt auf hölzernen Rädern den Boden entlang, und auf einem freien Abschnitt einer guten Asphaltstraße ließ man das fliegende Automobil mit zwanzig Meilen pro Stunde entlang rasen. Über kurze Distanzen betrug die Geschwindigkeit fast dreißig Meilen [pro Stunde].

Während sich seine Assistenten an den Sicherungsseilen festhielten, startete Weißkopf den Motor, der die Maschine über den Boden antreibt. Zunächst beschleunigte die Maschine nur langsam über den Boden, doch nach 100 Yards liefen die Männer, die die Seile festhielten, sowie Weißkopf so schnell wie sie konnten.

Dann drehte Weißkopf das Gas auf, das die Propeller antreibt, und drehte den Bodenantriebsmotor ab. Fast augenblicklich hob der Bug der Maschine an und sie stieg in einem Steigwinkel von ca. sechs Grad vom Boden weg. Dabei sah die Maschine wie eine große weiße Gans aus.

„Ich werde nun die Propeller starten!“ schrie er. „Haltet sie fest!“ Die zwei Assistenten hielten so fest sie konnten, dennoch schoss das Schiff in die Luft.

„Wir können sie nicht halten!“ schrie einer der Seilmänner.

„Lasst dann los!“ schrie Weißkopf.

Und als sie dies taten, schoss die Maschine wie ein Vogel in die Luft.

Um einen kleinen Baumbestand zu umfliegen, wendete Weißkopf ein Prinzip an, das er beim Vogelflug beobachtet hatte. Er verlagerte sein Gewicht zu einer Seite, woraufhin da Schiff sicher um die Bäume flog. Nun war er bereits gut eine halbe Meile durch die Luft gesegelt, und da das Ende der Wiese in einer nur kurzen Distanz bevorstand, schaltete er den Antrieb ab und bereitete sich aufs Aufsetzen vor. Nach zwei Minuten senkte sich das Schiff aus einer Höhe von ca. fünfzig Fuß herab, und setzte so leicht auf seinen vier Rädern am Boden auf, dass Weißkopf dabei nicht im Geringsten durchgeschüttelt wurde.

## WHITEHEAD'S MACHINE FLIES.

***BRIDGEPORT INVENTOR SAYS HE'S MADE ANOTHER TRIP.***

**Took It in the Night Last Week and Went Half a Mile Fifty Feet Above Ground —He Dodged a Clump of Trees by Tipping the Machine to One Side.**

BRIDGEPORT, Conn., Aug. 18.—Gustave Whitehead, the mechanical engineer of this city, who has been experimenting with flying machines for a decade, has made a final test of his invention. It is said to have flown a distance of half a mile with Mr. Whitehead at a height of fifty feet and to have descended safely.

The flight was made at 2 o'clock on Wednesday morning in Fairfield with Andrew Cellie and James Dickie, who have been furnishing the inventor with capital for the past year, as spectators. If their versions of the flight are true, Whitehead has a real flying machine. He has been an assistant to Prof. Langley of the Smithsonian Institution and of Prof. Andrée.

Several years ago Whitehead built a flying machine in Germany which attracted considerable attention by flying a short distance and then capsizing. It was owing to his experiences that he became affiliated with Messrs. Langley and André. Whitehead's machine is built on the plan of a ship with large bat-like wings. It runs along the ground like an automobile and ascends in the air gradually like a bird. He says that his invention goes through all the movements of a winged animal in the air.

Whitehead said to-day:

"When the machine first left the ground and started on its flight, I heard nothing but the rumbling of the engine and the flapping of the big wings. When the ship had reached a height of about forty or fifty feet it sailed along easily and did not raise any higher. I saw ahead a clump of trees that the machine was pointed straight for. I knew that I must in some way steer around those trees, as I knew that I could not clear them by rising higher and also that I had no means of steering around them by using the machinery.

"A plan to escape the trees came to mind. I had watched the birds when they turned out of a straight course to avoid something ahead. They changed their bodies from a horizontal plane to one slightly diagonal to the horizontal. To turn to the left the bird would lower the left wing or side of its body. The machine obeyed the same principle. When within about fifty yards of a clump of trees I shifted my weight to the left side of the machine. It swung over a little and began to turn from the straight course. And I sailed around the trees as easily as it was to sail straight ahead.

"I had soared through the air now for half a mile and not far ahead the long field ended with a piece of woods. When within a hundred yards of the woods I shut off the power and then I began to feel a little nervous about how the machine would act in settling to the ground, for so many flying machines have shown a tendency to fall either on the front or rear end, and such a fall means broken bones for the operator. But my machine began to settle evenly and I alighted on the ground with scarcely a jar. And not a thing was broken."

19. Aug. 1901, New York Sun, NY, S.2

# WEISSKOPFS MASCHINE FLIEGT.

***BRIDGEPORTER ERFINDER BEHAUPTET, EINEN WEITEREN FLUG GEMACHT ZU HABEN.***

**Nahm sie letzte Woche nachts und flog fünfzig Fuß über den Boden über eine halbe Meile. – Durch Kippen der Flügeln zu einer Seite umflog er eine Baumgruppe.**

BRIDGEPORT, Connecticut, 18. Aug.– Gustav Weißkopf, der Ingenieur aus dieser Stadt, der seit einem Jahrzehnt mit Flugmaschinen experimentiert, hat nun einen Jungfernflug mit seiner Erfindung gemacht. Es wird behauptet, dass sie mitsamt Herrn Weißkopf über eine Distanz von einer halben Meile in einer Höhe von fünfzig Fuß geflogen, und danach wieder sicher abgestiegen sei.

Vor den Zuschauern Andrew Cellie und James Dickie, die den Erfinder über das vergangene Jahr mit Kapital ausgestattet haben, wurde der Flug am Mittwoch ab zwei Uhr morgens in Fairfield gemacht. Bewahrheiten sich deren Angaben über den Flug, so hat Weißkopf eine echte Flugmaschine. Er war früher Assistent von Prof. Langley von der Smithsonian Institution, sowie von Prof. Andrée.

Vor einigen Jahren baute Weißkopf in Deutschland eine Flugmaschine, die durch einen vom abrupten Absturz gefolgten Flug über eine kurze Distanz, erhebliche Aufmerksamkeit auf sich zog. Es ist auf seine Erfahrungen zurück zu führen, dass er sich den Herren Langley und Andrée anschloss. Weißkopfs Maschine ist wie ein Schiff, das große fledermausähnliche Flügel hat, ausgelegt. Es fährt wie ein Automobil über den Boden, und steigt wie ein Vogel allmählich in die Luft auf. Er behauptet, dass seine Maschine alle Bewegungen eines geflügelten Tieres in der Luft vollzieht.

Heute sagte Weißkopf:

„Als die Maschine zum ersten Mal den Boden verließ und ihren Flug begann, hörte ich nichts außer das Brummen des Motors und Flattern der Flügel. Als die Maschine eine Höhe von ca. vierzig oder fünfzig Fuß erreicht hatte, ist sie mühelos weitergesegelt, ohne an weiterer Höhe zu gewinnen. Geradeaus sah ich eine Baumgruppe, auf welche die Maschine direkt zusteuerte. Ich wusste, dass ich irgendwie um diese herumfliegen musste, da ich sie weder überfliegen noch mittels eines Einsatzes der vorhandenen Lenkungsapparate um diese herum steuern konnte.

„Ein Plan, die Bäume zu umfliegen, kam mir in den Sinn. Denn ich hatte die Vögel beobachtet, wie sie vom geraden Kurs abbogen, um nicht gegen etwas vor ihnen Befindliches zu stoßen. Aus dem Horizontalen haben sie ihren Körper in eine leicht diagonal zum Horizontalen Lage verändert. Um nach links abzubiegen, würde der Vogel den linken Flügel bzw. Körperseite absenken. Meine Maschine folgte demselben Prinzip. Als ich weniger als ca. fünfzig Yards vor der Baumgruppe war, verlagerte ich mein Gewicht auf die linke Seite der Maschine. Sie kippte ein wenig dorthin und begann, vom geraden Kurs abzukommen. So segelte ich um die Bäume herum so leicht, wie geradeaus zu fliegen.

„Nun war ich bereits eine halbe Meile durch die Luft gesegelt, und nicht weit voraus entfernt traf das Ende der langen Wiese auf ein Waldstück. Innerhalb von 100 Yards vor dem Wald schaltete ich den Antrieb ab und begann mich ein wenig nervös darüber zu fühlen, wie sich die Maschine beim Absinken Richtung Boden verhalten würde, da schon so viele Flugmaschinen die Tendenz gezeigt haben, entweder nach vorne oder nach hinten umzukippen, und ein solcher Absturz würde für den Piloten Knochenbrüche bedeuten. Aber meine Maschine ging stabil in den Sinkflug über und ich setzte fast ohne einen Ruck auf den Boden auf. Und nichts war gebrochen."

# Internationale Verbreitung

## AN ACETYLENE AIR-SHIP.

Mr. Gustave Whitehead (says the New York correspondent of the "Daily Mail") has invented a combination air-ship and automobile. The complete motive power, including an acetylene generator and engine, with fuel for twenty hours, weighs five pounds per horse-power. In a test at Bridgeport Mr. Whitehead ran along a macadam road at twenty miles an hour, and short distances at the rate of thirty miles. He then opened the throttle of the machine, which spread its wings and rose 50 feet. After sailing half a mile, Mr. Whitehead alighted safely. The machine is 16 feet long. Its general appearance is that of a huge bat. While Mr. Whitehead has demonstrated that his machine will fly, he does not claim that it can be made a commercial success. He says, however, that his invention will decrease by 75 per cent. the weight of any motor now in use. He regards his machine as in the experimental stage, and will try to make further improvements.

**20. Aug. 1901, London St. James Gazette, UK, S.6**

**EIN ACETYLEN-LUFTSCHIFF**

Hr. Gustav Weißkopf (laut New Yorker Korrespondent der *„Daily Mail"*) hat eine Kombination Luftschiff und Automobil erfunden. Die gesamte Antriebseinheit, einschließlich Acetylen-Druckerzeuger, Motor und Betriebsmittel für zwanzig Stunden, wiegt fünf Pfund pro Pferdestärke. Bei einem in Bridgeport durchgeführten Test ist Herr Weißkopf damit zwanzig Meilen pro Stunde, über kurze Strecken sogar dreißig Meilen pro Stunde auf einer Asphaltstraße gefahren. Er drehte das Gas der Maschine auf, welche ihre Flügel spreizte, und ist in eine Höhe von 50 Fuß gestiegen. Nachdem er eine halbe Meile geflogen war, setzte Hr. Weißkopf sicher wieder auf. Die Maschine ist 16 Fuß lang. Generell sieht sie wie eine riesige Fledermaus aus. Obwohl Hr. Weißkopf nun gezeigt hat, dass seine Maschine fliegen kann, behauptet er nicht, dass daraus ein kommerzieller Erfolg gemacht werden kann. Er meint jedoch, dass seine Erfindung das Gewicht eines jeden sich derzeit im Gebrauch befindende Motor um 75 Prozent senken kann. Er betrachtet seine Maschine als im experimentellen Stadium und ist bemüht, weitere Verbesserungen daran zu erzielen.

**MR Gustave Whitehead, of New York, is stated to have invented a combination airship and automobile. In a test at Bridgeport he ran along a macadam road at the rate of 20 miles an hour, and short distances at the rate of 30 miles. He then opened the "throttle" of the machine, which spread its wings and rose 50 feet. After sailing half a mile (says the New York correspondent of the *Daily Mail*) he alighted safely. The machine is 16 feet long. Its general appearance is that of a huge bat. Mr Whitehead says that his invention will decrease by 75 per cent the weight of any motor now in use.**

**21. Aug. 1901, Dublin Irish Times, Irland, S.6**

Von Herrn Gustav Weißkopf aus New York wird behauptet, dass er eine Kombination Luftschiff und Automobil erfunden hat. Bei einem in Bridgeport durchgeführten Test fuhr er einer Asphaltstraße mit einer Geschwindigkeit von zwanzig, zeitweise sogar dreißig Meilen pro Stunde entlang. Er drehte dann den Gasregler der Maschine auf, welche mit ausgebreiteten Flügeln in eine Höhe von 50 Fuß aufstieg. Nachdem er eine halbe Meile geflogen war (sagt der New York Korrespondent der *Daily Mail*) setzte er sicher wieder auf. Die Maschine ist 16 Fuß lang. Sie hat die allgemeine Erscheinung einer großen Fledermaus. Hr. Weißkopf behauptet, dass seine Erfindung das Gewicht eines jeden sich derzeit im Gebrauch befindende Motor um 75 Prozent senken kann.

öffnete er das Drosselventil der Maschine, die ihre Flügel ausbreitete und sich 50 Fuß wie ein Vogel in die Luft erhob. Die 16 Fuß lange Maschine segelte eine halbe Meile und Whitehead ließ sich darauf sicher nieder. Er hat dadurch bewiesen, daß seine Maschine fliegen wird; aber er behauptet nicht, daß sie einen so kaufmännischen Erfolg ergeben wird. Er sagt nur,

**25. Aug. 1901, Neuigkeits-Welt-Blatt, Wien, Österreich, S.13**

...öffnete er das Drosselventil der Maschine, die ihre Flügel ausbreitete und sich 50 Fuß wie ein Vogel in die Luft erhob. Die 16 Fuß lange Maschine segelte eine halbe Meile und Whitehead ließ sich darauf sicher nieder. Er hat dadurch bewiesen, daß seine Maschine fliegen wird; aber er behauptet nicht, daß sie einen kaufmännischen Erfolg ergeben wird. Er sagt nur,...

**Na, na!** Nach zehnjährigen Experimenten mit Flugmaschinen behauptet Gustav Whitehead, ein Mechaniker in Bridgeport, Connecticut, endlich eine vollkommene Maschine erfunden zu haben. Dieselbe hat Flügel wie eine Fledermaus und kann auf dem Boden laufen wie ein Automobil, kann aber ebenfalls wie ein Vogel in die Höhe steigen. Sie segelte in einer Höhe von 20 Fuß und wurde zwischen Bäumen herumgesteuert. Mr. Whitehead, der sich auch einige Jahre in Deutschland aufgehalten hat, ist jetzt Collaborateur im Smithsonian-Institut. — Eine Maschine, die da „kreucht und fleucht", ist doch wenigstens eine kleine Abwechselung unter den vielen Lenkbaren, die in neuerer Zeit „hochgeflogen" sind.

**24. Aug. 1901, Berliner Tageblatt, S.4**

Na, na! Nach zehnjährigen Experimenten mit Flugmaschinen behauptet Gustav Whitehead, ein Mechaniker in Bridgeport, Connecticut, endlich eine vollkommene Maschine erfunden zu haben. Dieselbe hat Flügel wie eine Fledermaus und kann auf dem Boden laufen wie ein Automobil, kann aber ebenfalls wie ein Vogel in die Höhe steigen. Sie segelte in einer Höhe von 20 Fuß und wurde zwischen Bäumen herumgesteuert. Mr. Whitehead, der sich auch einige Jahre in Deutschland aufgehalten hat, ist jetzt Kollaborateur im Smithsonian-Institut. – Eine Maschine, die da „kreucht und fleucht", ist doch wenigstens eine kleine Abwechslung unter den vielen Lenkbaren, die in neuerer Zeit „hochgeflogen" sind.

**— En flygmaskin.** Gustaf Whitehead, en mekaniker i Bridgeport, Connecticut, påstår att han efter tio års experiment slutligen lyckats konstruera en riktig flygmaskin, som har wingar, liknande en läderlapps och kan löpa på marken likt en automobil, men också likt en fågel höja sig i luften. Maskinen har rört sig på en höjd af 20 meter från marken och kunnat styras mellan träd. Mr Whitehead är för närwarande collaborator wid Smith-senian institutet.

**31. Aug. 1901, Vasabladet, Finland, S.3**

**– Eine Flugmaschine.** Gustaf Whitehead, ein Mechaniker in Bridgeport, Connecticut, ist nun nachdem er sich zehn Jahre lang sich mit dem Experimentieren herum plagte endlich soweit, dass er eine richtige Flugmaschine sein eigen machte. Diese hat Flügel wie eins Fledermaus, fährt wie ein Auto auf dem Boden, aber kann sich genau wie ein Vogel, selbst in die Luft erheben. Die Maschine hat sich in einer Höhe von 20 Metern über dem Boden bewegt und konnte zwischen Bäumen gesteuert werden. Hr. Whitehead ist aktuell ein Mitarbeiter am Smithsonian Institut.

*Automobielen.*

Zekere Gustaf Whitehead te Bridgeport Connectut zou naar men bericht eene machine hebben uitgevonden die zich langs den beganen grond als een automobiel en in het luchtruim door middel van vleugels gelijk een vledermuis kan bewegen. Bij de proefneming werd zij op een hoogte van eenige meters tusschen boomen door gestuurd.

**1. Sept. 1901, Algemeen Handelsblad, Niederlande, S. 6**

**Automobil Touring.**

Aus zuverlässiger Quelle wird berichtet, dass Gustaf Whitehead aus Bridgeport, Connecticut, eine Maschine erfunden hat, die sich wie ein Automobil über den Boden und mit Hilfe von Flügeln wie eine Fledermaus am Himmel bewegen kann. Nachweislich wurde sie auf einer Höhe von einigen Metern zwischen Bäume hindurch gesteuert.

GEMENGD NIEUWS

—Gustave Whitehead van Bridgeport, Conn., is de uitvinder van een luchtschip waarmede hij reeds een halve mijl ver gereisd is. De volgende maal is hij voornemens naar New York te vliegen met zijn nieuwe machine. Hij denkt de reis in circa 20 uren af te leggen.

9. Nov. 1901, De Volksstern, Niederlande, S.6

**DIVERSE NACHRICHTEN**

– Gustave Whitehead aus Bridgeport, Connecticut ist der Erfinder eines Luftschiffs, mit dem er bereits eine halbe Meile geflogen ist. Das nächste Mal will er mit seiner neuen Maschine nach New York fliegen. Er denkt die Reise in ungefähr 20 Stunden zurückzulegen.

= Americký létací stroj. Z Bridgeportu Conn. se oznamuje: Plných deset roků Gustav Whitehead zabýval se otázkou létacího stroje, kterou nyní konečně rozluštil. Těchto dnů ráno o 2. hodině vznesl se Whitehead, který jest strojníkem, se svou vzducholodí do výše 50 stop a vykonal cestu půl angl. míle. Jeho stroj byl v »Scientific American« podrobně popsán a jest postaven dle principu letu ptactva. Létací stroj má velká křídla, pohybuje se též po zemi jako automobila, může se vznésti do výše a vůbec koná všecky pohyby jako pták. Při zkoušce byli přítomni Andrew Collin a James Dickie, kteří vynálezci poskytli prostředky ke zdokonalení jeho vynálezu.

9. Sept. 1901, Národní listy, Tschechische Republik, S.5

Amerikanische Flugmaschine. Aus Bridgeport, Connecticut. Nach zehn Jahren Recherche hat Gustav Weißkopf endlich das Problem der Flugmaschine gelöst. Vor einigen Tagen um zwei Uhr morgens ist Weißkopf in einer Höhe von fünfzig Fuß über eine halbe englische Meile geflogen. Seine Maschine wurde zuvor in ‚Scientific American' im Detail beschrieben und ist so gebaut, dass sie auf dem Boden wie ein Auto fährt und in die Luft aufsteigt, wo sie sich wie ein Vogel bewegt. Während des Tests wurde er durch Andrew Collin und James Dickie assistiert. Der Erfinder arbeitet daran weiter, seine Erfindungen zu verbessern.

## AN ACETYLENE AIR-SHIP.

Mr. Gustave Whitehead has invented a combination air-ship and automobile (says a New York telegram dated August 19). The complete motive-power, including an acetylene generator and engine, with fuel for twenty-four hours, weighs 5 lb. per horsepower. In a test at Bridgeport Mr. Whitehead ran along a macadam road at 20 miles an hour, and short distances at the rate of 30 miles. He then opened the throttle of the machine, which spread its wings and rose 50 ft. After sailing half a mile, Mr. Whitehead alighted safely. The machine is 16 ft. long. Its general appearance is that of a huge bat. While Mr. Whitehead has demonstrated that his machine will fly, he does not claim that it can be made a commercial success. He says, however, that his invention will decrease by 75 per cent. the weight of any motor now in use. He regards his machine as in the experimental stage, and will try to make further improvements.

**5. Okt. 1901, Adelaide Chronicle, Australien, S.9**

ACETYLEN-LUFTSCHIFF.

Hr. Gustav Weißkopf (laut New Yorker Korrespondent der *„Daily Mail"*) hat eine Kombination Luftschiff und Automobil erfunden. Die gesamte Antriebseinheit, einschließlich Acetylen-Druckerzeuger, Motor und Betriebsmittel für zwanzig Stunden, wiegt fünf Pfund pro Pferdestärke. Bei einem in Bridgeport durchgeführten Test ist Hr. Weißkopf damit zwanzig Meilen pro Stunde, über kurze Strecken sogar dreißig Meilen pro Stunde auf einer Asphaltstraße gefahren. Er breitete dann die Flügel aus, drehte das Gas der Maschine auf und ist in eine Höhe von 50 Fuß gestiegen. Nachdem er eine halbe Meile geflogen war, setzte Hr. Weißkopf sicher wieder auf. Die Maschine ist 16 Fuß lang. Generell sieht sie wie eine riesige Fledermaus aus. Obwohl Hr. Weißkopf nun gezeigt hat, dass seine Maschine fliegen kann, behauptet er nicht, dass daraus ein kommerzieller Erfolg gemacht werden kann. Er meint jedoch, dass seine Erfindung das Gewicht eines jeden sich derzeit im Gebrauch befindende Motor um 75 Prozent senken kann. Er betrachtet seine Maschine als im experimentellen Stadium und ist bemüht, weitere Verbesserungen daran zu erzielen.

## AN ACETYLENE AIR-SHIP.

### AMERICAN MACHINE WHICH RUNS AS WELL AS FLIES.

(Per Mail Steamer.)

NEW YORK, August 29.

Mr Gustave Whitehead has invented a combination air-ship and automobile. The complete motive power including an acetylene generator and engine, with fuel for twenty hours, weighs five pounds per horse-power.

In a test at Bridgeport, Mr Whitehead ran along a macadam road at twenty miles an hour, and short distances at the rate of thirty miles. He then opened the throttle of the machine, which spread its wings and rose 50ft. After sailing half a mile, Mr Whitehead alighted safely.

The machine is 16ft long. Its general appearance is that of a huge bat.

While Mr Whitehead has demonstrated that his machine will fly, he does not claim that it can be made a commercial success. He says, however, that his invention will decrease by 75 per cent the weight of any new motor now in use. He regards his machine as in the experimental stage, and will try to make further improvements.

**14. Okt. 1901, Hawera & Normanby Star, S. Taranaki Neuseeland, S.4**

EIN ACETYLEN-LUFTSCHIFF

AMERIKANISCHE MASCHINE, DIE FÄHRT UND FLIEGT.
(per Post-Dampfer.)

NEW YORK, 29. August.

Hr. Gustav Weißkopf hat eine Kombination aus Luftschiff und Automobil erfunden. Die komplette Antriebseinheit inklusive Acetylen-Generator und Motor sowie Betriebsmittel für zwanzig Stunden, wiegt bloß fünf Pfund pro Pferdestärke.

Bei einem in Bridgeport durchgeführten Test fuhr Hr. Weißkopf damit einer Asphaltstraße mit zwanzig Meilen pro Stunde, über kurze Abschnitte sogar dreißig Meilen pro Stunde, entlang. Er öffnete das dann Drosselventil der Maschine und mit ausgebreiteten Flügeln stieg die Maschine auf eine Höhe von 50 Fuß. Nachdem er eine halbe Meile geflogen war, setzte Hr. Weißkopf sicher wieder auf.

Die Maschine ist 16 Fuß lang. Ihre allgemeine Erscheinung ist die einer Fledermaus.

Obwohl Hr. Weißkopf nun bewiesen hat, dass seine Maschine fliegen kann, behauptet er nicht, dass sie zum kommerziellen Erfolg gemacht werden kann. Er behauptet jedoch, dass seine Erfindung das Gewicht eines jeden sich derzeit im Betrieb befindenden Motor um 75 Prozent unterbieten kann. Er betrachtet seine Maschine als noch im experimentellen Stadium und wird versuchen, weitere Verbesserungen vorzunehmen.

402 *Madrid Científico*

## Un aeroplano americano

Según un telegrama dirigido desde Nueva York al *Heraldo de Madrid*, el ingeniero Whitehead, cuyos recientes experimentos de navegación aérea produjeron sensación en San Francisco, acaba de obtener de un Sindicato yanqui el capital necesario para construir dos mil buques aéreos, que deben empezar desde la próxima primavera á hacer un servicio regular entre Nueva York y Ottawa y entre Chicago y Nueva York.

Los experimentos á que se refiere el anterior telegrama se llevaron á cabo en Bridgeport (Connecticut) el 25 del último Septiembre y el aeroplano en que se efectuaron es el que como ilustración de este artículo aparece. Según pueden ver nuestros lectores, su aspecto general recuerda el del murciélago; el recorrido efectuado en él fue de 2 kilómetros, sosteniéndose á una altura de unos 18 metros sobre el suelo.

Accionado por un motor de acetileno el aparato de M. Gustavo Whitehead está constituido así: El cuerpo del aeroplano tiene 16 pies de longitud, mide dos pies y medio en su mayor anchura y tiene tres pies de profundidad. Está sólidamente construido con ligeras lajas de madera, unidas por alambre de acero y va cubierto por una tupida red tendida sobre la carpintería; cuatro ruedas, de un pie de diámetro cada una, soportan el aparato cuando está en tierra. Las ruedas de delante son motrices y están accionadas por un motor de diez caballos, á fin de obtener cierta velocidad sobre tierra.

De cada lado del aparato hay anchas alas cóncavas recubiertas de seda. Los bordes están formados por pértigas de bambú recubiertas de hilos de acero. Las alas pueden ser replegadas, así como el timón de 10 pies, que corresponde á la cola de un pájaro y puede moverse hacia arriba y hacia abajo, de manera que guíe la máquina en su marcha horizontal. Delante de las alas y á través del aparato hay un doble motor de una fuerza de

20 caballos que acciona un paso de propulsores en direcciones opuestas.

La idea del inventor es hacer correr la máquina sobre la tierra hasta que sea necesario elevarla en el aire; en este momento el motor doble acciona los propulsores, de manera que hagan avanzar la máquina á través del aire, apoyándose sobre las alas que forman aeroplanos.

Las alas están inmóviles y parecen á las alas extendidas de un pájaro que toma vuelo. Se debe gobernar el aparato haciendo variar la velocidad de los propulsores, de la misma manera que se hace variar un barco de dos hélices gemelos; un aeroplano especial está encargado de mantener la estabilidad longitudinal y transversal.

**30. Nov. 1901, Madrid Cientifico, Spanien, S.402**

### Eine amerikanische Flugmaschine

Laut einem aus New York an den *Herald de Madrid* gerichteten Telegramm hat der Ingenieur Whitehead, dessen jüngste Flugexperimente in San Francisco für Aufsehen gesorgt haben, gerade von einem Yankee-Investor das Kapital erhalten, welches für den Bau von zweitausend Luftschiffen benötigt wird. Man muss also davon ausgehen, dass im nächsten Frühjahr ein Linienverkehr zwischen New York und Ottawa sowie zwischen Chicago und New York eingerichtet wird.

Die Experimente, auf die im genannten Telegramm Bezug genommen wurde, wurden am 25. September in Bridgeport (Connecticut) durchgeführt, und das Fluggerät, in dem sie durchgeführt wurden, ist jenes, welches zur Illustration dieses Artikels abgebildet ist. Wie unsere Leser sehen können, ähnelt dessen allgemeines Aussehen dem einer Fledermaus; Die hinterlegte Strecke betrug 2 Kilometer, während welche es sich in einer Höhe von etwa 18 Metern über dem Boden befand.

Der von einem Acetylenmotor angetriebene Apparat des Herrn Gustavo Whitehead setzt sich wie folgt zusammen: Der Rumpf der Flugmaschine ist 16 Fuß lang, misst zweieinhalb Fuß an seiner breitesten Stelle und ist drei Fuß tief. Sie ist massiv aus leichten Holzplatten gebaut, die mittels Stahldrahts miteinander verbunden sind und das Rahmengestell ist mit Segeltuch bespannt. Vier Räder mit einem Durchmesser von jeweils einem Fuß stützen das Gerät, wenn es auf dem Boden ist. Die Vorderräder werden von einem Zehn-PS-Motor angetrieben, um eine gewisse Fahrgeschwindigkeit aufzunehmen.

Auf jeder Seite des Geräts befinden sich breite konkave Flügel, die mit Seide bedeckt sind. Die Form wird durch Bambusstangen, die mit Stahldrähten gesichert sind, gebildet. Die Flügel können eingefahren werden, ebenso wie das 10-Fuß-Ruder, das dem Schwanz eines Vogels entspricht und sich auf und ab bewegen kann, um die Maschine über ihren horizontalen Kurs zu führen. Vor den Flügeln und quer zum Rumpf liegt ein Doppelmotor mit einer Kraft von 20 Pferden, der die Propeller in entgegengesetzter Richtung antreibt.

Die Idee des Erfinders ist, die Maschine auf dem Boden beschleunigen zu lassen, bis die notwendigen Voraussetzungen erfüllt sind, damit sie in die Luft abheben kann; Zu diesem Zeitpunkt setzt der Doppelmotor die Propeller in Gang, damit diese die Maschine, von den flügelförmigen Tragflächen gestützt, durch die Luft ziehen kann. Die Flügel sind unbeweglich, und sehen wie die ausgebreiteten Flügel eines segelnden Vogels aus. Die Steuerung wird so geregelt, dass die Geschwindigkeit der Propeller variiert wird, wie dies bei einem Schiff mit zwei Doppelpropellern der Fall ist. Eine spezielle Tragfläche ist für die Beibehaltung der Längs- und Querstabilität verantwortlich.

nosphérique pour
térieur de ce ser-
l'air, voisin de

*Un aéroplane américain.* — Le nouvel aéroplane construit et été par M. G. Whitehead de Bridgeport (Connecticut) a été, dit-on, expérimenté avec succès le 25 septembre dernier.

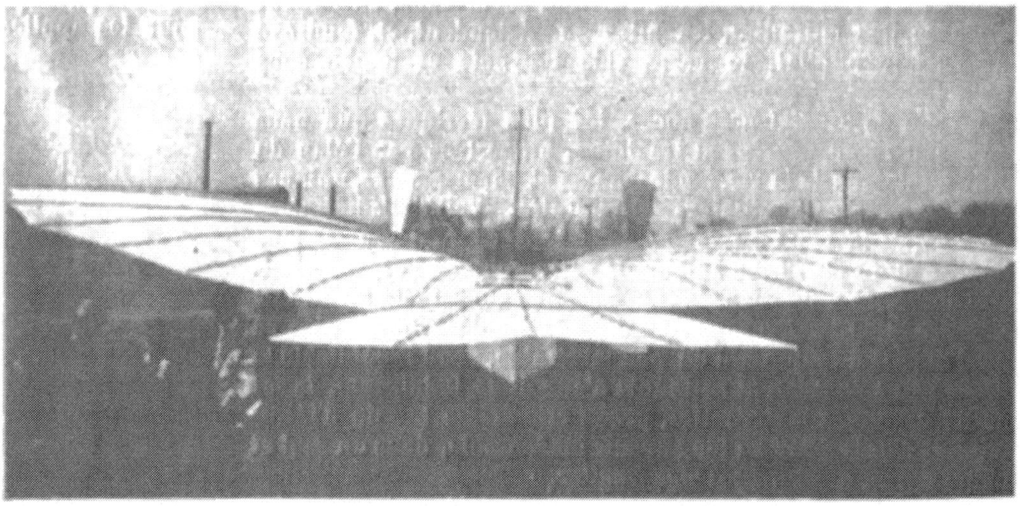

Aéroplane américain Whitehead, expérimenté le 25 septembre dernier près de Bridgeport (Connecticut).

à celle qui con-
au.
té cet usage après
nné de meilleurs

sur les routes.

L'appareil, dont l'aspect rappelle celui d'une chauve-souris, a parcouru 2 kilomètres en se soutenant à une hauteur moyenne de 18 mètres au-dessus du sol.

Actionné par un moteur à acétylène, l'appareil de M. Gustave Whitehead est ainsi constitué : le corps de l'aéroplane a 16 pieds de longueur; il mesure 2 pieds et demi dans sa plus grande largeur et 3 pieds de profondeur. Il est solidement étayé par des cerceaux en bois, lié par des fils d'acier et couvert d'un canevas étroitement tendu sur la charpente; quatre roues d'un pied de diamètre chacune supportent l'appareil lorsqu'il est à terre. Les roues de devant sont motrices et activées par un moteur de 10 chevaux, afin d'obtenir une certaine vitesse sur terre.

De chaque côté du corps de l'appareil sont de larges ailes concaves recouvertes de soie. Les côtes sont formées par des perches de bambou entourées de fils d'acier. Les ailes peuvent être repliées, ainsi que le gouvernail de 10 pieds, qui correspond à la queue d'un oiseau et peut se mouvoir en haut et en bas, de façon à guider la machine dans sa course horizontale. Devant les ailes, et en travers de l'appareil, est un double moteur d'une force de 20 chevaux qui actionne une paire de propulseurs dans des directions opposées.

L'idée de l'inventeur est de faire courir la machine sur terre au moyen du moteur inférieur jusqu'à ce qu'il soit devenu nécessaire de s'élever en l'air; à ce moment, le moteur double active les propulseurs, de façon à faire progresser la machine à travers les airs, en s'appuyant sur les ailes qui forment aéroplanes. Les ailes sont immobiles et ressemblent aux ailes étendues d'un oiseau qui prend l'essor. On doit gouverner l'appareil en faisant varier la vitesse des propulseurs, de la même façon qu'on fait virer un steamer à deux hélices jumelles; un aéroplane spécial est chargé de maintenir la stabilité longitudinale et transversale.

Henri DESMAREST.

1. Dezember 1901, Revue Universelle, Frankreich, S.1096-1097

Eine amerikanische Flugmaschine. – Wir wurden darüber informiert, dass Hr. G. Weißkopf aus Bridgeport (Connecticut) am vergangenen 25. September ein erfolgreiches Experiment mit jenem durch ihn im Sommer gebauten Flugmaschine, durchführte.

**Weißkopfs amerikanische Flugmaschine, wurde am vergangenen 25. September in der Nähe von Bridgeport (Connecticut) erprobt.**

Das Gerät, dessen Aussehen an eine Fledermaus erinnert, legte 2 Kilometer zurück, während es sich in einer durchschnittlichen Höhe von 18 Metern über dem Boden befand.

Der von einem Acetylenmotor betriebene Apparat Gustave Whiteheads setzt sich wie folgt zusammen: Der Rumpf der Flugmaschine ist 16 Fuß lang; Er ist zweieinhalb Fuß breit und 3 Fuß hoch. Dieser besteht aus festen Holzlatten, die mit Stahldrähten verbunden sind, und der Rahmen ist mit Segeltuch fest bespannt. Vier Räder mit einem Durchmesser von jeweils einem Fuß stützen das Gerät, wenn es auf dem Boden steht. Die Vorderräder werden von einem Motor von 10 Pferdestärken angetrieben und dieser wird eingesetzt, um eine bestimmte Geschwindigkeit über den Boden aufzunehmen.

Auf jeder Seite des Apparatekörpers befinden sich breite, mit Seide bedeckte konkave Flügel. Die Rippen bestehen aus Bambusstangen, die mit Stahldrähten gesichert sind. Die Flügel können zusammengeklappt werden, ebenso wie das 10-Fuß-Ruder, das dem Schwanz eines Vogels entspricht und sich auf und ab bewegen kann, um die Maschine über ihren horizontalen Kurs zu führen. Vor den Tragflächen und quer zum Flugzeug befindet sich ein Zwillingsmotor mit 20 PS, der zwei Propeller in entgegengesetzter Richtung antreibt.

Die Idee des Erfinders besteht darin, die Maschine mit Hilfe des kleineren Motors auf dem Boden beschleunigen zu lassen, bis die notwendigen Voraussetzung erfüllt sind, um sich in der Luft erheben. In diesem Moment aktiviert der Doppelmotor die Propeller, um die Maschine, von den Tragflächen gestützt, die wie Flügel agieren, durch die Luft zu ziehen. Die Flügel sind bewegungslos und ähneln den ausgebreiteten Flügeln eines segelnden Vogels. Der Apparat wird durch Variieren der Geschwindigkeit der Propeller gesteuert, genauso wie ein Dampfer mit zwei Schrauben gelenkt wird. Eine spezielle Tragfläche ist für die Beibehaltung der Längs- und Querstabilität verantwortlich.

Henri DESMAREST.

**1. Dezember 1901, Revue Universelle, Frankreich, S.1096-1097**

Obiger Artikel erwähnt einen Flug am 25. September 1901, also während Weißkopf in Atlantic City war. Bislang konnte hierfür keine Bestätigung vor Ort gefunden werden.

— *Une nouvelle machine à voler.* — Cet oiseau rare serait enfin trouvé, d'après un de nos confrères américains. C'est M. Gustave Whitehead qui viendrait d'achever, paraît-il, une automobile mixte, qui pourrait rouler et voler. Le voilà bien le véritable progrès !

Cette machine volante a seize pieds de long. De chaque côté du corps de l'appareil, partent des ailes, faites de mousseline tendue sur des bâtons de bambou.

Ces ailes, ouvertes, couvrent une distance de 30 pieds. Deux moteurs de dix chevaux actionnent le tout.

L'inventeur prétend que, dans un essai, le *Condor*, nom de son engin, s'est enlevé du sol, sur une distance d'un demi-mille.

Pourvu que cet oiseau ne soit pas un... canard.

**13. Sept. 1901, L'écho de Paris, Frankreich, S.5**

– *Eine neue Flugmaschine* – Dieser seltene Vogel wurde laut einem unserer amerikanischen Kollegen endlich entdeckt. Es ist Herr Gustave Whitehead, der ihn erschuf, und er scheint ein Mischfahrzeug zu sein, das rollen und fliegen kann. Das ist wahrer Fortschritt!

Diese Flugmaschine ist sechzehn Fuß lang. Auf jeder Seite des Rumpfes befinden sich Flügel aus Segeltuch, welche über Bambusstäbe bespannt sind.

Im ausgebreiteten Zustand haben diese Flügel eine Spannweite von 30 Fuß. Zwei Motoren von je zehn Pferdestärken treiben das Ganze an.

Der Erfinder behauptet, dass er bei einem Ausflug mit seinem *Condor*, so heißt sein Gefährt, eine halbe Meile zurückgelegt hat.

Das alles unter der Annahme, es handle sich bei diesem Vogel um keine... Ente.

* [Abermals ein neues Luftschiff.] Aus New-York wird unter dem 19. August gemeldet: Nach zehnjährigen Versuchen mit Flugmaschinen hat Gustave Whitehead, ein in Bridgeport, Connecticut, lebender Mechaniker, eine Verbindung von Luftschiff und Automobil mit Acetylenerzeuger und Maschine erfunden. Bei einem Versuche in Bridgeport fuhr Whitehead auf einem Macadamwege zwanzig englische Meilen in der Stunde, und bei kurzen Entfernungen dreißig Meilen. Dann öffnete er das Drosselventil der Maschine, die ihre Flügel ausbreitete und sich 50 Fuß wie ein Vogel (?) in die Luft erhob. Die 16 Fuß lange Maschine segelte eine halbe Meile, und Whitehead ließ sich darauf sicher nieder. Er hat dadurch bewiesen, daß seine Maschine fliegen wird; aber er behauptet nicht, daß sie einen kaufmännischen Erfolg ergeben wird. Er sagt jedoch, daß seine Erfindung das Gewicht eines jetzt in Gebrauch befindlichen Motors um 75 Percent verringern wird. Seine Maschine befindet sich noch im Versuchsstadium, und er beabsichtigt weitere Verbesserungen zu machen. Whitehead war einige Jahre in Deutschland und ist jetzt Lehrer am Smithsonian-Institute.

25. August 1901, Deutsches Volksblatt, Wien, Österreich S.6

* [**Abermals ein neues Luftschiff**.] Aus New York wird unter dem 19. August gemeldet: Nach zehnjährigen Versuchen mit Flugmaschinen hat Gustave Whitehead, ein in Bridgeport Connecticut, lebender Mechaniker, eine Verbindung von **Luftschiff** und **Automobil**, mit Acetylen-Erzeuger und Maschine erfunden. Bei einem Versuche in Bridgeport fuhr **Whitehead** auf einem Macadamwege zwanzig englische Meilen in der Stunde und bei kurzen Entfernungen dreißig Meilen. Dann öffnete er das Drosselventil der Maschine, die ihre Flügel ausbreitete und sich 50 Fuß **wie ein Vogel (?)** in die Luft erhob. Die 16 Fuß lange Maschine segelte eine halbe Meile, und **Whitehead** ließ sich darauf sicher nieder. Er hat dadurch bewiesen, daß seine Maschine fliegen wird: aber er behauptet nicht, daß sie einen kaufmännischen Erfolg ergeben wird. Er sagt jedoch, daß seine Erfindung das Gewicht eines jetzt in Gebrauch befindlichen Motors um 75 Percent verringern wird. Seine Maschine befindet sich noch im Versuchsstadium, und er beabsichtigt weitere Verbesserungen zu machen. **Whitehead** war einige Jahre in Deutschland und ist jetzt Lehrer am Smithsonian Institute.

## Kleine Rundschau.

Aus New-York wird gemeldet: Nach zehnjährigen Versuchen mit Flugmaschinen hat Gustave Whitehead, ein in Bridgeport, Connecticut, lebender Mechaniker, eine Verbindung von Luftschiff und Automobil, mit Acetylen-Erzeuger und Maschine, erfunden. Bei einem Versuch in Bridgeport fuhr Whitehead auf einem Macadamweg zwanzig englische Meilen in der Stunde und bei kurzen Entfernungen dreißig Meilen. Dann öffnete er das Drosselventil der Maschine, die ihre Flügel ausbreitete und sich 50 Fuß wie ein Vogel in die Luft erhob. Die 16 Fuß lange Maschine segelte eine halbe Meile, und Whitehead ließ sich daraaf sicher nieder. Seine Maschine befindet sich noch im Versuchsstadium, und er beabsichtigt, weitere Verbesserungen zu machen.

7. Sept. 1901, Walliser Nachrichten, Siders, Schweiz, S.3

## Kleine Rundschau.

Aus New York wird gemeldet: Nach zehnjährigen Versuchen mit Flugmaschinen hat Gustave Whitehead, ein in Bridgeport Connecticut, lebender Mechaniker, eine Verbindung von Luftschiff und Automobil, mit Acetylen-Erzeuger und Maschine erfunden. Bei einem Versuch in Bridgeport fuhr Whitehead auf einem Macadamweg zwanzig englische Meilen in der Stunde und bei kurzen Entfernungen dreißig Meilen. Dann öffnete er das Drosselventil der Maschine, die ihre Flügel ausbreitete und sich 50 Fuß wie ein Vogel in die Luft erhob. Die 16 Fuß lange Maschine segelte eine halbe Meile, und Whitehead ließ sich darauf sicher nieder. Seine Maschine befindet sich noch im Versuchsstadium, und er beabsichtigt, weitere Verbesserungen zu machen.

**A Huge Silken Bird.**

Among the new airships is one invented by Mr. Gustave Whitehead, of Bridgeport, Connecticut. In design the craft is a kind of mechanical bird. The balloon rises from the earth by means of power supplied by a 20 horse-power engine. The machine has four wheels upon which it rests, and when it is started these wheels are given rapid motion, and the wings are tilted, so as to lift it from the ground. When the airship is off, energy is applied to powerful propellers, which maintain the speed, and the craft continues to sail upwards like a huge bird. The machine is built of wood and bamboo, and the covering is silk. The body is 16ft. long, 3ft. wide, and 3ft. deep. On each side are great wings, or aeroplanes, stretched tightly on a bamboo framework. The engine drives the propellers at a speed of about 700 revolutions per minute. The propellers are 6ft. in diameter, and when running at full speed have a forward thrust of 365lb. The entire weight of Mr. Whitehead's airship is 280lb. Trial trips have been made, and these have gone through without accident.

**31. Mai 1902, Sydney World's News, Australien, S.20**

**Ein riesiger Seidenvogel.**

Unter den neuen Luftschiffen befindet sich eines von Gustav Weißkopf aus Bridgeport, Connecticut. Dem Entwurf nach handelt es sich dabei um eine Art mechanischer Vogel. Dieser Ballon erhebt sich mittels jener durch einen 20 Pferdestärken Motor zur Verfügung gestellten Kraft. Die Maschine verfügt über vier Räder, auf welche sie sich stützt. Beim Start werden diese Räder schleunigst in Gang gesetzt, und die Tragflächen werden angewinkelt, um sie von Boden weg zu heben. Sobald das Luftschiff abhebt, wird die Kraft auf die kräftigen Propeller umgeleitet, mittels welche die Geschwindigkeit beibehalten wird, so dass der sich Apparat wie ein riesiger Vogel weiter in die Luft aufwärts segelt. Die Maschine ist aus Holz und Bambus gebaut und mit Seide überzogen. Der Rumpf ist 16 Fuß lang, 3 Fuß breit, und 3 Fuß tief. An den Flanken befinden sich große Flügel bzw. Tragflächen, deren Oberfläche eng übers Bambusgerüst gespannt ist. Der Motor treibt die Propeller mit einer Geschwindigkeit von ca. 700 Umdrehungen pro Minute an. Die Propeller haben ein Durchmesser von 6 Fuß, und bei voller Geschwindigkeit erzeugen sie einen Schub von 365 Pf. Das Gesamtgewicht des Luftschiffs Weißkopfs beträgt 280 P.. Erprobungsflüge sind bereits ohne Zwischenfall durchgeführt worden.

# Abwandlungen des Erstflug-Artikels & Kommentare

## WE SHALL FLY.

The special cable to the Monday Post-Dispatch telling of the intense activity of balloonists and inventors of airships in France was full of interest. The partial success of M. Santos-Dumont has evidently proved a stimulus to a number of other ingenious men. And it may be noted that some of them are men of means. Money and brains together are needed to solve this question.

At the same time, Americans are not idle. The same day's news dispatches told of Gustave Whitehead of Connecticut and W. D. Custead of Texas, both of whom are said to have enjoyed considerable success in the making of flying machines equipped with wings and propellers.

Why should not the first decade of the twentieth century see the solution of the problem of aerial navigation? Everything points to such a culmination of many years of effort.

And what then? What will become of lines of national demarcation? What will become of custom houses and forts set to defend boundary lines? Indeed, what will become of Chauvinistic isolation and a thousand other relics of past ages?

If we fly, will not the world become our country? The mind can with difficulty picture the changes that the practical airship will bring about.

**23. August 1901, St. Louis Post-Dispatch, MO, S.4**

**WIR WERDEN FLIEGEN.**

Das Sondertelegramm an die Montagsausgabe des *Post-Dispatch*, welches über die intensiven Aktivitäten von Ballonfahrern und Erfindern von Luftschiffen in Frankreich berichtete, erregte großes Interesse. Der teilweise Erfolg von M. Santos-Dumont dient offenbar als Ansporn für zahlreiche andere einfallsreiche Männer. Und es darf dabei angemerkt werden, dass sich darunter einige befinden, die über finanzielle Mittel verfügen. Um diese Frage zu lösen bedarf es eine Kombination von Geld und Gehirn.

Gleichzeitig sind Amerikaner nicht untätig. Die Nachrichten-Mitteilungen vom selben Tag berichteten über Gustav Weißkopf aus Connecticut und W. D. Custead aus Texas, von denen behauptet wird, dass sie beträchtlichen Erfolg beim Bau von Flugmaschinen, die mit Flügeln und Propellern ausgestattet sind, genossen haben.

Warum sollte die erste Dekade des zwanzigsten Jahrhunderts denn nicht der Lösung des Problems der Luftnavigation entgegensehen? Alles deutet auf einen Höhepunkt vieler Jahre Bemühung hin.

Und was dann? Was wird aus nationalen Grenzen? Was wird aus Zollschranken und Grenzposten, die Grenzen verteidigen? Und überhaupt; was wird aus chauvinistischer Isolation sowie tausend anderen Überbleibseln vergangener Zeiten?

Wenn wir fliegen können, wird nicht die gesamte Welt unser Land? Nur schwerlich kann sich das Gehirn jene Veränderungen, die ein praktisches Luftschiff mit sich bringt, vorstellen.

GUSTAVE WHITEHEAD'S AIRSHIP, WHICH SOARS LIKE A BIRD.

REAR VIEW OF FLYING MACHINE.

GUSTAVE WHITEHEAD.

While M. Santos-Dumont, the Brazilian, is repairing his dirigible balloon in Paris, Gustave Whitehead, a Connecticut inventor, is bidding for areonautical honers with an airship with wings that soars like a bird. Mr. Whitehead has made several experimental trips, it is claimed, with a certain amount of success and without an accident. His longest flight up to date was half a mile at an elevation of fifty feet from the ground. The airship is certainly a queer looking bird. It acts as strangely as it looks. It can run along the ground at thirty miles an hour, and when the operator wants to travel through the air all he has to do is to make sure he is carrying enough accident insurance, pull a throttle, and hold fast while the machine opens its wings, flaps them, and darts upward.

Mr. Whitehead lives at Bridgeport, Conn. He has been an assistant to Professor Langley of the Smithsonian Institution and of Professor Andree. He was assisted in his invention by W. D. Custead of Waco, Conn. Andrew Cellie and James Dickie are his financial backers.

While Mr. Whitehead has demonstrated that his airship can fly, he does not claim that it can be made a commercial success. On the other hand, Inventor Custead claims he has an airship which can be made valuable for business purposes. Custead claims to have the most feasible form of airship, but he lacks a generator that is sufficiently light. By a combination of Custead's airship and Whitehead's generator the inventors believe that the best airship yet devised will result.

This new generator promises great things if the claims of the inventor are fulfilled. He says it is capable of producing enormous power. Whitehead claims that his motor will decrease by 75 per cent the weight of any motor at present in use. The complete motive power, including generator and engine, will weigh about five pounds to the horse-power. This includes fuel for twenty hours.

Whitehead's flying machine is about sixteen feet long and its general appearance is that of a huge bat. From each side of the body there are wings made of bamboo poles and covered with muslin. These wings are thirty-six feet from tip to tip. There is also a steering apparatus. There are two engines, one of ten horse-power, to run the machine along the ground, and the other of twenty horse-power, used to work the propellers in flying. Mr. Custead's airship is in Waco, Tex., where its inventor originally lived.

**21. Aug. 1901, Chicago Daily Tribune, IL, S.4**

**GUSTAV WEISSKOPFS LUFTSCHIFF, DAS WIE EIN VOGEL FLIEGT**

**RÜCKANSICHT DER FLUGMASCHINE**

**GUSTAV WEISSKOPF**

Während in Paris der Brasilianer M. Santos-Dumont sein Luftschiff repariert, strebt ein Erfinder aus Connecticut, Gustav Weißkopf, mit einem Luftschiff mit Flügeln, das wie ein Vogel fliegt, nach aeronautischen Ehren. Es wird behauptet, dass Hr. Weißkopf ohne Unfall und mit einer großen Menge Erfolg einige experimentelle Flüge bereits gemacht hat. Bis jetzt erfolgte sein längster Flug über eine halbe Meile in einer Höhe von fünfzig Fuß über dem Boden. Dessen Luftschiff ist immerhin ein komisch aussehender Vogel. Es verhält sich so seltsam wie es aussieht. Es kann mit dreißig Meilen pro Stunde über den Boden fahren, und wenn der Operateur durch die Luft fliegen will, muss er sich lediglich vergewissern, dass er ausreichend Unfallversicherungsschutz besitzt, einen Hebel ziehen und sich festhalten, während sich die Flügel der Maschine ausbreiten, diese belastet, und sie aufsteigt.

Hr. Weißkopf wohnt in Bridgeport Connecticut. Er war schon einmal Assistent von Prof. Langley von der Smithsonian Institution sowie von Prof. Andrée. Bei seiner Erfindung wurde er durch W. D. Custead aus Waco Texas unterstützt. Finanziell wird er durch Andrew Cellie und James Dickie unterstützt.

Vielmehr behauptet der Erfinder Custead, dass dessen Luftschiff zu kommerziellen Zwecken erfolgreich eingesetzt werden kann. Custead behauptet, die praktikabelste Art eines Luftschiffes zu haben, ihm fehlt lediglich eine Antriebseinheit, die ausreichend leicht sei. Durch eine Kombination des Luftschiffes Custeads mit der Antriebseinheit Weißkopfs glauben die Erfinder, dass daraus das bisher beste Luftschiff entstehen wird.

Erfüllen sich die Vorstellungen des Erfinders, so können von der neuen Antriebseinheit große Dinge erwartet werden. Er sagt, dass sie imstande sei, enorme Kraft zu entwickeln. Weißkopf behauptet, dass sein Motor das Gewicht eines jeden derzeit im Einsatz befindlicher Motor um 75 Prozent unterbieten kann. Die gesamte Antriebseinheit, einschließlich Motor und Generator sowie Betriebsmittel für 20 Stunden, wird ca. fünf Pfund pro Pferdestärke wiegen. Die Flugmaschine Weißkopfs ist ca. sechzehn Fuß lang und hat die allgemeine Erscheinung einer riesigen Fledermaus. An jeder Seite befinden sich aus Bambusstangen geformte Flügel, die mit Segeltuch bespannt sind. Diese Flügel haben eine Spannweite von sechsunddreißig Fuß. Es gibt auch eine Steuerungsvorrichtung. Es gibt zwei Motoren, der eine mit zehn Pferdestärken, um die Maschine am Boden anzutreiben, und der andere mit zwanzig Pferdestärken, um die Propeller im Flug anzutreiben. Das Luftschiff von Herrn Custead befindet sich in Texas, wo der Erfinder früher wohnte.

Der vorhergehende Artikel arwähnt explizit eine Steuerungsvorrichtung, ohne jedoch Details zu nennen.

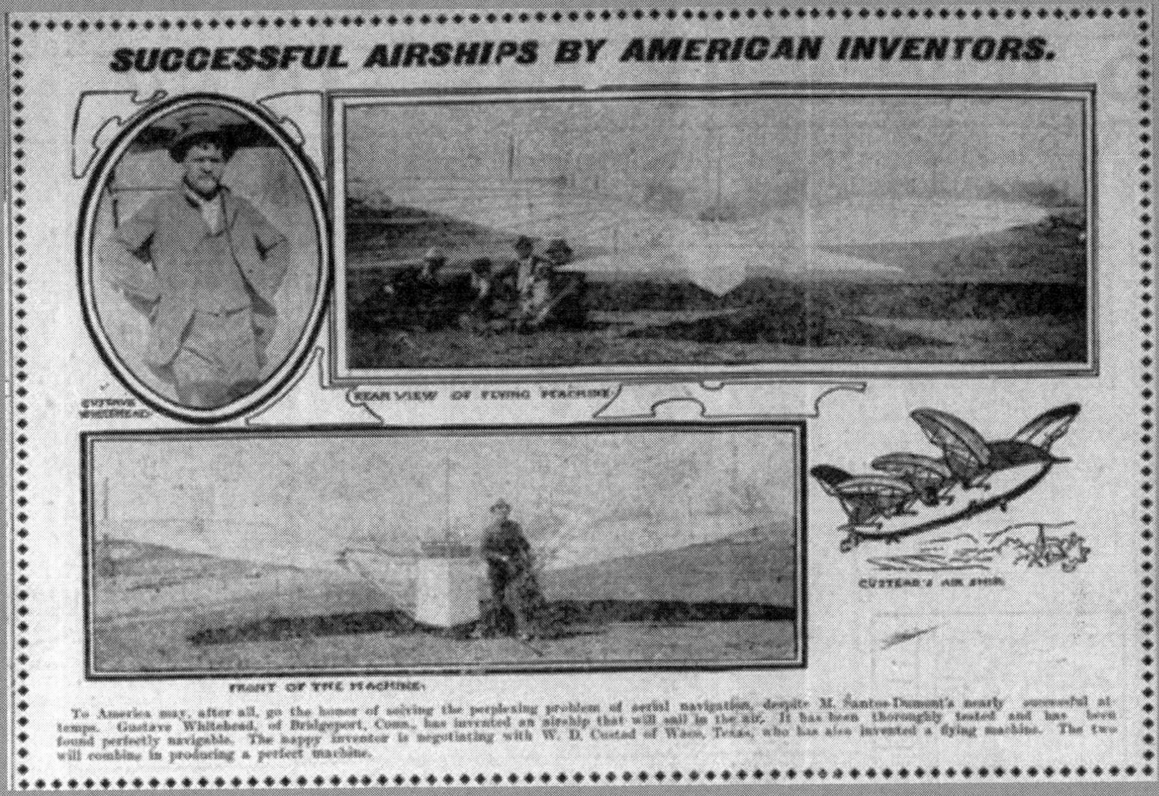

SUCCESSFUL AIRSHIPS BY AMERICAN INVENTORS.

GUSTAVE WHITEHEAD

REAR VIEW OF FLYING MACHINE

CUSTEAD'S AIR SHIP.

FRONT OF THE MACHINE.

To America may, after all, go the honor of solving the perplexing problem of aerial navigation, despite M. Santos-Dumont's nearly successful attempts. Gustave Whitehead, of Bridgeport, Conn., has invented an airship that will sail in the air. It has been thoroughly tested and has been found perfectly navigable. The happy inventor is negotiating with W. D. Custad of Waco, Texas, who has also invented a flying machine. The two will combine in producing a perfect machine.

**8. Sept. 1901, Great Falls Daily Tribune , MT, p.16**

***ERFOLGREICHE LUFTSCHIFFE AMERIKANISCHER ERFINDER.***

**GUSTAV WEISSKOPF**

**RÜCKANSICHT DER FLUGMASCHINE.**

**LUFTSCHIFF CUSTEADS**

**VORDERANSICHT DER MASCHINE**

Trotz der beinahe erfolgreichen Versuche des M. Santos-Dumont wird möglicherweise doch noch die Ehre für die Lösung des verzweifelnden Problems der Flugnavigation Amerika zufallen. Gustav Weißkopf aus Bridgeport Connecticut, hat ein Luftschiff erfunden, das durch die Luft segelt. Es wurde bereits eingehend getestet und für die Navigation bestens geeignet befunden. Der glückliche Erfinder verhandelt gerade mit W. D. Custead aus Waco Texas, der auch eine Flugmaschine erfunden hat. Die zwei werden sich zusammentun, um eine perfekte Maschine zu produzieren.

Nachstehender Artikel enthält den Hinweis, dass der Generator Weißkopfs zentral für beide Motoren den Gasdruck erzeugt:

## AMERICAN AIRSHIPS.

**Inventors In Partnership to Solve Problem of Aerial Navigation.**

With the purpose in view of perfecting a flying machine that will solve the problem of aerial navigation to the point of commercial success Gustave Whitehead of this city and W. D. Custead of Waco, Texas, says a Bridgeport (Conn.) dispatch to the New York Herald, have formed a partnership. Both men are inventors.

Mr. Whitehead a few nights ago, with two assistants, took his machine to a long field back of Fairfield, and the inventor for the first time flew in his machine for half a mile. It worked perfectly, and the operator found no difficulty in handling it. Mr. Whitehead's machine is equipped with two engines, one to propel it on the ground, on wheels, and the other to make the wings or propellers work.

In order to fly the machine is speeded to a sufficient momentum on the ground by the lower engine, and then the engine running the propellers is started, which raises the machine in the air at an angle of about six degrees. Mr. Custead's airship rises vertically from the ground and requires no running start, as Mr. Whitehead's does, before the ascent is made.

But the hopes of the inventors for success are pinned to a new pressure generator which Mr. Whitehead has invented. He has demonstrated that the generator will work, for he used it to furnish power for both of his engines at the trial of his machine last Tuesday.

Calcium carbide is used as fuel. By a series of rapid explosions the acetylene gas is forced into chambers, where it comes in contact with a chemical preparation. This produces a powerful and even piston pressure. The chemical preparation is the secret of the new generator, and Mr. Whitehead will not reveal the ingredients. He has applied for patents. This new generator will, it is maintained by both inventors, lessen the weight of motor power 75 per cent.

Mr. Custead is backed by several Texas and southern capitalists for the manufacture of the new airship. The company is capitalized at $100,000. The good points of both inventors' flying machines will be included in the new machine, and this combination, with the new acetylene chemical pressure generator, it is believed, will produce the desired results in the way of a flying machine.

**27. Aug. 1901, Coshocton Daily Age, OH, S.4**

**AMERIKANISCHE LUFTSCHIFFE.**

**Erfinder bilden eine Partnerschaft, um das Problem der Luftnavigation zu lösen.**

Laut einem Bericht aus Bridgeport Connecticut an den *New York Herald* haben Gustav Weißkopf aus dieser Stadt sowie W. D. Custead aus Waco Texas eine Partnerschaft gebildet mit dem Ziel, eine voll funktionsfähige Flugmaschine, die das Problem der Flugnavigation löst, zum kommerziellen Erfolg zu entwickeln. Beide Männer sind Erfinder.

Vor einigen Nächten brachte Hr. Weißkopf zusammen mit zwei Assistenten seine Maschine zu einer langen Wiese, die hinter Fairfield liegt, und darin flog der Erfinder zum ersten Mal in seiner Maschine über eine halbe Meile. Sie hat einwandfrei funktioniert, und der Pilot hatte keine Mühe, sie zu steuern. Die Maschine des Hrn. Weißkopf ist mit zwei Motoren ausgestattet, der eine treibt sie am Boden an, und der andere bringt die Propeller zum Einsatz.

Um fliegen zu können, wird zunächst der untere Motor eingesetzt, um die Maschine auf eine ausreichende Geschwindigkeit zu beschleunigen, daraufhin wird der Motor gestartet, der die Propeller antreibt, was die Maschine mit einem Winkel von ca. sechs Grad in die Luft aufsteigen lässt. Das Luftschiff des Herrn Custead hingegen, steigt senkrecht vom Boden ab und benötigt keinen schwungvollen Anlauf, wie die Maschine Weißkopfs, bevor der Aufstieg eingeleitet wird.

Die Hoffnungen der Erfinder auf einen Erfolg hängen jedoch von einem neuen Druckgenerator ab, den Hr. Weißkopf erfunden hat. Er hat bereits vorgeführt, dass sein Generator funktioniert, denn er hat ihn anlässlich der Erprobung seiner Maschine am vergangenen Dienstag eingesetzt, um für beide Motoren Kraft zu erzeugen.

Calzium-carbid wird als Betriebsmittel eingesetzt. Mittels einer Serie schneller Zündungen wird das Acetylengas in die Kammer geführt, wo es mit einem chemischen Präparat in Berührung kommt. Dieses erzeugt einen kräftigen und gleichmäßigen Kolbendruck. Das chemische Präparat ist das Geheimnis des neuen Generators, und Hr. Weißkopf wird die Zutaten nicht verraten. Er hat bereits Patente beantragt. Beide Erfinder beteuern, dass dieser neue Generator das Gewicht der Antriebseinheit um 75 Prozent reduzieren wird.

Bei der Herstellung des neuen Luftschiffes wird Hr. Custead durch einige Kapitalgeber aus Texas und den Südstaaten unterstützt. Das Stammkapital der Firma beträgt $100.000. Die Stärken der Flugmaschinen beider Erfinder werden in die neue Maschine integriert. Man glaubt, dass diese Kombination zusammen mit dem neuen Acetylengas-Druckerzeuger die erwünschten Ergebnisse in Form eine Flugmaschine erzeugen wird.

**HAS REALLY ...**

**New Claimant For Aeronautic Honors Can Show Results.**

Gustave Whitehead is the latest claimant of the honors that await the inventor of a successful flying machine. Mr. Whitehead has just demonstrated beyond a doubt that his machine can fly. He is not yet prepared to state that it is a commercial success, but confidently believes that a few improvements will enable him to place it on the market and give us all an opportunity to soar.

The test of Mr. Whitehead's flying machine took place a few days ago at Bridgeport, Conn., and was quite successful. The machine rose by its own power to a height of about 50 feet from the ground and sailed for half a mile, alighting at the will of the inventor. Mr. Whitehead was aboard the machine at the time and describes the sensation of flying as the strangest of his life.

"I never felt such a spirit of freedom as I did during the ten minutes that I was soaring above my fellow beings in a ma-

INVENTOR GUSTAVE WHITEHEAD.

chine my own brain had evolved. It made me feel that I was far ahead of my brothers, for I could fly like a bird, and they must still walk. I had soared through the air for half a mile when the descent was safely made. That was the happiest moment of my life, for I had demonstrated that the machine I have worked on for so many years would do what I have claimed for it."

Mr. Whitehead attributes his success, partial or complete, to the fact that he has invented a new acetylene gas generator that is capable of producing enormous power. Mr. Whitehead claims that his motor will weigh, including fuel for 20 hours, five pounds to the horsepower. He asserts that his generator will weigh less by 75 per cent than any other motor in use at the present time.

The Whitehead flying machine is built on the aeroplane order and resembles a huge bat. The present model is about 16 feet long and the wings measure 36 feet from tip to tip. It is capable of running along the ground at the rate of 30 miles an hour as well as of flying. Mr. Whitehead worked in connection with another inventor, W. D. Custead, who claims to have an airship that will prove superior to Mr. Whitehead's when it is fitted with the engines of the latter.

**30. Aug. 1901, Sandusky Daily Star, OH, S.2**

**IST TATSÄCHLICH GEFLOGEN.**

**Neuer Aspirant auf aeronautische Ehren kann Ergebnisse vorweisen.**

Gustav Weißkopf ist der aktuellste Anwärter auf jene Ehren, die den erfolgreichen Erfinder einer Flugmaschine erwarten. Hr. Weißkopf hat gerade über jeden Zweifel hinaus vorgeführt, dass seine Maschine fliegen kann. Er ist zwar noch nicht bereit, zu behaupten, dass sie ein kommerzieller Erfolg wird, er ist jedoch zuversichtlich, dass ein paar Verbesserungen ihn in die Lage versetzen werden, sie auf den Markt zu bringen, damit jeder die Gelegenheit bekommt, zu fliegen.

Vor einigen Tagen in Bridgeport Connecticut fand die Erprobung der Flugmaschine Weißkopfs statt, die ziemlich erfolgreich war. Aus eigener Kraft stieg die Maschine auf eine Höhe von ca. fünfzig Fuß über dem Boden und flog über eine Strecke von einer halben Meile, setzte dann unter der Kontrolle des Erfinders wieder auf. Währenddessen befand sich Hr. Weißkopf an Bord, und er beschreibt das Gefühl, zu fliegen, als die seltsamste Erfahrung seines Lebens.

„Noch nie hatte ich ein derartiges Gefühl der Freiheit wahrgenommen, als während jener zehn Minuten, in der ich über meine Mitmenschen in

**ERFINDER GUSTAV WEISSKOPF.**

einer aus meinem eigenen Verstand entstandenen Maschine hinweg flog. Ich hatte das Gefühl, meinen Kollegen weit voraus zu sein, da ich wie ein Vogel fliegen konnte, während sie weiterhin zu Fuß gehen müssen. Bereits eine halbe Meile durch die Luft war ich geflogen, als der Abstieg sicher bewerkstelligt wurde. Das war der glücklichste Moment meines Lebens, da ich damit bewiesen hatte, dass jene Maschine, an der ich so viele Jahre gearbeitet habe, imstande war, zu tun, was ich von ihr behauptet habe."

Hr. Weißkopf schreibt seinen Erfolg, ganz oder teilweise, der Tatsache zu, dass er einen neuen Acetylen Gasdruckerzeuger erfunden hat, der imstande ist, enorme Kraft zu entwickeln. Herr Weißkopf behauptet, dass seine Antriebseinheit, einschließlich Betriebsmittel für 20 Stunden, bloß fünf Pfund pro PS wiegen wird. Er behauptet, sein Generator wiege um 75 Prozent weniger als jeder andere Motor, der sich derzeit im Gebrauch befindet.

Weißkopfs Flugmaschine gehört der Gattung Aeroplan an, und sieht wie eine große Fledermaus aus. Das aktuelle Modell ist ca. 16 Fuß lang und die Flügel haben eine Spannweite von 36 Fuß. Sie ist in der Lage, sowohl mit 30 Meilen pro Stunde über den Boden zu fahren, als auch zu fliegen. Hr. Weißkopf arbeitet mit einem anderen Erfinder, W. D. Custead, zusammen, der behauptet, ein Luftschiff zu haben, das sich als besser als jenes von Herrn Weißkopf erweisen wird, wenn es mit den Motoren des Letztgenannten ausgestattet wird.

## GUSTAVE WHITEHEAD'S FLYING MACHINE.

Gustave Whitehead of Bridgeport, Conn., who has perfected a flying machine which he expects will revolutionize aeronautics, attempted to utilize the eagle's method of locomotion in building his machine. When the eagle wishes to fly it cannot raise itself by flapping it wings, but must run rapidly along the ground with wings spread until the pressure of the air lifts it from the ground. Once afloat it can soar for miles, with only an occasional flap of its wings to restore its equilibrium. This principle was adopted by Mr. Whitehead, and he made a successful trip in his ship last week. The invention is a combination of an automobile and flying machine. It rolls along the ground on wooden wheels a foot in diameter, and on a good macadam road can make thirty miles an hour. While on the ground the machine's wings, or propellers, are folded tightly to the sides. When he was ready, Mr. Whitehead released the wings, and his ship rose fifty feet and darted through the air at a good speed. The ship settled from this height in two minutes, and struck the ground on the four wooden wheels so lightly that the occupant was not jarred in the least.

The flying machine is about sixteen feet long, and its general appearance is that of a huge bat. From each side of the body there are wings made of bamboo poles and covered with muslin. These wings are thirty-six feet from tip to tip. There is also a steering apparatus. There are two engines, one of ten-horse power to run the machine along the ground, and the other of twenty-horse power, used to work the propellers in flying. The ten-horse power engine weighs twenty-two pounds and the twenty-horse power engine weighs thirty-five pounds.

23. Aug. 1901, New Orleans Times-Democrat, LA, S.9

## GUSTAV WEISSKOPFS FLUGMASCHINE.

Gustav Weißkopf aus Bridgeport Connecticut der eine Flugmaschine entwickelt hat, mit welcher er erwartet, die Aeronautik zu revolutionieren, versuchte beim Bau seiner Maschine das Bewegungsmuster des Adlers nachzuahmen. Möchte der Adler fliegen, so kann er nicht einfach durch Betätigung seiner Flügel sofort aufsteigen, sondern muss zunächst mit ausgebreiteten Flügeln über den Boden laufen, bis ihn der Strömungsdruck der Luft vom Boden abhebt. Sobald er jedoch aufgestiegen ist, kann er meilenweit durch die Luft segeln, und braucht nur gelegentlich einen Flügelschlag, um sein Gleichgewicht zu halten. Dieses Prinzip wurde durch Herrn Weißkopf übernommen, und ihm ist es vergangene Woche gelungen, in seiner Maschine einen erfolgreichen Flug zu machen. Bei der Erfindung handelt es sich um die Kombination eines Automobils und einer Flugmaschine. Über den Boden rollt sie auf hölzernen Rädern, die ein Durchmesser von einem Fuß aufweisen, und auf einer guten Asphaltstraße kann sie 30 Meilen pro Stunde schaffen. Während sie am Boden ist, sind die Flügel eingefahren und liegen an der Seite eng an. Sobald Hr. Weißkopf bereit war, fuhr er die Flügel aus, und sein Schiff stieg fünfzig Fuß in die Luft und schoss weiter durch die Luft mit einer ordentlichen Geschwindigkeit. Nach zwei Minuten senkte sich das Schiff aus dieser Höhe wieder ab und setzte auf seinen vier Rädern auf den Boden so leicht auf, dass der Insasse nicht im Geringsten durchgeschüttelt wurde.

Die Flugmaschine ist ca. sechzehn Fuß lang und hat die allgemeine Erscheinung einer riesigen Fledermaus. An jeder Seite befinden sich Flügel, die aus mit Segeltuch bespannten Bambusstangen bestehen. Diese Flügel haben eine Spannweite von sechsunddreißig Fuß. Es gibt auch eine Steuerungsvorrichtung. Es gibt zwei Motoren, einer mit zehn Pferdestärken, um die Maschine über den Boden anzutreiben, und der andere mit zwanzig Pferdestärken, um die Propeller im Flug anzutreiben. Der 10-PS- Motor wiegt zweiundzwanzig Pfund, und der 20-PS- Motor wiegt fünfunddreißig Pfund.

THE AIR SHIP THAT WILL FLY.

(Chicago Record-Herald.)

That man is certain to navigate the air almost as easily and safely as he now navigates the seas some time during the present century is no longer regarded as the wild dream of rattle-brained inventors and enthusiasts. A successful flying machine would be no more wonderful from a scientific point of view than the telephone, the phonograph or the wireless telegraph.

The question that chiefly concerns the scientists who give the problem any thought is how to combine the air ship or balloon idea with a mechanism that shall in some degree approach the wings of a bird. It appears to be very settled that a mere air ship with no flying mechanism will not be commercially practicable for navigating the air. The balloon capacity required to life any ordinary motor mechanism is so great as to make the ship too bulky for ordinary uses. M. Santos-Dumont, the Brazilian, has been sailing over Paris in a dirigible balloon, equipped with propellers and steering apparatus, which appear to work very satisfactorily, but this is a far cry from the flying machine that is to take man through the air as the eagle goes.

While M. Santos-Dumont is repairing his dirigible balloon at Paris the attention of scientists is attracted to the experiments of Gustave Whitehead and W. D. Custead with a real "flying machine" at Bridgeport, Conn. The former has built a machine with wings that soars like a bird. He has demonstrated that his machine can fly, but does not claim that it can be made a commercial success. On the other hand, Inventor Custead has an air ship which he believes can be made valuable for transportation purposes, but he has been unable to design a generator sufficiently light to propel it.

As the successful flying machine must have tremendous motor power, contained within a mechanism of light weight and small bulk, it is barely possible that a combination of Custead's air ship and Whitehead's generator may ultimately solve the problem of aerial navigation. But no balloon-sized bulk can ever successfully combat the powers of the air.

28. Aug. 1901, Bridgeport Evening Post, S.5

**DAS LUFTSCHIFF, DAS FLIEGEN WIRD**

**(Chicago *Record-Herald*:)**

Dass der Mensch mit Gewissheit irgendwann während des gegenwärtigen Jahrhunderts die Luft so leicht und so sicher navigieren wird, wie er derzeit die Ozeane navigiert, wird nicht mehr als wilde Traumvorstellung gehirnerschütterter Erfinder und Enthusiasten betrachtet. Aus wissenschaftlicher Sicht wäre eine erfolgreiche Flugmaschine nicht fantasievoller, als das Telefon, der Phonograph oder der drahtlose Telegraph.

Jene Wissenschaftler, die dem Problem überhaupt ihre Aufmerksamkeit widmen, beschäftigen sich hauptsächlich mit der Frage, wie man das Luftschiff bzw. der Ballon mit einer Mechanik kombiniert, die einigermaßen den Flügeln eines Vogels gleichkommt. Denn es scheint als gesichert zu gelten, dass ein reines Luftschiff ohne Flugvorrichtung zum Navigieren der Luft nicht praktikabel sein wird. Das erforderliche Auftriebsvermögen eines Ballons, um jeglichen gewöhnlichen mechanischen Motor zu heben, sei so groß, dass das Schiff zu unhandlich für gebräuchliche Einsatze gemacht wird. Zwar schwebt der Brasilianer M. Santos-Dumont in einem mit Propellern und Steuerungsvorrichtung ausgestatteten Luftschiff, was sehr zufriedenstellend zu funktionieren scheint, das ist doch himmelsweit von jener Flugmaschine, die den Mensch wie ein Adler durch die Luft befördert, entfernt.

Während M. Santos-Dumont in Paris seinen lenkbaren Ballon repariert, ist die Aufmerksamkeit der Wissenschaftler auf die Experimente von Gustav Weißkopf und W. D. Custead mit einer „echten" Flugmaschine in Bridgeport Connecticut gelenkt. Der Erstgenannte hat eine Maschine mit Flügeln gebaut, die wie ein Vogel fliegt. Er hat zwar vorgeführt, dass seine Maschine fliegen kann, behauptet jedoch nicht, dass daraus ein kommerzieller Erfolg gemacht werden kann. Und umgekehrt hat der Erfinder Custead ein Luftschiff, von dem er glaubt, dass es zu Transportationszwecken kommerziell eingesetzt werden kann, jedoch war er bislang nicht in der Lage, dafür einen Motor zu entwickeln, der ausreichend leicht ist, um es anzutreiben.

Da die erfolgreiche Flugmaschine über eine gewaltige Motorkraft, die in einem Mechanismus von geringem Gewicht und geringen Dimensionen untergebracht ist, verfügen muss, liegt es im Bereich des Möglichen, dass eine Kombination des Luftschiffs Custeads mit der Antriebseinheit Weißkopfs am Ende das Problem der Flugnavigation löst. Denn keine ballongroße Fülle kann jemals den Widerstand der Luft erfolgreich überwinden.

# Zusammenfassung, Band II

In diesem II. Band der Serie „*Gustav Weißkopf: die Fakten*“ wird festgehalten, wie Zeugen die Entstehung des ersten erfolgreichen Motorflugzeugs der Welt bis zu seinem Jungfernflug beschreiben.

Bei diesen Zeugen handelt es sich um

- den Aeronautik-Redakteur des ältesten Wissenschaftsjournals Amerikas;
- den Chefredakteur der größten Tageszeitung von Connecticut;
- einen jüdischen Richter am obersten Gericht von Connecticut;
- vier Ingenieuren;
- zwei Journalisten der zwei größten Tageszeitungen von New York;
- einen Polizeibeamten;
- einen Notar;
- einen Bankvorstand, und
- sechs unabhängigen Nachbaren.

Dies steht im *krassen Gegensatz* zur alternativen Erzählung über die Entstehung der Luftfahrtgeschichte, die sich auf Aussagen und Schriften *von den Parteien selbst* (den Gebrüdern Wright) stützt, und sich auf Ereignisse bezieht, die Jahre später stattgefunden haben sollen.

Dokumentiert wird in diesem II. Band ferner, wie Gegenparteien versuchten, Weißkopf zu diffamieren, und seine Leistungen in Abrede zu stellen.

Abschließend wird dokumentiert, wie sich die Nachricht vom erfolgreichen Flug Weißkopfs um die ganze Welt auf allen Kontinenten verbreitete.

# Index

Made in the USA
Columbia, SC
08 January 2023

75469247R00200